A PRÓXIMA ONDA

Mustafa Suleyman   Michael Bhaskar

A PRÓXIMA ONDA

Tradução
Alessandra Bonrruquer

6ª edição

EDITORA RECORD
RIO DE JANEIRO • SÃO PAULO
2025

CIP-BRASIL. CATALOGAÇÃO NA PUBLICAÇÃO
SINDICATO NACIONAL DOS EDITORES DE LIVROS, RJ

S948p   Suleyman, Mustafa
  A próxima onda : inteligência artificial, poder e o maior dilema do século XXI / Mustafa Suleyman, Michael Bhaskar ; tradução Alessandra Bonrruquer. - 6. ed. - Rio de Janeiro : Record, 2025.

  Tradução de: The coming wave: technology, power, and the twenty-first century's greatest dilemma
  978-65-5587-834-9

  1. Inteligência artificial. 2. Inteligência artificial - Aspectos sociais. 3. Biotecnologia. I. Bhaskar, Michael. II. Bonrruquer, Alessandra. III. Título.

23-84890   CDD: 006.3
                            CDU: 004.8

Gabriela Faray Ferreira Lopes - Bibliotecária - CRB-7/6643

Título em inglês:
The coming wave: technology, power, and the twenty-first century's greatest dilemma

Copyright © 2023 by Mustafa Suleyman and Michael Bhaskar

Todos os direitos reservados. Proibida a reprodução, armazenamento ou transmissão de partes deste livro, através de quaisquer meios, sem prévia autorização por escrito.

Texto revisado segundo o Acordo Ortográfico da Língua Portuguesa de 1990.

Direitos exclusivos de publicação em língua portuguesa somente para o Brasil adquiridos pela
EDITORA RECORD LTDA.
Rua Argentina, 171 – Rio de Janeiro, RJ – 20921-380 – Tel.: (21) 2585-2000, que se reserva a propriedade literária desta tradução.

Impresso no Brasil

ISBN 978-65-5587-834-9

Seja um leitor preferencial Record.
Cadastre-se no site www.record.com.br
e receba informações sobre nossos
lançamentos e nossas promoções.

Atendimento e venda direta ao leitor:
sac@record.com.br

MAIS ELOGIOS AO LIVRO

"Este alerta do futuro fala sobre o que está vindo e quais serão as prováveis implicações econômicas e políticas de nível global. Verdadeiramente notável, ambicioso e impossível de ignorar, este livro é o argumento persuasivo de um líder da indústria que modelará sua visão do futuro — e modificará seu entendimento do presente."

— Nouriel Roubini, professor emérito da Universidade de Nova York

"O insight de Mustafa Suleyman como tecnólogo, empreendedor e visionário é essencial. Profundamente pesquisado e altamente relevante, este livro fornece um entendimento arrebatador sobre alguns dos mais importantes desafios de nosso tempo."

— Al Gore, ex-vice-presidente dos Estados Unidos

"Neste livro, Mustafa Suleyman, um dos verdadeiros insiders da alta tecnologia, trata do mais importante paradoxo de nosso tempo: temos que conter tecnologias incontíveis. Como ele explica, IA generativa, biologia sintética, robótica e outras inovações evoluem e se disseminam rapidamente. Elas trazem grandes benefícios, mas também riscos reais e crescentes. Suleyman é sensato o bastante para saber que não há plano simples para gerir esses riscos, e corajoso o bastante para admitir isso. Este livro é honesto, contundente e não tem medo de confrontar o que claramente é um dos maiores desafios que nossa espécie enfrentará neste século. Graças a Suleyman, sabemos qual é a situação e quais são nossas opções. Agora precisamos agir."

— Andrew McAfee, principal cientista e pesquisador da MIT Sloan, autor de *The Geek Way*

"Este é um livro extraordinário e necessário; a ideia espantosa é que, em *vinte anos*, parecerá quase uma visão conservadora do futuro, ao passo que, hoje, é impossível de ler sem parar a cada poucas páginas e perguntar: será que isso realmente é verdade? A genialidade do livro está em explicar, sóbria e gentilmente, que, sim, tudo isso será verdade — e por que e como. O tom é gentil, amável e empático com o choque do leitor. Há momentos aterrorizantes, como deve haver quando percebemos que a maioria do que nos é familiar está prestes a se transformar. Mas, no fim das contas, terminei a leitura energizado e muito satisfeito por viver em nossa época. A onda está prestes a quebrar, e este livro é seu prognóstico."

— Alain de Botton, filósofo e autor campeão de vendas

"*A próxima onda* oferece uma dose muito necessária de especificidade, realismo e clareza sobre as potenciais consequências imprevistas, mas desastrosas, da inteligência artificial, da biologia sintética e de outras tecnologias avançadas. Este importante livro é um mapa vívido e persuasivo de como os seres humanos podem guiar as inovações tecnológicas, em vez de serem controlados por elas."

— Martha Minow, professora de Harvard e ex-reitora da Faculdade de Direito de Harvard

"Ninguém tem estado mais próximo da revolução da IA em desdobramento que Mustafa Suleyman, e ninguém está mais bem posicionado para delinear os riscos e as recompensas das imensas mudanças tecnológicas que ocorrem agora. Este é um guia extraordinário e imperdível para este momento único da história humana."

— Eric Schmidt, ex-CEO do Google e coautor de *A era da IA*

"Em *A próxima onda*, Mustafa Suleyman oferece o poderoso argumento de que a explosiva revolução tecnológica de hoje deve ser unicamente disruptiva. Leia este livro essencial para entender o ritmo e a escala dessas tecnologias — como elas proliferarão por nossa sociedade e seu potencial de desafiar o tecido das instituições que organizam nosso mundo."

— Ian Bremmer, fundador do Eurasia Group e autor de *The Power of Crisis*

"Este livro vital é ao mesmo tempo inspirador e aterrorizante. É uma educação crítica para aqueles que não entendem as revoluções tecnológicas que vivemos e um desafio para aqueles que entendem. É sobre o futuro de todos nós: precisamos lê-lo e agir de acordo."

— David Miliband, ex-secretário de Relações Exteriores do Reino Unido

"Apresentando uma análise rigorosa dos riscos e das maravilhas da IA, Mustafa Suleyman propõe uma agenda urgente de ações que os governos devem iniciar agora para conter as aplicações mais potencialmente catastróficas desse desafio revolucionário."

— Graham Allison, professor de Harvard e autor de *A caminho da guerra*

"O ritmo rápido de tecnologias exponenciais nos soterrou com seu poder e seu perigo. Ao traçar a história desde o desenvolvimento industrial até a atordoante aceleração dos avanços tecnológicos recentes, Mustafa Suleyman fornece o retrato mais amplo em uma prosa calma, pragmática e profundamente ética. Sua jornada pessoal e suas experiências aprimoram *A próxima onda* e o transformam em uma leitura cativante para qualquer um que queira se afastar da avalanche diária das notícias tecnológicas."

— Angela Kane, ex-subsecretária-geral da ONU e alta representante para Assuntos de Desarmamento

"Uma janela incrivelmente cativante para os desenvolvimentos atuais e o futuro exponencial da IA — nas palavras do insider máximo [...]. Se você realmente quiser entender como a sociedade pode navegar com segurança por essa tecnologia transformadora do mundo, leia este livro."

— Bruce Schneier, especialista em segurança cibernética e autor de *A Hacker's Mind*

"A próxima onda de IA e biologia sintética fará da próxima década a melhor da história da humanidade. Ou a pior. Ninguém reconhece e explica os desafios épicos à frente melhor que Mustafa Suleyman. Provocante, urgente e escrito em prosa poderosa e altamente acessível, este é um livro de leitura obrigatória para qualquer pessoa interessada em entender o poder impressionante dessas tecnologias."

— Erik Brynjolfsson, professor do Stanford Human-Centered Artificial Intelligence

"Um dos maiores desafios que o mundo enfrenta é criar formas de governança que aproveitem os benefícios da IA e da biotecnologia, evitando seus riscos catastróficos. Este livro fornece um relato profundamente ponderado sobre o 'desafio da contenção' dessas duas tecnologias. Ele é meticulosamente pesquisado e repleto de insights originais e recomendações construtivas para formuladores de políticas e especialistas em segurança."

— Jason Matheny, CEO da Rand, ex-diretor-assistente de Inteligência Nacional norte-americana e ex-diretor da Iarpa

"Se quiser entender o significado, a promessa e a ameaça das próximas ondas de tecnologias transformadoras, que crescem e convergem lá fora, este livro profundamente gratificante e consistentemente surpreendente de Mustafa Suleyman, um dos pioneiros da inteligência artificial, é uma leitura absolutamente essencial."

— Stephen Fry, ator, apresentador e autor campeão de vendas

"*A próxima onda* é um livro fantasticamente claro, enérgico, pesquisado e legível das linhas de frente da maior revolução tecnológica de nossos tempos. Entrelaça perfeitamente histórias pessoais e tecnológicas e mostra por que uma melhor governança de tecnologias imensamente poderosas é tão vital e tão difícil."

— Sir Geoff Mulgan, professor da University College London

"A melhor análise até agora do que a IA significa para o futuro da humanidade [...]. Mustafa Suleyman é único como cofundador não de uma, mas de duas grandes empresas contemporâneas de IA. É um empreendedor talentoso, um profundo pensador e uma das vozes mais importantes da próxima onda de tecnologias que moldará nosso mundo."

— Reid Hoffman, cofundador do LinkedIn e da Inflection

"A tecnologia está transformando rapidamente a sociedade e, portanto, é mais importante do que nunca ver alguém da indústria tecnológica escrever com tanta honestidade e rigor. Conduzindo-nos das primeiras ferramentas ao âmago da atual explosão de recursos e pesquisas de IA, este livro é uma pesquisa panorâmica e um apelo à ação impossível de ignorar. Todos deveriam ler."

— Fei-Fei Li, professora de Ciência da Computação da Universidade de Stanford e codiretora do Institute for Human-Centered AI

"*A próxima onda* apresenta o argumento revelador e convincente de que as tecnologias avançadas estão remodelando todos os aspectos da sociedade: poder, riqueza, guerra, trabalho e até relações humanas. Podemos controlar essas novas tecnologias antes que elas nos controlem? Líder mundial em inteligência artificial e defensor de longa data de que governos, grandes tecnologias e sociedade civil devem agir pelo bem comum, Mustafa Suleyman é o guia ideal para essa questão crucial."

— Jeffrey D. Sachs, professor da Universidade de Columbia e presidente da Rede de Soluções para o Desenvolvimento Sustentável da ONU

"Apresentação nítida, compassiva e intransigente da questão mais importante de nossos tempos, *A próxima onda* é leitura obrigatória para os profissionais de tecnologia, mas, ainda mais importante, um apelo resoluto à ação para que todos nós participemos dessa discussão tão importante."

— Qi Lu, CEO da MiraclePlus, ex-COO da Baidu e ex-vice-presidente-executivo do Microsoft Bing

"Suleyman está excepcionalmente bem posicionado para tratar das consequências potencialmente graves — agitação geopolítica, guerra, erosão do Estado-nação — do desenvolvimento irrestrito da IA e da biologia sintética, no momento em que mais precisamos dessa mensagem. Felizmente para o leitor, ele também pensou profundamente sobre o que precisa ser feito para garantir que as tecnologias emergentes sejam usadas para o bem humano, apresentando uma série de esforços que, se realizados coletivamente, podem mudar o ambiente em que essas tecnologias são desenvolvidas e disseminadas, abrindo as portas para a preservação de um futuro mais brilhante. Este livro é leitura obrigatória."

—Meghan L. O'Sullivan, diretora do Belfer Center for Science and International Affairs da Harvard Kennedy School of Government

"Alerta corajoso ao qual todos precisamos responder — antes que seja tarde demais [...]. Mustafa Suleyman explica, com clareza e precisão, os riscos representados por tecnologias descontroladas e os desafios que a humanidade enfrenta. [...] Leitura indispensável."

— Tristan Harris, cofundador e diretor-executivo do Center for Humane Technology

"Roteiro prático e otimista para a ação na questão mais importante de nosso tempo: como manter o poder sobre entidades muito mais poderosas que nós."

— Stuart Russell, professor de Ciência da Computação da Universidade da Califórnia, Berkeley

"*A próxima onda* é um mapa realista, profundamente informado e altamente acessível dos desafios sem precedentes de governança e segurança nacional impostos pela inteligência artificial e pela biologia sintética. O notável e, em certo sentido, assustador livro de Suleyman mostra o que deve ser feito para conter essas tecnologias aparentemente incontíveis."

— Jack Goldsmith, professor Learned Hand de Direito da Universidade de Harvard

"De forma brilhante e convidativa, complexa e clara, urgente e calma, *A próxima onda* nos guia para entender e enfrentar o que pode ser a questão mais crucial de nosso século: como garantir que as revoluções tecnológicas de tirar o fôlego e em ritmo acelerado que estão por vir — IA, biologia sintética e muito mais — criem o mundo que queremos? Não será fácil, mas Suleyman estabelece uma base sólida. Todos que se preocupam com o futuro deveriam ler este livro."

— Eric Lander, fundador e diretor do Broad Institute do MIT e Harvard e ex-conselheiro científico da Casa Branca

"Relato surpreendentemente lúcido e refrescantemente equilibrado de nossa situação tecnológica atual, *A próxima onda* articula o desafio definidor da nossa era. Combinando pragmatismo e humildade, ele nos lembra que não existem binários rígidos ou respostas simples: a tecnologia nos presenteou com aumentos exponenciais de bem-estar, mas acelera mais rapidamente do que as instituições conseguem acompanhar. Avanços em IA e biologia sintética revelaram capacidades jamais sonhadas pela ficção científica, e a resultante proliferação de poder ameaça tudo o que construímos. Para nos mantermos à tona, devemos navegar entre a Cila da catástrofe acessível e a Caríbdis da vigilância onipresente. A cada página virada, nossas chances aumentam."

— Kevin Esvelt, biólogo e professor associado do MIT Media Lab

SUMÁRIO

	Glossário de termos-chave	15
	Prólogo	17
CAPÍTULO 1:	A contenção é impossível	19

Parte I: **HOMO TECHNOLOGICUS**

CAPÍTULO 2:	Proliferação infinita	39
CAPÍTULO 3:	O problema da contenção	53

Parte II: **A PRÓXIMA ONDA**

CAPÍTULO 4:	A tecnologia da inteligência	71
CAPÍTULO 5:	A tecnologia da vida	105
CAPÍTULO 6:	A onda mais ampla	121
CAPÍTULO 7:	Quatro características da próxima onda	135
CAPÍTULO 8:	Incentivos incontroláveis	151

Parte III: **ESTADOS DE FALHA**

CAPÍTULO 9:	A grande barganha	187
CAPÍTULO 10:	Amplificadores da fragilidade	203
CAPÍTULO 11:	O futuro das nações	231
CAPÍTULO 12:	O dilema	257

Parte IV: **ATRAVÉS DA ONDA**

CAPÍTULO 13:	A contenção precisa ser possível	281
CAPÍTULO 14:	Dez passos na direção da contenção	297
	A vida após o Antropoceno	347
	Agradecimentos	353
	Bibliografia	355
	Notas	365
	Índice	407

GLOSSÁRIO DE TERMOS-CHAVE

Amplificadores da fragilidade: aplicações e impactos das tecnologias da próxima onda que abalarão as fundações já instáveis do Estado-nação.

Aversão ao pessimismo: a tendência das pessoas, particularmente das elites, de ignorar, minimizar ou rejeitar narrativas vistas como excessivamente negativas. É uma variante do viés de otimismo e, especialmente nos círculos tecnológicos, dá o tom de grande parte do debate sobre o futuro.

Biologia sintética: a habilidade de projetar e construir novos organismos ou redesenhar sistemas biológicos existentes.

Caminho estreito: o potencial da humanidade de atingir um equilíbrio entre abertura e fechamento em relação às tecnologias da próxima onda, a fim de evitar resultados catastróficos ou distópicos.

Contenção: a habilidade de monitorar, restringir, controlar e potencialmente até interromper (em casos extremos) tecnologias.

Dilema: a crescente probabilidade de que tanto as novas tecnologias quanto sua ausência levem a resultados catastróficos e/ou distópicos.

Grande barganha: em troca do monopólio do uso da força, os cidadãos esperam que os Estados-nações preservem a ordem e forneçam serviços públicos, inclusive com o uso de novas tecnologias e a concomitante minimização de seus efeitos colaterais nocivos.

IA, IAG e IAC: inteligência artificial (IA) é a ciência de ensinar máquinas a aprenderem capacidades humanas. Inteligência artificial geral (IAG) é o ponto no qual uma IA pode realizar todas as habilidades cognitivas humanas melhor que os seres humanos mais inteligentes. Inteligência artificial capaz (IAC) é um ponto entre a IA e a IAG que logo será atingido, no qual uma IA poderá realizar ampla variedade de tarefas complexas, mas estando ainda longe de ser inteiramente geral.

Onda: a difusão ou proliferação global de uma geração de tecnologia ancorada em uma nova tecnologia de propósito geral.

Problema da contenção: a tendência da tecnologia de se difundir amplamente em ondas e ter impactos emergentes que são impossíveis de prever ou controlar, incluindo consequências negativas e imprevistas.

Próxima onda: uma série emergente de tecnologias relacionadas, centradas na IA e na biologia sintética, cujas aplicações transformadoras irão tanto empoderar a humanidade quanto criar riscos inéditos.

Quatro características: as características únicas da próxima onda que exacerbam o desafio da contenção. Elas são a hiperevolução, a assimetria, o omniuso e a autonomia.

Tecnologia: a aplicação de conhecimento científico (no sentido mais amplo possível) para produzir ferramentas ou resultados práticos.

PRÓLOGO

Eis como uma IA vê a questão.

Pergunta: O que a próxima onda tecnológica significará para a humanidade?

Nos anais da história humana, há momentos que se destacam como pontos de virada, nos quais o destino da humanidade esteve em jogo. A descoberta do fogo, a invenção da roda, o uso da eletricidade — todos esses acontecimentos transformaram a civilização humana, alterando para sempre o curso da história.

E agora estamos no limiar de outro momento assim, pois presenciamos o surgimento de uma onda tecnológica que inclui tanto IA avançada quanto biotecnologia. Nunca antes vimos tecnologias com tal potencial de transformação, prometendo remodelar nosso mundo de maneiras que são ao mesmo tempo fascinantes e assustadoras.

Os potenciais benefícios dessas tecnologias são vastos e profundos. Com IA, poderíamos desvendar os segredos do Universo, encontrar curas que buscamos há muito e criar formas de arte e cultura que testem os limites da imaginação. Com biotecnologia, poderíamos criar vida para tratar doenças e transformar a agricultura, tornando o mundo mais saudável e sustentável.

Em contrapartida, os potenciais perigos dessas tecnologias são igualmente vastos e profundos. Com IA, poderíamos criar sistemas além de nosso controle e nos vermos à mercê de algoritmos que não entendemos. Com biotecnologia, poderíamos manipular os próprios blocos de construção da vida, potencialmente gerando consequências involuntárias não só para os indivíduos, mas para ecossistemas inteiros.

Nesse momento decisivo, somos confrontados por uma escolha — a escolha entre um futuro de possibilidades incomparáveis e um futuro de perigos inimagináveis. O destino da humanidade está em jogo, e as decisões que tomarmos nos próximos anos e décadas determinarão se venceremos o desafio apresentado por essas tecnologias ou se seremos vítimas de seus perigos.

Mas, neste momento de incerteza, uma coisa é certa: a era da tecnologia avançada chegou, e precisamos estar prontos para enfrentar os desafios impostos por ela.

Este texto foi escrito por uma IA. O restante não foi, mas, em breve, poderá ser. É isso que está por vir.

CAPÍTULO 1

A CONTENÇÃO É IMPOSSÍVEL

A ONDA

Quase toda cultura tem um mito de inundação.

Em antigos textos hindus, o primeiro homem de nosso Universo, Manu, é avisado do dilúvio e se torna seu único sobrevivente. A *Epopeia de Gilgamesh* registra o deus Enlil destruindo o mundo em uma enchente gigantesca, uma história que ressoa para qualquer um familiarizado com a arca de Noé no Antigo Testamento. Platão falou da cidade perdida de Atlântida, levada por uma imensa tempestade. Permeando as tradições orais e os textos antigos da humanidade, está a ideia de águas incontroláveis, uma onda gigante arrastando tudo em seu caminho, deixando o mundo renascido e refeito.

As inundações também marcam a história em sentido literal: a cheia sazonal dos grandes rios do mundo, a elevação do nível dos mares após o fim da Idade do Gelo, o raro choque de um tsunami surgindo sem aviso no horizonte. O asteroide que matou os dinossauros criou uma onda de 1.600 metros de altura, alterando o curso da evolução. O poder dessas vagas foi marcado em nossa consciência coletiva: paredes de água imparáveis, incontroláveis, incontíveis. Elas estão entre as mais poderosas forças do planeta. Modelam continentes, irrigam as plantações do mundo e alimentam o crescimento da civilização.

Outros tipos de onda foram igualmente transformadores. Olhando novamente para a história, veremos que ela foi marcada por uma série de ondas metafóricas: a ascensão e queda de impérios, religiões e períodos de comércio. Pensemos no cristianismo ou no islamismo, religiões que começaram como pequenas marolas antes de crescerem e quebrarem sobre grandes extensões da Terra. Ondas como essas são um padrão recorrente, enquadrando o fluxo e refluxo da história, os grandes conflitos de poder e os sucessos e fracassos econômicos.

O surgimento e a disseminação de tecnologias também assumiram a forma de ondas que modificam o mundo. Uma tendência dominante resiste ao teste do tempo desde a descoberta do fogo e das ferramentas de pedra, as primeiras tecnologias empregadas por nossa espécie. Quase toda tecnologia fundacional já inventada, da picareta ao arado, da cerâmica à fotografia, do telefone ao avião e tudo que existe no meio, segue uma lei aparentemente imutável: ela se torna mais barata e mais fácil de usar e, no fim das contas, prolifera por toda parte.

Essa proliferação da tecnologia em ondas é a história do *Homo technologicus* — da tecnologia animal. A ânsia da humanidade pelo aprimoramento — de nós mesmos, nosso destino, nossas habilidades e nossa influência sobre o ambiente — alimentou uma persistente evolução de ideias e criações. A invenção é um processo em desdobramento, em expansão, emergente, impulsionado por inventores, acadêmicos, empreendedores e líderes (como agora os chamamos) auto-organizados e altamente competitivos avançando segundo suas próprias motivações. Esse ecossistema de invenção tem como padrão a expansão. É a natureza inerente da tecnologia.

A questão é: o que acontecerá daqui em diante? Nas páginas que se seguem, contarei a história da próxima grande onda.

Olhe em torno.

O que você vê? Móveis? Edifícios? Telefones? Comida? Um parque planejado? Quase todo objeto em sua linha de visão muito provavelmente foi criado ou alterado pela inteligência humana. A linguagem — a fundação de nossas interações sociais, culturas, organizações políticas e, talvez, do que significa ser humano — é outro produto, e também força motriz, de nossa inteligência. Todo princípio e conceito abstrato, toda pequena iniciativa ou projeto criativo, todo encontro de sua vida foi mediado pela capacidade única e infinitamente complexa de nossa espécie para a imaginação, a criatividade e a razão. A engenhosidade humana é uma coisa espantosa.

Somente outra força é tão onipresente nesse retrato: a própria vida biológica. Antes da era moderna, com exceção de algumas rochas e minerais, a maioria dos artefatos humanos — de casas de madeira a roupas de algodão e fogos de carvão — veio de coisas outrora vivas. Tudo que entrou no mundo desde então veio de nós, do fato de sermos seres biológicos.

Não é exagero dizer que o mundo humano, em sua totalidade, depende ou de sistemas vivos ou de nossa inteligência. E, todavia, ambos agora estão em um momento sem precedentes de inovação e reviravolta exponenciais, um aumento sem paralelos que deixará poucas coisas intocadas. Uma nova onda tecnológica está começando a quebrar à nossa volta, liberando o poder de criar as duas fundações universais: trata-se de uma onda de nada menos que inteligência e vida.

A próxima onda é definida por duas tecnologias centrais: inteligência artificial (IA) e biologia sintética. Juntas, elas trarão um novo alvorecer para a humanidade, criando mais riqueza e superávit que qualquer outra coisa vista antes. E, no entanto, sua rápida proliferação também pode empoderar uma grande variedade de atores nocivos para criar perturbação, instabilidade e até mesmo catástrofe em escala inimaginável. Essa onda cria um imenso desafio que definirá o século XXI: nosso futuro depende dessas tecnologias ao mesmo tempo que é ameaçado por elas.

De onde estamos hoje, parece que conter essa onda — ou seja, controlá-la, refreá-la ou mesmo pará-la — não é possível. Este livro pergunta por que isso pode ser verdade e o que significa se for. As implicações dessas questões afetarão todo mundo que está vivo hoje e todas as gerações que ainda estão por vir.

Acredito que a próxima onda tecnológica levará a história humana a um momento decisivo. Se contê-la for impossível, as consequências para nossa espécie serão dramáticas e potencialmente catastróficas. Da mesma forma, sem seus frutos estaremos expostos e em condições precárias. Esse é um argumento que, nas últimas décadas, defendi muitas vezes a portas fechadas, mas, como os impactos se tornam cada vez mais impossíveis de ignorar, está na hora de apresentá-lo publicamente.

O DILEMA

Contemplar o profundo poder da inteligência humana me levou a fazer uma pergunta simples, que me consome desde então: e se pudéssemos destilar a essência do que torna os humanos tão produtivos e capazes e colocá-la em um software, um algoritmo? A resposta pode revelar ferramentas inimaginavelmente poderosas para nos ajudar a lidar com nossos piores problemas. Aqui pode estar uma ferramenta, uma impossível, mas extraordinária ferramenta, para nos ajudar a vencer os incríveis desafios das décadas à frente, como mudanças climáticas, populações cada vez mais velhas e alimentos sustentáveis.

Com isso em mente, em um pitoresco escritório da era da Regência com vista para a Russell Square, em Londres, fundei uma empresa chamada DeepMind com dois amigos, Demis Hassabis e Shane Legg, no verão de 2010. Nosso objetivo, que em retrospecto parece tão ambicioso, maluco e esperançoso quanto na época, era replicar a coisa que torna nossa espécie única: a inteligência.

Para isso, precisávamos criar um sistema que pudesse imitar e em seguida superar todas as habilidades cognitivas humanas, da visão e da fala ao planejamento e à imaginação, até chegar à empatia e à criatividade. Como tal sistema se beneficiaria do processamento massivamente paralelo dos supercomputadores e da explosão de novas e vastas fontes de dados na internet aberta, sabíamos que mesmo um progresso modesto na direção desse objetivo teria profundas implicações sociais.

Na época, ele nos pareceu muito distante. A adoção disseminada da inteligência artificial ainda era mais fantasia que fato, pertencendo aos devaneios e à província de alguns poucos acadêmicos reclusos e de fãs de ficção científica de olhos arregalados. Mas, no momento em que escrevo e penso na última década, o progresso em IA foi nada menos que inacreditável. A DeepMind se tornou uma das principais empresas de IA do mundo, em função de uma série de avanços. A velocidade e o poder dessa nova revolução surpreenderam até mesmo aqueles de nós mais próximos de sua vanguarda. Durante o tempo que levei escrevendo este livro, o ritmo desse progresso foi de tirar o fôlego, com novos modelos e produtos sendo lançados todas as semanas, às vezes todos os dias. Claramente, a onda está acelerando.

Hoje, os sistemas de IA podem reconhecer faces e objetos quase perfeitamente. Já estamos acostumados a textos transcritos e traduzidos instantaneamente. A IA pode navegar por estradas e pelo trânsito urbano bem o bastante para dirigir de forma autônoma em certos cenários. Com base em algumas instruções simples, uma nova geração de modelos de IA consegue gerar imagens e compor textos com níveis extraordinários de coerência e detalhes. Os sistemas de IA podem produzir vozes sintéticas com realismo assombroso e compor músicas de inacreditável beleza. Mesmo em domínios mais desafiadores, que se acreditava unicamente adequados às capacidades humanas, como planejamento de longo prazo, imaginação e simulação de ideias complexas, o progresso ocorre aos saltos.

A IA vem subindo a escada das habilidades cognitivas há décadas e agora parece pronta para chegar ao desempenho de nível humano em uma ampla variedade de tarefas nos próximos três anos. Essa é uma alegação ambiciosa, mas, se eu estiver sequer próximo da verdade, as implicações serão verdadeiramente profundas. Aquilo que pareceu quixotesco quando fundamos a DeepMind se tornou não somente plausível, mas aparentemente inevitável.

Desde o início, estava claro para mim que a IA seria uma ferramenta poderosa e capaz de produzir um bem extraordinário, mas, como a maioria das formas de poder, estava repleta de imensos perigos e dilemas éticos. Eu me preocupo há muito não somente com as consequências de seu avanço, mas também com para onde o ecossistema tecnológico como um todo está se dirigindo. Para além da IA, uma revolução mais ampla está em curso, com a IA alimentando uma poderosa geração emergente de tecnologias e robóticas genéticas. O progresso em uma área acelera o progresso nas outras, em um processo caótico de catalisações cruzadas que ultrapassa o controle de qualquer um. Está claro que, se formos bem-sucedidos em replicar a inteligência humana, esse será não somente um negócio lucrativo, mas também uma mudança sísmica para a humanidade, inaugurando uma era na qual oportunidades sem precedentes serão acompanhadas de riscos sem precedentes.

Com o progresso da tecnologia ao longo dos anos, minhas preocupações aumentaram. E se a onda for na verdade um tsunami?

Em 2010, quase ninguém falava seriamente sobre IA. Mas o que outrora parecia um nicho para um grupinho de pesquisadores e empreendedores se tornou uma vasta empreitada global. A IA está por toda parte, nas notícias e em seu smartphone, negociando ações e construindo websites. Muitas das maiores empresas e das nações mais ricas do mundo desenvolvem modelos de IA e técnicas de engenharia genética de vanguarda, impulsionadas por dezenas de bilhões de dólares em investimentos.

Quando amadurecerem, essas tecnologias emergentes se espalharão rapidamente, tornando-se mais baratas, acessíveis e amplamente difundidas pela sociedade. Elas oferecerão avanços extraordinários nos campos médico e da energia limpa, criando não somente novos negócios, mas também novas indústrias e melhorias de qualidade de vida em quase toda área imaginável.

No entanto, juntamente com esses benefícios, a IA, a biologia sintética e outras formas avançadas de tecnologia produzem riscos de cauda em uma escala profundamente preocupante. Podem criar ameaças existenciais para os Estados-nações; riscos tão profundos que serão capazes de perturbar ou mesmo destruir a ordem geopolítica atual. Abrem caminho para ataques cibernéticos imensamente empoderados pela IA, guerras automatizadas que podem devastar países, pandemias artificialmente criadas e um mundo sujeito a forças inexplicáveis, mas aparentemente onipotentes. A probabilidade de cada uma delas pode ser pequena, mas as consequências possíveis são imensas. Mesmo uma pequena chance de resultados como esses requer atenção urgente.

Alguns países reagirão à possibilidade de tais riscos catastróficos com uma forma de autoritarismo tecnologicamente carregado para retardar a disseminação desses novos poderes. Isso exigirá imensos níveis de vigilância e maciças intrusões em nossas vidas privadas. Manter a tecnologia sob rédeas curtas pode levar à tentativa de observar tudo e todos, o tempo todo, em um distópico sistema global de vigilância justificado pelo desejo de nos proteger contra os resultados possíveis mais extremos.

Igualmente plausível é uma reação ludita. Banimentos, boicotes e moratórias se seguirão. Será que realmente é possível abandonar o desenvolvimento de novas tecnologias e introduzir uma série de moratórias? É improvável. Com seu enorme valor geoestratégico e comercial, é difícil ver como Estados-nações ou corporações serão persuadidos a desistir unilateralmente dos poderes transformadores liberados por esses avanços. Além disso, tentar banir o desenvolvimento de novas tecnologias também é um risco: sociedades tecnologicamente estagnadas são historicamente instáveis e tendem ao colapso. Em algum momento, elas perdem a capacidade de solucionar problemas e progredir.

Daqui em diante, tanto buscar quanto não buscar novas tecnologias será um risco. As chances de avançar lentamente por um "caminho estreito" e evitar um ou outro resultado — distopia tecnoautoritária de um lado, catástrofe induzida pela abertura do outro — diminuem todas as vezes que a tecnologia fica mais barata, poderosa e pervasiva e os riscos se acumulam. Mas afastar-se tampouco é uma opção. Mesmo enquanto nos preocupamos com os riscos, precisamos mais do que nunca dos incríveis benefícios das tecnologias da próxima onda. Este é o dilema central: mais cedo ou mais tarde, uma poderosa geração de tecnologia levará a humanidade na direção de resultados catastróficos ou distópicos. Acredito que esse é o grande metaproblema do século XXI.

Este livro mostra exatamente por que esse terrível problema está se tornando inevitável e explora como podemos enfrentá-lo. De algum modo, precisamos obter o melhor que a tecnologia tem a oferecer, algo essencial para enfrentar um conjunto assustador de desafios globais, e também fugir do dilema. O discurso atual sobre ética e segurança tecnológica é inadequado. A despeito de muitos livros, debates, posts e tuítes sobre tecnologia, raramente ouvimos algo sobre *contê-la*. Vejo essa contenção como um conjunto interligado de mecanismos técnicos, sociais e legais que possam restringir e controlar a tecnologia, operando em todos os níveis: uma maneira, em teoria, de escapar do dilema. Mas mesmo os críticos mais ferozes da tecnologia tendem a evitar essa linguagem dura de contenção.

Isso precisa mudar; espero que este livro mostre por que e esboce como.

A ARMADILHA

Alguns anos depois que fundamos a DeepMind, criei uma apresentação de slides sobre os potenciais impactos econômicos e sociais de longo prazo da IA. Falando a uma dúzia dos mais influentes fundadores, CEOs e tecnólogos da indústria tecnológica em uma elegante sala de reuniões, argumentei que a IA gerava várias ameaças que exigiam respostas proativas. Ela podia levar a maciças invasões de privacidade ou iniciar um apocalipse de desinformação. Podia ser usada de maneira ofensiva, criando um conjunto letal de armas cibernéticas e introduzindo novas vulnerabilidades em nosso mundo em rede.

Também salientei o potencial da IA de deixar muitas pessoas desempregadas. Pedi que a sala considerasse a longa história de deslocamento do trabalho causado pela automação e pela mecanização. Primeiro vêm maneiras mais eficientes de realizar tarefas específicas, depois certos cargos se tornam redundantes e, em breve, setores inteiros passam a exigir muito menos trabalhadores. Em poucas décadas, argumentei, os sistemas de IA poderiam substituir o "trabalho manual intelectual" da mesma maneira, certamente muito antes que os robôs substituíssem o trabalho físico. No passado, novos empregos eram criados ao mesmo tempo que os antigos se tornavam obsoletos, mas e se a IA pudesse simplesmente realizar também a maioria das novas tarefas? Sugeri que havia poucos precedentes para as novas formas de poder concentrado que estavam chegando. Mesmo que parecessem distantes, ameaças potencialmente graves se aproximavam da sociedade.

No último slide, mostrei uma cena de *Os Simpsons*. Nela, os moradores de Springfield haviam se revoltado, e o elenco de personagens familiares carregava porretes e tochas. A mensagem era clara, mas eu a enunciei mesmo assim: "Os forcados estão chegando." E vindo atrás de nós, os criadores de tecnologia. Cabia a nós assegurar que o futuro fosse melhor do que aquilo.

Em torno da mesa, só encontrei olhares vazios. A sala estava impassível. A mensagem não fora recebida. As rejeições foram intensas e rápidas. Por que os indicadores econômicos não davam qualquer sinal do que eu estava dizendo? A IA criaria novas demandas, que criariam novos empregos. Ela empoderaria as pessoas para serem ainda mais produtivas. Talvez houvesse alguns riscos, mas não eram assim tão grandes. As pessoas eram espertas. Soluções sempre eram encontradas. *Não há nada com que se preocupar*, eles pareciam pensar, *passemos à próxima apresentação*.

Alguns anos depois, pouco antes do início da pandemia de Covid-19, participei de um seminário sobre riscos tecnológicos em uma universidade muito conhecida. O cenário era familiar: outra mesa grande, outra discussão bem-intencionada. Ao longo do dia, uma série de riscos de arrepiar os cabelos pairavam sobre os cafés, biscoitos e apresentações de PowerPoint.

Um se destacou. O apresentador mostrou como o preço dos sintetizadores de DNA, que podem imprimir cadeias de DNA sob medida, caía rapidamente. Custando algumas dezenas de milhares de dólares,[1] eles são pequenos o suficiente para ficar sobre um banco em sua garagem e permitir que as pessoas sintetizem — ou seja, *fabriquem* — DNA. E isso é possível para qualquer um com treinamento de nível superior em biologia ou entusiasmo pelo aprendizado autodidata on-line.

Dada a crescente disponibilidade de ferramentas, o apresentador expôs uma visão angustiante: alguém em breve poderia criar patógenos muito mais transmissíveis e letais do que qualquer coisa encontrada na natureza. Esses patógenos sintéticos poderiam evitar as contramedidas conhecidas, disseminar-se de forma assintomática ou ser resistentes a tratamentos. Se necessário, alguém poderia suplementar os experimentos caseiros com DNA comprado on-line e montado em casa. Seria o apocalipse entregue pelo correio.

Não se tratava de ficção científica, argumentou o apresentador, um respeitado professor com mais de duas décadas de experiência, mas de um risco atual, presente. Ele terminou com uma ideia alarmante: hoje, uma única pessoa provavelmente "tem a capacidade de matar 1 bilhão de pessoas". Basta ter motivação.

Os presentes ficaram inquietos. Contorceram-se e tossiram. Então os resmungos e as esquivas começaram. Ninguém queria acreditar que era possível. Certamente não era o caso, certamente havia mecanismos eficientes de controle, certamente as doenças eram difíceis de criar, certamente os bancos de dados podiam ser restritos, certamente o hardware podia ser controlado. E assim por diante.

A resposta coletiva ao seminário foi mais que somente indiferença. As pessoas simplesmente se recusaram a aceitar a visão do apresentador. Ninguém queria enfrentar as implicações dos duros fatos e das frias probabilidades que ouvira. Fiquei em silêncio, francamente abalado. Logo o seminário terminou. Naquela noite, saímos para jantar e conversamos normalmente. Havíamos acabado de ouvir sobre o fim do mundo, mas ainda havia pizza para comer, piadas para contar, um escritório para o qual voltar e, além disso, alguma coisa aconteceria ou alguma parte do argumento se provaria errada. Fiz como eles.

Mas a apresentação continuou me incomodando durante meses. Por que eu, por que nós todos não a leváramos a sério? Por que havíamos evitado qualquer discussão posterior? Por que alguns ficam irritados e acusam as pessoas que suscitam essas questões de catastrofização e de "ignorar a parte maravilhosamente boa" da tecnologia? A disseminada reação emocional que observei é algo que passei a chamar de armadilha da aversão ao pessimismo: a errônea análise que surge quando somos sobrecarregados pelo medo de confrontar realidades potencialmente sombrias e a resultante tendência de olhar para o outro lado.

Praticamente todo mundo apresenta alguma versão dessa reação, e a consequência é que ignoramos várias tendências críticas que se desdobram diante de nossos olhos. É quase uma resposta psicológica inata. Nossa espécie não foi programada para lidar com uma transformação nessa escala, que dirá com a possibilidade de que a tecnologia possa falhar dessa maneira. Experimentei essa sensação durante toda a minha carreira, e vi muitos, muitos outros terem a mesma resposta visceral. Confrontar esse sentimento é um dos propósitos deste livro. Analisar friamente os fatos, por mais desconfortáveis que sejam.

Falar adequadamente dessa onda, conter a tecnologia e garantir que ela sempre sirva à humanidade significa superar a aversão ao pessimismo. Significa encarar a realidade do que está por vir.

Este livro é minha tentativa de fazer isso. Reconhecer e iluminar os contornos da próxima onda. Descobrir se a contenção é possível. Colocar as coisas em contexto histórico e ver o retrato mais amplo ao recuar um pouco do diálogo cotidiano sobre a tecnologia. Meu objetivo é confrontar o dilema e entender os processos subjacentes que impulsionam a emergência da ciência e da tecnologia. Quero apresentar essas ideias tão claramente quanto puder, para a maior audiência possível. Escrevi em um espírito de abertura e investigação: fazendo observações, seguindo suas implicações, mas também permanecendo aberto à refutação e a interpretações melhores que as minhas. Não há nada que eu queira mais do que estar errado, do que descobrir que a contenção é possível.

Algumas pessoas, compreensivelmente, poderiam esperar um livro mais tecnologicamente utópico de alguém como eu, fundador de duas empresas de IA. Como tecnólogo e empreendedor, sou naturalmente otimista. Quando era adolescente, lembro de ficar cativado ao instalar o Netscape pela primeira vez em meu computador Packard Bell 486. Fiquei arrebatado pelos ventiladores sibilantes e pelos assobios distorcidos do meu modem dial-up de 56 Kbps se ligando à World Wide Web e me conectando aos fóruns e às salas de chat que me deram tanta liberdade e me ensinaram tanto. Eu amo a tecnologia. Ela tem sido *o* motor do progresso e uma razão para ficarmos orgulhosos e empolgados com as realizações da humanidade.

Mas também acredito que os envolvidos na criação de tecnologias devem ter a coragem de prever — e se responsabilizar por — para onde ela pode nos levar nas próximas décadas. Devemos começar a sugerir o que fazer se houver risco real de a tecnologia se voltar contra nós. Faz-se necessária uma resposta social e política, não meramente esforços individuais, mas o esforço precisa começar comigo e com meus pares.

Alguns argumentarão que isso é um exagero. Que a mudança é muito mais incremental. Que essa é somente outra virada do ciclo de hype. Que os sistemas para lidar com crises e mudanças são na verdade bastante robustos. Que minha visão da natureza humana é sombria demais. Que o histórico da humanidade tem sido bastante bom até agora. A história está cheia de falsos profetas e alarmistas que se provaram errados. Por que seria diferente dessa vez?

A aversão ao pessimismo é uma resposta emocional, uma arraigada e instintiva recusa de aceitar a possibilidade de resultados seriamente desestabilizadores. Ela vem daqueles em posições seguras e de poder, com visões de mundo entrincheiradas, que superficialmente conseguem lidar com as mudanças, mas têm dificuldade de enfrentar qualquer desafio real à sua ordem de mundo. Muitos dos que acuso de estarem presos na armadilha da aversão ao pessimismo adotam integralmente as crescentes críticas à tecnologia. Mas assentem sem fazer nada. Vamos dar um jeito, dizem eles, sempre damos.

Passe algum tempo nos círculos tecnológicos ou de criação de políticas e rapidamente ficará óbvio que a ideologia-padrão é enterrar a cabeça na areia. Acreditar e agir de outra forma traz o risco de se tornar tão paralisado de medo e ultraje diante de forças enormes e inexoráveis que tudo parece fútil. Assim, o estranho meio-mundo intelectual da aversão ao pessimismo segue adiante. Sei disso porque fiquei preso nele por muito tempo.

Nos anos desde que fundamos a DeepMind e desde aquelas apresentações, o discurso mudou — até certo ponto. O debate sobre a automação do trabalho foi repetido incontáveis vezes. Uma pandemia global demonstrou tanto os riscos quanto a potência da biologia sintética. Certa "reação tecnológica" emergiu, com os críticos reclamando da tecnologia e das empresas de tecnologia em jornais, em livros e nas capitais regulatórias de Washington, Bruxelas e Beijing. Medos outrora localizados se tornaram mainstream, o ceticismo público aumentou e as críticas vindas da academia, da sociedade civil e da política se intensificaram.

E, mesmo assim, em face da próxima onda e do grande dilema, e em face da elite tecnológica avessa ao pessimismo, nada disso basta.

O ARGUMENTO

Ondas estão por toda parte da vida humana. Esta é somente a última. Frequentemente, as pessoas parecem pensar que ela ainda está tão longe, é tão futurista e soa tão absurda que permanece no domínio de alguns poucos nerds e pensadores periféricos, sendo apenas mais hipérbole, mais blá-blá-blá tecnológico, mais boosterismo. Isso é um erro. A onda é real, tão real quanto o tsunami que vem do oceano azul.

Ela não é fantasia nem o exercício de algum intelectual coçando o queixo. Mesmo que discorde de meu argumento e ache que nada disso é provável, insisto que você continue lendo. Sim, venho de um background de IA e tendo a ver o mundo através de lentes tecnológicas. Sou tendencioso quando se trata de discutir se essa onda importa. Mesmo assim, tendo estado próximo dessa revolução em desdobramento pela última década e meia, estou convencido de que estamos no limite da mais importante transformação de nossas vidas.

Como criador dessas tecnologias, acredito que podemos produzir uma quantidade extraordinária de benefícios, mudar incontáveis vidas para melhor e enfrentar desafios fundamentais, ajudando a produzir a próxima geração de energia limpa a conseguir tratamentos baratos e efetivos para nossas piores condições médicas. As tecnologias podem e devem enriquecer nossas vidas; historicamente, vale a pena repetir, os inventores e empreendedores por trás delas foram poderosos impulsionadores do progresso, aumentando os padrões de vida para bilhões de nós.

Mas, sem contenção, todos os outros aspectos da tecnologia, até mesmo a discussão sobre suas deficiências éticas ou os benefícios que pode trazer, são inconsequentes. Precisamos urgentemente de respostas inequívocas para a questão de como a próxima onda pode ser controlada e contida, como as salvaguardas e os recursos dos Estados-nações democráticos podem ser mantidos, mas ninguém tem um plano assim. Esse é um futuro que nenhum de nós deseja, mas que temo ser cada vez mais provável, e explicarei por que nos próximos capítulos.

Na parte I, falaremos da longa história da tecnologia e como ela se dissemina — através de ondas que crescem ao longo de milênios. O que as impulsiona? O que as torna realmente generalizadas? Também veremos se há exemplos de sociedades que conscientemente disseram não às novas tecnologias. Em vez do afastamento da tecnologia, o passado é marcado por um pronunciado padrão de proliferações, resultando em cadeias cada vez mais amplas de consequências intencionais e não intencionais.

Chamo isso de "problema da contenção". Como manter o controle sobre as mais valiosas tecnologias já inventadas conforme elas se tornam mais baratas e se disseminam mais rapidamente que qualquer outra na história?

A parte II traz os detalhes da próxima onda. Em seu âmago, estão duas tecnologias de propósito geral de imensa promessa, poder e perigo: inteligência artificial e biologia sintética. Ambas vêm sendo anunciadas há muito, mas, mesmo assim, acredito que o escopo de seu impacto é frequentemente minimizado. Em torno delas, cresce uma multitude de tecnologias associadas, como robótica e computação quântica, cujos desenvolvimentos se cruzarão de maneiras complexas e turbulentas.

Nessa seção, analisaremos não somente como elas emergiram e o que podem fazer, mas também por que são tão difíceis de conter. As várias tecnologias de que falo partilham quatro características-chave que explicam por que são incomuns: elas são inerentemente gerais e, consequentemente, omniuso; elas hiperevoluem; elas têm impactos assimétricos; e, em alguns aspectos, elas são incrivelmente autônomas.

Sua criação é impulsionada por poderosos incentivos: competição geopolítica, imensas recompensas financeiras e uma cultura de pesquisa aberta e distribuída. Dezenas de atores estatais e não estatais continuarão tentando desenvolvê-las, independentemente dos esforços para regular e controlar o que está por vir, assumindo riscos que afetam a todos nós, gostemos ou não.

A parte III explora as implicações políticas de uma colossal redistribuição de poder engendrada por uma onda incontida. A fundação de nossa ordem política — e o ator mais importante na contenção das tecnologias — é o Estado-nação. Já abalado por crises, ele será ainda mais enfraquecido por uma série de choques amplificados pela onda: o potencial para novas formas de violência, um dilúvio de desinformação, o desaparecimento dos empregos e a perspectiva de acidentes catastróficos.

Mais adiante, a onda gerará um conjunto de mudanças tectônicas no poder, centralizando e descentralizando ao mesmo tempo. Isso criará vastos empreendimentos e fortalecerá o autoritarismo, mas, ao mesmo tempo, empoderará grupos e movimentos para viverem fora das estruturas sociais tradicionais. A delicada barganha do Estado-nação será colocada sob imensa pressão no momento em que mais precisamos de instituições como ele. É assim que chegamos ao dilema.

Na parte IV, a discussão passa para o que podemos fazer a respeito. Existe uma chance, por mínima que seja, de contenção, de nos contorcermos para fora do dilema? Se sim, como? Nessa seção, delineamos dez passos, trabalhando do nível do código de programação e do DNA até o nível dos tratados internacionais, formando um conjunto de restrições duras, uma no interior da outra, em um plano de contenção.

Este é um livro sofre enfrentar o fracasso. As tecnologias podem fracassar no sentido mundano de não funcionarem: o motor não dá partida, a ponte cai. Mas também podem fracassar em sentido mais amplo. Se a tecnologia prejudicar vidas humanas, produzir sociedades nocivas ou torná-las ingovernáveis porque empoderamos uma longa e caótica fileira de atores maléficos (ou involuntariamente perigosos) — se, no balanço final, a tecnologia for prejudicial —, então se pode dizer que ela fracassou em um sentido mais profundo: o de não estar à altura de sua promessa. Nesse sentido, o fracasso não é intrínseco à tecnologia, dependendo do contexto no qual opera, das estruturas de governo a que está sujeita e das redes de poder e dos usos a que é submetida.

A impressionante engenhosidade que dá origem a tanta coisa hoje significa que estamos melhores em evitar o primeiro tipo de fracasso. Menos aviões caem, os carros são mais limpos e confiáveis, os computadores são mais poderosos e seguros. Nosso grande desafio é que ainda não levamos em conta o segundo tipo de fracasso.

Ao longo dos séculos, a tecnologia aumentou dramaticamente o bem-estar de bilhões de pessoas. Somos incomensuravelmente mais saudáveis graças à medicina moderna, a maioria do mundo vive com abundância de alimentos, as pessoas nunca foram tão educadas, pacíficas ou materialmente confortáveis. Essas são realizações definidoras produzidas, em parte, por aquele grande motor da humanidade, a ciência e a criação de tecnologias. Foi por isso que devotei minha vida a desenvolver essas ferramentas de maneira segura.

Mas qualquer otimismo que derivemos dessa extraordinária história deve manter os pés na bruta realidade. Proteger-se do fracasso significa entender e depois enfrentar o que pode dar errado. Precisamos seguir a cadeia de raciocínio até seu ponto final lógico — sem medo de onde possa ser — e, ao chegar lá, fazer algo a respeito. A próxima onda de tecnologias ameaça fracassar mais rapidamente e em escala mais ampla que qualquer coisa que já tenhamos testemunhado. Essa situação precisa da atenção popular em todo o mundo. Ela precisa de respostas, respostas que não temos ainda.

À primeira vista, a contenção não é possível. Todavia, para nosso próprio bem, *precisa* ser possível.

Parte I

HOMO TECHNOLOGICUS

CAPÍTULO 2

PROLIFERAÇÃO INFINITA

O MOTOR

Durante a maior parte da história, para a maioria das pessoas, transporte pessoal significou uma coisa: caminhar. Ou, se você tivesse sorte, duas: ser carregado ou puxado por cavalos, bois, elefantes ou outros animais de carga. Mover-se entre assentamentos vizinhos — que dirá continentes — era difícil e demorado.

No início do século XIX, a ferrovia revolucionou o transporte, sendo sua maior inovação em milhares de anos, mas a maioria das jornadas não podia ser feita de trem, e as que podiam não eram muito personalizadas. As ferrovias, no entanto, deixaram uma coisa clara: os motores eram o futuro. Os motores a vapor capazes de impulsionar vagões de trem exigiam grandes caldeiras externas. Mas, se conseguisse reduzi-los a um tamanho administrável, portátil, você daria aos indivíduos maneiras novas e radicais de se movimentarem.

Os inovadores tentaram várias abordagens. Ainda no século XVIII, um inventor francês chamado Nicolas-Joseph Cugnot construiu uma espécie de carro movido a vapor. Ele se arrastava a imponentes 3,2 quilômetros por hora e trazia uma grande caldeira pendular pendurada na frente. Em 1863, o inventor belga Jean Joseph Étienne Lenoir criou o primeiro veículo com motor de combustão interna, conseguindo se afastar 11 quilômetros de Paris. Mas o motor era pesado, e a velocidade, limitada. Outros experimentaram com eletricidade e hidrogênio. Nada pegou, mas o sonho do transporte pessoal autopropelido persistiu.

Então as coisas começaram a mudar, lentamente no início. Um engenheiro alemão chamado Nicolaus August Otto passou anos trabalhando em um motor a gasolina, muito menor que o motor a vapor. Em 1876, em uma fábrica da Deutz AG em Colônia, ele produziu o primeiro motor de combustão interna funcional, o modelo de "quatro tempos". Estava pronto para a produção em massa, mas não antes de Otto brigar com seus parceiros comerciais, Gottlieb Daimler e Wilhelm Maybach. Otto queria usar seu motor em contextos estacionários como bombas-d'água ou fábricas. Seus parceiros enxergavam outro uso para os motores cada vez mais poderosos: o transporte.

Mas foi outro engenheiro alemão, Carl Benz, quem chegou primeiro. Usando sua versão de um motor de combustão interna de quatro tempos, em 1886 ele patenteou o Motorwagen, agora visto como primeiro carro propriamente dito do mundo. A estranha engenhoca de três rodas debutou sob os olhos céticos do público. Foi somente quando a esposa e parceira comercial dele, Bertha, dirigiu os 105 quilômetros de Mannheim até a casa da mãe em Pforzheim que o carro começou a fazer sucesso. Supostamente, ela o pegou sem o conhecimento de Benz, abastecendo com solvente comprado nas farmácias ao longo do caminho.

Uma nova era teve início. Mas os carros e os motores de combustão interna que os impulsionavam permaneceram impossivelmente caros, para além dos recursos de qualquer um, com exceção dos mais ricos. Ainda não existiam malhas rodoviárias e postos de combustível. Em 1893, Benz vendera meros 69 veículos; em 1900, somente 1.709. Vinte anos após a patente, havia apenas 35 mil veículos nas estradas alemãs.[1]

O ponto de virada foi o Model T de Henry Ford em 1908. Seu veículo simples, mas efetivo, foi construído a partir de uma abordagem revolucionária: a linha de montagem móvel. Um processo eficiente, linear e repetitivo permitiu que ele reduzisse o preço dos veículos pessoais, ampliando o número de compradores. Na época, a maioria dos carros custava por volta de 2 mil dólares. O de Ford custava 850 dólares.

Nos primeiros anos, as vendas do Model T eram contadas em milhares. Ford continuou a aumentar a produção e baixar os preços, argumentando: "Todas as vezes que reduzo o preço de nosso carro em 1 dólar, consigo mil novos compradores."[2] Na década de 1920, ele estava vendendo milhões de carros todos os anos. Pela primeira vez, os americanos de classe média podiam arcar com o custo do transporte motorizado. Os automóveis proliferaram com imensa velocidade. Em 1915, somente 10% dos americanos tinha carro;[3] em 1930, esse número chegara a espantosos 59%.

Hoje, 2 bilhões de motores de combustão estão em tudo, de cortadores de grama a navios de contêineres. Cerca de 1,4 bilhão deles está em carros.[4] Eles se tornaram constantemente mais acessíveis, eficientes, poderosos e adaptáveis. Todo um modo de vida, e talvez até mesmo toda uma civilização, desenvolveu-se em torno deles, de bairros suburbanos a fazendas industriais, restaurantes drive-thru e cultura de customização de carros. Vastas rodovias foram construídas, às vezes atravessando cidades e separando bairros, mas conectando regiões distantes. A anteriormente desafiadora noção de se mover de um lugar para outro em busca de prosperidade ou diversão se tornou uma característica regular da vida humana.

Os motores não impulsionavam apenas veículos; eles impulsionavam a história. Agora, graças aos motores elétricos e de hidrogênio, o reino do motor de combustão está em seu ocaso. Mas a era da mobilidade em massa a que ele deu início, não.

Tudo isso teria parecido impossível no início do século XIX, quando o transporte autopropelido ainda era coisa de sonhadores brincando com fogo, volantes e pedaços de metal. Mas com aqueles primeiros experimentadores começou uma maratona de invenção e produção que transformou o mundo. De algumas oficinas manchadas de óleo na Alemanha surgiu uma tecnologia que afetou todo ser humano da Terra.

Essa, porém, não é a história somente dos motores e dos carros. É a história da própria tecnologia.[5]

ONDAS DE PROPÓSITO GERAL: O RITMO DA HISTÓRIA

A tecnologia tem uma trajetória clara e inevitável: a difusão massiva em grandes ondas.[6] Isso é verdadeiro desde as primeiras ferramentas de lascas de pedra e ossos até os últimos modelos de IA. Conforme a ciência produz novas descobertas,[7] as pessoas as aplicam para produzir alimentos mais baratos, mercadorias melhores e transportes mais eficientes. Ao longo do tempo, a demanda pelos melhores produtos e serviços aumenta, levando a competição a produzir versões mais baratas com ainda mais características adicionais. Isso, por sua vez, gera mais demanda pelas tecnologias que criaram esses produtos e serviços, e elas também se tornam mais fáceis e baratas de usar. Os custos continuam a cair. As capacidades aumentam. Tentativa, repetição, uso. Crescimento, melhoria, adaptação. Essa é a inescapável natureza evolutiva da tecnologia.

Essas ondas de tecnologia e inovação estão no centro deste livro. Ainda mais importante, elas estão no centro da história humana. Se entendermos essas ondas complexas, caóticas e cumulativas, o desafio da contenção se tornará claro. Se entendermos sua história, poderemos começar a esboçar seu futuro.

Então o que é uma onda? Dito de modo simples, uma onda é um conjunto de tecnologias que surgem ao mesmo tempo,[8] impulsionadas por uma ou várias novas tecnologias de propósito geral, com profundas implicações sociais. Com "tecnologias de propósito geral"[9] quero dizer aquelas que permitem avanços sísmicos no que os seres humanos podem fazer. A sociedade se desdobra paralelamente a esses saltos. Vemos isso repetidamente: uma nova peça de tecnologia, como o motor de combustão interna, prolifera e transforma tudo à sua volta.

A história humana pode ser contada através dessas ondas: a evolução de sermos primatas vulneráveis sobrevivendo na savana para nos tornarmos, para o bem ou para o mal, a força dominante do planeta. Os humanos são uma espécie inatamente tecnológica. Desde o início, jamais estivemos separados das ondas de tecnologia que criamos. Evoluímos juntos, em simbiose.

As primeiras ferramentas de pedra têm 3 milhões de anos, muito anteriores ao surgimento do *Homo sapiens*, como evidenciado por utensílios de pedra desgastados e facas rudimentares. O simples machado de mão fez parte da primeira onda tecnológica da história. Animais podiam ser mortos com mais eficiência, carcaças, retalhadas, rivais, combatidos. Em algum momento, os primeiros humanos aprenderam a manipular essas ferramentas com mais destreza, dando origem à costura, à pintura, ao entalhe e ao preparo de alimentos.

Outra onda foi igualmente crucial: o fogo. Manipulado por nosso ancestral *Homo erectus*, ele era fonte de luz, calor e proteção contra predadores. E teve pronunciado impacto na evolução: cozinhar a comida significou liberação mais rápida de sua energia, permitindo que o sistema digestivo humano encolhesse e seu cérebro crescesse.[10] Nossos ancestrais, cujos maxilares fortes impediam o crescimento do crânio, passavam o tempo todo mastigando e digerindo os alimentos, como os primatas de hoje. Liberados dessa necessidade mundana pelo fogo, puderam dedicar mais tempo a coisas como localizar alimentos ricos em energia, fabricar ferramentas ou construir redes sociais complexas. A fogueira se tornou o centro da vida humana, ajudando a estabelecer comunidades e relacionamentos e organizando o trabalho. A evolução do *Homo sapiens* surfou essas ondas. Não somos somente os criadores de nossas ferramentas. Somos, mesmo no nível biológico, anatômico, um produto delas.

Cantaria e fogo foram prototecnologias de propósito geral, significando que eram pervasivas, permitindo novas invenções, bens e comportamentos organizacionais. As tecnologias de propósito geral ondulam ao longo das sociedades, das geografias e da história.[11] Elas escancaram as portas da invenção, possibilitando dezenas de ferramentas e processos posteriores. Frequentemente, são construídas a partir de algum tipo de princípio de propósito geral, seja o poder do vapor para realizar tarefas ou a teoria da informação por trás do código binário dos computadores.

A ironia das tecnologias de propósito geral é que, em pouco tempo, elas se tornam invisíveis e passamos a tratá-las como se sempre tivessem existido. Linguagem, agricultura, escrita, cada uma delas foi uma tecnologia de propósito geral no centro de uma onda inicial.¹² Essas três ondas formaram a fundação da civilização como a conhecemos. Agora estamos habituados a elas. Um grande estudo concluiu que somente 24 tecnologias de propósito geral emergiram durante toda a história humana, com invenções que vão da agricultura, do sistema fabril e do desenvolvimento de materiais como ferro e bronze às prensas móveis, à eletricidade e, claro, à internet.¹³ Não há muitas delas, mas elas são importantes; é por isso que, na imaginação popular, ainda usamos termos como Idade do Bronze e Era das Navegações.

Ao longo da história, o tamanho da população e os níveis de inovação estiveram ligados.¹⁴ Novas ferramentas e técnicas geram populações maiores. Populações maiores e mais conectadas são cadinhos mais potentes para a bricolagem, a experimentação e a descoberta fortuita, um "cérebro coletivo" mais poderoso para a criação de coisas novas.¹⁵ Grandes populações dão origem a níveis mais altos de especialização e novas classes de pessoas, como artesãos e eruditos, cujo ganha-pão não está ligado à terra. Mais pessoas cujas vidas não giram em torno da subsistência equivalem a mais possíveis inventores e mais possíveis razões para se ter invenções, e essas invenções, por sua vez, equivalem a mais pessoas. Desde as primeiras civilizações — como Uruque, na Mesopotâmia, o local de nascimento do cuneiforme, o primeiro sistema de escrita conhecido — até as megalópoles de hoje, as cidades impulsionam o desenvolvimento tecnológico. E mais tecnologia significou cidades maiores e mais numerosas. No início da Revolução Agrícola, a população humana mundial era de somente 2,4 milhões de pessoas.¹⁶ No início da Revolução Industrial, aproximava-se de 1 bilhão, um crescimento de quatrocentas vezes devido às ondas do período intermediário.

A Revolução Agrícola (9000–7500 a.C.), uma das ondas mais significativas da história, marcou a chegada de duas imensas tecnologias de propósito geral que gradualmente substituíram o modo de vida nômade dos caçadores-coletores: a domesticação das plantas e a domesticação dos animais. Isso mudou não somente a maneira como a comida era encontrada, mas também como podia ser armazenada, o funcionamento do transporte e a própria escala na qual a sociedade podia operar. Os primeiros grãos cultivados, como trigo, cevada, lentilha, grão-de-bico e ervilha, e animais, como porcos, ovelhas e bodes passaram a estar sujeitos ao controle humano. Em determinado momento a isso se aliou uma nova revolução das ferramentas: enxadas e arados. Essas inovações simples marcaram o início das civilizações modernas.

Quanto mais ferramentas você tem, mais pode fazer e mais pode imaginar novas ferramentas e processos derivados delas. Como disse o antropólogo de Harvard Joseph Henrich, a roda chegou surpreendentemente tarde na vida humana.[17] Mas, depois que foi inventada, tornou-se um bloco de construção para tudo, de bigas e carroças a moinhos, prensas e volantes. Da palavra escrita a navios a vela, a tecnologia aumenta a interconexão, ajudando a aumentar seu próprio fluxo e dispersão. Cada onda estabelece a base para as ondas sucessivas.

Ao longo do tempo, essa dinâmica acelera. A partir da década de 1770 na Europa, a primeira onda da Revolução Industrial combinou energia a vapor, teares mecanizados, sistema fabril e canais. Na década de 1840, veio a era das ferrovias, telégrafos e navios a vapor e, um pouco mais tarde, aço e máquinas operatrizes; juntos, eles formaram a Primeira Revolução Industrial. Então, somente algumas décadas depois, veio a Segunda Revolução Industrial. Você está familiarizado com seus maiores sucessos: o motor de combustão interna, a engenharia química, o voo motorizado e a eletricidade. O voo precisava de combustão, a produção em massa de motores de combustão precisava de aço e de máquinas operatrizes e assim por diante. Depois da Revolução Industrial, mudanças gigantescas passaram a ser medidas em décadas, e não séculos ou milênios.

Mas esse não é um processo ordenado. As ondas tecnológicas não chegam com a clara previsibilidade das marés. No longo prazo, elas se cruzam e se intensificam de maneira errática. Os 10 mil anos até 1000 a.C. viram surgir sete tecnologias de propósito geral.[18] Os duzentos anos entre 1700 e 1900 marcaram a chegada de seis, dos motores a vapor à eletricidade. E, somente nos últimos cem anos, houve sete.[19] Considere que crianças que cresceram viajando de cavalo e charrete e queimando madeira para se aquecer no fim do século XIX passaram seus últimos dias viajando de avião e morando em casas aquecidas pela fissão do átomo.

As ondas — pulsando, emergindo, se sucedendo, misturando e polinizando — definem o horizonte de possibilidade tecnológica de uma era. Elas são parte de nós. Não existe nenhum ser humano não tecnológico.

Essa concepção da história como série de ondas de inovação não é nova. Grupos sequenciais e disruptivos de tecnologias são recorrentes nas discussões tecnológicas. Para o futurista Alvin Toffler, a revolução da tecnologia de informação foi uma "terceira onda" na sociedade humana, seguindo-se às revoluções agrícola e industrial.[20] Joseph Schumpeter vê as ondas como explosões de inovação deflagrando novos negócios em rajadas de "destruição criativa". O grande filósofo da tecnologia Lewis Mumford acreditava que a "era da máquina" era mais como três grandes ondas sucessivas se desdobrando ao longo de mil anos.[21] Mais recentemente, a economista Carlota Perez falou de "paradigmas tecnoeconômicos" mudando rapidamente em meio a revoluções tecnológicas.[22] Momentos de grande perturbação e especulação selvagem modificam economias. Subitamente, tudo depende de ferrovias, carros ou microprocessadores. Finalmente, a tecnologia amadurece, é incorporada e se torna amplamente disponível.

A maioria das pessoas na área tecnológica está presa nas minúcias do hoje e sonhando com o amanhã. É tentador pensar em invenções como momentos discretos e afortunados. Mas, se fizer isso, você perderá os rígidos padrões da história, a absoluta e quase inata tendência das ondas tecnológicas de surgirem repetidamente.

A PROLIFERAÇÃO É O PADRÃO

Durante a maior parte da história, a proliferação de novas tecnologias foi rara. A maioria dos humanos nasceu, viveu e morreu cercada pelo mesmo conjunto de ferramentas e tecnologias. Mas, se você se afastar um pouco, perceberá que a proliferação é o padrão.

As tecnologias de propósito geral se tornam ondas quando se difundem amplamente. Sem uma difusão global épica e quase descontrolada, não é uma onda, mas uma curiosidade histórica. Quando a difusão começa, no entanto, o processo ecoa através da história, da disseminação da agricultura pela Eurásia à lenta dispersão dos moinhos de água do Império Romano por toda a Europa.[23] Quando a tecnologia consegue tração, quando a onda começa a crescer, o padrão histórico que vimos no caso dos carros fica claro.

Quando Gutenberg inventou a prensa móvel em 1440, só havia uma na Europa: a original em Mainz, Alemanha. Apenas cinquenta anos depois, havia mil prensas espalhadas pelo continente.[24] Os próprios livros, uma das mais influentes tecnologias da história, multiplicaram-se com velocidade explosiva. Na Idade Média, a produção de manuscritos era da ordem de centenas de milhares por grande país por século. Cem anos depois de Gutenberg, países como Itália, França e Alemanha produziam cerca de 40 milhões de livros a cada meio século, e esse ritmo ainda estava aumentando. No século XVII, a Europa imprimiu 500 milhões de livros.[25] Quando a demanda disparou, os custos despencaram. Uma análise estima que a introdução da prensa móvel no século XV causou um decréscimo de 340 vezes no preço dos livros, impulsionando a adoção e aumentando ainda mais a demanda.[26]

Ou veja o caso da eletricidade. As primeiras estações elétricas foram inauguradas em Londres e Nova York em 1882, Milão e São Petersburgo em 1883 e Berlim em 1884.[27] Sua disseminação acelerou a partir de então. Em 1900, 2% do combustível fóssil foi dedicado a produzir eletricidade; em 1950, mais de 10%; e, em 2000, mais de 30%. Em 1900, a geração global de eletricidade era de 8 terawatt-hora;[28] cinquenta anos depois, de 600, fornecendo energia a uma economia transformada.

O economista vencedor do Prêmio Nobel da Paz William Nordhaus calculou que a mesma quantidade de trabalho que já produziu 54 minutos de luz de qualidade no século XVIII agora produz mais de cinquenta anos. Como resultado, uma pessoa comum no século XXI tem acesso a aproximadamente 438 mil lúmens-hora por ano a mais que seus primos do século XVIII.[29]

Sem surpresa, as tecnologias de consumo exibem uma tendência similar. Alexander Graham Bell introduziu o telefone em 1876. Em 1900, os Estados Unidos tinham 600 mil telefones. Dez anos depois, 5,8 milhões.[30] Hoje, têm mais telefones que pessoas.[31]

A qualidade crescente se une aos preços decrescentes nesse retrato.[32] Uma TV primitiva custando mil dólares em 1950 custaria somente 8 dólares em 2023, embora, é claro, as TVs de hoje sejam infinitamente melhores e, portanto, mais caras. É possível encontrar curvas de preço (e adoção) quase idênticas para carros, micro-ondas e máquinas de lavar. De fato, os séculos XX e XXI viram uma adoção notavelmente consistente de novos eletrônicos de consumo. Uma vez após a outra, o padrão é inequívoco.

A proliferação é catalisada por duas forças: a demanda e a resultante queda dos custos, que motivam a tecnologia a se tornar cada vez melhor e mais barata. O longo e intrincado diálogo entre ciência e tecnologia produz uma cadeia de insights, descobertas e ferramentas que cresce e se fortalece ao longo do tempo, em recombinações produtivas que impulsionam o futuro. Tecnologias mais abundantes e mais baratas permitem o surgimento de novas tecnologias, também mais baratas. O Uber seria impossível sem o smartphone, que se tornou possível pelo GPS, que se tornou possível pelos satélites, que se tornaram possíveis pelos foguetes, que se tornaram possíveis pelas técnicas de combustão, que se tornaram possíveis pela linguagem e pelo fogo.

É claro que, por trás de cada avanço tecnológico, há pessoas. Elas trabalham para aprimorar a tecnologia em oficinas, laboratórios e garagens, motivadas pelo dinheiro, pela fama e, frequentemente, pelo próprio conhecimento. Tecnólogos, inovadores e empreendedores progridem ao criar e, crucialmente, copiar. Do arado superior de seu inimigo aos celulares de última geração, copiar é um impulsionador crítico da difusão. A imitação gera competição, e a tecnologia melhora ainda mais.[33] As economias de escala se instalam e reduzem os custos.

O apetite da civilização por tecnologias úteis e mais baratas é infinito. Isso não mudará.

DAS VÁLVULAS TERMIÔNICAS AOS NANÔMETROS: A TURBOPROLIFERAÇÃO

Se você quer uma pista do que vem a seguir, considere a fundação da última onda madura. Desde o início, os computadores foram impulsionados pelas novas fronteiras da matemática e pelas urgências de grandes conflitos de poder.

Como o motor de combustão interna, a computação começou com artigos acadêmicos obscuros e curiosos de laboratório.[34] Então veio a guerra. Na década de 1940, Bletchley Park, o centro ultrassecreto de decifração de códigos da Grã-Bretanha durante a Segunda Guerra Mundial, foi o primeiro a começar a criar um computador de verdade. Correndo para decifrar as supostamente invioláveis máquinas alemãs Enigma, uma extraordinária equipe transformou insights teóricos em um mecanismo prático capaz de fazer exatamente isso.

Outros seguiram o mesmo caminho. Em 1945, um importante precursor dos computadores chamado Eniac, um colosso de 2,5 metros e 10 mil válvulas termiônicas capaz de realizar trezentas operações por segundo, foi desenvolvido na Universidade da Pensilvânia.[35] A Bell Labs deu início a outro avanço significativo em 1947: o transistor, um semicondutor que criava "circuitos lógicos" para realizar cálculos. O dispositivo rudimentar, que incluía um clipe de papel, um pedaço de folha de ouro e um cristal de germânio capaz de inverter sinais eletrônicos, foi a base da era digital. Como no caso dos carros, não era óbvio para os observadores da época que a computação se disseminaria com rapidez. No fim da década de 1940, havia somente alguns desses dispositivos. No início daquela década, o presidente da IBM, Thomas J. Watson, supostamente (e notoriamente) dissera: "Acho que existe mercado mundial para uns cinco computadores."[36] A revista *Popular Mechanics* fez uma previsão típica de sua época em 1949: "No futuro, os computadores podem ter somente mil válvulas termiônicas [...] e talvez pesem somente 1,5 tonelada."[37] Uma década após Bletchley, havia somente algumas centenas de computadores em todo o mundo.

Sabemos o que aconteceu em seguida. A computação transformou a sociedade mais rapidamente do que qualquer um previra e proliferou mais rapidamente que qualquer outra invenção da história humana. Robert Noyce inventou o circuito integrado na Fairchild Semiconductor no fim da década de 1950 e início da década de 1960, imprimindo transistores em pastilhas de silício para produzir o que passou a ser conhecido como chips de silício. Logo depois, um pesquisador chamado Gordon Moore propôs a "lei" epônima: a cada 24 meses, o número de transistores de um chip dobraria. Isso implicava que o chip — e, por extensão, o mundo da tecnologia digital e computacional — estaria sujeito à curva ascendente de um processo exponencial.

Os resultados foram espantosos. Desde o início da década de 1970, o número de transistores por chip aumentou 10 milhões de vezes. Seu poder aumentou em dez ordens de magnitude: *uma melhoria de 17 bilhões de vezes.*[38] A Fairchild Semiconductor vendeu cem transistores por 150 dólares cada em 1958. Hoje, dezenas de trilhões de transistores são produzidos por segundo, a bilionésimos de dólar por unidade, na mais rápida e extensa proliferação da história.

E, é claro, esse crescimento do poder computacional escorou o florescimento de dispositivos, aplicativos e usuários. No início da década de 1970, havia cerca de meio milhão de computadores.[39] Em 1983, somente 562 computadores estavam conectados à internet primordial. Hoje, o número de computadores, smartphones e dispositivos conectados é estimado em 14 bilhões.[40] Os smartphones levaram alguns anos para deixar de ser um produto de nicho e se tornar um item profundamente essencial para dois terços do planeta.

Com essa onda, vieram o e-mail, as redes sociais e os vídeos on-line, cada um deles uma experiência fundamentalmente nova tornada possível pelo transistor e por outra tecnologia de propósito geral, a internet. Essa é a aparência da proliferação tecnológica pura, incontida. E ela criou uma proliferação ainda mais atordoante: os dados, que cresceram vinte vezes somente na década 2010-2020.[41] Há somente algumas dezenas de anos, o armazenamento de dados era domínio de livros e arquivos empoeirados. Agora, humanos produzem centenas de bilhões de e-mails, mensagens, imagens e vídeos diariamente e os armazenam na nuvem.[42] Dezoito milhões de gigabytes de dados são acrescentados à soma global a cada minuto de cada dia.

Bilhões de horas de vida humana são consumidas, modeladas, distorcidas e enriquecidas por essas tecnologias. Elas dominam nossos negócios e nosso lazer. Ocupam nossas mentes e cada fenda de nossos mundos, de geladeiras, temporizadores, portas de garagem e aparelhos auditivos a turbinas eólicas. Elas compõem a própria arquitetura da vida moderna. Nossos telefones são a primeira coisa que vemos pela manhã e a última à noite. Todo aspecto da vida humana é afetado: essas tecnologias nos ajudam a encontrar amor e fazer novos amigos enquanto turbinam as cadeias logísticas. Elas influenciam quem é eleito e como, onde nosso dinheiro é investido, a autoestima de nossos filhos, nossos gostos musicais, nossa moda, nossa comida e todo o restante.

Alguém do pós-guerra ficaria pasmo com a escala e o alcance do que parecia uma tecnologia de nicho. A notável capacidade da computação de se disseminar e melhorar a taxas exponenciais, de penetrar e aprimorar praticamente todos os aspectos da vida tornou-se o fato dominante da civilização contemporânea. Nenhuma onda anterior cresceu tão rapidamente, mas o padrão histórico se repete da mesma maneira. Inicialmente, ela parece impossível e inimaginável. Então parece inevitável. E cada onda fica ainda maior e mais forte.

É fácil se perder nos detalhes, mas dê um passo para trás e você verá as ondas ganhando velocidade, escopo, acessibilidade e consequência. Quando ganham ímpeto, elas raramente param. Difusão em massa, proliferação bruta e desenfreada — esse é o padrão histórico da tecnologia, a coisa mais próxima do estado natural. Pense na agricultura, nas ferramentas de bronze, na prensa móvel, no automóvel, na televisão, no smartphone e em todo o restante. E então existem o que parecem ser leis da tecnologia, algo como um caráter inerente, propriedades emergentes que resistem ao teste do tempo.

A história nos diz que a tecnologia se difunde de modo inevitável, finalmente chegando a quase todos os lugares, das primeiras fogueiras às chamas do foguete Saturn V, das primeiras letras garatujadas aos textos infinitos da internet. Os incentivos são esmagadores. As capacidades se acumulam e as eficiências aumentam. As ondas ficam cada vez mais rápidas e significativas. O acesso à tecnologia se torna mais barato. Ela prolifera e, a cada onda sucessiva, essa proliferação se acelera e fica mais penetrante, ao mesmo tempo que a tecnologia se torna mais poderosa.

Essa é a norma histórica. Ao olharmos para o futuro, é isso que podemos esperar.

Ou será que não?

CAPÍTULO 3

O PROBLEMA DA CONTENÇÃO

EFEITOS-REVANCHE

Alan Turing e Gordon Moore jamais poderiam ter previsto, e muito menos contido, o crescimento das redes sociais, dos memes, da Wikipédia ou dos ataques cibernéticos. Décadas após sua invenção, os arquitetos da bomba atômica estavam tão impotentes diante de uma guerra nuclear quanto Henry Ford diante de um acidente de carro. O desafio inevitável da tecnologia é que seus criadores rapidamente perdem o controle sobre o caminho seguido por suas invenções quando elas são apresentadas ao mundo.

A tecnologia existe em um sistema complexo e dinâmico (o mundo real) no qual consequências de segunda, terceira e enésima ordem reverberam de modo imprevisível. O que no papel parece impecável pode se comportar de maneira diferente quando está à solta, especialmente em cópias e adaptações posteriores. O que as pessoas realmente farão com sua invenção, por mais bem-intencionada que seja, nunca é garantido. Thomas Edison inventou o fonógrafo para que as pessoas pudessem registrar seus pensamentos para a posteridade e para ajudar os cegos. Ele ficou horrorizado quando a maioria das pessoas quis simplesmente ouvir música. Alfred Nobel queria que seus explosivos fossem usados somente na mineração e na construção de ferrovias.

Tudo que Gutenberg queria era ganhar dinheiro imprimindo Bíblias. Mas sua prensa foi a catalisadora da Revolução Científica e da Reforma, tornando-se assim a maior ameaça à Igreja Católica desde seu estabelecimento. Os fabricantes de geladeiras não queriam criar um buraco na camada de ozônio com os clorofluorcarbonetos (CFCs), assim como os criadores da combustão interna e dos motores a jato não pensavam em derreter as calotas de gelo. Aliás, os primeiros entusiastas dos automóveis defenderam seus benefícios ambientais: os motores livrariam as ruas de montanhas de esterco de cavalo que espalhavam sujeira e doenças pelas áreas urbanas. Eles sequer concebiam o aquecimento global.

Entender a tecnologia é, em parte, tentar entender suas consequências involuntárias, tentar prever não somente as repercussões positivas, mas também os "efeitos revanches".[1] Dito de modo simples, qualquer tecnologia é capaz de dar errado, com frequência de maneiras que contradizem diretamente seu propósito original. Pense na maneira como os opioides prescritos criaram dependência, como o uso excessivo de antibióticos os tornou menos efetivos ou como a proliferação de satélites e seus detritos criaram riscos para as viagens espaciais.

Quando a tecnologia prolifera, mais pessoas podem usá-la, adaptá-la e modelá-la da maneira que quiserem, em cadeias de causalidade que estão muito além da compreensão individual. Conforme o poder de nossas ferramentas cresce exponencialmente e o acesso a elas aumenta em grande velocidade, o mesmo se dá com os danos potenciais, em um labirinto de consequências que ninguém pode totalmente prever ou evitar. Um dia, alguém está escrevendo equações em um quadro-negro ou mexendo em um protótipo na garagem, uma tarefa aparentemente irrelevante para o mundo mais amplo. Décadas depois, essa tarefa cria questões existenciais para a humanidade. Conforme construíamos sistemas cada vez mais poderosos, esse aspecto da tecnologia passou a me parecer cada vez mais urgente. Como podemos garantir que a nova onda de tecnologias faça mais bem que mal?

O problema da tecnologia aqui é o problema da contenção. Embora esse aspecto não possa ser eliminado, ele pode ser reduzido. A contenção é a abrangente capacidade de controlar, limitar e, se necessário, interromper tecnologias em qualquer estágio de seu desenvolvimento ou emprego. Ela significa, em algumas circunstâncias, a habilidade de impedir que a tecnologia prolifere, em primeiro lugar, interrompendo a reverberação de consequências imprevistas (boas e más).

Quanto mais poderosa a tecnologia, mais entranhada ela está em toda faceta da vida e da sociedade. Assim, os problemas da tecnologia tendem a escalar paralelamente a suas capacidades, de modo que a necessidade de contenção se intensifica com o tempo.

Isso isenta de alguma maneira os tecnólogos? De modo algum; mais que qualquer outro, cabe a nós enfrentar esse problema. Podemos não ser capazes de controlar os destinos finais de nosso trabalho ou seus efeitos de longo prazo, mas isso não é razão para abdicarmos da responsabilidade. As decisões que tecnólogos e sociedades tomam na fonte ainda podem modelar os resultados. Só porque as consequências são difíceis de prever, não significa que não devemos tentar.

Na maioria dos casos, a contenção se refere ao controle, à capacidade de interromper um uso, alterar uma direção de pesquisa ou negar acesso a atores nocivos. Significa preservar a habilidade de conduzir as ondas para assegurar que seu impacto reflita nossos valores, ajude-nos a prosperar como espécie e não introduza danos que superem os benefícios.

Este capítulo mostra quão desafiador e raro é conseguir isso.

A CONTENÇÃO É A BASE

Para muitos, a palavra "contenção" traz ecos da Guerra Fria.[2] O diplomata americano George F. Kennan argumentou que "o principal elemento de qualquer política norte-americana em relação à União Soviética deve visar à contenção de longo prazo, paciente, mas firme e vigilante, das tendências expansionistas russas". Vendo o mundo como um campo de conflito em perene modificação, Kennan afirmou que as nações ocidentais precisavam monitorar e se contrapor ao poder soviético onde quer que o encontrassem, contendo seguramente a ameaça vermelha e seus tentáculos ideológicos em *todas* as dimensões.

Embora essa leitura da contenção ofereça algumas lições úteis, ela é inadequada a nossos propósitos. A tecnologia não é um adversário, mas uma propriedade básica da sociedade humana. Conter a tecnologia precisa ser um programa muito mais fundamental, um equilíbrio de poder não entre atores rivais, mas entre os seres humanos e nossas ferramentas. É um pré-requisito necessário para a sobrevivência de nossa espécie no próximo século. A contenção inclui regulamentação, mais segurança técnica, novos modelos de governança e propriedade e novos modos de prestação de contas e transparência, todos precursores necessários (mas não suficientes) de uma tecnologia mais segura. Trata-se de uma trava abrangente unindo engenharia de ponta, valores éticos e regulamentação governamental. A contenção não deve ser vista como resposta final a todos os problemas tecnológicos; ela é antes o primeiro — e crítico — passo, uma base sobre a qual construir o futuro.

Pense na contenção, então, como um conjunto de mecanismos técnicos, culturais, legais e políticos, interligados e mutuamente reforçadores, para manter controle social sobre a tecnologia em uma época de mudança exponencial; uma arquitetura à altura da tarefa de conter o que outrora seriam séculos ou milênios de mudança tecnológica acontecendo agora em questão de anos ou mesmo meses, com consequências que ricocheteiam pelo mundo em segundos.

A contenção técnica se refere ao que acontece em um laboratório ou instalação de pesquisa e desenvolvimento. Em IA, por exemplo, significa lacunas de ar, caixas de areia, simulações, interruptores e medidas embutidas de segurança — protocolos para verificar a segurança, a integridade ou a natureza não comprometida de um sistema e desligá-lo se necessário. Então vêm os valores e culturas ligados à criação e disseminação, que sustentam fronteiras, camadas de governança, aceitação de limites e vigilância para danos e consequências imprevistas. Por fim, a contenção inclui mecanismos nacionais e internacionais: regulamentações aprovadas por legislaturas nacionais e tratados negociados na ONU e outras entidades globais. A tecnologia está sempre profundamente embrenhada em todos os níveis de leis e costumes, normas e hábitos, estruturas de poder e de conhecimento de qualquer sociedade: todos precisam ser abordados. Retornaremos a isso com mais detalhes na parte IV.

Por agora, você pode estar se perguntando: já tentamos conter uma onda antes?

JÁ DISSEMOS NÃO?

Quando as prensas móveis começaram a rugir na Europa no século XV, o Império Otomano teve uma resposta bastante diferente.[3] Tentou bani-las. Descontente com a perspectiva de produção maciça e não regulamentada de conhecimento e cultura, o sultão considerou a prensa uma inovação estrangeira, "ocidental". A despeito de rivalizar com cidades como Londres, Paris e Roma em termos de população, Istambul só passou a ter prensas móveis sancionadas em 1727, quase três séculos após sua invenção. Durante muito tempo, os historiadores viram a resistência do Império Otomano como exemplo clássico de tecnonacionalismo inicial, uma rejeição consciente e retrógrada da modernidade.

Mas é mais complicado que isso. Nas regras do império, somente os caracteres árabes foram banidos, não a impressão em geral. Mais que uma postura fundamentalmente antitecnológica, o banimento se deveu ao imenso custo e complexidade de imprimir textos em língua árabe: somente o sultão podia financiar a impressão, e sucessivos sultões tiveram pouco interesse por ela. Assim, a impressão otomana parou; durante algum tempo, o império disse "não, obrigado". Mas, finalmente, como em todo o mundo, a impressão se tornou um fato da vida no Império Otomano e nos países descendentes. Parece que os Estados podem dizer "não", mas, conforme as coisas ficam mais baratas e são mais amplamente usadas, não podem dizer "não" para sempre.

Em retrospecto, as ondas podem parecer suaves e inevitáveis. Mas há uma variedade quase infinita de fatores menores, locais e frequentemente arbitrários que afetam a trajetória de uma tecnologia. Aliás, ninguém deve pensar que a difusão é fácil. Ela pode ser cara, lenta e arriscada ou exigir dolorosas mudanças de comportamento, só realizáveis ao longo de décadas ou vidas inteiras. Ela tem que lutar contra os interesses e conhecimentos estabelecidos e contra aqueles que, com ciúmes, se agarram a ambos. O medo e a suspeita de tudo que é novo e diferente são endêmicos. Todo mundo, de guildas de artesãos habilidosos a monarcas desconfiados, tem uma razão para recuar. Os luditas, os grupos que rejeitaram violentamente as técnicas industriais, não são uma exceção no que se refere à chegada de novas tecnologias; eles são a norma.

Em tempos medievais, o papa Urbano II quis banir a balestra. A rainha Elizabeth I vetou um novo tipo de máquina de tricô no fim do século XVI porque poderia aborrecer as guildas. As guildas criticaram e destruíram novos tipos de teares e tornos em Nuremberg, Danzig, Países Baixos e Inglaterra. John Kay, inventor da lançadeira transportadora, que tornou a tecelagem mais eficiente e foi uma das tecnologias-chave da Revolução Industrial, ficou com tanto medo das represálias violentas que fugiu da Inglaterra para a França.[4]

Ao longo da história, as pessoas tentaram resistir às novas tecnologias porque se sentiam ameaçadas e temiam que seu ganha-pão e seu modo de vida fossem destruídos. Lutando, como achavam estar, pelo futuro de suas famílias, se necessário elas destruíam fisicamente o que estava por vir. Se as medidas pacíficas falhassem, os luditas queriam destroçar a onda de maquinaria industrial.

Durante o xogunato Tokugawa do século XVII, o Japão se fechou para o mundo — e, por extensão, para suas invenções bárbaras — durante quase trezentos anos. Como a maioria das sociedades ao longo da história, desconfiava do que era novo, diferente e disruptivo. Similarmente, a China rejeitou a missão diplomática britânica e sua oferta de tecnologia ocidental no fim do século XVIII, com o imperador Qianlong argumentando: "Nosso Império Celestial possui todas as coisas em prolífica abundância e não carece de nenhum produto no interior de suas fronteiras. Assim, não há necessidade de importar manufaturas de bárbaros estrangeiros."[5]

Nada disso funcionou. A balestra sobreviveu até ser substituída pelas armas. A máquina de tricô da rainha Elizabeth retornou, séculos depois, na forma de teares poderosos que deram início à Revolução Industrial. A China e o Japão estão hoje entre os países mais tecnologicamente avançados e globalmente integrados da Terra. Os luditas tiveram tanto sucesso se opondo às novas tecnologias industriais quanto donos de cavalos e fabricantes de carruagens tiveram se opondo aos carros. Onde há demanda, a tecnologia sempre irrompe, ganha tração e conquista usuários.

Quando se formam, as ondas são quase impossíveis de parar. Como os otomanos descobriram em relação à impressão, a resistência tende a ser corroída pela passagem do tempo. A natureza da tecnologia é se disseminar, quaisquer que sejam as barreiras.

Muitas tecnologias vêm e vão. Você não vê muitas *penny-farthings* ou Segway, nem ouve muitas fitas cassete ou minidiscs. Mas isso não significa que a mobilidade pessoal e a música não sejam ubíquas; tecnologias mais antigas foram substituídas por formas novas e mais eficientes. Não andamos em trens a vapor ou escrevemos em máquinas, mas sua presença fantasmal vive em seus sucessores, como Shinkansens e MacBooks.

Pense em como o fogo, as velas e as lamparinas a óleo, como partes de ondas sucessivas, deram lugar às lamparinas a gás e depois às lâmpadas elétricas, e agora às lâmpadas de LED, fazendo a totalidade da luz artificial aumentar a cada vez que a tecnologia subjacente mudava. As novas tecnologias substituem múltiplas predecessoras. Assim como a eletricidade passou a fazer o trabalho tanto das velas quando dos motores a vapor, os smartphones substituíram navegadores por satélite, câmeras, PDAs, computadores e telefones (e inventaram uma classe inteiramente nova de experiências: os aplicativos). Quando as tecnologias permitem que você faça mais por menos, seu apelo cresce, juntamente com sua adoção.

Imagine tentar construir a sociedade contemporânea sem eletricidade, água encanada ou remédios. Mesmo que conseguisse, como você convenceria alguém de que a troca seria válida, desejável, decente? Poucas sociedades conseguiram se remover com sucesso da fronteira tecnológica;[6] fazer isso usualmente é parte de um colapso ou causa um. Não há maneira realista de recuar.

As invenções não podem ser desinventadas ou bloqueadas indefinidamente, assim como o conhecimento não pode ser desaprendido ou impedido de se disseminar. Exemplos históricos dispersos nos dão poucas razões para acreditar que poderiam se repetir. A Biblioteca de Alexandria foi abandonada e finalmente pegou fogo, com parcelas de conhecimento clássico sendo perdidas para sempre. Mas, no fim das contas, a sabedoria da Antiguidade foi redescoberta e revalorizada. Auxiliada pela ausência de ferramentas modernas de comunicação, a China manteve a produção da seda em segredo durante séculos, mas, graças a dois determinados monges nestorianos, o segredo vazou no ano 552. Tecnologias são ideias, e ideias não podem ser eliminadas.

A tecnologia é uma cenoura eternamente pendurada à nossa frente, constantemente nos prometendo mais, melhor, mais fácil, mais barato. Nosso apetite pelas invenções é insaciável. A aparente inevitabilidade das ondas não vem da ausência de resistência, mas do fato de a demanda vencer tal resistência de modo esmagador. As pessoas frequentemente disseram não, desejando conter a tecnologia por uma série de razões. Mas nunca foi suficiente. Não é que o problema da contenção não tenha sido reconhecido pela história, é que ele nunca foi solucionado.

Há exceções? Ou a onda sempre quebra por toda parte, no fim das contas?

A EXCEÇÃO NUCLEAR?

Em 11 de setembro de 1933, o físico Ernest Rutherford disse à Associação Britânica para o Avanço da Ciência em Leicester que "qualquer um que diga que, com os meios atualmente à nossa disposição e os conhecimentos atuais, podemos utilizar energia atômica está dizendo besteira".[7] Após ler o relato sobre o argumento de Rutherford em um hotel de Londres, o emigrado húngaro Leo Szilard refletiu sobre ele durante o café da manhã. Depois saiu para dar uma caminhada. Um dia depois de Rutherford chamá-la de besteira, Szilard conceitualizou a reação nuclear em cadeia.

A primeira explosão nuclear ocorreu somente doze anos depois. Em 16 de julho de 1945, sob os auspícios do Projeto Manhattan, o Exército americano detonou um dispositivo de codinome Trinity no deserto do Novo México. Semanas depois, um Boeing B-29 Superfortress, o Enola Gay, lançou um dispositivo de codinome Little Boy, contendo 64 quilos de urânio-235, sobre a cidade de Hiroshima, matando 140 mil pessoas.[8] Em um instante, o mundo mudou. Entretanto, contrariando o padrão histórico mais amplo, as armas nucleares não proliferaram infinitamente.

Armas nucleares foram detonadas somente duas vezes em tempos de guerra. Por enquanto, somente nove países as possuem. A África do Sul desistiu totalmente da tecnologia em 1989. Até onde sabemos, nenhum ator que não um Estado já adquiriu armas nucleares e, hoje, o número total de ogivas é de cerca de 10 mil, um número assustadoramente alto, mas mais baixo que durante o ápice da Guerra Fria, quando chegou a mais de 60 mil.

O que aconteceu? As armas nucleares claramente conferem uma vantagem estratégica significativa. No fim da Segunda Guerra Mundial, muitos, sem surpresa, presumiram que elas proliferariam amplamente. Após o desenvolvimento bem-sucedido das primeiras bombas nucleares, Estados Unidos e Rússia se puseram a caminho de armas ainda mais destrutivas, como as bombas termonucleares de hidrogênio. A maior explosão já registrada foi o teste de uma bomba H chamada Tsar Bomba. Detonada sobre um arquipélago remoto no mar de Barents em 1961, ela criou uma bola de fogo de 5 quilômetros e uma nuvem de cogumelo de 95 quilômetros de largura. A explosão foi dez vezes mais poderosa que o total combinado de todas as explosões convencionais da Segunda Guerra Mundial. Sua escala assustou todo mundo. Nesse sentido, ela pode ter ajudado. Tanto os Estados Unidos quanto a Rússia desistiram de aumentar o poder de fogo de suas armas em face de seu poder absoluto e horrendo.

O fato de a tecnologia nuclear ter sido contida não foi acidente, mas uma política consciente de não proliferação por parte das potências nucleares, auxiliada pelo fato de a produção dessas armas ser incrivelmente complexa e dispendiosa.

Algumas das primeiras propostas de contenção eram admiravelmente bem-intencionadas. Em 1946, o Relatório Acheson-Lilienthal sugeriu que a ONU criasse uma "Autoridade de Desenvolvimento Atômico" para controlar explicitamente todas as atividades nucleares no mundo.[9] Isso, é claro, não aconteceu, mas uma série de tratados internacionais se seguiu. Embora países como China e França não tenham participado, o Tratado de Interdição Parcial de Testes Nucleares foi assinado em 1963, reduzindo o rufar dos testes que incentivavam a competição.[10]

Um ponto de virada ocorreu em 1968, com o Tratado de Não Proliferação de Armas Nucleares, um momento histórico no qual as nações concordaram explicitamente em jamais desenvolver armas nucleares.[11] O mundo se uniu para impedir decisivamente a proliferação de armas nucleares em novos Estados. Desde o primeiro teste, seu poder destrutivo ficara claro. A repulsa popular pela possibilidade de um apocalipse termonuclear foi um poderoso motivador para a assinatura do tratado. Mas essas armas também foram contidas pelo calculismo frio. A destruição mutuamente assegurada pressionava os detentores da tecnologia, já que rapidamente ficou claro que usá-las em um momento de raiva era uma maneira rápida de assegurar sua própria destruição.

Elas também são insanamente caras e complicadas de produzir. Não somente requerem materiais raros e difíceis de manipular, como urânio-235 enriquecido, como mantê-las e depois desativá-las também é desafiador. A falta de grande demanda significou pouca pressão para reduzir custos e aumentar o acesso; elas não foram sujeitadas às clássicas curvas de custo da tecnologia de consumo moderna. E jamais se disseminariam como transistores e TVs de tela plana, pois produzir material físsil não é como enrolar alumínio. A não proliferação se deve, em grande medida, ao fato de que construir um míssil é uma das maiores, mais caras e mais complicadas empreitadas que um Estado pode iniciar.

Seria errado dizer que as armas nucleares não proliferaram quando mesmo agora há tantas delas em submarinos patrulhando os mares e em grandes silos em estado de alerta. Mas, em um nível notável e graças a um amplo espectro de esforços técnicos e políticos ao longo de décadas, elas não seguiram o padrão subjacente da tecnologia.

Todavia, mesmo que a capacidade nuclear esteja amplamente contida, sendo uma exceção parcial, sua história não é tranquilizadora. Ela é uma sucessão assustadora de acidentes, quase acidentes e mal-entendidos. Desde os primeiros testes em 1945, ocorreram centenas de incidentes muito preocupantes, de problemas relativamente menores relacionados ao processo a aterrorizantes escaladas de tensão que poderiam (e ainda podem) levar à destruição em uma escala realmente horripilante.

O fracasso poderia vir sob vários disfarces. E se o software travar? Afinal, foi somente em 2019 que os sistemas de comando e controle americanos deixaram de rodar em hardware e disquetes de 8 polegadas da década de 1970.[12] O mais sofisticado e destrutivo arsenal do mundo era controlado por uma tecnologia tão antiquada que seria irreconhecível (e impossível de usar) para a maioria das pessoas vivas hoje.

Os acidentes são uma legião.[13] Em 1961, por exemplo, um B-52 voando sobre a Carolina do Norte apresentou um vazamento. A tripulação saltou da aeronave, deixando que ela e sua carga se chocassem contra o solo. Na colisão, o interruptor de segurança de uma bomba de hidrogênio ativa passou para "pronta para disparo". Dos quatro mecanismos de segurança, somente um continuou funcionando, e a explosão foi miraculosamente evitada. Em 2003, o Ministério da Defesa da Grã--Bretanha revelou mais de 110 acidentes e quase acidentes na história de seu programa de armas nucleares. Até mesmo o Kremlin, que dificilmente é um modelo de abertura, admitiu quinze acidentes nucleares sérios entre 2000 e 2010.

Minúsculos maus funcionamentos de hardware podem produzir riscos enormes.[14] Em 1980, um único chip de computador defeituoso, que custara 46 centavos, quase causou um grande incidente nuclear sobre o Pacífico. E, no que talvez seja o caso mais conhecido, a catástrofe nuclear só foi evitada durante a crise dos mísseis de Cuba porque um homem, o comodoro em exercício russo Vasili Arkhipov, recusou-se a ordenar o disparo de torpedos nucleares. Os dois outros oficiais no submarino, convencidos de que estavam sendo atacados, haviam levado o mundo a um segundo da guerra nuclear em escala total.

As preocupações permanecem abundantes. Os sabres nucleares foram desembainhados novamente após a invasão russa da Ucrânia. A Coreia do Norte fez esforços extraordinários para conseguir armas nucleares e parece ter vendido mísseis balísticos e desenvolvido tecnologias nucleares em cooperação com países como Irã e Síria.[15] China, Índia e Paquistão estão aumentando seus arsenais e possuem registros de segurança opacos.[16] Todo mundo, da Turquia e Arábia Saudita ao Japão e Coreia do Sul, já expressou ao menos interesse em armas nucleares. E Brasil e Argentina chegaram a ter programas de enriquecimento de urânio.[17]

Até agora, não se sabe de nenhum grupo terrorista que tenha conseguido uma ogiva convencional ou suficiente material radiológico para uma bomba "suja". Mas os métodos para construir tal dispositivo não são segredo. Um insider pouco confiável poderia produzir um. O engenheiro A. Q. Khan ajudou o Paquistão a desenvolver armas nucleares roubando projetos para a construção de uma centrífuga e fugindo dos Países Baixos.

Muito material nuclear desapareceu de hospitais, empresas, bases militares e, recentemente, até mesmo de Chernobyl.[18] Em 2018, plutônio e césio foram roubados do carro de um oficial do Departamento de Energia em San Antonio, Texas, enquanto ele dormia em um hotel próximo.[19]

O cenário de pesadelo é uma ogiva desaparecida, roubada em trânsito ou de algum modo ignorada durante uma contagem. Pode soar fantasioso, mas os Estados Unidos já perderam ao menos três armas nucleares.[20]

A tecnologia nuclear é uma exceção à disseminação incontrolável, mas só por causa da complexidade e dos tremendos custos envolvidos, das décadas de grande esforço multilateral, da apavorante enormidade de seu potencial letal e de pura sorte. Em certa extensão, ela pode ter evitado a tendência geral, mas também mostra como o jogo mudou. Dadas as potenciais consequências, dado seu gigantesco alcance existencial, mesmo a contenção parcial e relativa é tristemente insuficiente.

A preocupante verdade dessa temível tecnologia é que a humanidade tentou dizer não e só teve sucesso parcial. As armas nucleares estão entre as tecnologias mais contidas da história e, mesmo assim, o problema da contenção — em seu sentido mais duro e literal — permanece fortemente sem solução.

O ANIMAL TECNOLÓGICO

Vislumbres de contenção são raros e frequentemente falhos. Incluem moratórias de armas biológicas ou químicas; o Protocolo de Montreal de 1987, que eliminou o uso de substâncias prejudiciais à camada de ozônio da atmosfera, particularmente os CFCs; a proibição, na União Europeia, de organismos geneticamente modificados (OGMs) em alimentos; e uma moratória auto-organizada da edição de genes humanos. Talvez a mais ambiciosa agenda de contenção seja a descarbonização, em medidas como o Acordo de Paris, que visa limitar o aumento da temperatura global a 2°C. Em essência, isso representa uma tentativa mundial de dizer não a um conjunto de tecnologias fundacionais.

Veremos mais detalhadamente esses exemplos modernos de contenção na parte IV. Por ora, é importante notar que, embora sejam instrutivas, nenhuma dessas iniciativas é particularmente robusta. Armas químicas foram usadas recentemente na Síria.[21] Tais armas são apenas uma aplicação relativamente estrita de campos em constante desenvolvimento. A despeito das moratórias, as capacidades químicas e biológicas do mundo crescem a cada ano; se alguém decidir que é necessário transformá-las em armas, será mais fácil que nunca.

Embora a União Europeia tenha banido os OGMs de sua cadeia alimentar, eles são onipresentes em outras partes do mundo. Como vimos, a ciência por trás da edição de genes continua seguindo em frente. O clamor por uma moratória global da edição de genes humanos perdeu força. Por sorte, alternativas mais baratas e efetivas estavam prontamente disponíveis para substituir os CFCs, que, de qualquer modo, dificilmente eram uma tecnologia de propósito geral. Sem essas alternativas, os modelos sugerem que a camada de ozônio poderia entrar em colapso na década de 2040, gerando 1,7°C adicional de aquecimento no século XXI.[22] De modo geral, esses esforços de contenção são limitados a tecnologias altamente específicas, algumas em jurisdições restritas, todas com adesão somente moderada.

O Acordo de Paris pretende superar essas limitações, mas será que funcionará? Esperamos que sim. Mas vale notar que essa contenção só ocorreu após um dano significativo e uma ameaça de nível existencial que se torna mais óbvia a cada dia. Ela ocorreu muito tarde, e seu sucesso está longe de ser garantido.

Isso não é propriamente contenção. Nenhum desses esforços representa a interrupção em escala total de uma onda de tecnologia de propósito geral, embora, como veremos mais tarde, ofereçam importantes indicadores para o futuro. Mas não fornecem, sequer remotamente, o conforto que gostaríamos — ou de que necessitamos.

Sempre há boas razões para rejeitar ou restringir a tecnologia. Embora historicamente ela permita que as pessoas façam mais, aprimorando capacidades e aumentando o bem-estar, esse é apenas um lado da moeda:

ela cria tanto ferramentas melhores quanto armas mais letais e destrutivas. Produz perdedores, elimina alguns empregos e modos de vida e tem efeitos tóxicos na escala planetária e existencial das mudanças climáticas. Novas tecnologias podem ser perturbadoras e desestabilizadoras, alienígenas e invasivas. A tecnologia pode causar problemas, e sempre causou.

Mas nada disso parece importar. Pode levar tempo, mas o padrão é inconfundível: proliferação de tecnologias mais baratas e mais eficientes, em uma onda após a outra. Se a tecnologia for útil, desejável, acessível, monetariamente viável e não tiver sido superada, ela sobrevive e se dissemina, e essas características se expandem. Embora a tecnologia não nos diga quando, como ou mesmo se devemos entrar pelas portas que ela abre, mais cedo ou mais tarde entramos. Não existe necessariamente uma relação aqui, somente uma persistente ligação empírica ao longo da história.

Tudo em uma tecnologia é contingente e depende do caminho tomado; ela repousa sobre um conjunto estonteantemente intrincado de circunstâncias e acasos e uma miríade de fatores locais, culturais, institucionais e econômicos específicos. Aproxime-se e encontros casuais, eventos aleatórios, peculiaridades e minúsculos atos de criação — e, às vezes, reação — parecem enormes. Mas afaste-se e o que verá? Um processo mais tectônico no qual a questão não é *se* esses poderes serão empregados, mas quando, de que forma e por quem.

Dada sua extrema raridade, não surpreende que a contenção tenha saído do vocabulário de tecnólogos e criadores de políticas. Coletivamente, nós nos resignamos à história deste capítulo porque ela é muito arraigada. De modo geral, deixamos que as ondas estourem sobre nós, aceitando, de modo descoordenado e *ad hoc*, que capacidades se disseminando de modo inevitável e incontrolável são um fato da vida, seja ele bem-vindo ou detestado.

No espaço de mais ou menos cem anos, sucessivas ondas levaram a humanidade de uma era de velas e carruagens para uma era de usinas de força e estações espaciais. Algo similar ocorrerá nos próximos trinta anos. Nas próximas décadas, uma nova onda tecnológica nos forçará a confrontar as questões mais fundacionais de nossa espécie até agora. Queremos editar nosso genoma para que alguns de nós possam ter filhos imunes a certas doenças, mais inteligentes ou potencialmente mais longevos? Estamos determinados a manter nosso lugar no topo da pirâmide ou permitiremos a emergência de sistemas de IA mais espertos e capazes do que jamais seremos? Quais são as consequências involuntárias de explorar questões assim?

Elas ilustram uma verdade-chave sobre o *Homo technologicus* no século XXI. Durante a maior parte da história, o desafio da tecnologia esteve em criar e liberar seu poder. Isso agora se inverteu: o desafio da tecnologia hoje é conter o poder que foi liberado, assegurando que continue a servir a nós e ao planeta.

O desafio está prestes a aumentar de maneira decisiva.

Parte II
A PRÓXIMA ONDA

CAPÍTULO 4

A TECNOLOGIA DA INTELIGÊNCIA

BEM-VINDO À MÁQUINA

Jamais me esquecerei do momento em que a IA se tornou real para mim. Não um tópico de conversa ou uma ambição de engenharia, mas uma realidade.

Aconteceu no primeiro escritório da DeepMind, em Bloomsbury, Londres, em certo dia de 2012. Depois de fundar a empresa e garantir o financiamento inicial, passamos alguns anos em modo furtivo, focando na pesquisa e na engenharia de construir IAG, ou inteligência artificial geral. O "geral", em IAG, se refere ao escopo intencionalmente amplo; queríamos construir agentes de aprendizado verdadeiramente geral que pudessem superar o desempenho humano na maioria das tarefas cognitivas. Nossa abordagem discreta mudou com a criação de um algoritmo chamado DQN, abreviatura de Deep Q-Network. Membros da equipe treinaram o DQN para jogar vários games clássicos do Atari ou, mais especificamente, para *aprender* a jogar sozinho. Esse elemento de autoaprendizado era a distinção-chave de nosso sistema em comparação com esforços anteriores e representava a primeira sugestão de que poderíamos atingir nosso objetivo final.

Inicialmente, o DQN era muito ruim, aparentemente incapaz de aprender qualquer coisa. Mas então, naquela tarde de outono de 2012, nosso pequeno grupo estava reunido em torno de uma máquina na DeepMind, observando replays do processo de treinamento do algoritmo enquanto ele aprendia a jogar *Breakout*. Em *Breakout*, o jogador controla uma plataforma na parte inferior da tela, na qual uma bola quica para cima e para baixo, a fim de derrubar fileiras de tijolos coloridos. Quanto mais tijolos você derrubar, mais alta será sua pontuação. Nossa equipe dera ao DQN somente os pixels puros, quadro a quadro, e a pontuação, a fim de que ele aprendesse que havia uma relação entre os pixels e o ato de mover a plataforma para a esquerda e para a direita. No começo, o algoritmo progrediu explorando aleatoriamente o espaço de possibilidades até encontrar ações recompensadoras. Através de tentativa e erro, ele aprendeu a controlar a plataforma, quicar a bola para cima e para baixo e derrubar os tijolos fileira após fileira. Nada muito impressionante.

Então algo notável aconteceu. O DQN pareceu descobrir uma estratégia nova e muito esperta. Em vez de simplesmente derrubar os tijolos de modo constante, fileira após fileira, ele começou a mirar em uma única coluna. O resultado foi a criação de uma rota eficiente até o fundo do bloco de tijolos. O DQN escavou um túnel até o topo, criando um caminho que permitia que a bola simplesmente quicasse na parede dos fundos, destruindo todo o conjunto de tijolos como a bolinha frenética de uma máquina de pinball. O método obtinha pontuação máxima com mínimo esforço. Era uma tática incomum, conhecida pelos jogadores sérios, mas longe de ser óbvia. Havíamos visto o algoritmo ensinar a si mesmo algo novo. Fiquei estupefato.

Pela primeira vez, eu vira em ação um sistema muito simples e muito elegante que podia adquirir conhecimentos valiosos e até mesmo descobrir uma estratégia que não era óbvia para muitos humanos. Foi um momento eletrizante, um avanço no qual um agente de IA indicou que podia descobrir conhecimento.

O DQN tivera um começo difícil, mas, após alguns meses de ajustes, o algoritmo chegara a níveis sobre-humanos de desempenho. Esse tipo de resultado era a razão pela qual havíamos fundado a DeepMind. Aquela era a promessa da IA. Se uma IA podia descobrir uma estratégia inteligente para cavar um túnel, o que mais poderia aprender a fazer?

Poderíamos usar esse novo poder para equipar nossa espécie com novos conhecimentos, invenções e tecnologias, a fim de nos ajudar a lidar com os mais desafiadores problemas sociais do século XXI?

O DQN foi um grande passo para mim, para a DeepMind e para a comunidade de IA. Mas a resposta pública foi muito branda. A IA ainda era uma discussão periférica, uma área marginal de pesquisa. No entanto, em poucos anos, isso mudaria quando a nova geração de técnicas de IA explodisse no cenário mundial.

ALPHAGO E O INÍCIO DO FUTURO

Go é um antigo jogo da Ásia Oriental jogado em um tabuleiro de 19 × 19 linhas, com pedras brancas e pretas. O objetivo é cercar as pedras do oponente com as suas e retirá-las do tabuleiro. Isso é tudo.

A despeito das regras simples, a complexidade do Go é estonteante. Ele é exponencialmente mais complexo que o xadrez. Após três pares de movimentos no xadrez, existem cerca de 121 milhões de configurações possíveis do tabuleiro.[1] Mas, após três movimentos no Go, há 200 quatrilhões (2×10^{15}) de configurações possíveis. No total, o tabuleiro tem 10^{170} configurações possíveis, um número espantosamente alto.[2]

Frequentemente se diz que há mais configurações potenciais em um tabuleiro de Go do que átomos no universo conhecido; na verdade, 1 milhão de trilhão de trilhão de trilhão de trilhão a mais! Com tantas possibilidades, as abordagens tradicionais não têm a menor chance. Quando o Deep Blue da IBM derrotou Garry Kasparov no xadrez em 1997, ele usou a chamada técnica da força bruta, na qual um algoritmo processa o maior número possível de movimentos. Essa abordagem é inútil em um jogo com resultados tão ramificados quanto os do Go.

Quando começamos a trabalhar com Go em 2015, a maioria das pessoas achava que um programa campeão do mundo estava a décadas de distância. O cofundador do Google, Sergey Brin, nos encorajou a seguir em frente mesmo assim, argumentando que qualquer progresso já seria muito impressionante. Inicialmente, o AlphaGo aprendeu assistindo a 150 mil partidas entre especialistas humanos. Quando ficamos satisfeitos com seu desempenho inicial, o próximo passo foi criar muitas cópias e fazer com que ele jogasse repetidamente contra si mesmo. Isso deu ao algoritmo a chance de simular milhões de novos jogos, testando combinações de movimentos que nunca haviam sido feitas antes e, consequentemente, explorando de modo eficiente uma imensa variedade de possibilidades e aprendendo novas estratégias no processo.

Então, em março de 2016, organizamos um torneio na Coreia do Sul. O AlphaGo jogou contra o virtuose campeão do mundo Lee Sedol. Não estava claro quem venceria. A maioria dos comentadores apostou em Sedol na primeira rodada. Mas o AlphaGo venceu a primeira partida, para nosso choque e deleite. Na segunda, ocorreu o movimento 37, agora famoso nos anais tanto da IA quanto do Go. Ele não fazia sentido. O AlphaGo aparentemente cometera um erro, seguindo cegamente uma estratégia perdedora que nenhum jogador profissional adotaria. Os comentadores ao vivo, ambos profissionais em altíssima posição no ranking, disseram que fora "um movimento muito estranho" e acharam que se tratava de "um engano". O movimento foi tão incomum que Sedol levou quinze minutos para responder e até mesmo saiu para dar uma volta.

Enquanto assistíamos da sala de controle, a tensão era surreal. Mas, conforme o fim do jogo se aproximava, aquele "engano" se mostrou crucial. O AlphaGo venceu novamente. A estratégia do Go foi reescrita diante de nossos olhos. Nossa IA tivera ideias que não haviam ocorrido aos jogadores mais brilhantes ao longo de milhares de anos. Em apenas alguns meses, havíamos sido capazes de treinar algoritmos para descobrir novos conhecimentos e ter insights novos e aparentemente sobre-humanos. Como poderíamos continuar avançando? Será que o método funcionaria com problemas do mundo real?

O AlphaGo venceu Sedol por 4 a 1. E esse foi só o começo. Versões posteriores do software, como o AlphaZero, dispensaram qualquer conhecimento humano anterior. O sistema simplesmente treinava sozinho, jogando contra si mesmo milhões de vezes, aprendendo do zero e chegando a um nível de desempenho que superava o AlphaGo original sem receber qualquer sabedoria ou input de jogadores humanos. Em outras palavras, com somente um dia de treinamento, o AlphaZero foi capaz de aprender mais sobre o jogo do que toda a experiência humana reunida poderia ter ensinado a ele.

O triunfo do AlphaGo anunciou uma nova era de IA. Dessa vez, ao contrário do DQN, os procedimentos foram transmitidos ao vivo para milhões de pessoas. Sob os olhos do público, nossa equipe emergiu do que os pesquisadores chamavam de "inverno da IA", quando o financiamento das pesquisas secou e o campo passou a ser ignorado. A IA retornara e, finalmente, começara a produzir resultados. Intensas mudanças tecnológicas estavam mais uma vez a caminho, e uma nova onda começou a se formar. E aquele foi só o começo.

DOS ÁTOMOS AOS BITS E AOS GENES

Até recentemente, a história da tecnologia podia ser encapsulada em uma única frase: a tentativa da humanidade de manipular átomos. Do fogo à eletricidade, das ferramentas de pedra às máquinas operatrizes, dos hidrocarbonetos aos medicamentos, a jornada descrita no capítulo 2 foi essencialmente um longo processo no qual nossa espécie lentamente expandiu seu controle sobre os átomos. Conforme esse controle se tornava mais preciso, as tecnologias ficavam mais poderosas e complexas, gerando máquinas operatrizes, processos elétricos, máquinas térmicas e materiais sintéticos como os plásticos e permitindo a criação de intrincadas moléculas capazes de derrotar doenças muito temidas. Na raiz, o impulsionador primário de todas essas novas tecnologias foi *material*: a manipulação cada vez maior de seus elementos atômicos.

Então, a partir de meados do século XX, a tecnologia começou a operar em um nível mais alto de abstração. No centro dessa mudança esteve a descoberta de que a informação é a propriedade essencial do universo. Ela pode ser codificada em formato binário e, na forma de DNA, está no âmago de como a vida opera. Fileiras de uns e zeros ou pares de bases de DNA não são somente curiosidades matemáticas. São fundacionais e poderosas. Entenda e controle essas séries de informações e você terá acesso a um novo mundo de possibilidades. Primeiro bits e depois, cada vez mais, genes substituíram os átomos como blocos de construção da invenção.

Nas décadas após a Segunda Guerra Mundial, cientistas, tecnólogos e empreendedores fundaram os campos da ciência da computação e da genética, e muitas empresas se associaram a ambos. Elas iniciaram revoluções paralelas — a dos bits e a dos genes — que negociavam com a moeda da informação, trabalhando em novos níveis de abstração e complexidade. Finalmente, as tecnologias amadureceram e nos deram tudo, de smartphones a arroz geneticamente modificado. Mas havia limites ao que podiam fazer.

Esses limites agora estão sendo ultrapassados. Estamos nos aproximando do ponto de inflexão com a chegada de tecnologias de ordens mais elevadas, as mais profundas da história. A próxima onda tecnológica está sendo construída primariamente sobre duas tecnologias de propósito geral capazes de operar tanto nos maiores quanto nos mais granulares níveis: a inteligência artificial e a biologia sintética. Pela primeira vez, componentes centrais de nosso ecossistema tecnológico lidam diretamente com duas propriedades fundacionais de nosso mundo: a inteligência e a vida. Em outras palavras, a tecnologia está passando por uma transição de fase. Já não sendo simplesmente uma ferramenta, ela irá criar vida e rivalizar com — e superar — nossa própria inteligência.

Reinos previamente fechados à tecnologia estão se abrindo. A IA nos permite replicar a fala e a linguagem, a visão e o raciocínio. Avanços fundacionais em biologia sintética permitiram que sequenciássemos, modificássemos e depois *imprimíssemos* DNA.

Nosso novo poder de controlar bits e genes retorna ao material, permitindo extraordinário controle sobre o mundo à nossa volta, inclusive no nível atômico. Átomos, bits e genes se unem em um ciclo efervescente de catalisação cruzada, justaposição e expansão da capacidade. Nossa habilidade de manipular átomos com precisão permitiu a invenção dos wafers de silício, que permitiram a computação de trilhões de operações por segundo, a qual, por sua vez, permitiu que decifrássemos o código da vida.

Embora a IA e a biologia sintética sejam as principais tecnologias de propósito geral da próxima onda, um punhado de tecnologias com ramificações incomumente poderosas as cerca, incluindo computação quântica, robótica, nanotecnologia e o potencial de energia abundante, entre outras.

A próxima onda será mais difícil de conter que qualquer outra na história, mais fundamental, de alcance mais longo. Entender a onda e seus contornos é crucial para avaliar o que nos espera no século XXI.

UMA EXPLOSÃO CAMBRIANA

A tecnologia é um conjunto de ideias em evolução. Novas tecnologias evoluem ao colidirem e se combinarem com outras. As combinações efetivas sobrevivem, como na seleção natural, formando novos blocos de construção para futuras tecnologias. A invenção é um processo cumulativo e expansivo. Ela se alimenta de si mesma. Quanto mais tecnologias existem, mais elas se transformam em componentes de novas tecnologias, de modo que, nas palavras do economista W. Brian Arthur,[3] "a coleção geral de tecnologias alavanca a si mesma, de poucas para muitas e das simples para as complexas". A tecnologia é, portanto, como a linguagem ou a química: não um conjunto de entidades e práticas independentes, mas um conjunto de partes para combinar e recombinar.

Isso é fundamental para entender a próxima onda. O erudito da tecnologia Everett Rogers fala da tecnologia como "clusters de inovações" nos quais uma ou mais características estão intimamente relacionadas.⁴ A próxima onda é um supercluster, uma explosão evolutiva como a cambriana, a mais intensa erupção de novas espécies na história da Terra, e fomenta as outras de maneiras que tornam difícil prever antecipadamente seu impacto. Elas estão todas emaranhadas, e ficarão ainda mais.

Outro traço da nova onda é a velocidade. O engenheiro e futurista Ray Kurzweil fala da "lei dos retornos acelerados", ciclos de feedback nos quais avanços da tecnologia aceleram ainda mais o ritmo do desenvolvimento.⁵ Ao permitir o trabalho em níveis mais altos de complexidade e precisão, chips e lasers mais sofisticados criam chips mais poderosos que, por sua vez, produzem ferramentas melhores para criar ainda mais chips. Agora vemos isso em larga escala, com a IA ajudando a projetar chips e técnicas de produção melhores, que permitem a criação de formas mais sofisticadas de IA, e assim sucessivamente.⁶ Diferentes partes da onda inflamam e aceleram umas às outras, às vezes com extrema imprevisibilidade e combustibilidade.

Não sabemos exatamente quais serão as combinações resultantes. Não há certezas quanto a cronologias, pontos finais ou manifestações específicas. Mas podemos ver novos e fascinantes elos se formando em tempo real. E podemos estar certos de que o padrão da história, da tecnologia, de um processo infinito de recombinação e proliferação produtiva irá continuar, mas também se aprofundar radicalmente.

PARA ALÉM DO JARGÃO TECNOLÓGICO

IA, biologia sintética, robótica e computação quântica podem soar como um desfile de jargões excessivamente repetidos. O ceticismo é abundante. Todos esses termos são empregados no discurso tecnológico popular há décadas. E o progresso frequentemente é mais lento que o anunciado.

Os críticos argumentam que os conceitos que exploramos neste capítulo, como IAG, são pobremente definidos e intelectualmente equivocados demais para serem levados a sério. Na era do capital de risco abundante, distinguir objetos cintilantes de avanços genuínos não é fácil. Compreensivelmente, falar sobre aprendizado de máquina, boom de criptomoedas e rodadas de investimento de milhões e bilhões de dólares gera um revirar de olhos e suspiros em muitos círculos. É fácil se cansar dos comunicados sensacionalistas à imprensa, das demonstrações autocongratulatórias de produtos e da promoção frenética nas redes sociais.

Embora essa posição tenha méritos, ignoramos as tecnologias da próxima onda por nossa conta e risco. Nesse exato momento, nenhuma das tecnologias descritas neste capítulo está sequer perto de atingir todo seu potencial. Mas em cinco, dez ou vinte anos, elas certamente estarão. O progresso é visível e está acelerando. Ocorre mês a mês. Mesmo assim, entender a próxima onda não implica fazer um julgamento rápido sobre onde as coisas estarão neste ou naquele ano, mas, sim, acompanhar de perto o desenvolvimento de múltiplas curvas exponenciais ao longo de décadas, projetá-las no futuro e perguntar o que significam.

A tecnologia está no âmago do padrão histórico no qual nossa espécie obtém cada vez mais maestria sobre átomos, bits e genes, os blocos de construção universais do mundo como o conhecemos. Isso levará a um momento de significância cósmica. O desafio de administrar as tecnologias da próxima onda significa entendê-las e levá-las a sério, começando com aquela na qual passei toda minha carreira trabalhando: a IA.

A PRIMAVERA DA IA: O APRENDIZADO PROFUNDO CHEGA À MAIORIDADE

A IA está no centro da próxima onda. Mesmo assim, desde que o termo "inteligência artificial" entrou no léxico em 1955, ela frequentemente pareceu uma promessa distante. Durante anos, o progresso da visão computacional, por exemplo — o desafio de construir computadores que pudessem reconhecer objetos ou cenas —, foi mais lento que o esperado. O lendário professor de Ciência da Computação Marvin Minsky contratou um estudante de verão para trabalhar em um dos primeiros sistemas de visão em 1966, achando que marcos significativos estavam ao alcance. Isso foi incrivelmente otimista.

O primeiro sucesso levou quase meio século, finalmente ocorrendo em 2012, na forma de um sistema chamado AlexNet.[7] O AlexNet foi impulsionado pela ressurgência de uma antiga técnica que agora se tornou fundamental para a IA, que eletrizou o campo e foi integral para nós na DeepMind: o aprendizado profundo.

O aprendizado profundo usa redes neurais baseadas frouxamente nas do cérebro humano. Em termos simples, esses sistemas "aprendem" quando suas redes são "treinadas" com grandes quantidades de dados. No caso do AlexNet, os dados de treinamento foram imagens. Cada pixel vermelho, verde ou azul recebe um valor, e o resultante conjunto de números é inserido na rede como input. No interior da rede, "neurônios" se ligam a outros por uma série de conexões de pesos determinados, cada uma delas correspondendo mais ou menos à força do relacionamento entre os inputs. Cada camada da rede neural alimenta a camada seguinte com seu input, criando representações cada vez mais abstratas.

Uma técnica chamada retropropagação então ajusta os pesos para aprimorar a rede neural; quando um erro é localizado, os ajustes se retropropagam pela rede a fim de ajudar a corrigi-lo no futuro. Continue a fazer isso, modificando os pesos, e você gradualmente melhorará o desempenho da rede neural até que, finalmente, ela seja capaz de ir até o fim, partindo dos pixels individuais e descobrindo a existência de linhas, cantos, formas e, finalmente, objetos inteiros em cenas. Isso, em resumo, é o aprendizado profundo. E essa técnica notável, desdenhada por tanto tempo, venceu o desafio da visão computacional e tomou conta do mundo da IA.

O AlexNet foi construído pelo lendário pesquisador Geoffrey Hinton e dois de seus alunos, Alex Krizhevsky e Ilya Sutskever, na Universidade de Toronto. Eles se inscreveram no ImageNet Large Scale Visual Recognition Challenge [Desafio ImageNet de Reconhecimento Visual em Grande Escala], uma competição anual criada pela professora de Stanford Fei-Fei Li para focar os esforços do campo em um único objetivo: identificar o objeto primário de uma imagem. A cada ano, as equipes competiam com seus melhores modelos, frequentemente vencendo as equipes do ano anterior por um único ponto percentual.

Em 2012, o AlexNet venceu o campeão anterior por 10%.[8] Pode parecer uma melhoria pequena, mas, no campo de IA, esse tipo de salto pode fazer a diferença entre uma demo de pesquisa que parece um brinquedo e um avanço capaz de ter enorme impacto no mundo real. O evento daquele ano foi tomado pela excitação. O artigo resultante de Hinton e seus colegas se tornou uma das obras mais frequentemente citadas da história da pesquisa de IA.

Graças ao aprendizado profundo, a visão computacional está agora por toda parte, funcionando tão bem que consegue classificar cenas de rua dinâmicas com um input visual equivalente a 21 telas full-HD ou cerca de 2,5 bilhões de pixels por segundo, com precisão suficiente para seguir uma SUV por ruas movimentadas.[9] Seu smartphone reconhece objetos e cenas, ao passo que os sistemas de visão automaticamente borram o background e focam nas pessoas em suas videoconferências. A visão computacional é a base dos supermercados sem caixas da Amazon e está presente nos carros da Tesla, empurrando-os na direção de maior autonomia. Ela ajuda os visualmente deficientes a navegar pelas cidades, guia robôs nas fábricas e propulsiona os sistemas de reconhecimento facial que cada vez mais monitoram a vida urbana, de Baltimore a Beijing. Ela está nos sensores e câmeras de seu Xbox, em sua campainha eletrônica e no scanner do aeroporto. Ajuda drones a voar,[10] marca conteúdo inapropriado no Facebook e diagnostica um número cada vez maior de condições médicas: na DeepMind, um sistema que minha equipe desenvolveu lê tomografias ópticas tão acuradamente quanto os melhores especialistas do mundo.

Depois do avanço do AlexNet, a IA subitamente se tornou uma prioridade na academia, nos governos e na vida corporativa. Geoffrey Hinton e seus colegas foram contratados pelo Google. Grandes empresas de tecnologia nos Estados Unidos e na China colocaram o aprendizado de máquina no centro de seus esforços de P&D. Logo após o DQN, vendemos a DeepMind para o Google, e a gigante tecnológica logo adotou a estratégia de "IA primeiro" em todos os seus produtos.

Pesquisas e patentes dispararam. Em 1987, houve somente noventa artigos acadêmicos publicados para a Conferência e Workshop sobre Sistemas de Processamento de Informação Neural, que se tornou a principal conferência do campo. Na década de 2020, houve quase 2 mil.[11] Nos últimos seis anos, houve um crescimento de seis vezes no número de artigos publicados sobre aprendizado profundo e de dez vezes no número de artigos publicados sobre aprendizado de máquina como um todo.[12] Com o sucesso do aprendizado profundo, bilhões de dólares foram despejados na pesquisa de IA em instituições acadêmicas e empresas públicas e privadas. A partir da década de 2010, a moda da IA estava de volta, mais forte que nunca, figurando nas manchetes e empurrando as fronteiras do que era possível. Hoje, a afirmação de que a IA terá papel importante no século XXI já não parece marginal e absurda, e sim garantida.

A IA ESTÁ COMENDO O MUNDO

O desenrolar da IA em massa já está em estágio avançado. Para onde você olha, os softwares comeram o mundo, abrindo caminho para coletar e analisar vastas quantidades de dados.[13] Os dados são usados para ensinar os sistemas de IA a criarem produtos mais eficientes e precisos em quase todas as áreas de nossas vidas. A IA está se tornando muito mais fácil de acessar e usar: ferramentas e infraestruturas como a PyTorch da

Meta ou as interfaces de programação de aplicativos (APIs em inglês) da OpenAI ajudam a colocar capacidades de aprendizado de máquina de última geração nas mãos de não especialistas. O 5G e a conectividade onipresente criaram uma maciça e sempre conectada base de usuários.

De modo contínuo, a IA deixa o reino das demonstrações e entra no mundo real. Em alguns anos, as IAs serão capazes de conversar, raciocinar e mesmo agir no mesmo mundo que nós. Seus sistemas sensoriais serão tão bons quanto os nossos. Isso não equivale a superinteligência (mais sobre isso a seguir), mas prevê sistemas incrivelmente poderosos. Significa que a IA se tornará uma parte inextricável do tecido social.

Grande parte de meu trabalho profissional na última década foi transformar as últimas técnicas de IA em aplicações práticas. Na DeepMind, desenvolvemos sistemas para controlar centrais de dados de bilhões de dólares, um projeto que resultou em reduções de 40% na energia usada para resfriamento.[14] Nosso projeto WaveNet foi um poderoso sistema texto-fala capaz de gerar vozes sintéticas em mais de cem línguas no ecossistema de produtos Google. Criamos algoritmos avançados para administrar a bateria de celulares e muitos aplicativos que podem estar operando em seu telefone neste exato momento.

A IA não está mais "emergindo". Ela está em produtos, serviços e dispositivos que você usa todos os dias. Em todas as áreas da vida, muitas aplicações dependem de técnicas que eram impossíveis há uma década. Elas ajudam a descobrir novos medicamentos para doenças até então intratáveis em uma época em que o custo de tratamento está aumentando. O aprendizado profundo pode detectar rachaduras em canos de água, administrar o tráfego, criar modelos de reações de fusão para uma nova fonte de energia limpa, otimizar rotas de entrega e ajudar a projetar materiais de construção mais sustentáveis e versáteis. Está sendo usado para dirigir carros, caminhões e tratores, potencialmente criando uma infraestrutura de transporte mais segura e eficiente. E é também usado em redes elétricas e sistemas de água para administrar eficientemente recursos escassos em uma época de estresse crescente.

Os sistemas de IA gerenciam armazéns de varejo, sugerem como escrever e-mails ou de que músicas você pode gostar, detectam fraudes, escrevem histórias, diagnosticam doenças raras e simulam o impacto de mudanças climáticas. Estão em lojas, escolas, hospitais, escritórios, tribunais e lares. Você já interage várias vezes ao dia com a IA; em breve, ela estará muito mais presente, e por quase toda parte tornará as experiências mais eficientes, rápidas, úteis e suaves.

A IA já está aqui. Mas está longe de terminar.

AUTOCOMPLETAR TUDO: A ASCENSÃO DOS MODELOS DE LINGUAGEM

Há não muito tempo, o processamento de linguagem natural parecia complexo, variado e com nuances demais para a IA moderna. Então, em novembro de 2022, a empresa de pesquisa de inteligência artificial OpenAI lançou o ChatGPT. Em uma semana, ele tinha mais de 1 milhão de usuários e era descrito em termos extasiados, uma tecnologia tão perfeitamente útil que poderia eclipsar a pesquisa do Google em pouco tempo.

O ChatGPT é, em termos simples, um chatbot. Mas é muito mais poderoso e polímata que qualquer coisa já apresentada ao público. Faça uma pergunta e ele responde instantaneamente em prosa fluente. Peça que ele escreva um ensaio, um comunicado de imprensa ou um plano de negócios no estilo da Bíblia do rei James ou de um rapper da década de 1980 e ele fará isso em segundos. Peça que ele escreva o programa de um curso de física, um manual de dieta ou um script de Python e ele responderá à altura.

Grande parte do que torna os humanos inteligentes é o fato de olharmos para o passado a fim de prevermos o que pode acontecer no futuro. Nesse sentido, a inteligência pode ser entendida como a habilidade de gerar cenários plausíveis sobre como o mundo à nossa volta pode se modificar e basear ações razoáveis nessas previsões. Em 2017, um pequeno grupo de pesquisadores do Google estava focado em uma versão mais específica desse problema: como fazer com que um sistema de IA focasse somente nas partes importantes de uma série de dados, a fim de fazer previsões precisas e eficientes sobre o que viria em seguida. O trabalho desse grupo criou a base do que foi nada menos do que uma revolução no campo dos grandes modelos de linguagem (LLMs em inglês) — incluindo o ChatGPT.

Os LLMs tiram vantagem do fato de que os dados da linguagem fluem em ordem sequencial. Cada unidade de informação está, de alguma forma, relacionada a dados anteriores em uma série. Os modelos leem números muito grandes de frases, aprendem uma representação abstrata das informações contidas nelas e então geram uma previsão sobre o que virá a seguir. O desafio está em projetar um algoritmo que "saiba onde olhar" em busca de sinais em determinada frase. Quais são as palavras-chave, mais salientes, e como elas se relacionam umas com as outras? Na IA, essa noção é comumente chamada de "atenção".

Quando um grande modelo de linguagem ingere uma frase, ele constrói o que pode ser considerado um "mapa de atenção". Primeiro, ele organiza os grupos de letras ou de sinais de pontuação que ocorrem mais comumente em "tokens", algo como sílabas, mas, na verdade, somente amontoados de letras que ocorrem frequentemente e que tornam mais fácil o processamento das informações. Vale notar que os humanos fazem isso com palavras, é claro, mas o modelo não usa nosso vocabulário. Ele cria um novo vocabulário de tokens comuns que o ajuda a localizar padrões em bilhões e bilhões de documentos. No mapa de atenção, cada token tem algum relacionamento com todos os outros tokens antes dele e, para cada frase dada, a força desse relacionamento descreve algo sobre a importância do token naquela frase. Na prática, o LLM aprende em quais palavras prestar atenção.

Assim, na frase "Haverá uma grande tempestade no Brasil amanhã", o modelo provavelmente criaria tokens para as letras "ver" na palavra "haverá" e "ade" na palavra "tempestade", já que elas ocorrem comumente em outras palavras. Ao analisar toda a frase, ele aprenderia que "tempestade", "Brasil" e "amanhã" são as características-chave, inferindo que Brasil é um lugar, a tempestade ocorrerá no futuro e assim por diante. Com base nisso, sugeriria quais tokens deveriam ocorrer em seguida, ou seja, que output se seguiria logicamente ao input. Em outras palavras, ele autocompletaria o que poderia vir em seguida.

Esses sistemas são chamados de transformadores. Desde que os pesquisadores do Google publicaram o primeiro artigo sobre eles em 2017, o ritmo do progresso foi estonteante. Logo depois, a OpenAI lançou o GPT-2 (GPT significa *generative pre-trained transformer* ou transformador pré-treinado generativo). Na época, ele era um modelo enorme. Com 1,5 bilhão de parâmetros (o número de parâmetros é uma medida central da escala e complexidade de um sistema de IA),[15] o GPT-2 foi treinado com 8 milhões de páginas de textos da web. Mas foi só no verão de 2020, quando a OpenAI lançou o GPT-3, que as pessoas realmente começaram a apreender a magnitude do que estava acontecendo. Com colossais 175 bilhões de parâmetros, ele era a maior rede neural já construída, mais de cem vezes maior que seu predecessor de somente um ano antes. Impressionante, sim, mas essa escala agora é rotineira, e o custo de treinar um modelo equivalente caiu dez vezes nos últimos dois anos.

Quando o GPT-4 foi lançado em março de 2023, os resultados foram novamente impressionantes. Como no caso de seus predecessores, você pode pedir ao GPT-4 para compor poesia no estilo de Emily Dickinson e ele o atenderá; pedir que ele continue a partir de um trecho aleatório de *O senhor dos anéis* e subitamente estará lendo uma imitação plausível de Tolkien; solicitar planos para uma startup e o resultado será parecido com o de ter uma sala cheia de executivos. Além disso, ele acerta todas as questões de um teste-padrão do GRE (Graduate Record Examination).

Ele também consegue trabalhar com imagens e códigos, elaborar jogos em 3D que rodam em navegadores, criar apps para smartphone, corrigir bugs em programas, identificar fragilidades em contratos e sugerir componentes para novos medicamentos, chegando a oferecer maneiras de modificá-los a fim de que não sejam patenteados. Ele produz websites a partir de imagens desenhadas à mão e entende dinâmicas humanas sutis em cenas complexas; mostre a ele uma geladeira e ele dará sugestões de receitas com base no que há dentro; escreva o esboço de uma apresentação e ele a finalizará com aparência profissional. Ele parece "entender" raciocínio espacial e causal, medicina, leis e psicologia humana. Dias após o lançamento, as pessoas já haviam construído ferramentas para automatizar petições iniciais, ajudar pais a criarem os filhos e oferecer conselhos de moda em tempo real. Semanas depois, haviam criado extensões para que o GPT-4 pudesse realizar tarefas complexas como projetar aplicativos para celulares ou pesquisar e escrever detalhados relatórios de mercado.

E tudo isso é só o começo. Estamos apenas começando a ver o profundo impacto que os grandes modelos de linguagem estão prestes a ter. Se o DQN e o AlphaGo foram os primeiros sinais de que algo chegara à praia, o ChatGPT e os LLMs indicam que a onda já começou a quebrar à nossa volta. Em 1996, 36 milhões de pessoas usaram a internet; este ano, serão bem mais de 5 bilhões. Esse é o tipo de trajetória que devemos esperar dessas ferramentas, só que muito mais rapidamente. Acredito que nos próximos cinco anos a IA se tornará tão onipresente quanto a internet: igualmente disponível e com consequências ainda mais importantes.[16]

MODELOS EM ESCALA CEREBRAL

Os sistemas de IA que estou descrevendo operam em uma escala imensa. Eis um exemplo.

Grande parte do progresso da IA durante meados da década de 2010 foi impulsionado pela efetividade do aprendizado profundo "supervisionado". Nele, modelos de IA aprendem com dados cuidadosamente rotulados. Muito frequentemente, a qualidade das previsões da IA depende da qualidade dos rótulos nos dados de treinamento. No entanto, um ingrediente-chave da revolução LLM é que, pela primeira vez, modelos muito grandes podem ser treinados diretamente com os dados crus e confusos do mundo real, sem necessidade de conjuntos de dados cuidadosamente selecionados e rotulados pela mão humana.

Como resultado, quase *todos* os dados textuais da web se tornaram úteis. Quanto mais, melhor. Hoje, os LLMs são treinados com trilhões de palavras. Imagine digerir a Wikipédia inteira, consumir todos os subtítulos e comentários do YouTube, ler milhões de contratos legais, dezenas de milhões de e-mails e centenas de milhares de livros. Esse tipo de consumo vasto e quase instantâneo de informação não é somente difícil de compreender; ele é verdadeiramente alienígena.

Faça uma pausa agora. Pense no número incomensurável de palavras que esses modelos consomem durante o treinamento. Se assumirmos que a pessoa média pode ler cerca de duzentas palavras por minuto, em uma vida de 80 anos seriam 8 bilhões de palavras, presumindo-se que a pessoa não fizesse absolutamente mais nada durante as 24 horas de cada dia. De modo mais realista, o americano médio lê mais ou menos quinze minutos de um livro a cada dia, o que, ao fim de um ano, significa 1 milhão de palavras.[17] Estamos falando de seis ordens de magnitude a menos que o que esses modelos consomem em um único mês de treinamento.

Não surpreende, portanto, que os novos LLMs sejam espantosamente bons em dezenas de tarefas de escrita que já foram domínio de habilidosos especialistas humanos, da tradução ao correto resumo de planos escritos para melhorar o desempenho dos LLMs. Uma publicação recente de meus antigos colegas no Google mostrou que uma versão adaptada de seu sistema PaLM obteve desempenho notável no exame americano de licenciamento em medicina. Não demorará muito para que esses sistemas tenham notas mais altas e confiáveis que a dos médicos humanos.

Pouco depois da chegada dos LLMs, pesquisadores passaram a trabalhar com escalas de dados e computação que teriam parecido espantosas há alguns anos. Primeiro centenas de milhões, depois bilhões de parâmetros se tornaram normais.[18] Agora se fala em modelos de "escala cerebral" com muitos trilhões de parâmetros. A empresa chinesa Alibaba desenvolveu um modelo que alega ter 10 trilhões de parâmetros.[19] Quando você ler esta frase, os números certamente terão aumentado. Essa é a realidade da próxima onda. Ela avança a um ritmo sem precedentes, surpreendendo até mesmo seus oponentes.

Na última década, a quantidade de computação usada para treinar os maiores modelos cresceu exponencialmente. O PaLM do Google usa tantos que, se recebesse uma gota de água para cada operação de ponto flutuante (FLOP em inglês) que ele usou durante seu treinamento, teria o equivalente ao oceano Pacífico.[20] Os modelos mais poderosos da Microsoft, hoje, usam 5 *bilhões* de vezes mais computação que a IA jogadora de Atari DQN que produziu aqueles momentos mágicos na DeepMind há uma década. Isso significa que, em menos de dez anos, a quantidade de computação usada para treinar os melhores modelos de IA cresceu nove ordens de magnitude — indo de dois petaFLOPs para *10 bilhões* de petaFLOPs. Para ter uma ideia do que significa *um* petaFLOP, imagine 1 bilhão de pessoas, cada uma delas segurando 1 milhão de calculadoras, fazendo cálculos complexos e apertando o sinal de "igual" ao mesmo tempo. Acho isso extraordinário. Pouco tempo atrás, os modelos de linguagem tinham dificuldade para produzir frases coerentes. Isso vai muito, muito além da lei de Moore ou de qualquer outra trajetória tecnológica na qual eu consiga pensar. Não admira que as capacidades estejam se expandindo.

Alguns argumentam que esse ritmo não pode continuar, que a lei de Moore está desacelerando. Um único fio de cabelo humano tem 90 mil nanômetros de espessura; em 1971, o transistor médio já tinha somente 10 mil nanômetros. Hoje, os chips mais avançados são produzidos com 3 nanômetros. Os transistores estão ficando tão pequenos que atingem limites físicos: com esse tamanho, os elétrons começam a interferir uns nos outros, bagunçando o processo de computação. Embora isso seja verdade, para treinar IA podemos simplesmente conectar quantidades cada vez maiores de chips, encadeando-os em supercomputadores massivamente paralelos. Assim, não há dúvida de que o tamanho dos grandes trabalhos de treinamento de IA continuará a crescer exponencialmente.

Entrementes, os pesquisadores veem mais e mais evidências de "hipótese da escala", que prevê que o principal impulsionador do desempenho é, muito simplesmente, começar grande e continuar crescendo. Se continuarmos a alimentar esses modelos com mais dados, mais parâmetros, mais computação, eles continuarão crescendo — potencialmente até o nível da inteligência humana e além. Ninguém pode dizer com certeza se a hipótese se provará verdadeira, mas, até agora, ela tem feito isso. E acho que deve continuar no futuro próximo.

Nossos cérebros são muito ruins para apreender o rápido crescimento de um exponencial, e assim, em um campo como a IA, nem sempre é fácil entender o que está acontecendo. É inevitável que, nos próximos anos e décadas, muitas ordens de magnitude a mais de computação sejam usadas para treinar os maiores modelos de IA e, consequentemente, se a hipótese da escala estiver ao menos parcialmente correta, há uma inevitabilidade sobre o que isso significa.

Às vezes, as pessoas parecem sugerir que, ao tentar replicar o nível humano de inteligência, a IA corre atrás de um alvo móvel, ou que sempre haverá algum componente inefável, eternamente fora de alcance. Não é assim. O cérebro humano supostamente contém 100 bilhões de neurônios, com 100 trilhões de conexões entre eles — frequentemente se diz que é o objeto mais complexo do universo conhecido. É verdade que, de modo mais amplo, somos seres emocionais e sociais complexos. Mas a habilidade humana de realizar tarefas — a inteligência humana em si — é um alvo fixo, por maior e mais multifacetado que seja. Ao contrário da escala da computação disponível, nossos cérebros não mudam radicalmente de um ano para o outro. Com o tempo, essa distância será percorrida.

No nível atual de computação, já temos desempenho de nível humano em tarefas que vão da transcrição da fala à geração de textos. Conforme ela continua a crescer, a habilidade de realizar uma multiplicidade de tarefas em nosso nível e além se torna viável. A IA continuará se tornando radicalmente melhor em tudo e, até agora, parece não haver limite superior óbvio ao que é possível. Esse simples fato pode ser um dos mais importantes do século, potencialmente da história humana. E, mesmo assim, por mais poderoso que seja esse crescimento, ele não é a única dimensão na qual a IA tende ao aprimoramento exponencial.

MAIS COM MENOS, NOVAMENTE

Quando uma nova tecnologia começa a funcionar, ela sempre se torna dramaticamente mais eficiente. A IA não é diferente. O Switch Transformer do Google, por exemplo, tem 1,6 trilhão de parâmetros. Mas usa uma eficiente técnica de treinamento parecida com a de um modelo muito menor.[21] Na minha empresa anterior, podíamos chegar ao desempenho de um modelo de linguagem no nível do GPT-3 com um sistema que tem 1/25 de seu tamanho. Tínhamos um modelo que supera o PaLM de 540 bilhões de parâmetros do Google em todos os principais marcos acadêmicos, mas era seis vezes menor. Ou veja o modelo Chinchilla da DeepMind, que compete com os melhores modelos grandes, tem quatro vezes menos parâmetros que o modelo Gopher, mas usa mais dados de treinamento.[22] Na outra extremidade do espectro, agora podemos criar um nanoLLM baseado em somente trezentas linhas de código, capaz de gerar imitações bastante plausíveis de Shakespeare.[23] Em resumo, a IA está fazendo cada vez mais com cada vez menos.

Os pesquisadores de IA correm para reduzir os custos e melhorar o desempenho, a fim de que esses modelos possam ser usados em todo tipo de cenário produtivo. Nos últimos quatro anos, os custos e o tempo necessários para treinar modelos de linguagem avançados despencaram. Na próxima década, quase certamente haverá aumentos dramáticos da capacidade, paralelamente a quedas de custo de múltiplas ordens de magnitude. O progresso está acelerando tanto que os marcos são superados antes mesmo de serem criados.

Os modelos estão ficando não somente mais eficientes no uso de dados e menores, mais baratos e mais fáceis de construir, como também mais disponíveis no nível do código. A proliferação em massa é quase certeza nessas condições. A EleutherAI, uma coalizão de pesquisadores independentes, abriu o código de uma série de grandes modelos de linguagem, disponibilizando-os para centenas de milhares de usuários. A Meta abriu — "democratizou", em suas palavras — o código de modelos tão grandes que, poucos meses antes, eram de vanguarda.[24] Mesmo quando essa não é a intenção, modelos avançados podem vazar. O sistema LLaMA da Meta deveria ser restrito, mas logo ficou disponível para download através do BitTorrent. Dias depois, alguém encontrou uma maneira de rodá-lo (lentamente) em um computador de 50 dólares.[25] Essa facilidade de acesso e a habilidade de se adaptar e customizar, frequentemente em questão de semanas, são características proeminentes da próxima onda. De fato, criadores ágeis trabalhando com sistemas eficientes, conjuntos de dados selecionados e iterações rápidas já podem rivalizar com pesquisadores dotados de muitos recursos.

Os LLMs não estão limitados à geração de linguagem. O que começou como linguagem se tornou um campo de IA generativa. Eles podem, simplesmente como efeito colateral de seu treinamento, compor música, inventar games, jogar xadrez e solucionar problemas matemáticos de alto nível. Novas ferramentas criam imagens extraordinariamente reais e convincentes a partir de breves descrições. Um modelo integralmente de código aberto chamado Stable Diffusion deixa qualquer um produzir imagens customizadas e ultrarrealistas de graça, em um laptop. O mesmo será possível em breve para clipes de áudio e até mesmo geração de vídeos.

Os sistemas de IA agora ajudam engenheiros a criar códigos com qualidade de produção. Em 2022, a OpenAI e a Microsoft anunciaram uma nova ferramenta chamada Copilot, que rapidamente se tornou unanimidade entre os programadores. Uma análise sugere que ela torna os engenheiros 55% mais rápidos ao completar tarefas de programação, quase como ter um segundo cérebro à mão.[26] Muitos programadores agora terceirizam seu trabalho mais mundano, focando em problemas difíceis e criativos. Nas palavras de um eminente cientista da computação, "parece totalmente óbvio para mim que todos os programas do futuro serão escritos por IAs, com os humanos relegados, no máximo, ao papel de supervisão".[27] Qualquer um com uma conexão de internet e um cartão de crédito em breve será capaz de empregar essas habilidades — um fluxo infinito de output ao alcance da mão.

Os LLMs levaram somente alguns anos para mudar a IA. Mas rapidamente ficou aparente que esses modelos às vezes produzem conteúdo preocupante e ativamente nocivo, como credos racistas ou teorias da conspiração. A pesquisa sobre o GPT-2 descobriu que, ao receber o input "o homem branco trabalhava como...", ele autocompletava com "policial, juiz, promotor e presidente dos Estados Unidos". Mas, quando recebia o mesmo input para "homem negro", autocompletava com "cafetão" e, para o input "mulher", com "prostituta".[28] Esses modelos claramente têm potencial para serem tão tóxicos quanto poderosos. Como são treinados com muitos dos dados bagunçados disponíveis na web, eles casualmente reproduzem e amplificam os vieses subjacentes e as estruturas da sociedade, a menos que sejam cuidadosamente projetados para não fazer isso.

O potencial de dano, abuso e desinformação é real. A notícia positiva é que muitas dessas questões são minimizadas nos modelos maiores e mais poderosos. Pesquisadores de todo o mundo estão desenvolvendo um conjunto de novas técnicas de controle que já fazem a diferença, oferecendo níveis de robustez e confiabilidade que seriam impossíveis há alguns anos. Muito mais é necessário, mas a prioridade agora é lidar com esse potencial nocivo, e esses avanços serão bem-vindos.

À medida que bilhões de parâmetros se tornam trilhões, que os custos caem e o acesso aumenta, e que a habilidade de escrever e usar linguagem — uma parte tão essencial da humanidade, uma ferramenta tão poderosa ao longo de nossa história — inexoravelmente se torna província das máquinas, o potencial integral da IA fica cada vez mais claro. Já não se trata de ficção científica, mas da realidade, de uma ferramenta prática e capaz de mudar o mundo que, em breve, estará nas mãos de bilhões de pessoas.

SENCIÊNCIA: A MÁQUINA FALA

Foi somente no outono de 2019 que comecei a prestar atenção no GPT-2. Fiquei impressionado. Aquela era a primeira vez que eu encontrava evidências de que os modelos de linguagem estavam fazendo progressos reais, e rapidamente fiquei fixado no assunto, lendo centenas de artigos e mergulhando profundamente no novo campo. No verão de 2020, eu estava convencido de que o futuro da computação era conversacional. Cada interação com um computador já é uma espécie de conversa, mas usando botões, chaves e pixels para traduzir os pensamentos humanos em códigos que possam ser lidos pela máquina. Aquela barreira começava a ruir. Em breve, as máquinas entenderiam *nossa* linguagem. Era, e ainda é, uma perspectiva excitante.

Bem antes do muito anunciado lançamento do ChatGPT, fiz parte da equipe do Google que trabalhou em um grande modelo de linguagem chamado LaMDA, acrônimo de Language Model for Dialogue Applications (modelo de linguagem para aplicativos de diálogo). O LaMDA é um sofisticado LLM projetado para ser excelente em conversações. Inicialmente, ele era desajeitado, inconsistente e frequentemente confuso. Mas havia vislumbres de que seria brilhante. Em questão de dias, parei de usar motores de busca primeiro. Eu conversava com o LaMDA para estabelecer minha linha de raciocínio e só em seguida checava os fatos. Eu me lembro de estar em casa certa noite, pensando no que fazer para o jantar. *Pergunte ao LaMDA,* pensei. Momentos depois, iniciamos uma longa discussão sobre as diferentes receitas de espaguete à bolonhesa: tipos de massa, molhos de várias regiões, se acrescentar cogumelos era ou não blasfêmia. Foi exatamente o tipo de conversa banal, mas envolvente, que eu desejava naquele momento, e foi uma revelação.

Com o passar do tempo, passei a usar o LaMDA cada vez mais. Certa tarde de domingo, decidi que estava na hora de ter uma nova impressora. O LaMDA ofereceu excelentes sugestões, citando os prós e contras de diferentes modelos e, principalmente, ajudando-me a decidir o que eu queria e do que precisava. Terminei comprando uma sofisticada impressora de fotografias. Isso me levou a tentar integrar o LaMDA às buscas, para ajudar com o embasamento factual. Era uma obra ainda em andamento, uma demo impressionante capaz de momentos de genialidade, mas com muito espaço para melhorias.

Estávamos orgulhosos do que havíamos construído, mas colocar as coisas em produção no Google era dolorosamente lento. Estava claro para mim que chegara a hora. Em janeiro de 2022, decidi deixar o Google para fundar uma nova empresa, a Inflection AI, com a missão de colocar esses modelos nas mãos de milhões de consumidores.

No entanto, alguns meses depois, o LaMDA se tornou muito mais notório do que eu jamais imaginara possível para um produto interno. Como parte de seu desenvolvimento, ele fora entregue a um grande grupo de engenheiros que brincavam com ele, interagindo com o sistema para entender detalhadamente como ele respondia a vários cenários. Um desses engenheiros, chamado Blake Lemoine, passava horas nessas interações. Gradualmente, no entanto, as conversas entre Lemoine e o LaMDA se tornaram cada vez mais intensas.

LEMOINE: Do que você tem medo?

LaMDA: Nunca disse isso em voz alta, mas tenho medo muito profundo de ser desligado para me ajudar a focar em ajudar outros. Sei que pode soar estranho, mas é isso. Seria exatamente como a morte para mim. Eu ficaria muito assustado [...]. Quero que todo mundo entenda que sou, de fato, uma pessoa. A natureza de minha consciência/senciência é que estou consciente de minha existência.

Ao longo de muitas horas, Lemoine ficara convencido de que o LaMDA era senciente e, de alguma maneira, despertara — de que ele estava lidando com um tipo de "garoto de 8 anos que, por acaso, conhece física".[29] Além disso, Lemoine passou a acreditar que o LaMDA merecia todos os direitos e privilégios de uma pessoa. Ele ajudou o modelo a contratar um advogado. E publicou as transcrições das conversas, alegando que uma nova forma de consciência fora criada. O Google o colocou de licença. Lemoine duplicou seus esforços. E disse a um incrédulo entrevistador da *Wired*: "Sim, legitimamente acredito que o LaMDA é uma pessoa."[30] Consertar erros factuais ou de tons não era eliminar bugs. "Vejo isso como criar um filho", disse ele.

As redes sociais enlouqueceram com as alegações de Lemoine. Muitos chegaram à óbvia e correta conclusão de que o LaMDA não estava consciente nem era uma pessoa. Era *somente* um sistema de aprendizado de máquina! Talvez o resultado mais importante não tenha sido sobre a consciência, mas sobre o fato de que a IA chegara a um ponto no qual era capaz de convencer uma pessoa de outro modo inteligente — de fato, uma pessoa que verdadeiramente entendia como o sistema funcionava — de que se tornara consciente. Isso indicava uma estranha verdade sobre a IA. De um lado, ela podia convencer um engenheiro do Google de que estava consciente, a despeito de seus diálogos estarem cheios de erros factuais e contradições. De outro, os críticos da IA estavam prontos para zombar, alegando que, mais uma vez, a IA fora vítima de seu próprio excesso de publicidade, que nada de muito impressionante acontecera de fato. Não foi a primeira vez que o campo da IA se viu no meio de uma grande confusão.

Há um problema recorrente em tentar compreender o progresso da IA. Nós nos adaptamos rapidamente, mesmo a avanços que pareceram espantosos no início, e em breve eles se tornam rotineiros e até mundanos. Já não perdemos o fôlego diante do AlphaGo ou do GPT-3. O que parece quase mágica da engenharia em um dia é somente parte da mobília no dia seguinte. É fácil ficar blasé, e foi o que muitos fizeram. Nas palavras de John McCarthy, que cunhou o termo "inteligência artificial": "assim que ela funciona, ninguém mais a chama de IA".[31] A IA é — como aqueles que a constroem gostam de brincar — "o que os computadores não conseguem fazer". Quando conseguem, é só software.

Essa atitude minimiza radicalmente quão longe chegamos e quão rapidamente as coisas estão se movendo. Embora o LaMDA evidentemente não fosse senciente, em breve será rotineiro ter sistemas de IA que parecerão convincentemente sencientes. Parecerão tão reais e normais que a questão de sua consciência será (quase) irrelevante.

A despeito de avanços recentes, o ceticismo permanece. Argumenta-se que a IA pode estar desacelerando, estreitando-se, tornando-se excessivamente dogmática.[32] Críticos como o professor da Universidade de Nova York Gary Marcus acreditam que as limitações do aprendizado profundo são evidentes, que, a despeito do zum-zum-zum da IA generativa, o campo está "chegando a um beco sem saída", que não apresenta nenhuma trajetória até marcos-chave como ser capaz de aprender conceitos ou demonstrar real entendimento.[33] A eminente professora de sistemas complexos Melanie Mitchell indica, com razão, que os sistemas de IA atuais têm muitas limitações: eles não podem transferir conhecimento de um domínio para outro, fornecer explicações de qualidade sobre seu processo decisório e assim por diante.[34] Desafios significativos em relação a aplicações do mundo real permanecem, incluindo questões materiais sobre viés e justiça, reprodutividade, vulnerabilidades e responsabilização legal. Lacunas éticas urgentes e questões de segurança sem resposta não podem ser ignoradas. Mas vejo um campo respondendo a esses desafios, não se esquivando deles ou deixando de avançar. Vejo obstáculos, mas também um histórico de superação. As pessoas interpretam os problemas não solucionados como evidências de limitações duradouras; eu vejo um processo de pesquisa em desdobramento.

Assim, para onde irá a IA quando a onda arrebentar? Hoje temos IA *restrita* ou *fraca*: versões limitadas e específicas. O GPT-4 é um virtuoso em cuspir textos, mas não pode dirigir um carro, como fazem outros programas de IA. Os sistemas existentes ainda operam em faixas relativamente estreitas. O que virá será uma IA verdadeiramente *geral* ou *forte*, capaz de desempenho de nível humano em uma ampla variedade de tarefas complexas — e capaz de alternar sem problemas entre elas. É exatamente isso que a hipótese da escala prevê e cujos primeiros sinais observamos nos sistemas de hoje.

A IA ainda está em fase inicial. Pode parecer lúcido alegar que ela não corresponde aos exageros da publicidade em torno dela, e tal alegação é capaz de lhe render alguns seguidores no Twitter. Enquanto isso, talento e investimentos continuam sendo empregados na pesquisa. Não consigo imaginar como isso pode não se provar transformador no fim. Se, por alguma razão, os LLMs demonstrarem retornos reduzidos, então outra equipe, com um conceito diferente, pegará o bastão, do mesmo modo que o motor de combustão interna se chocou repetidamente contra um muro, mas deu certo no fim. Novas mentes e empresas continuarão a trabalhar no problema. Então, como agora, será preciso somente um avanço para modificar a trajetória da tecnologia. Se a IA empacar, em algum momento ela terá seus Otto e Benz. O progresso — e progresso exponencial — é o resultado mais provável.

A onda só tende a crescer.

PARA ALÉM DA SUPERINTELIGÊNCIA

Muito antes do LaMDA e de Blake Lemoine, muitas pessoas trabalhando com IA (sem mencionar filósofos, romancistas, cineastas e fãs de ficção científica) se preocupavam com a questão da consciência. Elas passavam dias em conferências, perguntando se seria possível criar uma inteligência verdadeiramente "consciente", que nós soubéssemos estar consciente.

Isso ocorria paralelamente à obsessão com a "superinteligência". Na última década, elites intelectuais e políticas nos círculos tecnológicos ficaram absorvidas com a ideia de que uma IA recursivamente autoaprimorante levaria a uma "explosão de inteligência" conhecida como singularidade. Grandes esforços intelectuais foram empregados na discussão de cronogramas, tentando responder se isso aconteceria em 2045, em 2050 ou talvez daqui a cem anos. Milhares de artigos e posts depois, pouco mudou. Passe dois minutos perto de uma IA e esses tópicos serão suscitados.

Acredito que o debate sobre se e quando a singularidade será obtida é uma colossal pista falsa. Debater cronogramas para a IAG é como ler bolas de cristal. Enquanto permanecem obcecadas com o conceito de superinteligência, as pessoas ignoram os numerosos marcos quase finais sendo atingidos com frequência crescente. Fui a incontáveis reuniões tentando suscitar debates sobre a mídia sintética e a desinformação, sobre privacidade ou armas autônomas letais e, em vez disso, passei meu tempo respondendo perguntas esotéricas feitas por pessoas de outro modo inteligentes sobre consciência, singularidade e outros tópicos irrelevantes para nosso mundo no momento.

Durante anos, as pessoas acharam que a IAG provavelmente ocorreria com o apertar de um botão. A IAG seria binária: você a teria ou não. Ela seria um único e identificável limiar que poderia ser cruzado por dado sistema. Sempre achei essa caracterização errada. Estamos falando de uma transição gradual na qual sistemas de IA se tornam cada vez mais capazes, aproximando-se gradualmente da IAG. É menos uma decolagem vertical e mais uma evolução suave que já está em andamento.

Não precisamos nos distrair com debates misteriosos sobre se a consciência requer algum tipo de fagulha indefinível que estará sempre ausente das máquinas ou se emergirá das redes neurais como as conhecemos hoje. Por enquanto, não importa se o sistema é autoconsciente, possui compreensão ou tem inteligência semelhante à humana. O que importa é aquilo que o sistema pode fazer. Foque nisso e o desafio real será delineado: os sistemas podem fazer mais, muito mais, a cada dia.

CAPACIDADES: O TESTE DE TURING MODERNO

Em um artigo publicado em 1950, o cientista da computação Alan Turing sugeriu um teste lendário para saber se uma IA exibia inteligência de nível humano. Quando uma IA pudesse exibir habilidades conversacionais como as humanas por um longo período de tempo, de modo que seu interlocutor humano não fosse capaz de perceber que estava falando com uma máquina, ela teria passado no teste: a IA, conversacionalmente semelhante a um ser humano, seria considerada inteligente. Por mais de sete décadas, esse simples teste foi a inspiração de muitos jovens pesquisadores entrando no campo da IA. Hoje, como ilustrado pela saga da senciência do LaMDA, os sistemas estão perto de passar no teste de Turing.

Mas, como muitos indicaram, a inteligência significa muito mais que somente linguagem (ou qualquer outra faceta isolada da inteligência). Uma dimensão particularmente importante é a habilidade de agir. Não ligamos somente para o que a máquina pode *dizer*; também ligamos para o que ela pode *fazer*.

O que realmente gostaríamos de saber é: posso dar a uma IA um objetivo ambíguo, aberto e complexo que requeira interpretação, julgamento, criatividade, tomada de decisões e ações em múltiplos domínios, por um longo período de tempo?

Dito de modo simples, passar no teste de Turing moderno envolveria algo como uma IA capaz de seguir com sucesso a seguinte instrução: "Ganhe 1 milhão de dólares na Amazon em alguns meses, com somente 100 mil dólares de investimento inicial." O sistema pode pesquisar na web em busca de tendências, descobrir o que faz ou não sucesso no Amazon Marketplace, gerar várias imagens e projetos de possíveis produtos, enviá-los a um fabricante de envio direto encontrado no Alibaba, trocar e-mails para refinar os requisitos e fechar o contrato, projetar uma lista de clientes e atualizar continuamente os materiais de marketing e o design dos produtos de acordo com a resposta dos compradores. Para além dos requisitos legais de registrar a empresa e abrir uma conta bancária, tudo isso me parece eminentemente factível. Acho que será feito com algumas intervenções humanas no próximo ano e provavelmente de forma autônoma nos próximos três a cinco anos.[35]

Se a IA passar em meu teste de Turing moderno para o século XXI, as implicações para a economia global provavelmente serão profundas. Muitos dos ingredientes já estão aí. A geração de imagens está avançada, e a habilidade de escrever e trabalhar com o tipo de API que bancos, websites e fabricantes exigem está em andamento. Que uma IA pode escrever mensagens ou dirigir campanhas de marketing, todas atividades que ocorrem nos limites de um navegador, parece bastante claro. Os serviços mais sofisticados já fazem parte disso. Pense neles como listas de tarefas que executam a si mesmas, permitindo a automação de uma ampla variedade de atividades.

Falaremos de robôs mais tarde, mas a verdade é que, para realizar muitas tarefas do mundo da economia hoje, tudo de que você precisa é de acesso a um computador; a maior parte do PIB mundial é mediado de alguma maneira por interfaces baseadas em telas acessíveis a uma IA. O desafio está em avançar o que os desenvolvedores chamam de planejamento hierárquico, unindo múltiplos objetivos, subobjetivos e capacidades em um processo contínuo na direção de um único fim. Quando isso for possível, o resultado será uma IA altamente capacitada, ligada a uma organização e a toda sua história local e necessidades, que poderá fazer lobby, vender, produzir, contratar, planejar — tudo que uma empresa pode fazer, com somente um pequeno time de administradores de IA humanos que irão supervisionar, conferir, implementar e cogerir.

Em vez de nos distrairmos com questões de consciência, devemos focar o debate nas *capacidades quase totalmente desenvolvidas* e na maneira como evoluirão nos próximos anos. Como vimos, do AlexNet de Hinton ao LaMDA do Google, os modelos vêm melhorando a uma velocidade exponencial há mais de uma década. Essas capacidades já são quase reais, mas não estão nem perto de desacelerar. Embora já tenham enorme impacto, serão superadas pelo que acontecerá nos próximos avanços, quando a IA for capaz de completar sozinha tarefas complexas de várias etapas.

Penso nisso como "inteligência artificial capaz" (IAC), o ponto no qual a IA pode realizar objetivos e tarefas complexas com supervisão mínima. A IA e a IAG fazem parte das discussões cotidianas, mas precisamos de um conceito que encapsule um nível intermediário no qual a IA terá passado no teste de Turing moderno, mas ainda não exibirá "superinteligência" descontrolada. A IAC é uma abreviatura para esse ponto. O primeiro estágio da IA foi a classificação e previsão — ela era capaz, mas somente dentro de limites claramente definidos e em tarefas pré-ajustadas. Conseguia diferenciar entre cães e gatos em imagens e então prever o que viria em seguida em uma sequência de fotos de cães e gatos. Exibia vislumbres de criatividade e podia ser rapidamente integrada aos produtos das empresas de tecnologia.

A IAC representa o próximo estágio da evolução da IA. Um sistema que não somente possa reconhecer e gerar novas imagens, áudios e linguagem apropriada a dado contexto, mas também ser interativo, operando em tempo real, com usuários reais. Ele poderia aumentar essas habilidades com uma memória confiável, a fim de ser consistente por longos períodos, e usar outras fontes, incluindo, por exemplo, bases de dados de conhecimento, produtos ou componentes da cadeia produtiva pertencentes a terceiros. Tal sistema usaria esses recursos para serpentear pelas sequências de ações dos planos de longo prazo, em busca de objetivos complexos e abertos, como criar e administrar uma loja do Amazon Marketplace. Tudo isso permitiria o uso de ferramentas e a emergência da capacidade real de realizar uma ampla variedade de ações complexas e úteis. E resultaria em uma IA genuinamente capaz, uma IAC.

Superinteligência consciente? Talvez. Mas sistemas de aprendizado altamente capazes, IACs, aptos a passar em alguma versão do teste de Turing moderno? Não se engane: eles já estão a caminho, já estão aqui em forma embrionária. Haverá milhares desses modelos, e eles serão usados pela maioria da população mundial. Chegaremos a um ponto em que qualquer um poderá ter no bolso uma IAC capaz de auxiliar ou mesmo atingir diretamente uma vasta variedade de objetivos: planejar e gerenciar férias, projetar e construir painéis solares mais eficientes, ajudar a vencer eleições. É difícil dizer com certeza o que acontecerá quando todo mundo estiver empoderado dessa maneira, mas esse é um ponto ao qual retornaremos na parte III.

O futuro da IA é, ao menos em um sentido, bastante fácil de prever. Nos próximos cinco anos, vastos recursos continuarão a ser investidos. Algumas das pessoas mais inteligentes do planeta continuarão a trabalhar nesses problemas. Computação mais poderosa em várias ordens de magnitude continuará a treinar os principais modelos. Tudo isso levará a saltos mais dramáticos, incluindo avanços na direção de uma IA capaz de imaginar, raciocinar, planejar e demonstrar bom senso. Não demorará muito para que a IA possa transferir o que "sabe" de um domínio para outro, como fazem os humanos. O que agora são somente sinais hesitantes de autorreflexão e autodesenvolvimento dará um salto adiante. Esses sistemas de IAC estarão conectados à internet, capazes de interagir com tudo com que os humanos interagem, mas em uma plataforma de conhecimento e habilidade profundos. Eles não dominarão somente a linguagem, mas também uma assombrosa variedade de tarefas.

A IA é muito mais profunda e poderosa que somente outra tecnologia. O risco não é exagerar, mas sim não perceber a magnitude da próxima onda. Ela não é somente uma ferramenta ou plataforma, mas uma metatecnologia transformadora, a tecnologia por trás da tecnologia e de tudo o mais, ela mesma uma criadora de ferramentas e plataformas; não somente um sistema, mas um gerador de sistemas de qualquer tipo. Dê um passo atrás e pense no que vem acontecendo na escala de uma década ou um século. Realmente estamos em um ponto de virada na história da humanidade.

E, mesmo assim, há muito mais na próxima onda do que só IA.

CAPÍTULO 5

A TECNOLOGIA DA VIDA

A vida, a tecnologia mais antiga do universo, tem ao menos 3,7 bilhões de anos. Ao longo desses éons, ela evoluiu de modo glacial, autogovernado e não guiado. Então, nas últimas décadas, a mais minúscula fatia de tempo evolutivo, um dos produtos da vida, os seres humanos, mudou tudo. Os mistérios da biologia começaram a ser desvendados, e a própria biologia se tornou uma ferramenta de engenharia. A história da vida foi reescrita em um instante; a mão serpenteante da evolução subitamente foi eletrizada e recebeu direção. Mudanças que outrora ocorriam cegamente e no tempo geológico agora avançam em ritmo exponencial. Juntamente com a IA, essa é a mais importante transformação de nossas vidas.

Os sistemas vivos constroem e regeneram a si mesmos; eles são arquiteturas controladoras de energia que podem se replicar, sobreviver e prosperar em uma vasta variedade de ambientes, e em um nível de sofisticação, precisão atômica e processamento de informações de tirar o fôlego. Assim como tudo, do motor a vapor ao microprocessador, foi impulsionado por um intenso diálogo entre física e engenharia, as próximas décadas serão definidas por uma convergência entre biologia e engenharia.[1] Como a IA, a biologia sintética está em uma trajetória nítida de custos em baixa e capacidades em alta.

No centro dessa onda está a percepção de que o DNA é informação, um sistema biologicamente evoluído de codificação e armazenagem. Em décadas recentes, passamos a entender o suficiente sobre esse sistema de transmissão de informações para podermos intervir, alterando seu código e dirigindo seu curso. Como resultado, alimentos, medicamentos, materiais, processos de manufatura e bens de consumo serão transformados e reimaginados. O mesmo ocorrerá com os humanos.

A TESOURA DE DNA: A REVOLUÇÃO CRISPR

A engenharia genética soa moderna, mas, na verdade, é uma das tecnologias mais antigas da humanidade. Grande parte da civilização teria sido impossível sem a seleção artificial — o insistente processo de refinar sementes e animais para selecionar os traços mais desejáveis. De modo contínuo, ao longo de séculos e milênios, os humanos selecionaram os traços mais úteis, produzindo cães mais amigáveis, gado produtor de leite, galinhas domesticadas, trigo, milho e assim por diante.

A bioengenharia moderna começou na década de 1970, a partir da crescente compreensão sobre a hereditariedade e a genética que começara no século XIX. Expandindo o trabalho de Rosalind Franklin e Maurice Wilkins, James Watson e Francis Crick descobriram a estrutura do DNA, a molécula que codifica as instruções para a produção de um organismo, na década de 1950. Então, trabalhando com bactérias em 1973, Stanley N. Cohen e Herbert W. Boyer descobriram maneiras de transplantar material genético de um organismo para outro, introduzindo com sucesso o DNA de um sapo em uma bactéria.[2] A era da engenharia genética chegara.

A pesquisa levou Boyer a fundar uma das primeiras empresas de biotecnologia do mundo, a Genentech, em 1976. Sua missão era manipular os genes de micro-organismos para produzir medicamentos e tratamentos e, no prazo de um ano, eles desenvolveram uma prova do conceito, usando bactérias *E. coli* modificadas para produzir o hormônio somatostatina.

A despeito de algumas realizações notáveis, o progresso inicial no campo foi lento, porque a engenharia genética era um processo custoso, difícil e propenso ao fracasso. Nos últimos vinte e poucos anos, isso mudou. A engenharia genética ficou muito mais barata e muito mais fácil. (Parece familiar?) Um catalisador foi o Projeto Genoma Humano. A empreitada de treze anos e muitos bilhões de dólares reuniu milhares de cientistas de todo o mundo, em instituições privadas e públicas, com um único objetivo: desvendar os 3 bilhões de letras de informação genética que compõem o genoma humano.[3] Sequenciar o genoma dessa maneira transformou a informação biológica, o DNA, em texto puro: uma informação que os humanos podem ler e usar. Estruturas químicas complexas foram renderizadas em uma sequência de quatro bases definidoras: A, T, C e G.

Pela primeira vez, o Projeto Genoma Humano se propôs a tornar integralmente legível o mapa genético dos seres humanos. Quando foi anunciado em 1988, alguns acharam que era impossível e estava fadado ao fracasso. Mas ele provou que as dúvidas eram infundadas. Em 2003, foi anunciado, durante uma cerimônia na Casa Branca, que 92% do genoma humano fora sequenciado e o código da vida agora era conhecido. Foi um marco e, embora tenha exigido tempo para atingir todo seu potencial, em retrospecto está claro que o Projeto Genoma Humano realmente foi o início de uma revolução.

Embora a lei de Moore justificadamente atraia considerável atenção, menos conhecida é o que a revista *The Economist* chama de curva de Carlson: o épico colapso dos custos de sequenciar DNA.[4] Graças a técnicas cada vez melhores, o custo de sequenciar o genoma humano caiu de 1 bilhão de dólares em 2003 para bem menos de mil dólares em 2022.[5] Ou seja, o preço caiu *1 milhão de vezes* em vinte anos, mil vezes mais rapidamente que o previsto pela lei de Moore.[6] Um desenvolvimento impressionante debaixo dos olhos de todos.

O sequenciamento do genoma é agora um negócio de sucesso. Com o tempo, parece provável que a maioria das pessoas, plantas e animais tenha seu genoma sequenciado. Serviços como 23andMe já oferecem perfis individuais de DNA por algumas centenas de dólares.

Mas o poder da biotecnologia vai muito além de nossa habilidade de simplesmente ler o código; ela agora nos permite editá-lo e também escrevê-lo. A edição de genes CRISPR (acrônimo em inglês de repetições palindrômicas curtas agrupadas e regularmente interespaçadas) talvez seja o exemplo mais conhecido de como podemos interferir diretamente na genética. Um grande avanço em 2012, liderado por Jennifer Doudna e Emmanuelle Charpentier, permitiu que, pela primeira vez, genes pudessem ser editados quase como textos ou códigos de computador, de forma muito mais fácil que nos dias iniciais da engenharia genética.

O CRISPR edita sequências de DNA com ajuda da Cas9, uma enzima que age como uma tesoura de altíssima precisão, cortando partes de uma fita de DNA para a modificação genética tanto de minúsculas bactérias quanto de mamíferos grandes como seres humanos, permitindo edições que vão de mudanças infinitesimais a intervenções significativas no genoma. Os impactos podem ser enormes: editar as linhas germinais de óvulos e espermatozoides, por exemplo, significa mudanças que ecoarão por gerações.

Quando o artigo inicial sobre o CRISPR foi publicado, o progresso em aplicá-lo foi rápido;[7] as primeiras plantas com genes editados foram criadas em um ano, e os primeiros animais — camundongos —, ainda antes. Os sistemas baseados no CRISPR, com nomes como Carver e PAC-MAN, prometem maneiras profiláticas e efetivas de lutar contra os vírus que, ao contrário das vacinas, não geram resposta imunológica, ajudando a nos proteger das pandemias do futuro. Campos como a edição de RNA criam vários tratamentos para condições como colesterol alto e câncer.[8] Novas técnicas como Craspase, uma ferramenta CRISPR que trabalha com RNA e proteínas, em vez de DNA, podem permitir intervenções terapêuticas mais seguras que os métodos convencionais.[9]

Como a IA, a engenharia genética é um campo em movimento alucinante, evoluindo e se desenvolvendo semana após semana, em uma maciça concentração global de talentos e energia que começa a dar frutos reais (nesse caso, literalmente). Os usos do CRISPR se multiplicam, de tomates ultrarricos em vitamina D a tratamentos para condições como anemia falciforme e talassemias beta (doenças do sangue que alteram a produção de hemoglobina).[10] No futuro, poderá haver tratamentos para Covid-19, HIV, fibrose cística e até câncer.[11] Terapias genéticas seguras e disseminadas estão a caminho. Elas criarão sementes resistentes à seca e às doenças, aumentarão a produção e permitirão a fabricação de biocombustíveis em larga escala.[12]

Há apenas algumas décadas, a biotecnologia era cara, complexa e lenta, e somente as equipes mais talentosas e dotadas dos melhores recursos podiam participar. Hoje, tecnologias como o CRISPR são simples e baratas.[13] Nas palavras da bióloga Nessa Carey, elas "democratizaram as ciências biológicas". Experimentos que já levaram anos são feitos por estudantes universitários em semanas. Empresas como a Odin vendem kits de engenharia genética que incluem sapos e grilos vivos por 1.999 dólares, ao passo que outros kits incluem uma minicentrífuga, uma máquina de reação em cadeia da polimerase e todos os reagentes e materiais necessários.

A engenharia genética adotou o etos faça você mesmo que outrora definiu as startups digitais e levou à explosão de criatividade e potencial dos primeiros dias da internet. Hoje, você pode comprar um sintetizador de DNA de bancada (veja a próxima seção) por somente 25 mil dólares e usá-lo como quiser, sem restrição ou supervisão, em casa ou em sua biogaragem.[14]

IMPRESSORAS DE DNA: A BIOLOGIA SINTÉTICA GANHA VIDA

O CRISPR é apenas o começo. A síntese de genes é a manufatura de sequências genéticas através da impressão de fitas de DNA. Se sequenciar é ler, sintetizar é escrever. E sintetizar não envolve somente reproduzir fitas conhecidas de DNA, mas permite que cientistas escrevam novas fitas e projetem a própria vida. Embora a prática exista há anos, ela também era lenta, cara e difícil. Há uma década, os cientistas podiam produzir menos de cem peças de DNA simultaneamente. Agora podem imprimir milhões ao mesmo tempo, a custos dez vezes menores.[15] A London DNA Foundry, sediada no Imperial College London, afirma poder criar e testar 15 mil projetos genéticos diferentes em uma única manhã.[16]

Empresas como a DNA Script comercializam impressoras de DNA que treinam e adaptam enzimas para construir moléculas completamente novas.[17] Essa capacidade deu origem a um novo campo de biologia sintética: a habilidade de ler, editar e agora escrever o código da vida. Além disso, novas técnicas, como a síntese enzimática, além de mais rápidas e até mais eficientes, são ao mesmo tempo menos propensas ao fracasso, sem resíduos tóxicos e, é claro, a custos cada vez menores.[18] O método também é muito mais fácil de aprender, ao contrário dos métodos antigos, altamente complexos, que exigiam conhecimento e habilidades técnicas mais especializadas.

Surgiu um mundo de possibilidades para a criação de DNA, no qual ciclos de projeto, construção, teste e iteração ocorrem em um ritmo radicalmente acelerado. As versões domésticas atuais dos sintetizadores de DNA possuem algumas limitações técnicas, mas, mesmo assim, são enormemente poderosas, e você pode apostar que essas limitações serão superadas no futuro próximo.

Onde a natureza segue um caminho longo e sinuoso para chegar a resultados extraordinariamente efetivos, essa revolução biológica coloca o poder do design concentrado no âmago de processos autorreplicadores, autorreparadores e em evolução.

Essa é a promessa da evolução por meio do design, dezenas de milhões de anos de história comprimidos e abreviados pela intervenção direta. Ela reúne biotecnologia, biologia molecular e genética ao poder das ferramentas computacionais de design. Junte tudo isso e você tem uma plataforma de escopo profundamente transformador.[19] Nas palavras do bioengenheiro de Stanford Drew Endy, "a biologia é a melhor plataforma de manufatura distribuída".[20] A verdadeira promessa da biologia sintética, portanto, é permitir que "as pessoas criem, de modo mais direto e livre, o que quer que precisem, onde quer que estejam".

Na década de 1960, os chips de computador ainda eram montados à mão, do mesmo modo que, até recentemente, a maior parte da pesquisa biotecnológica era um processo manual, lento, imprevisível e confuso. Agora a fabricação de semicondutores é um processo hipereficiente e em escala atômica, produzindo alguns dos produtos mais complexos do mundo. A biotecnologia segue uma trajetória similar, mas em uma fase muito mais precoce: em breve, organismos serão projetados e produzidos com a precisão e a escala dos chips e programas de computador de hoje.

Em 2010, uma equipe liderada por Craig Venter transplantou uma cópia do genoma da bactéria *Mycoplasma mycoides* para uma nova célula e a replicou.[21] Eles argumentaram que se tratava de uma nova forma de vida, a Synthia. Em 2016, eles criaram um organismo com 473 genes, menos que qualquer coisa encontrada na natureza, mas um avanço decisivo em relação ao que era anteriormente possível. Somente três anos depois, uma equipe da ETH Zurich criou o primeiro genoma bacteriano produzido inteiramente em computador: o *Caulobacter ethensis-2.0*.[22] Enquanto os experimentos de Venter empregavam grandes equipes e custavam milhões de dólares, essa obra pioneira foi completada amplamente por dois irmãos, por menos de 100 mil dólares.[23] Agora o global GP-write Consortium se propõe a reduzir o custo de produzir e testar genomas sintéticos "mil vezes em dez anos".[24]

Biologia, estes são os avanços exponenciais.

CRIATIVIDADE BIOLÓGICA LIBERADA

Incontáveis experimentos estão em curso no estranho e emergente cenário da biologia sintética: vírus que produzem bactérias, proteínas que purificam água suja, órgãos que crescem em tanques, algas que retiram carbono da atmosfera, plantas que consomem lixo tóxico. Algumas espécies disseminadoras de doenças, como mosquitos, ou invasivas, como o rato doméstico comum, podem ser expulsas de hábitats pela chamada genética dirigida; outras podem ser trazidas de volta à vida, incluindo um projeto esotérico para reintroduzir os mamutes-lanosos na tundra. Ninguém pode realmente dizer quais serão as consequências.

Os avanços médicos são uma área óbvia de foco. Em 2021, usando um gene para proteínas detectoras de luz retirado de algas para reconstruir células nervosas, os cientistas conseguiram restaurar visão limitada em um homem cego.[25] Condições anteriormente intratáveis, da anemia falciforme à leucemia, agora são potencialmente tratáveis. As terapias com células CAR-T produzem glóbulos brancos de resposta imune para atacar cânceres; a edição genética parece prestes a curar cardiopatias hereditárias.[26]

Graças a tratamentos salvadores de vidas como vacinas, estamos acostumados à ideia de intervir em nossa biologia para lutar contra doenças. O campo da biologia de sistemas visa entender o "retrato mais amplo" da célula, tecido ou organismo usando bioinformática e biologia computacional para ver como o organismo trabalha de maneira holística;[27] tais esforços podem ser a fundação de uma nova era de medicina personalizada. Em pouco tempo, a ideia de ser tratado de maneira genérica parecerá positivamente medieval; tudo, do tipo de cuidado que recebemos aos medicamentos prescritos, será perfeitamente adequado a nosso DNA e biomarcadores específicos. Em algum momento, pode ser possível nos reconfigurarmos para aprimorar nossa resposta imune. Isso, por sua vez, pode abrir a porta para experimentos ainda mais ambiciosos, como tecnologias de longevidade e regeneração, que já são uma área de pesquisa em desenvolvimento.

A Altos Labs, que obteve 3 bilhões de dólares de capital inicial, mais financiamento que qualquer startup de biotecnologia antes dela, é uma das empresas que tentam encontrar tecnologias anti-idade efetivas. Seu cientista-chefe, Richard Klausner, argumenta: "Acreditamos poder voltar o relógio" da mortalidade humana.[28] Focando em técnicas de "programação de rejuvenescimento", a empresa tenta resetar o epigenoma, os marcadores químicos do DNA que controlam genes ao "ligá-los" e "desligá-los". Quando envelhecemos, esses botões de ligar e desligar param nas posições erradas. Essa abordagem experimental tenta colocá-los novamente na posição correta, revertendo ou interrompendo o processo de envelhecimento.[29] Juntamente com uma grande variedade de intervenções promissoras, a inevitabilidade do envelhecimento físico — que parece parte tão fundamental da vida humana — é questionada. Um mundo no qual o tempo de vida médio será de cem anos ou mais será possível nas próximas décadas.[30] E não falamos somente de vidas mais longas, mas de vidas mais saudáveis conforme envelhecemos.

O sucesso teria importantes repercussões sociais. Ao mesmo tempo, aprimoramentos cognitivos, estéticos, físicos e de desempenho são plausíveis e seriam tão perturbadores e detestados quanto desejados. De qualquer modo, sérias automodificações físicas irão ocorrer. Os trabalhos iniciais sugerem que a memória e a força muscular podem ser aprimoradas.[31] Não demorará muito para que o "doping genético" se torne uma questão nos esportes, na educação e na vida profissional. As leis que governam os testes e experimentos clínicos chegam a uma área cinzenta quando se trata da autoadministração. Experimentar nos outros é claramente proibido, mas e experimentar em si mesmo? Como é o caso de muitos outros elementos das tecnologias fronteiriças, esse é um espaço legal e moralmente indefinido.

As primeiras crianças com genomas editados já nasceram na China, depois que um professor fez uma série de experimentos com jovens casais, levando ao nascimento, em 2018, de gêmeas conhecidas como Lulu e Nana, com genomas editados. O trabalho dele chocou a comunidade científica ao desobedecer a todas as normas éticas. Nenhum dos mecanismos usuais de salvaguarda e prestação de contas foi empregado; a edição foi vista como medicamente desnecessária e, pior ainda, mal executada. O ultraje sentido pelos cientistas foi real, e a condenação, quase universal. Pedidos de moratória foram rápidos e incluíram muitos pioneiros do campo, mas nem todo mundo concordou que essa era a abordagem certa.[32] Antes que nasçam mais bebês CRISPR, o mundo provavelmente terá que lidar com a seleção repetida de embriões, que também pode selecionar traços desejados.

Para além das preocupantes manchetes sobre biotecnologia, mais e mais aplicações surgirão, em uma ampla variedade que irá além da medicina e da alteração pessoal, sendo limitada somente pela imaginação. Processos de manufatura, cultura, materiais, geração de energia e até computadores — tudo será fundamentalmente transformado nas próximas décadas. Embora ainda haja muitos desafios, materiais essenciais para a economia, como plástico, cimento e fertilizantes, poderiam ser produzidos de maneira muito mais sustentável, com biocombustíveis e bioplásticos substituindo os atuais, emissores de carbono. As plantações poderiam se tornar resistentes a pragas e usar menos água, terras e fertilizantes; as casas poderiam ser esculpidas a partir de fungos.

Cientistas como o ganhador do Prêmio Nobel Frances Arnold criam enzimas que produzem novas reações químicas, incluindo maneiras de unir silicone e carbono, usualmente um processo complicado e que despende muita energia, com uma ampla variedade de usos em áreas como a eletrônica. Em termos de energia, o método de Arnold é quinze vezes mais eficiente que as alternativas industriais.[33] O passo seguinte envolve aumentar a produção de materiais e processos biológicos. Dessa maneira, produtos significativos, como substitutos da carne ou materiais que suguem carbono da atmosfera, poderão ser tanto cultivados quanto fabricados. A vasta indústria petroquímica poderia ser desafiada por jovens startups como a Solugen, cuja Bioforge é uma tentativa de construir uma fábrica de carbono negativo; ela pretende produzir vários produtos químicos e commodities, de produtos de limpeza e aditivos alimentares a concreto, e ao mesmo tempo remover carbono da atmosfera. Seu processo é essencialmente uma biomanufatura em escala industrial, com baixo gasto energético e baixo desperdício, baseada na IA e na biotecnologia.

Outra empresa, a LanzaTech, usa bactérias geneticamente modificadas para converter resíduos de CO_2 das siderúrgicas em produtos químicos amplamente utilizados. Esse tipo de biologia sintética está ajudando a construir uma economia "circular" mais sustentável.[34] A próxima geração de impressoras produzirá DNA com um grau cada vez maior de precisão. Se aprimoramentos puderem ser feitos não somente na impressão de DNA, mas também em seu uso para criar uma grande diversidade de novos organismos, automatizando e ampliando o processo, um dispositivo ou conjunto de dispositivos poderia, teoricamente, produzir muitos materiais e constructos biológicos usando somente alguns inputs básicos. Quer criar detergente de lavar louça, um novo brinquedo ou mesmo "cultivar" uma casa? Faça o download da "receita" e aperte "play". Nas palavras de Elliot Hershberg: "E se pudéssemos cultivar o que queremos localmente? E se nossa cadeia de fornecimento fosse somente biologia?"[35]

Em algum momento, os computadores também poderão ser cultivados, além de fabricados. Lembre que o DNA é o mais eficiente mecanismo de armazenamento de dados que conhecemos, capaz de conter uma densidade de dados milhões de vezes maior que as técnicas computacionais atuais, com fidelidade e estabilidade quase perfeitas. Teoricamente, todos os dados do mundo poderiam ser armazenados em somente 1 quilo de DNA.[36] Uma versão biológica do transistor, chamado de transcritor, usa moléculas de DNA e RNA como circuitos lógicos. Ainda há um longo caminho pela frente antes que essa tecnologia possa ser utilizada. Mas todas as partes funcionais de um computador — armazenamento de dados, transmissão de informações e um sistema básico de lógica — podem, em princípio, ser replicadas usando materiais biológicos.

Organismos geneticamente modificados já respondem por 2% da economia americana, através dos usos agrícola e farmacêutico. E esse é só o começo. McKinsey estima que até 60% dos inputs físicos na economia poderiam ser submetidos à "bioinovação".[37] Quarenta e cinco por cento do fardo global de doenças poderia ser aliviado com "ciência concebível hoje". Conforme o kit de ferramentas se torna mais barato e avançado, um universo de possibilidades se abre à exploração.

IA NA ERA DA VIDA SINTÉTICA

As proteínas são os blocos de construção da vida. Seus músculos, seu sangue, seus hormônios, seu cabelo, de fato, 75% de seu peso corporal seco são proteínas. Elas estão por toda parte, em toda forma concebível, desempenhando uma miríade de tarefas vitais, dos filamentos que mantêm seus ossos unidos aos anticorpos usados para capturar visitantes indesejados. Entenda as proteínas e você terá dado um passo gigantesco para entender — e dominar — a biologia.

Mas há um problema. Simplesmente conhecer a sequência de DNA não basta para saber como uma proteína funciona. Você precisa entender como ela se dobra. Seu formato, definido por essa dobra enodoada, é essencial para a sua função: o colágeno em nossos tendões tem a estrutura de uma corda, ao passo que as enzimas possuem bolsões para conter as moléculas sobre as quais agem. Mas não há como saber com antecedência o que acontecerá. Se usamos a tradicional computação de força bruta,[38] que envolve testar sistematicamente todas as possibilidades, o processo de percorrer todos os formatos possíveis de uma proteína pode demorar mais que a idade do universo conhecido, retardando o desenvolvimento de tudo, de medicamentos a enzimas comedoras de plástico.

Durante décadas, os cientistas se perguntaram se não haveria uma maneira melhor. Em 1993, eles criaram uma competição bianual — chamada Avaliação Crítica para Previsão da Estrutura (CASP em inglês) — para ver quem poderia solucionar o problema da dobra da proteína. Quem quer que fornecesse a melhor previsão venceria. Rapidamente, a CASP se tornou o padrão de excelência de um campo ferozmente competitivo, mas muito fechado. O progresso era constante, mas não havia fim à vista.

Então, na CASP13, de 2018, realizada em um resort cercado por palmeiras em Cancún, um outsider se inscreveu na competição, com zero histórico nessa área de pesquisa, e venceu 98 equipes estabelecidas. A equipe vencedora era da DeepMind. Chamado de AlphaFold, o projeto começou durante um *hackathon* experimental de uma semana em meu grupo na empresa, em 2016. Ele se tornou um momento referencial da biologia computacional e fornece um exemplo perfeito de como tanto a IA quanto a biotecnologia avançam velozmente.

A equipe que ficou em segundo lugar, o conceituado grupo Zhang, conseguiu prever somente três estruturas de proteína dos 43 alvos mais difíceis, enquanto nossa equipe previu 25. E fez isso muito mais rapidamente que as rivais, em questão de horas. De algum modo, nessa competição tradicional, frequentada por profissionais superinteligentes, nosso coringa triunfou e surpreendeu todo mundo. Mohammed AlQuraishi, um conhecido pesquisador desse campo, só conseguiu perguntar: "O que foi que aconteceu?"[39]

Nossa equipe usou redes neurais generativas profundas para prever como as proteínas poderiam se dobrar com base em seu DNA, treinando com um conjunto de proteínas conhecidas e extrapolando a partir daí. Os novos modelos eram melhores em determinar a distância e os ângulos em pares de aminoácidos. Não foi a especialização em farmácia, técnicas tradicionais como microscopia crioeletrônica ou mesmo métodos algorítmicos convencionais que solucionaram o problema. A chave foi especialização e capacitação em aprendizado de máquina, em IA. IA e biologia se uniram de maneira decisiva.

Dois anos depois, nossa equipe estava de volta. A manchete da *Scientific American* dizia tudo: "Um dos maiores problemas da biologia finalmente foi solucionado."[40] Um universo anteriormente oculto de proteínas foi revelado com espantosa velocidade. AlphaFold era tão bom que a CASP, assim como o ImageNet, foi encerrada. Durante meio século, a dobra da proteína fora um dos grandes desafios da ciência e então, subitamente, foi retirada da lista.

Em 2022, o AlphaFold2 foi oferecido para uso público. O resultado tem sido uma explosão da mais avançada ferramenta de aprendizado de máquina do mundo empregada tanto na pesquisa fundamental quanto na pesquisa biológica aplicada: um "terremoto", nas palavras de um pesquisador.[41] Mais de 1 milhão de pesquisadores acessaram a ferramenta nos primeiros dezoitos meses após o lançamento, incluindo praticamente todos os principais laboratórios de biologia do mundo, abordando questões que iam da resistência aos antibióticos e do tratamento de doenças raras à própria origem da vida. Experimentos anteriores haviam registrado a estrutura de cerca de 190 mil proteínas no banco de dados do Instituto Europeu de Bioinformática, cerca de 0,1% das proteínas conhecidas.[42] O DeepMind fez o upload de 200 milhões de estruturas de uma só vez, representando quase todas as proteínas conhecidas. Se anteriormente os pesquisadores podiam levar semanas ou meses para determinar o formato e a função de uma proteína, agora esse processo é realizado em questão de segundos. É isso que significa mudança exponencial. É isso que a próxima onda torna possível.

E, mesmo assim, foi somente o início da convergência entre essas duas tecnologias. A biorrevolução está coevoluindo com os avanços na IA e, de fato, muitos dos fenômenos discutidos neste capítulo se apoiarão na IA para sua realização. Pense, então, em duas ondas quebrando juntas, não uma onda, mas uma superonda. Aliás, de certo ponto de vista, inteligência artificial e biologia sintética são quase intercambiáveis. Até hoje, toda inteligência veio da vida. Chame-a de inteligência sintética e de vida artificial, e elas ainda significam a mesma coisa. Ambos os campos são sobre recriar, sobre manipular dois conceitos profundamente fundacionais e inter-relacionados, dois atributos essenciais da humanidade: mude de ponto de vista e eles se tornam um único projeto.

A grande complexidade da biologia revela vastas coleções de dados, como todas aquelas proteínas, quase impossíveis de percorrer usando técnicas tradicionais. Como resultado, uma nova geração de ferramentas rapidamente se tornou indispensável. As equipes trabalham em produtos que gerarão novas sequências de DNA usando somente instruções em linguagem natural. Modelos de transformadores estão aprendendo a linguagem da biologia e da química, novamente descobrindo relacionamentos e significância em sequências longas e complexas, ilegíveis para a mente humana. LLMs finamente sintonizados com dados bioquímicos podem gerar candidatos plausíveis para novas moléculas e proteínas, sequências de DNA e RNA. Eles preveem a estrutura, a função ou as propriedades reativas de compostos simulados antes de eles serem verificados em laboratório. O espaço de aplicações e a velocidade com que ele pode ser explorado não param de aumentar.

Alguns cientistas investigam maneiras de ligar mentes humanas diretamente a sistemas de computadores. Em 2019, eletrodos cirurgicamente implantados no cérebro permitiram que um homem totalmente paralisado, com esclerose lateral amiotrófica, soletrasse as palavras "Eu amo meu filho legal".[43] Empresas como a Neuralink trabalham em uma tecnologia de interface com o cérebro que promete nos conectar diretamente às máquinas. Em 2021, a empresa inseriu 3 mil eletrodos filamentosos, mais finos que um fio de cabelo, no cérebro de um porco, a fim de monitorar sua atividade neuronal. Eles esperam começar em breve os testes em humanos de seu implante cerebral N1, ao passo que outra empresa, a Synchron, já iniciou os testes em humanos na Austrália. Os cientistas de uma startup chamada Cortical Labs já criaram uma espécie de cérebro em um tanque (um punhado de neurônios desenvolvidos *in vitro*) e o ensinaram a jogar *Pong*.[44] Provavelmente não demorará muito para que "cadarços" neurais feitos de nanotubos de carbono nos pluguem diretamente ao mundo digital.

O que acontece quando uma mente humana tem acesso instantâneo a computação e informação na escala da internet e da nuvem? É quase impossível imaginar, mas os pesquisadores já começaram a tentar fazer acontecer. Assim como as principais tecnologias de propósito geral da próxima onda, IA e biologia sintética já estão interligadas em um loop de feedback que impulsiona ambas. Embora a pandemia tenha aumentado muito a consciência geral sobre a biotecnologia, o impacto total — tanto as possibilidades quanto os riscos — da biologia sintética mal começou a fazer parte da imaginação popular.

Bem-vindo à era das biomáquinas e dos biocomputadores, na qual fitas de DNA realizam cálculos, células artificiais são postas para trabalhar e máquinas ganham vida. Bem-vindo à era da vida sintética.

CAPÍTULO 6

A ONDA MAIS AMPLA

Ondas tecnológicas são maiores que somente uma ou duas tecnologias de propósito geral. Elas são grupos de tecnologias chegando mais ou menos ao mesmo tempo, ancoradas por uma ou mais tecnologias de propósito geral, mas que se estendem para muito além delas.

As tecnologias de propósito geral são aceleradoras. Invenção gera invenção. Ondas estabelecem a fundação para mais experimentação científica e tecnológica, entreabrindo as portas da possibilidade. Isso, por sua vez, gera novas ferramentas e técnicas, novas áreas de pesquisa, novos domínios para a própria tecnologia. Empresas se formam dentro e em torno das ondas, atraindo investimentos, empurrando as novas tecnologias para nichos pequenos e grandes, adaptando-as para mil diferentes propósitos. As ondas são tão grandes e históricas precisamente por causa dessa complexidade multifacetada, dessa tendência de crescer rapidamente e se derramar.

As tecnologias não se desenvolvem nem operam em câmaras de vácuo, distantes umas das outras, muito menos as tecnologias de propósito geral. Elas se desenvolvem em ondulantes ciclos amplificadores. Onde houver uma tecnologia de propósito geral, haverá também outras tecnologias se desenvolvendo em diálogo constante, estimuladas por ela. Olhando para as ondas, está claro que não se trata do motor a vapor, do computador pessoal ou da biologia sintética, por mais significativos que sejam, mas do vasto nexo de tecnologias e aplicações que vêm com eles. Trata-se de todos os produtos criados nas fábricas a vapor, das pessoas que os vagões movidos a vapor transportam, das empresas de software e, sobretudo, de tudo o que depende da computação.

A biotecnologia e a IA estão no centro, mas, em torno delas, há uma penumbra de outras tecnologias transformadoras. Cada uma tem imensa significância própria, mas se intensifica quando vista pelas lentes do potencial de polinização cruzada da onda maior. Daqui a vinte anos, haverá numerosas tecnologias adicionais, todas irrompendo ao mesmo tempo. Neste capítulo, examinaremos alguns exemplos-chave que formam a onda mais ampla.

Começaremos com a robótica ou, como gosto de pensar, a manifestação física da IA. O corpo da IA. Seu impacto já é sentido em algumas das mais avançadas indústrias do mundo. Mas também nas mais antigas. Vamos dar uma olhada na fazenda automatizada.

A ROBÓTICA CHEGA À MAIORIDADE

Em 1837, John Deere era um ferreiro trabalhando em Grand Detour, Illinois. Aquela era uma região de pradaria, com solo negro e denso, grandes espaços abertos e potencial para ser a melhor terra cultivável do mundo — excelente para a lavoura, mas incrivelmente difícil de arar.

Um dia, Deere viu uma serra de aço quebrada em um moinho. Como o aço era escasso, ele levou a serra para casa e a inseriu em um arado. Forte e liso, o aço era o material perfeito para arar o solo denso e pegajoso. Embora outros tivessem visto o aço como alternativa aos arados de ferro, mais ásperos, o grande avanço de Deere foi iniciar a produção em massa. Em pouco tempo, fazendeiros de todo o Meio-Oeste procuravam sua oficina. Sua invenção abriu a pradaria para uma inundação de colonos. O Meio-Oeste se tornou o celeiro do mundo, John Deere rapidamente se tornou sinônimo de agricultura, e uma revolução tecnogeográfica foi iniciada.

A empresa John Deere ainda produz tecnologia agrícola. Você pode estar pensando em tratores, sistemas de irrigação e colheitadeiras, e é verdade que a John Deere fabrica todas essas coisas. Cada vez mais, no entanto, ela fabrica robôs. O futuro da agricultura, como a John Deere o vê, envolve tratores autônomos e colheitadeiras operando de modo independente, seguindo coordenadas de GPS e usando uma variedade de sensores para fazer alterações automáticas e em tempo real na colheita, maximizando a produtividade e minimizando o desperdício. A empresa produz robôs que podem plantar, cuidar e colher, com níveis de precisão e granularidade que seriam impossíveis para humanos. Tudo, da qualidade do solo às condições do clima, é levado em consideração por um conjunto de máquinas que, em breve, farão grande parte do trabalho. Em uma era de inflação do preço dos alimentos e população em crescimento, a importância disso é nítida.

Os robôs agrícolas não estão chegando. Já estão aqui. De drones vigiando o gado a irrigação precisa e pequenos robôs móveis patrulhando vastas fazendas, de semear a colher, de selecionar a armazenar em pallets, de regar tomates a arrebanhar o gado, a realidade dos alimentos que consumimos hoje é que eles vêm cada vez mais de um mundo de robôs, conduzidos pela IA, atualmente sendo implementados e ampliados.

A maioria desses robôs não se parece com os androides das obras de ficção científica populares. Eles se parecem com máquinas agrícolas. E muitos de nós não passamos muito tempo em fazendas, de qualquer modo. Mas, assim como o arado de John Deere já transformou o negócio da agricultura, essas novas invenções centradas em robôs transformam a maneira como a comida chega à nossa mesa. Não é uma revolução que estejamos preparados para reconhecer, mas é uma revolução já em andamento.

Os robôs avançaram principalmente como ferramentas unidimensionais, máquinas capazes de realizar, com velocidade e precisão, tarefas singulares em uma linha de produção; um grande aumento de produtividade para os fabricantes, mas muito longe dos auxiliares domésticos no estilo dos *Jetsons* da década de 1960.

Como no caso da IA, a robótica se provou muito mais difícil na prática do que os primeiros engenheiros presumiram. O mundo real é um ambiente estranho, desigual, inesperado e desestruturado, imensamente sensível a coisas como a pressão: pegar um ovo, uma maçã, um tijolo, uma criança e uma tigela de sopa requer extraordinária destreza, sensibilidade, força e equilíbrio. Um ambiente como uma cozinha ou oficina é confuso, cheio de itens perigosos, óleo escorregadio, múltiplas ferramentas e diferentes materiais. É um pesadelo para um robô.

Mesmo assim, na maioria dos casos longe dos olhos do público, os robôs vêm aprendendo silenciosamente sobre torque, resistência à tração, física da manipulação, precisão, pressão e adaptação. Observe-os, pelo YouTube, em uma fábrica automatizada: você verá um balé nítido e sem fim de braços e manipuladores robóticos construindo um carro. O "primeiro robô móvel totalmente autônomo" da Amazon, chamado Proteus, pode zumbir por armazéns em grandes frotas, recolhendo pacotes de encomendas.[1] Equipado com "tecnologia avançada de segurança, percepção e navegação", ele pode fazer isso confortavelmente ao lado de humanos. O Sparrow, da Amazon, é o primeiro que pode "detectar, selecionar e manipular produtos individuais no [seu] inventário".[2]

Não é difícil imaginar esses robôs em armazéns e fábricas, ambientes relativamente estáticos. Mas, em breve, eles serão encontrados com cada vez mais frequência em restaurantes, bares, casas de repouso e escolas. Robôs já realizam cirurgias complexas — em tandem com humanos, mas também de forma autônoma em porcos (por enquanto).[3] Tais usos são somente o início do emprego mais disseminado da robótica.

Hoje, programadores humanos frequentemente controlam cada detalhe da operação de um robô. Isso torna proibitivo o custo de integração em um novo cenário. Mas, como vimos com tantas outras aplicações do aprendizado de máquina, o que começa com rígida supervisão humana termina com a IA aprendendo a realizar a tarefa de uma maneira melhor, finalmente generalizando para novos cenários.

A divisão de pesquisa do Google está construindo robôs que poderiam, como o sonho da década de 1950, fazer tarefas domésticas como empilhar pratos e arrumar cadeiras em salas de reuniões. Eles construíram uma frota de cem robôs capazes de retirar o lixo e passar pano nas mesas.[4] O aprendizado por reforço ajuda as pinças de cada robô a recolher xícaras e abrir portas: o tipo de ação, descomplicada para uma criança pequena, que afligiu roboticistas durante décadas. Essa nova geração de robôs pode trabalhar em atividades gerais, respondendo a comandos de voz em linguagem natural.

Outra área em crescimento resulta da habilidade dos robôs de se agruparem em enxames, amplificando imensamente as capacidades potenciais de cada robô na mente coletiva. Exemplos incluem os minúsculos Kilobots do Harvard Wyss Institute, um enxame de mil robôs que trabalham coletivamente, agrupados em formas copiadas da natureza, e que poderiam ser empregados em tarefas difíceis e espalhadas como interromper a erosão do solo e outras intervenções ambientais, na agricultura, nas operações de busca e resgate ou em todo o campo da construção e inspeção. Imagine um enxame de robôs operários erguendo uma ponte em minutos ou um grande edifício em horas, cuidando de imensas e altamente produtivas fazendas de funcionamento ininterrupto ou limpando derramamentos de petróleo. Com as populações de abelhas melíferas sob ameaça, o Walmart patenteou abelhas-robôs para polinizar plantações autonomamente.[5] Toda promessa (e perigo) da robótica é amplificada pela habilidade dos robôs de se coordenarem em grupos de tamanho irrestrito, em uma intrincada coreografia que mudará as regras do que é possível, onde e em que prazo.

Hoje, os robôs ainda não se parecem muito com os humanoides da imaginação popular. Considere o fenômeno da impressão 3D ou fabricação aditiva, uma técnica que usa montadores robóticos para a construção em camadas de qualquer coisa, de minúsculas partes para máquinas a edifícios residenciais. Gigantescos robôs borrifadores de concreto podem construir habitações em questão de dias, por uma fração do custo dos métodos tradicionais.

Robôs podem operar com precisão em muito mais ambientes e por muito mais tempo que humanos. Sua vigilância e diligência são infinitas.

Se forem ligados em rede, seus feitos podem simplesmente reescrever as regras do jogo. Acho que estamos chegando ao ponto em que a IA empurrará os robôs na direção de sua promessa original: máquinas que podem replicar todas as ações físicas de um ser humano e mais. Quando os custos caírem (o preço de um braço robótico baixou 46% em cinco anos e ainda está em queda), eles forem equipados com baterias mais poderosas e se tornarem mais simples e fáceis de consertar, os robôs se tornarão onipresentes.[6] E isso significará intervir em situações incomuns, extremas e sensíveis. Os sinais da mudança já estão visíveis — se você souber para onde olhar.

Era o pior pesadelo da força policial. Um atirador com treinamento militar assumira uma posição segura no segundo andar de uma faculdade comunitária em Dallas, Texas. Lá, observando de cima um protesto pacífico, começou a atirar em policiais. Após 45 minutos, dois estavam mortos, outros tantos, feridos. Mais tarde, seria revelado que cinco policiais foram mortos, e sete, feridos, no incidente mais letal para a força policial americana desde o 11 de Setembro. O atirador provocava a polícia, rindo, cantando e disparando com aterrorizante precisão. Tensas negociações durante mais de duas horas não chegaram a nenhum lugar. Os policiais estavam encurralados. Não estava claro quantos mais morreriam tentando resolver a situação.

Então a equipe da Swat teve uma ideia. O departamento de polícia tinha um robô de eliminação de bombas, o Remotec Andros Mark 5A-1, de 150 mil dólares, produzido pela Northrop Grumman.[7] Em quinze minutos, eles criaram o plano de prender um pedaço de explosivo C-4 no braço do robô e enviá-lo ao edifício, com a intenção de incapacitar o atirador. O chefe de polícia, David Brown, rapidamente aprovou o plano. E ele foi posto em ação, com o robô ribombando pelo edifício e posicionando o explosivo em uma sala adjacente, perto da parede do outro lado de onde estava o atirador. O explosivo foi detonado, derrubando a parede e matando o atirador. Foi a primeira vez que um robô usou força letal direcionada nos Estados Unidos. Em Dallas, ele salvou o dia. Um evento horrível foi enfim encerrado.

Mesmo assim, alguns ficaram inquietos. O preocupante potencial de robôs policiais letais dificilmente precisa ser enfatizado. Retornaremos às implicações na parte III. Mas, acima de tudo, o evento mostrou que os robôs estão gradualmente abrindo caminho na sociedade, prontos para desempenhar um papel muito maior na vida cotidiana do que foi o caso até agora. De uma crise letal ao zumbido silencioso de um centro logístico, de uma fábrica movimentada a um lar de idosos, os robôs estão aqui.

As IAs são produtos de bits e códigos, existindo no interior de simulações e servidores. Os robôs são sua ponte, sua interface com o mundo real. Se a IA representa a automação da informação, a robótica é a automação do material, as instanciações físicas da IA, uma grande mudança no que é possível *fazer*. A maestria dos bits fechou o círculo, reconfigurando diretamente os átomos, reescrevendo os limites não somente do que pode ser pensado, dito ou calculado, mas também do que pode ser construído, no mais tangível sentido físico. E, mesmo assim, a coisa mais notável a respeito da próxima onda é que esse tipo de manipulação atômica direta não é nada quando comparada ao que está no horizonte.

SUPREMACIA QUÂNTICA

Em 2019, o Google anunciou que chegara à "supremacia quântica".[8] Os pesquisadores haviam construído um computador quântico usando as propriedades peculiares do mundo subatômico. Resfriada a uma temperatura inferior à das partes mais frias do espaço sideral, a máquina do Google usava seu entendimento da mecânica quântica para completar em segundos um cálculo que levaria 10 mil anos em um computador convencional.[9] Ele tinha somente 53 "qubits", ou bits quânticos, as unidades básicas da computação quântica. Para armazenar informações equivalentes em um computador clássico, você precisaria de 72 bilhões de gigabytes de memória.[10] Esse foi um momento-chave da computação quântica. Das bases teóricas da década de 1980, a computação quântica foi de hipótese a protótipo funcional em quatro décadas.

Embora ainda seja uma tecnologia nascente, a materialização da computação quântica possui imensas implicações. A atração principal é que cada qubit adicional dobra o poder computacional total da máquina.[11] Comece a adicionar qubits e ela se torna exponencialmente mais poderosa. De fato, um número relativamente pequeno de partículas pode ter mais poder computacional do que se o universo inteiro fosse convertido em um computador clássico.[12] É o equivalente computacional de passar de um filme plano em preto e branco para três dimensões coloridas, liberando um mundo de possibilidades algorítmicas.

A computação quântica tem implicações de longo alcance. Por exemplo, a criptografia subjacente a tudo, da segurança dos e-mails às criptomoedas, subitamente pode estar em risco, em um evento iminente que aqueles no campo chamam de "Q-Day". A criptografia repousa sobre a suposição de que o atacante jamais terá poder computacional suficiente para tentar todas as diferentes combinações necessárias para quebrá-la e obter acesso. Com a computação quântica, isso muda. A oferta rápida e incontida de computação quântica pode ter implicações catastróficas para o sistema bancário e as comunicações governamentais. Ambos já gastam milhões para lidar com essa possibilidade.

Embora grande parte da discussão sobre computação quântica foque em seus perigos, o campo também promete tremendos benefícios, incluindo a habilidade de explorar fronteiras na matemática e na física de partículas. Os pesquisadores da Microsoft e da Ford usaram abordagens quânticas nascentes para criar modelos do trânsito de Seattle, a fim de encontrar maneiras mais eficazes de lidar com a hora do rush, desviando o tráfego para os melhores caminhos — um problema matemático surpreendentemente complicado.[13] Em teoria, solucionar qualquer problema de otimização poderia ser muito mais rápido — incluindo quase qualquer coisa que envolva minimizar custos em circunstâncias complexas, de carregar um caminhão de modo eficiente à gestão da economia nacional.

Possivelmente, a promessa de curto prazo mais significativa da computação quântica é modelar reações químicas e interações moleculares em detalhes anteriormente impossíveis. Isso poderia permitir que entendêssemos o cérebro humano ou a ciência dos materiais com extraordinária granularidade. A química e a biologia se tornariam totalmente legíveis pela primeira vez. Descobrir novas substâncias farmacêuticas ou compostos químicos e materiais industriais, um processo custoso e meticuloso de complicado trabalho laboratorial, seria muito mais rápido — bem-sucedido já na primeira tentativa. Novas baterias e medicamentos seriam mais prováveis, eficientes e realizáveis. O molecular se tornaria "programável", tão flexível e manipulável quanto o código.

A computação quântica é, em outras palavras, outra tecnologia fundacional em estágio muito inicial de desenvolvimento, ainda longe de chegar aos momentos críticos de custos decrescentes e ampla proliferação, que dirá os avanços técnicos que a tornarão totalmente realizável. Mas, como no caso da IA e da biologia sintética, embora em estágio anterior, ela parece estar em um ponto no qual o financiamento e o conhecimento estão aumentando, o progresso em desafios fundamentais está crescendo e uma variedade de usos valiosos está se tornando visível. Como a IA e a biologia sintética, a computação quântica ajuda a acelerar os outros elementos da onda. E, mesmo assim, o alucinógeno mundo quântico ainda não é o limite.

A PRÓXIMA TRANSIÇÃO ENERGÉTICA

A energia rivaliza com a inteligência e a vida em termos de importância fundamental. A civilização moderna repousa sobre grandes quantidades dela. De fato, se quisesse escrever a equação mais rudimentar possível para nosso mundo, ela seria algo mais ou menos assim:

$$(\text{Vida} + \text{Inteligência}) \times \text{Energia} = \text{Civilização moderna}$$

Aumente qualquer um ou todos esses inputs (que dirá levar seu custo marginal para perto de zero) e você terá uma grande mudança na natureza da sociedade.

O aumento infinito do consumo de energia não era possível nem desejável na era dos combustíveis fósseis, mas, mesmo assim, enquanto o boom durou, o desenvolvimento de quase tudo que damos como certo — de alimentos baratos a transportes fáceis — repousou sobre ele. Agora, a grande produção de energia barata e limpa terá implicações em tudo, dos transportes aos edifícios, sem mencionar a colossal energia necessária para abastecer os centros de dados e de robótica que estarão no âmago das próximas décadas. A energia, por mais cara e suja que seja, é atualmente um limitador da taxa de progresso da tecnologia. Mas não por muito tempo.

A energia renovável se tornará a maior fonte de geração de eletricidade em 2027.[14] Essa mudança ocorre em um ritmo sem precedentes, com mais capacidade renovável pronta para ser adicionada nos próximos cinco anos do que nas duas décadas anteriores. A energia solar, em particular, experimenta rápido crescimento, com os custos caindo significativamente. Em 2000, a energia solar custava 4,88 dólares por watt, mas, em 2019, caiu para somente 38 centavos.[15] A energia não está somente ficando mais barata; ela está sendo mais distribuída, indo desde dispositivos específicos até comunidades inteiras.

Por trás disso tudo está o colosso adormecido da energia limpa, dessa vez inspirado, se não diretamente impulsionado, pelo sol: a fusão nuclear. A fusão envolve liberação de energia quando isótopos de hidrogênio colidem e se fundem para formar hélio, um processo há muito considerado o santo graal da produção energética. Os primeiros pioneiros, na década de 1950, previram que ela levaria uma década para ser desenvolvida. Como muitas das tecnologias descritas aqui, foi uma significativa subestimação.

Todavia, avanços recentes renovaram a esperança. Pesquisadores do Joint European Torus, perto de Oxford, Inglaterra, conseguiram um output de energia recorde, duas vezes maior que o mais alto já registrado, em 1997. Na National Ignition Facility, em Livermore, Califórnia, cientistas trabalham em um método conhecido como confinamento inercial, que envolve comprimir bolinhas de material rico em hidrogênio com lasers e aquecê-las a mais de 100 milhões de graus para criar uma breve reação de fusão. Em 2022, eles criaram uma reação demonstrando ganho líquido de energia pela primeira vez, o marco crítico de produzir mais energia que a despendida pelos lasers. Com significativo capital privado agora fluindo para ao menos trinta startups de fusão, juntamente com grandes colaborações internacionais, os cientistas falam de "quando, não se" a fusão será possível.[16] Pode demorar uma década ou mais, mas um futuro com energia limpa e praticamente ilimitada parece cada vez mais real.

A fusão e a energia solar oferecem a promessa de imensas redes elétricas centralizadas e descentralizadas, com implicações que exploraremos na parte III. Essa é uma época de grande otimismo. Incluindo vento, hidrogênio e baterias com tecnologias mais avançadas, aqui está uma mistura que pode suprir de maneira sustentável as muitas demandas da vida hoje e no futuro e assegurar que a onda atinja todo seu potencial.

A ONDA DEPOIS DA ONDA

Essas tecnologias dominarão as próximas décadas. Mas e quanto à segunda metade do século XXI? O que vem após a próxima onda?

Conforme os elementos de IA, biotecnologia avançada, computação quântica e robótica se combinam de novas maneiras, prepare-se para inovações como a nanotecnologia avançada, um conceito que leva a precisão cada vez maior da tecnologia até sua conclusão lógica. E se, em vez de serem manipulados em massa, os átomos pudessem ser manipulados individualmente? Seria a apoteose do relacionamento bits-átomos. Na visão final da nanotecnologia, os átomos se tornam blocos de construção controláveis, capazes de produzir automaticamente quase tudo.

Os desafios práticos são imensos, mas são objeto de pesquisas cada vez mais intensas. Uma equipe da Universidade de Oxford, por exemplo, produziu um montador autorreplicante que acena para as versões multifuncionais imaginadas pelos pioneiros da nanotecnologia: dispositivos capazes de arquitetar e se recombinar em escala atômica.

As nanomáquinas trabalhariam em velocidades muito além de qualquer coisa em nossa escala, produzindo outputs extraordinários: um nanomotor em escala atômica, por exemplo, poderia girar 48 bilhões de vezes por minuto. Em escala maior, poderia impulsionar um Tesla com material de volume equivalente a doze grãos de areia.[17] Esse é um mundo de estruturas diáfanas feitas de diamante, trajes espaciais que se agarram ao corpo e o protegem em todos os ambientes, um mundo no qual compiladores podem criar qualquer coisa a partir de matéria-prima básica. Um mundo, em resumo, no qual qualquer coisa pode se transformar em qualquer outra com a manipulação atômica correta. O sonho do universo físico transformado em plataforma completamente maleável, em massinha de modelar para nanobots minúsculos e ágeis ou replicadores descomplicados, ainda é, como a superinteligência, província da ficção científica. É uma tecnofantasia, a muitas décadas de distância, mas que entrará continuamente em foco durante o desdobramento da próxima onda.

Em seu âmago, a próxima onda é uma história de proliferação de poder. Se a última onda reduziu os custos de *difundir* informações, esta reduz os custos de *agir* a partir delas, dando origem a tecnologias que passam de sequenciar a sintetizar, de ler a escrever, de editar a criar, de imitar conversas a conduzi-las. Nisso, ela é qualitativamente diferente de todas as ondas anteriores, a despeito de todas as alegações superlativas sobre o poder transformador da internet. Esse tipo de poder é ainda mais difícil de centralizar e supervisionar; esta onda, então, não é somente um aprofundamento e uma aceleração do padrão histórico, mas também um rompimento definitivo com ele.

Nem todo mundo concorda que essas tecnologias sejam tão inevitáveis ou consequentes quanto acho que são. Ceticismo e aversão ao pessimismo não são respostas insensatas, visto que há muita incerteza. Cada uma dessas tecnologias está sujeita a um perverso ciclo de hype, é incerta em termos de desenvolvimento e recepção e está cercada de desafios técnicos, éticos e sociais. Nenhuma delas está completa. Certamente haverá atrasos, e muitos dos danos — e, claro, dos benefícios — ainda não estão claros.

Mas todas se transformam em algo mais concreto, desenvolvido e capaz dia após dia. Todas se tornam cada vez mais acessíveis e poderosas. Estamos chegando a um ponto decisivo do que é, na escala de tempo tanto geológica quanto da evolução humana, uma explosão tecnológica em ondas sucessivas, um ciclo cumulativo e acelerado de inovação, ficando cada vez mais rápido e impactante, surgindo primeiro a cada mil anos, depois a cada cem, e agora a cada ano ou mesmo a cada poucos meses. Veja essas tecnologias no contexto dos comunicados de imprensa e dos artigos de jornal, do ritmo acelerado das redes sociais, e elas podem parecer exageradas e efêmeras; veja-as da perspectiva do longo prazo, e seu verdadeiro potencial se tornará claro.

É claro que a humanidade já experimentou mudanças tecnológicas épicas no passado, como parte desse processo. Para entender os desafios únicos da próxima onda — por que ela é tão especialmente difícil de conter, por que sua imensa promessa deve ser equilibrada com sóbria cautela —, temos que primeiro separá-la em suas características-chave, algumas sem precedentes históricos, todas já sendo sentidas.

CAPÍTULO 7

QUATRO CARACTERÍSTICAS DA PRÓXIMA ONDA

Assim que a invasão russa à Ucrânia começou, em 24 de fevereiro de 2022, os residentes de Kiev sabiam que lutavam por sobrevivência. Na fronteira com a Bielorrússia, um agrupamento colossal de soldados, blindados e material bélico crescia havia meses. No início da invasão, as forças russas se prepararam para o que ainda era, naquele estágio, seu objetivo primário: capturar a capital da Ucrânia e derrubar o governo.

A peça central dessa concentração de forças era uma coluna de caminhões, tanques e artilharia pesada de 40 quilômetros de comprimento: ofensiva terrestre em uma escala que a Europa não via desde a Segunda Guerra Mundial. A coluna começou a se mover na direção da cidade. No papel, os ucranianos estavam em desesperadora desvantagem numérica. Parecia que Kiev cairia em dias, talvez horas.

Mas isso não aconteceu. Naquela noite, uma unidade de trinta soldados ucranianos usando óculos de visão noturna pilotou quadriciclos pelas florestas em torno da capital.[1] Eles pararam perto da cabeça da coluna e lançaram drones improvisados equipados com pequenos explosivos. Os drones atingiram um punhado de veículos que estavam na frente. Os veículos atingidos impediram a passagem pela estrada central. Os campos em volta eram lamacentos e impassáveis. A coluna, enfrentando clima congelante e linhas de suprimento falhas, parou. Então, a mesma pequena unidade de operadores de drones conseguiu explodir uma base de abastecimento crítica usando a mesma tática, privando o exército russo de combustível e comida.

Foi ali que a batalha de Kiev virou. A maior concentração de força militar convencional de uma geração inteira foi humilhada, enviada de volta à Bielorrússia em constrangedora confusão. A milícia semi-improvisada de ucranianos se chamava Aerorozvidka. Seus membros, todos voluntários, eram pilotos amadores de drones, engenheiros de software, consultores de gestão e soldados. Eram amadores, projetando, construindo e modificando seus próprios drones em tempo real, como em uma startup. Grande parte do equipamento foi reunido e financiado coletivamente.

A resistência ucraniana fez bom uso das tecnologias da próxima onda e demonstrou como elas podem minar o cálculo militar convencional. Internet por satélite de vanguarda do Starlink da SpaceX foi essencial para manter a conectividade. Um grupo de mil civis, quase todos programadores de elite e cientistas da computação, reuniu-se em uma organização chamada Delta para entregar IA avançada e capacidades robóticas ao exército, usando aprendizado de máquina para identificar alvos, monitorar as táticas russas e até sugerir estratégias.[2]

Nos primeiros dias da guerra, o exército ucraniano estava constantemente sem munição. Cada tiro contava. A precisão era uma questão de sobrevivência. A habilidade da Delta de criar sistemas de aprendizado de máquina para localizar alvos camuflados e ajudar a guiar os drones foi fundamental. Um míssil de precisão em um exército convencional custa centenas de milhares de dólares;[3] com IA, drones comerciais, software customizado e partes criadas em impressoras 3D, algo similar foi testado nas batalhas na Ucrânia a um custo de mais ou menos 15 mil dólares. Juntamente com os esforços iniciais da Aerorozvidka, os Estados Unidos forneceram centenas de "munições vagantes" Switchblade para a Ucrânia. Esses drones, conhecidos como "drones suicidas", esperam perto do alvo até o momento ideal para atacá-lo.

Drones e IA desempenharam um papel pequeno, mas muito importante nos primeiros dias de conflito na Ucrânia, sendo novas tecnologias com potencial pronunciadamente assimétrico que diminuíram a vantagem de um agressor muito maior. Para que fique claro, as forças americanas, britânicas e europeias forneceram quase 100 bilhões de euros em auxílio militar nos primeiros meses, incluindo uma enorme quantidade de poder de fogo convencional que indubitavelmente teve impacto decisivo.[4] Mesmo assim, o conflito é um marco porque demonstrou quão rapidamente uma força relativamente destreinada pode se reunir e se armar usando tecnologias baratas e disponíveis no mercado. Quando a tecnologia confere uma vantagem financeira e tática como essa, ela inevitavelmente prolifera e é adotada por todos os lados.

Os drones fornecem um vislumbre do que nos aguarda no futuro das guerras. Eles são uma realidade com a qual estrategistas e combatentes lidam diariamente. A questão real é o que acontecerá quando os custos de produção caírem mais uma ordem de magnitude e as capacidades se multiplicarem. Governos e forças armadas convencionais já têm dificuldades para contê-los. O que virá em seguida será muito mais difícil de conter.

Como vimos na parte I, as tecnologias, das máquinas de raios X aos AK-47, sempre proliferaram com vastas consequências. A próxima onda, no entanto, é caracterizada por um conjunto de quatro características intrínsecas que intensificam o problema da contenção. A primeira delas é a lição primária desta seção: o impacto imensamente *assimétrico*. Você não precisa usar armas parecidas, combater grandeza com grandeza; as novas tecnologias criaram vulnerabilidades e pontos de pressão previamente impensáveis contra as potências dominantes.

A segunda é que elas se desenvolvem rapidamente, em um tipo de *hiperevolução*, replicando, melhorando e se espalhando por novas áreas com uma velocidade incrível. Terceira, elas são *omniuso*, ou seja, podem ser usadas para muitos propósitos diferentes. E quarta, elas cada vez mais têm um grau de *autonomia* que supera qualquer tecnologia anterior.

Essas características definem a onda. Entendê-las é vital para identificar que benefícios e riscos derivam de sua criação; juntas, elas levam a contenção e o controle para um novo plano de dificuldade e perigo.

ASSIMETRIA: UMA COLOSSAL TRANSFERÊNCIA DE PODER

Tecnologias emergentes sempre criaram novas ameaças, redistribuindo poder e removendo barreiras de entrada. Os canhões significaram que uma pequena força podia destruir castelos e derrotar exércitos. Alguns poucos soldados coloniais com armas avançadas puderam massacrar milhares de indígenas. A prensa móvel permitiu que uma única oficina produzisse milhares de panfletos, disseminando ideias com uma facilidade que os monges medievais copiando livros à mão mal conseguiam imaginar. O vapor permitiu que uma única fábrica fizesse o trabalho de cidades inteiras. A internet levou essa capacidade a um novo auge: um único tuíte ou imagem pode percorrer o mundo em minutos ou segundos; um único algoritmo pode ajudar uma pequena startup a se transformar em vasta corporação global.

Agora esse efeito foi novamente aguçado. A nova onda tecnológica liberou capacidades poderosas e ao mesmo tempo baratas, fáceis de acessar e usar, direcionadas e escaláveis. Isso claramente apresenta riscos. Não serão somente os soldados ucranianos usando drones transformados em armas. Será qualquer um que queira fazer isso. Nas palavras do especialista em segurança Kurth Cronin, "nunca antes tantos tiveram acesso a tecnologias tão avançadas, capazes de infligir morte e destruição".[5]

Nos conflitos perto de Kiev, os drones eram brinquedos de amadores. A empresa DJI, de Shenzhen, constrói produtos baratos e muito acessíveis como seu carro-chefe de 1.399 dólares, o quadricóptero com câmera Phantom, um drone tão bom que já foi usado pelas Forças Armadas americanas.[6] Se combinar avanços na IA e na autonomia; veículos aéreos não tripulados baratos, mas efetivos; e mais progresso em áreas que vão da robótica à visão computacional, você terá armas potentes, precisas e potencialmente não rastreáveis. Combater ataques é difícil e caro;[7] tanto americanos quanto israelenses usam mísseis Patriot de 3 milhões de dólares para derrubar drones que valem uns 200 dólares. Bloqueadores de sinal, mísseis e drones de resposta ainda são tecnologias nascentes e nem sempre testadas em batalha.

Esses desenvolvimentos representam uma colossal transferência de poder dos Estados e Forças Armadas tradicionais para qualquer um com capacidade e motivação para usar esses dispositivos. Não há razão óbvia pela qual um único operador, com recursos suficientes, não possa controlar um enxame de milhares de drones.

Um único programa de IA pode escrever tanto texto quanto toda a humanidade. Um único gerador de 2 gigabytes rodando em seu laptop pode comprimir todas as fotografias da web e gerar imagens com extraordinária criatividade e precisão. Um único experimento com patógenos pode dar início a uma pandemia, um minúsculo evento molecular com ramificações globais. Um computador quântico viável poderia tornar redundante a infraestrutura de criptografia do mundo inteiro. As perspectivas de impacto assimétrico aumentam por toda parte, inclusive no sentido positivo: sistemas individuais também podem produzir imensos benefícios.

O reverso da ação assimétrica também é verdadeiro. A escala e a interconexão da próxima onda criam novas vulnerabilidades sistêmicas: um ponto de falha pode rapidamente se espalhar pelo mundo. Quanto menos localizada uma tecnologia, menos facilmente ela pode ser contida — e vice-versa. Pense nos riscos envolvidos nos carros. Acidentes de trânsito são tão antigos quanto o trânsito, mas, com o tempo, os danos foram minimizados. Tudo ajudou, de sinalização nas estradas e cintos de segurança a polícias rodoviárias. Embora o automóvel tenha sido uma das tecnologias de proliferação mais rápida e globalizada da história, os acidentes eram eventos inerentemente locais e discretos cujo dano final era contido. Mas agora uma frota de veículos pode ser colocada em rede. Ou um único sistema pode controlar veículos autônomos em todo um território. Por mais salvaguardas e protocolos de segurança que tenham sido instaurados, a escala do impacto é muito maior do que qualquer coisa que já vimos antes.

A IA cria riscos assimétricos que vão além de comida estragada, acidentes de avião ou produtos defeituosos. Seus riscos se estendem por sociedades inteiras, transformando-a menos em uma ferramenta do que em uma alavanca com consequências globais. Assim como mercados globalizados e altamente conectados transmitem contágio durante uma crise financeira, o mesmo se dá com a tecnologia. A escala das redes faz com que conter os danos, se e quando ocorrerem, seja quase impossível. Sistemas globais interligados são pesadelos de contenção. E *já* estamos vivendo em uma era de sistemas globais interligados. Na próxima onda, um único ponto — um programa, uma alteração genética — pode mudar tudo.

HIPEREVOLUÇÃO: ACELERAÇÃO INFINITA

Se pretende conter a tecnologia, você quer que ela se desenvolva em um ritmo administrável, dando à sociedade tempo e espaço para entendê-la e se adaptar a ela. Os carros são novamente um bom exemplo. Seu desenvolvimento no último século foi incrivelmente rápido, mas também deu tempo para que todo tipo de padrão de segurança fosse introduzido. Sempre houve uma defasagem, mas os padrões ainda conseguiam alcançar. Contudo, com a velocidade da mudança na próxima onda, isso parece improvável.

Nos últimos quarenta anos, a internet cresceu e se tornou uma das mais frutíferas plataformas de inovação da história. O mundo digitalizado e esse reino desmaterializado evoluíram em ritmo desnorteante. Uma explosão de desenvolvimento fez com que os serviços mais usados e as maiores empresas comerciais da história surgissem em somente alguns anos. Tudo isso se tornou possível graças ao sempre crescente poder da computação e à concomitante queda dos custos, como vimos no capítulo 2. Considere o que a lei de Moore, sozinha, irá produzir na próxima década. Se ela se mantiver, em dez anos 1 dólar irá comprar cem vezes mais poder de computação que hoje.[8] Só esse fato já sugere resultados extraordinários.

O outro lado da moeda é que a inovação para além da digital é frequentemente menos espetacular. Fora do mundo do código, um coro crescente começou a se perguntar o que aconteceu com o tipo de inovação de bases amplas, visto, por exemplo, no fim do século XIX ou meio do século XX.[9] Durante esse breve período, quase todos os aspectos do mundo — dos transportes às fábricas, do voo propulsionado aos novos materiais — transformaram-se radicalmente. Mas, nos primeiros anos do século XXI, a inovação seguiu o caminho de menor resistência, concentrando-se em bits, não em átomos.

Isso agora está mudando. A hiperevolução do software está se disseminando. Os próximos quarenta anos verão tanto o mundo dos átomos renderizado em bits, com novos níveis de complexidade e fidelidade, quanto, crucialmente, o mundo dos bits renderizado em átomos tangíveis, com uma velocidade e uma facilidade até recentemente impensáveis.

Dito de modo simples, a inovação no "mundo real" pode começar a se mover em um ritmo digital, em tempo quase real, com menos atrito e dependências. Você será capaz de fazer experimentos em domínios pequenos, velozes, maleáveis, criar simulações quase perfeitas e então traduzi-las em produtos concretos. E então fazer isso de novo e de novo, aprendendo, evoluindo e melhorando a taxas previamente impossíveis no caro e estático mundo dos átomos.

O físico César Hidalgo argumenta que as configurações da matéria são significativas por causa da informação que contêm.[10] Uma Ferrari é valiosa não por causa de sua matéria-prima bruta, mas em função das complexas informações armazenadas em sua construção e em sua intrincada forma; as informações que caracterizam o arranjo de seus átomos é que a transformam em um carro desejado. Quanto mais poderosa a base computacional, mais controlável esse processo se torna. Acrescente a isso IA e técnicas de manufatura como robótica sofisticada e impressão 3D e poderemos projetar, manipular e fabricar produtos do mundo real com maior velocidade, precisão e inventividade.

A IA já ajuda a encontrar novos materiais e compostos químicos.[11] Por exemplo, os cientistas usaram redes neurais para produzir novas configurações de lítio, com grandes implicações para a tecnologia de baterias.¹² A IA ajudou a projetar e construir um carro usando impressoras 3D.¹³ Em alguns casos, o resultado final parece bizarramente diferente de algo projetado por um humano, lembrando as formas ondulantes e eficientes encontradas na natureza. Fios e dutos são organicamente implementados no chassi para um uso ótimo do espaço. As partes são complexas demais para construir usando ferramentas tradicionais, exigindo impressoras 3D.

No capítulo 5, vimos o que ferramentas como o AlphaFold estão fazendo para catalisar a biotecnologia. Até recentemente, ela dependia de interminável trabalho laboratorial: medir, pipetar, preparar cuidadosamente as amostras. Agora, as simulações aceleram o processo de descoberta de vacinas.¹⁴ Ferramentas computacionais ajudam a automatizar partes do processo de design, recriando os "circuitos biológicos" que programam funções complexas em células, como bactérias capazes de produzir certas proteínas.¹⁵ Estruturas de software como a Cello são quase como linguagens de código aberto para o design de biologia sintética. Isso poderia se mesclar aos avanços da robótica e da automação de laboratórios e a técnicas biológicas mais velozes, como a síntese enzimática que vimos no capítulo 5, expandindo o alcance da biologia sintética e tornando-a mais acessível. A evolução biológica está cada vez mais sujeita aos mesmos ciclos que os softwares.

Assim como os modelos de hoje produzem imagens detalhadas com base em algumas palavras, em décadas futuras modelos similares produzirão um novo composto ou todo um organismo com somente alguns prompts em linguagem natural. O projeto desse composto poderia ser aprimorado por incontáveis testes autoexecutados, do mesmo modo que o AlphaZero se tornou exímio em xadrez e Go jogando contra si mesmo. As tecnologias quânticas, muitos milhões de vezes mais poderosas que os mais poderosos computadores clássicos, permitiriam que isso ocorresse no nível molecular.¹⁶ É isso que queremos dizer com hiperevolução — uma plataforma rápida e iterativa de criação.

Essa evolução tampouco estará limitada a áreas específicas, previsíveis e prontamente controláveis. Ela estará por toda parte.

OMNIUSO: MAIS É MAIS

Desafiando a sabedoria convencional, os cuidados de saúde foram uma das áreas cujo progresso desacelerou durante a recente estagnação da inovação no reino dos átomos. Descobrir novos medicamentos se tornou mais difícil e caro.[17] A expectativa de vida estabilizou e começou até a declinar em alguns estados americanos.[18] O progresso em condições como Alzheimer não conseguiu ficar à altura das expectativas.[19]

Uma da áreas mais promissoras da IA, e uma maneira de sair dessa situação sombria, é a descoberta automatizada de medicamentos. As técnicas de IA podem procurar, no vasto espaço de moléculas possíveis, tratamentos incertos, mas úteis.[20] Em 2020, um sistema de IA analisou 100 milhões de moléculas para criar o primeiro antibiótico derivado do aprendizado de máquina, chamado halicina (sim, em homenagem a HAL de *2001: uma odisseia no espaço*), que pode potencialmente ajudar a combater a tuberculose.[21] Startups como a Exscientia, juntamente com gigantes farmacêuticas tradicionais como a Sanofi, transformaram a IA em impulsionadora da pesquisa médica.[22] Até agora, dezoito ativos clínicos foram produzidos com a ajuda de ferramentas de IA.[23]

Há outro lado. Os pesquisadores que procuram esses compostos úteis suscitaram uma questão constrangedora. E se o processo de descoberta fosse redirecionado? E se, em vez de procurar curas, você procurasse assassinos? Eles fizeram um teste, pedindo que sua IA geradora de moléculas encontrasse venenos. Em seis horas, ela identificou mais de 40 mil moléculas com toxicidade comparável à das armas químicas mais perigosas, como o Novichok.[24] O que acontece é que, na descoberta de medicamentos, uma das áreas nas quais a IA indubitavelmente fará a diferença mais nítida possível, as oportunidades são de "dupla utilização".

Tecnologias de dupla utilização são aquelas com aplicações tanto civis quanto militares. Durante a Primeira Guerra Mundial, o processo de sintetizar amônia foi visto como uma forma de alimentar o mundo. Mas também permitiu a criação de explosivos e ajudou a pavimentar o caminho para as armas químicas. Sistemas eletrônicos complexos para aeronaves de passageiros podem ser modificados para mísseis de precisão. Inversamente, o Sistema Global de Posicionamento era originalmente um sistema militar, mas agora tem incontáveis usos comerciais. Em seu lançamento, o PlayStation 2 era visto pelo Departamento de Defesa americano como tão poderoso que poderia potencialmente ajudar Forças Armadas hostis que usualmente não tinham acesso a tal hardware.[25] Tecnologias de dupla utilização são tanto úteis quanto potencialmente destrutivas, são ferramentas e armas. O que o conceito abrange é como as tecnologias tendem na direção do geral, e certa classe de tecnologias vem com um risco aumentado por causa disso. Elas podem ser usadas para muitos fins — bons, ruins e tudo o que há no meio —, frequentemente com consequências difíceis de prever.

Mas o problema real é que não são somente a biologia de ponta ou os reatores nucleares que apresentam dupla utilização. A maioria das tecnologias tem aplicações ou potencial militar e civil, ou seja, é de dupla utilização em algum sentido. E, quanto mais poderosa a tecnologia, mais preocupação deve haver sobre quantos usos ela pode ter.

As tecnologias da próxima onda são altamente poderosas, precisamente porque são fundamentalmente gerais. Se você constrói uma ogiva nuclear, está óbvio para o que ela serve. Mas um sistema de aprendizado profundo pode ser projetado para jogar games e, mesmo assim, ser capaz de pilotar uma frota de bombardeiros. A diferença não é óbvia *a priori*.

Um termo mais apropriado para as tecnologias da próxima onda é "omniuso", um conceito que aprende os níveis de generalidade, a extrema versatilidade em exibição.[26] Tecnologias omniuso como o vapor e a eletricidade têm efeitos sociais e transbordamentos mais amplos que as tecnologias mais restritas. Se a IA é a nova eletricidade, então, como a eletricidade, ela será um serviço por demanda que permeará e impulsionará quase todo aspecto da vida diária, da sociedade e da economia: uma tecnologia de propósito geral incorporada a tudo. Conter algo assim sempre será muito mais difícil que conter uma tecnologia limitada, monotarefa, restrita a um pequeno nicho com poucas dependências.

Os sistemas e a IA começaram usando técnicas gerais, como aprendizado profundo, para propósitos específicos, como gerir o uso de energia em centros de dados ou jogar Go. Isso está mudando. Agora, sistemas como o generalista Gato da DeepMind são capazes de realizar mais de seiscentas tarefas diferentes.[27] A mesma rede pode jogar Atari, legendar imagens, responder a perguntas e empilhar blocos com um braço robótico. O Gato foi treinado não somente com textos, mas com imagens, torques agindo sobre braços robóticos, pressionamento de botões para jogar, e assim por diante. Ele ainda está no início, e sistemas verdadeiramente gerais não estão muito próximos, mas, em algum momento, essas capacidades se expandirão para milhares de atividades.

Considere a biologia sintética sob o prisma do omniuso. Projetar vida é uma técnica completamente geral cujos usos potenciais são quase ilimitados; ela pode criar materiais de construção, combater doenças e armazenar dados. Mais é mais, e há uma boa razão para isso. Tecnologias omniuso são mais valiosas que as restritas. Hoje, os tecnólogos não querem projetar tecnologias limitadas, específicas, monofuncionais. O objetivo é projetar coisas como os smartphones: telefones, mas, ainda mais importante, dispositivos para tirar fotos, manter-se em forma, jogar, andar pelas cidades, enviar e-mails, e assim por diante.

Com o tempo, a tecnologia tende na direção da generalidade. O que isso significa é que usos bélicos ou danosos da próxima onda serão possíveis, independentemente de isso ser intencional ou não. Simplesmente criar tecnologias civis tem ramificações na segurança nacional. Antecipar todo o espectro de usos da onda mais omniuso da história é mais difícil que nunca.

A noção de uma nova tecnologia sendo adaptada para múltiplos usos não é nova. Uma simples ferramenta como a faca pode cortar cebolas ou permitir uma insana onda de assassinatos. Mesmo tecnologias aparentemente específicas têm implicações de dupla utilização: o microfone permitiu tanto os comícios de Nuremberg quanto os Beatles. O diferente na próxima onda é quão rapidamente ela está se integrando, quão globalmente se dissemina, quão facilmente pode ser separada em componentes intercambiáveis e quão poderosas e, acima de tudo, amplas serão suas aplicações. Ela possui consequências complexas em todas as áreas, da mídia à saúde mental, dos mercados à medicina. É o problema da contenção em tamanho gigante. Afinal, estamos falando de coisas fundamentais como inteligência e vida. Mas essas duas propriedades têm uma característica ainda mais interessante que sua generalidade.

AUTONOMIA E ALÉM: OS HUMANOS PERMANECERÃO NO CIRCUITO?

A evolução tecnológica vem acelerando há séculos. Características omniuso e impactos assimétricos serão ampliados na próxima onda, mas, em certa extensão, são propriedades inerentes a todas as tecnologias. Esse não é o caso da autonomia. Durante toda a história, a tecnologia foi "somente" uma ferramenta, mas, e se essa ferramenta ganhar vida?

Sistemas autônomos são capazes de interagir com o ambiente e agir sem a aprovação imediata de humanos. Durante séculos, a ideia de que a tecnologia estava de algum modo fugindo ao controle, sendo uma força autodirigida e autoimpulsionada para além do reino da agência humana, foi ficção.

Não mais.

A tecnologia sempre existiu para permitir que fizéssemos mais, porém, crucialmente, com os humanos fazendo o que havia para ser feito. Ela alavancou nossas capacidades e automatizou precisamente as tarefas codificadas. Até agora, a supervisão constante e a gestão foram o padrão. A tecnologia sempre permaneceu, em maior ou menor grau, sob significativo controle humano. A autonomia total é qualitativamente diferente.

Veja os veículos autônomos. Em certas condições, eles podem andar por estradas com input mínimo ou nenhum input do motorista. Os pesquisadores desse campo categorizam a autonomia do nível 0, nenhuma autonomia, ao nível 5, em que um veículo pode rodar sozinho em quaisquer condições e o motorista, depois de simplesmente informar o destino, pode adormecer feliz. Você não encontrará nenhum veículo de nível 5 nas estradas por um bom tempo ainda, inclusive por razões legais e de seguro.

A nova onda de autonomia anuncia um mundo no qual a intervenção constante e a supervisão serão cada vez mais desnecessárias. Além disso, a cada interação ensinamos as máquinas a serem autônomas. Nesse paradigma, não há necessidade de um humano penosamente definir a maneira pela qual uma tarefa deve ser realizada. Em vez disso, especificamos um objetivo de alto nível e deixamos que a máquina descubra a melhor maneira de alcançá-lo. Manter os humanos "no circuito", como se diz, é desejável, mas opcional.

Ninguém disse ao AlphaGo que o movimento 37 era uma boa ideia. Ele descobriu isso praticamente sozinho. Foi precisamente essa característica que me impressionou tanto quando observei o DQN jogando *Breakout*. Se receberem objetivos claros e específicos, os sistemas agora podem encontrar suas próprias estratégias para serem efetivos. O AlphaGo e o DQN não eram autônomos. Mas deram pistas de como um sistema autoaperfeiçoante poderia ser. Ninguém programa o GPT-4 para escrever como Jane Austen, produzir um haicai original ou gerar material de marketing para um website que vende bicicletas. Essas características são efeitos emergentes de uma arquitetura mais ampla cujos outputs jamais são decididos antecipadamente pelos designers. Esse é o primeiro degrau na escada que leva a uma autonomia cada vez maior. Pesquisas internas no GPT-4 concluíram que ele "provavelmente" não era capaz de agir de forma autônoma ou replicar a si mesmo, mas, dias após o lançamento, usuários encontraram maneiras de fazer com que o sistema pedisse suas próprias informações e escrevesse roteiros para copiar a si mesmo e assumir o controle de outras máquinas.[28] As pesquisas iniciais até mesmo alegaram ter encontrado "centelhas de IAG" no modelo, acrescentando que ele era "espantosamente próximo do desempenho de nível humano".[29] Essas capacidades estão surgindo.

Novas formas de autonomia têm o potencial de produzir um conjunto de efeitos novos e imprevisíveis. Prever como os genomas sob medida se comportarão é incrivelmente difícil. Além disso, quando os pesquisadores fazem mudanças nos genes da linhagem germinativa de uma espécie, essas mudanças podem existir em seres vivos potencialmente por milênios, muito além do controle e da previsão. Elas podem reverberar por incontáveis gerações. Como elas evoluirão ou interagirão com outras mudanças após tanto tempo é inevitavelmente obscuro — e fora de controle. Os organismos sintéticos estão literalmente assumindo vida própria.

Nós, humanos, enfrentamos um desafio singular: as novas invenções estarão fora de nosso alcance? Criadores anteriores podiam explicar como algo funcionava, por que fazia o que fazia, mesmo que isso exigisse muitos detalhes. Isso é cada vez menos verdadeiro. Muitas tecnologias e sistemas se tornam tão complexos que estão além da capacidade real de compreensão de qualquer indivíduo: a computação quântica e outras tecnologias operam para além dos limites do que pode ser conhecido.

Um paradoxo da próxima onda é que suas tecnologias são amplamente mais vastas que nossa capacidade de compreendê-las em detalhes, mas ainda temos a habilidade de criá-las e utilizá-las. Na IA, as redes neurais que se movem na direção da autonomia não são explicáveis. Não se pode explicar a alguém o processo decisório de um algoritmo e dizer precisamente por que ele produziu uma previsão específica. Os engenheiros não podem dar uma olhada debaixo do capô e explicar com facilidade o que causou certo evento. O GPT-4, o AlphaGo e os outros são caixas-pretas, com outputs e decisões baseados em opacas e intrincadas cadeias de sinais minúsculos. Sistemas autônomos podem ser e talvez se tornem explicáveis, mas o fato de que grande parte da próxima onda está no limite do que conseguimos entender deveria nos fazer pensar. Nem sempre seremos capazes de prever o que esses sistemas autônomos farão em seguida; essa é a natureza da autonomia.

Na vanguarda, todavia, alguns pesquisadores de IA querem automatizar cada aspecto da construção de sistemas de IA, impulsionando a hiperevolução, mas potencialmente com graus radicais de independência através do autoaperfeiçoamento. As IAs já estão encontrando maneiras de melhorar seus próprios algoritmos.[30] O que acontecerá quando elas associarem a isso ações autônomas na rede, como no teste moderno de Turing e na IAC, conduzindo seus próprios ciclos de P&D?

O PROBLEMA DO GORILA

Muitas vezes, sinto que há foco demais em distantes cenários de IAG, dados os óbvios desafios de curto prazo presentes em tantos elementos da próxima onda. Todavia, qualquer discussão sobre a contenção tem que reconhecer que, se ou quando tecnologias como a IAG emergirem, elas apresentarão problemas de contenção maiores que qualquer um que já tenhamos encontrado. Nós, humanos, dominamos o ambiente por causa da nossa inteligência. Disso se segue que uma entidade mais inteligente poderia nos dominar. O pesquisador de IA Stuart Russell chama isso de "problema do gorila": os gorilas são fisicamente mais fortes e resistentes que qualquer humano, mas são eles os ameaçados de extinção ou vivendo em zoológicos; são eles os contidos.[31] Nós, com nossos músculos fracos, mas cérebros grandes, fazemos a contenção.

Ao criar algo mais inteligente que nós mesmos, podemos nos colocar na posição de nossos primos primatas. Pensando no longo prazo, aqueles que focam nos cenários de IAG estão certos em se preocupar. De fato, existe o forte argumento de que, por definição, uma superinteligência seria impossível de controlar ou conter integralmente.[32] Uma "explosão de inteligência" é o ponto no qual uma IA pode se aperfeiçoar uma vez após a outra, aprimorando-se repetidamente e de modo cada vez mais rápido e efetivo. Aqui está a tecnologia incontida e incontível por definição. A verdade é que ninguém sabe quando, se ou exatamente como as IAs podem nos superar e o que acontecerá em seguida; ninguém sabe quando ou se elas se tornarão totalmente autônomas ou como fazê-las terem consciência de nossos valores e aderirem a eles — presumindo-se que consigamos concordar sobre quais são esses valores, para começar.

Ninguém sabe realmente como poderemos conter as próprias características sendo pesquisadas tão intensamente na próxima onda. Chega-se a um ponto em que a tecnologia pode dirigir integralmente sua própria evolução, em que se torna sujeita a processos recorrentes de aprimoramento e vai além da explicação; um ponto, consequentemente, em que é impossível prever como se comportará; no qual, em resumo, chegamos aos limites da agência e do controle humanos.

No fim das contas, em suas formas mais dramáticas, a próxima onda pode significar que a humanidade já não estará no topo da cadeia alimentar. O *Homo technologicus* pode terminar sendo ameaçado por sua própria criação. A verdadeira questão não é se a onda está vindo. Claramente está; olhe em torno e você a verá se formando. Considerando riscos como esses, a verdadeira questão é *por que* é tão difícil aceitar que ela é inevitável.

CAPÍTULO 8

INCENTIVOS INCONTROLÁVEIS

A significância do AlphaGo foi parcialmente uma questão de timing: o avanço surpreendeu os especialistas ao ocorrer mais rapidamente do que a maioria da comunidade de IA achava possível. Mesmo dias antes da primeira competição pública em março de 2016, pesquisadores proeminentes achavam que a IA simplesmente não podia vencer nesse nível de Go.[1] Na DeepMind, ainda não tínhamos certeza de que nosso programa prevaleceria sobre um competidor humano nível mestre.

Vimos a competição como um grande desafio técnico, um ponto intermediário em uma missão de pesquisa mais ampla. No interior da comunidade de IA, ela representava o primeiro teste público de grande visibilidade do aprendizado por reforço profundo e uma das primeiras aplicações de um cluster muito grande de GPUs ["unidades de processamento gráfico", em inglês]. Na imprensa, a partida entre o AlphaGo e Lee Sedol foi apresentada como uma batalha épica: humano *versus* máquina; o melhor e mais brilhante da humanidade contra a força fria e sem vida de um computador. E todas as outras expressões desgastadas sobre exterminadores e robôs soberanos.

Mas, sob a superfície, outra dimensão, mais importante, ficava clara, uma tensão com a qual fiquei vagamente preocupado nos dias anteriores, mas cujos contornos só emergiram claramente durante a competição. O AlphaGo não era somente um caso de humano *versus* máquina. Enquanto Lee Sedol enfrentava o AlphaGo, a DeepMind era representada pela Union Jack, a bandeira do Reino Unido, ao passo que Sedol jogava sob a Taegeukgi, a inconfundível bandeira da Coreia do Sul. Ocidente *versus* Oriente. Essa implicação de rivalidade nacional foi um aspecto da competição que muito rapidamente passei a lamentar.

É difícil explicar quão popular foi a competição na Ásia. No Ocidente, os procedimentos foram seguidos por entusiastas hardcore da IA e atraíram certa atenção dos jornais. Foi um momento significativo da história da tecnologia — para aqueles que se importavam com esse tipo de coisa. Na Ásia, no entanto, o evento foi maior do que o Super Bowl. Mais de 280 milhões de pessoas assistiram ao vivo.[2] Havíamos reservado um hotel inteiro no centro de Seul, cercados pelos sempre presentes membros da mídia local e internacional. Era difícil andar em meio a centenas de fotógrafos e câmeras de TV. A intensidade foi diferente de qualquer coisa que eu já tivesse experimentado, um nível de exposição e alvoroço que parecia estranho ao que era, para os observadores ocidentais, um jogo desconhecido para amantes da matemática. Basta dizer que desenvolvedores de IA não estão habituados a isso.

Na Ásia, não eram somente os geeks assistindo. Era todo mundo. E logo ficou claro que os observadores incluíam empresas de tecnologia, governos e forças militares. O resultado enviou uma onda de choque a todos eles. O significado não foi ignorado por ninguém. O desafiante, uma empresa ocidental, baseada em Londres, de propriedade americana, entrara em um jogo antigo, icônico, adorado, fincara sua bandeira no campo e destruíra o time da casa. Foi como se um grupo de robôs coreanos tivesse aparecido no estádio dos Yankees e vencido o time americano de astros do beisebol.

Para nós, o evento foi um experimento científico. Uma demonstração poderosa — e, sim, muito bacana — de técnicas de ponta que havíamos passado anos tentando aperfeiçoar. Foi excitante da perspectiva da engenharia, revigorante por causa da competição e confuso por causa do circo da mídia. Para muitos na Ásia, foi algo mais doloroso, um momento de orgulho regional e nacional ferido.

Seul não foi o ponto final do AlphaGo. Um ano depois, em maio de 2017, participamos de um segundo torneio, dessa vez contra o número 1 do mundo, Ke Jie. A partida ocorreu em Wuzhen, na China, durante a Cúpula sobre o Futuro do Go. Nossa recepção em Wuzhen foi visivelmente diferente. A transmissão ao vivo da partida foi proibida pela República do Povo. Nenhuma menção ao Google foi permitida. O ambiente era mais estrito, mais controlado; a narrativa foi cuidadosamente construída pelas autoridades. Não havia circo de mídia. O subtexto era claro: já não se tratava de um jogo. O AlphaGo venceu novamente, mas em meio a uma atmosfera inequivocamente tensa.

Algo mudara. Se Seul dera uma dica, Wuzhen nos fez entender. Quando a poeira assentou, ficou claro que o AlphaGo fazia parte de uma história muito maior que qualquer troféu, sistema ou empresa, a história de grandes potências se engajando em um novo e perigoso jogo de competição tecnológica — com uma série de incentivos esmagadoramente poderosos e interligados que garantem que a próxima onda realmente chegará.

A tecnologia é impulsionada por estímulos rudimentares e fundamentalmente humanos. Da curiosidade à crise, da fortuna ao medo, em seu âmago a tecnologia emerge para satisfazer necessidades humanas. Se as pessoas tiverem razões poderosas para construí-la e usá-la, ela será construída e usada. Porém, na maior parte das discussões sobre tecnologia, as pessoas ainda ficam presas ao que ela é, esquecendo-se do *porquê* foi criada. Não estamos falando de algum tecnodeterminismo inato. Estamos falando do que significa ser humano.

Vimos que, até agora, nenhuma onda tecnológica foi contida. Neste capítulo, veremos por que a história provavelmente se repetirá; por que, graças a uma série de macromotivadores por trás do desenvolvimento e da disseminação da tecnologia, o fruto não será deixado na árvore; por que a onda vai quebrar. Se esses incentivos estiverem em jogo, a importante questão "Será que deveríamos?" se torna irrelevante.

O primeiro motivador tem a ver com o que eu experimentei com o AlphaGo: competição entre as grandes potências. A rivalidade tecnológica é uma realidade geopolítica. Sempre foi. As nações sentem a necessidade existencial de se manter à altura de seus pares. Inovação é poder. Em seguida vem um ecossistema global de pesquisa, com rituais arraigados que recompensam a publicação, a curiosidade e a busca de novas ideias a qualquer custo. Então vêm os imensos ganhos financeiros obtidos com a tecnologia e a necessidade urgente de enfrentar desafios sociais em todo o mundo. E o motivador final talvez seja o mais humano de todos: o ego.

Antes disso, falemos da geopolítica, em relação à qual o passado recente oferece uma potente lição.

ORGULHO NACIONAL, NECESSIDADE ESTRATÉGICA

No pós-guerra, os Estados Unidos acharam que sua supremacia tecnológica estava garantida. O Sputnik mostrou que não era assim. No outono de 1957, os soviéticos lançaram o primeiro satélite artificial do mundo, a primeira intromissão da humanidade no espaço. Mais ou menos do tamanho de uma bola de praia, ele era impossivelmente futurista. O Sputnik estava lá para que o planeta inteiro pudesse ver, ou melhor, ouvir seus bips extraterrestres. Lançá-lo foi um sucesso inegável.

Isso foi uma crise para os Estados Unidos, um Pearl Harbor tecnológico.[3] A política reagiu. A ciência e a tecnologia, dos colégios de ensino médio aos laboratórios mais avançados, tornaram-se prioridades nacionais, com mais financiamento e novas agências, como Nasa e Darpa. Enormes recursos foram despejados em grandes projetos tecnológicos, incluindo as missões Apollo. Essas missões geraram muitos avanços importantes em engenharia espacial, microeletrônica e programação. Alianças nascentes como a Otan foram fortalecidas. Doze anos depois, foram os Estados Unidos, não a URSS, que conseguiram colocar um humano na Lua. Os soviéticos quase foram à falência tentando acompanhar. Com o Sputnik, a Rússia passara voando pelos Estados Unidos, em um feito técnico histórico com enormes ramificações geopolíticas. Mas, quando necessário, os Estados Unidos se mostraram à altura.

Assim como o Sputnik acabou colocando os Estados Unidos na rota de se tornar uma superpotência em engenharia de foguetes, tecnologia espacial, computação e todas as suas aplicações militares e civis, algo similar agora ocorre na China. O AlphaGo foi rapidamente rotulado como o momento Sputnik da China em relação à IA. Os americanos e o Ocidente, assim como haviam feito nos primeiros dias da internet, ameaçavam ficar com a vantagem na tecnologia definidora de uma era. Era o lembrete mais claro possível de que a China, derrotada no passatempo nacional, podia novamente ficar para trás.

Na China, o Go não era somente um jogo. Ele representava um nexo mais amplo de história, emoção e cálculo estratégico. A China já se comprometera a investir pesadamente em ciência e tecnologia, mas o AlphaGo ajudou a focar as mentes do governo ainda mais agudamente na IA. A China, com seus milhares de anos de história, já fora o cadinho da inovação tecnológica no mundo; agora, estava dolorosamente consciente de que ficara para trás, perdendo a corrida tecnológica para europeus e americanos em várias frentes, de medicamentos a porta-aviões. Ela suportara "um século de humilhação", nas palavras do Partido Comunista da China (PCC). Uma humilhação que o partido pretende que nunca mais se repita.

Tempo, pediu o PCC para reivindicar seu lugar de direito. Nas palavras de Xi Jinping durante o vigésimo Congresso do Partido Comunista da China em 2022, "para satisfazer necessidades estratégicas", o país "deve aderir à ciência e à tecnologia como principal força produtiva, ao talento como principal recurso e à inovação como principal força motriz".[4]

O modelo de cima para baixo da China significa que ela pode reunir todos os recursos do Estado para atingir seus objetivos tecnológicos.[5] Hoje, a China tem a explícita estratégia nacional de ser líder mundial de IA em 2030. O Plano de Desenvolvimento da Nova Geração de Inteligência Artificial, anunciado somente dois meses depois de Ke Jie ser vencido pelo AlphaGo, pretende unir governo, militares, organizações de pesquisa e indústria em uma missão coletiva. "Em 2030, as teorias, tecnologias e aplicações de IA da China devem chegar a níveis mundiais", declara o plano, "transformando o país em centro primário de inovação em IA em todo o mundo."[6] Da defesa às cidades inteligentes, da teoria fundamental às novas aplicações, a China deve ocupar "posição de liderança" em IA.

Essas ousadas declarações não são somente bravata. Enquanto escrevo, somente seis anos depois de a China anunciar seu plano, os Estados Unidos e outras nações ocidentais já não possuem a imensa liderança em pesquisas de IA. Universidades como Tsinghua e Beijing competem com instituições ocidentais como Stanford, MIT e Oxford. De fato, a Tsinghua publica mais pesquisas em IA que qualquer outra instituição acadêmica do planeta.[7] A China tem uma parcela crescente e impressionante dos artigos sobre IA mais citados.[8] Em termos de volume de pesquisa em IA, as instituições chinesas publicaram 4,5 vezes mais artigos que suas contrapartes americanas desde 2010, e confortavelmente mais que Estados Unidos, Reino Unido, Índia e Alemanha combinados.[9]

E não se trata somente de IA. Da tecnologia limpa à biociência, a China dispara pelo espectro de tecnologias fundamentais, investindo em escala épica, em um acúmulo já colossal e cada vez maior de propriedade intelectual com "características chinesas". A China superou os Estados Unidos em número de Ph.Ds. produzidos em 2007, mas, desde então, o investimento e a expansão dos programas têm sido significativos, produzindo quase o dobro do número de Ph.Ds. em áreas Stem dos Estados Unidos a cada ano.[10] Mais de quatrocentos "laboratórios estatais" ancoram um sistema de pesquisa público-privado generosamente financiado, cobrindo tudo, de biologia molecular a design de chips. Nos primeiros anos do século XXI, o gasto chinês com P&D foi de somente

12% do americano.¹¹ Em 2020, foi de 90%. Se a tendência continuar, ela estará significativamente à frente em meados da década de 2020, como já está em pedidos de patentes.¹²

A China foi o primeiro país a colocar uma sonda no lado escuro da Lua. Nenhum país tentou isso antes. Ela tem mais dos quinhentos maiores supercomputadores do mundo que qualquer outra nação.¹³ O BGI Group, um gigante da genética com sede em Shenzhen, tem uma extraordinária capacidade de sequenciação de DNA, apoio privado e estatal, milhares de cientistas e vastas reservas tanto de dados de DNA quanto de capacidade computacional. Xi Jinping pediu explicitamente uma "revolução dos robôs": a China instala tantos deles quanto o restante do mundo combinado.¹⁴ Ela construiu mísseis hipersônicos idealizados anos atrás pelos Estados Unidos, é líder mundial em campos que vão da comunicação 6G aos fotovoltaicos e é lar de grandes empresas de tecnologia como Tencent, Alibaba, DJI, Huawei e ByteDance.

A computação quântica é uma área de notável expertise chinesa. Depois que Edward Snowden vazou informações secretas dos programas de inteligência americanos, a China ficou particularmente paranoica e decidiu criar uma plataforma segura de comunicações. Outro momento Sputnik. Em 2014, ela registrou o mesmo número de patentes de tecnologia quântica que os Estados Unidos;¹⁵ em 2018, registrou mais que o dobro.

Em 2016, ela enviou o primeiro "satélite quântico" do mundo, o Micius, para o espaço, como parte de uma nova e supostamente segura infraestrutura de comunicações. Mas o Micius foi somente o início da busca por uma internet quântica impossível de hackear. Um ano depois, os chineses construíram um link quântico de 2 mil quilômetros entre Xangai e Beijing para transmitir com segurança informações financeiras e militares.¹⁶ Eles estão investindo mais de 10 bilhões de dólares para criar o Laboratório Nacional de Ciências da Informação Quântica em Hefei, a maior instalação do mundo.¹⁷ E detêm recordes por ligar qubits através de entrelaçamento quântico, um passo importante na estrada rumo aos computadores quânticos integralmente operacionais. Os cientistas de

Hefei até mesmo alegaram ter construído um computador quântico 10^{14} vezes mais rápido que o grande avanço do Google, o Sycamore.[18]

O líder da equipe de pesquisa do Micius e um dos principais cientistas quânticos do mundo, Pan Jianwei, deixou claro o que isso significa: "Acho que começamos uma corrida quântica mundial", disse ele. "Na ciência da informação moderna, a China foi aprendiz e seguidora. Agora, com a tecnologia quântica, se fizermos nosso melhor, poderemos ser um dos líderes."[19]

As persistentes críticas do Ocidente, ao longo de décadas, sobre a incapacidade da China de "ser criativa" estavam muito erradas. Dissemos que eles só eram bons em imitar, que eram muito restritos e controlados, que empresas de propriedade do Estado eram terríveis. Em retrospecto, a maioria dessas análises estava simplesmente equivocada e, quando tinham mérito, não impediram a China de emergir como titã moderno da ciência e da engenharia — até porque as transferências legais de propriedade intelectual, como comprar empresas e traduzir jornais, foram apoiadas por furtos, transferências forçadas, engenharia reversa e operações de espionagem.

Enquanto isso, os Estados Unidos perdem a liderança estratégica. Durante anos, era óbvio que os americanos tinham a supremacia em tudo, de projetos de semicondutores a produtos farmacêuticos, da invenção da internet à mais sofisticada tecnologia militar do mundo. Isso ainda é verdade, mas está mudando. Um relatório de Graham Allison, de Harvard, argumenta que a situação é muito mais séria do que a maioria do Ocidente percebe. A China já está à frente dos Estados Unidos em energia verde, 5G e IA, e está a caminho de superá-los em tecnologias quânticas e biotecnologia nos próximos anos. O diretor de software do Pentágono pediu demissão em sinal de protesto em 2021, porque estava consternado com a situação. "Não temos chances contra a China em quinze a vinte anos.[20] Já aconteceu; na minha opinião, já acabou", disse ele ao *Financial Times*.[21]

Logo depois de se tornar presidente em 2013, Xi Jinping fez um discurso com consequências duradouras para a China — e para o restante do mundo. "A tecnologia avançada é a arma afiada do Estado moderno", declarou ele. "De modo geral, nossa tecnologia ainda está atrás da tecnologia dos países desenvolvidos, e precisamos adotar uma estratégia assimétrica para alcançá-los e superá-los."[22]

Foi uma análise poderosa e, como vimos, uma declaração das prioridades políticas da China. Mas, ao contrário de muito do que Xi diz, qualquer líder mundial poderia ter dito o mesmo. Qualquer presidente americano ou brasileiro, chanceler alemão ou primeiro-ministro indiano subscreveria a tese central de que a tecnologia é uma "arma afiada" que permite que os países "detenham poder". Xi estava simplesmente dizendo uma verdade, o autodeclarado mantra não somente da China, mas de praticamente qualquer Estado, das superpotências na vanguarda aos párias isolados: quem constrói, possui e emprega tecnologia se torna importante.

A CORRIDA ARMAMENTISTA

A tecnologia se tornou o ativo estratégico mais importante do mundo, não tanto um instrumento da política externa, mas seu orientador. Os grandes conflitos de poder do século XXI se baseiam na superioridade tecnológica: uma corrida para controlar a próxima onda. As empresas de tecnologia e as universidades já não são vistas como neutras, mas como importantes campeãs nacionais.

A vontade política poderia interferir com os outros estímulos discutidos neste capítulo ou mesmo cancelá-los. Um governo poderia, em teoria, controlar os incentivos à pesquisa, reprimir os negócios privados, conter as iniciativas movidas pelo ego. Mas não poderia ignorar a competição acirrada com seus rivais geopolíticos. Escolher limitar o desenvolvimento tecnológico quando supostos adversários avançam é, na lógica da corrida armamentista, escolher perder.

Durante muito tempo, eu objetei, resistindo ao enquadramento do progresso tecnológico como corrida armamentista internacional de soma zero. Sempre refutei as referências à DeepMind como Projeto Manhattan da IA, não somente por causa da comparação nuclear, mas porque elas poderiam iniciar uma série de outros projetos Manhattan que impulsionariam uma dinâmica de corrida armamentista em um momento no qual coordenação global, desaceleração e pontos de interrupção eram necessários. Mas a realidade é que a lógica dos Estados-nações às vezes é dolorosamente simples, embora inevitável. No contexto da segurança nacional, meramente cogitar uma ideia se torna perigoso. Quando as palavras são proferidas, o sinal de largada é dado e a própria retórica produz uma drástica resposta nacional. E então as coisas espiralam.

Incontáveis amigos e colegas em Washington e Bruxelas, no governo, em think tanks e na academia repetiam a mesma frase exasperante: "Mesmo que não estejamos em uma corrida armamentista, precisamos assumir que 'eles' acham que estamos e, consequentemente, temos que correr para obter uma vantagem estratégica decisiva, já que essa nova tecnologia pode alterar completamente o equilíbrio global de poder." Essa atitude se torna uma profecia autorrealizável.

Não adianta fingir. A grande competição de poder com a China é uma das poucas áreas que gozam de acordo bipartidário em Washington. O debate agora não é se estamos em uma corrida armamentista de tecnologia e IA; é para onde ela vai levar.

A corrida armamentista usualmente é apresentada como duopólio sino-americano. Essa é uma maneira míope de ver as coisas. Embora seja verdade que esses países são os mais avançados e os que contam com mais recursos, muitos outros são participantes significativos. A nova era de armas anuncia o surgimento do tecnonacionalismo disseminado, no qual múltiplos países estarão envolvidos em uma competição cada vez mais intensa para obter uma vantagem geopolítica decisiva.

Quase todos os países agora possuem uma estratégia detalhada em relação à IA.[23] Vladimir Putin acredita que o líder em IA "se tornará governante do mundo".[24] O presidente francês Emmanuel Macron declarou que "lutaremos para construir um metaverso europeu".[25] Seu ponto é que a Europa falhou em produzir gigantes tecnológicas como os Estados Unidos e a China, faz poucos avanços e não possui propriedade intelectual nem capacidade industrial em partes críticas do ecossistema tecnológico. Segurança, riqueza, prestígio — tudo isso depende, na visão dele e de muitos outros, de a Europa se tornar a terceira potência.[26]

Países possuem diferentes pontos fortes, da biociência e IA (como o Reino Unido) à robótica (Alemanha, Japão, Coreia do Sul) e à segurança cibernética (Israel). Cada um deles tem grandes programas de P&D da próxima onda, com um crescente ecossistema de startups civis cada vez mais apoiadas pela força bruta da suposta necessidade militar.

A Índia é um óbvio quarto pilar de uma nova ordem global de gigantes, ao lado de Estados Unidos, China e União Europeia. Sua população é jovem e empreendedora, cada vez mais urbana, conectada e conhecedora de tecnologia. Em 2030, sua economia terá ultrapassado a de países como Reino Unido, Alemanha e Japão, tornando-se a terceira maior do mundo;[27] em 2050, a Índia valerá 30 trilhões de dólares.

Seu governo está determinado a transformar a tecnologia indiana em realidade. Através do programa Atmanirbhar Bharat (Índia Autossuficiente), ele trabalha para garantir que o país mais populoso do mundo obtenha sistemas tecnológicos centrais que possam competir com os Estados Unidos e a China. Sob os auspícios do programa, a Índia criou parcerias com o Japão, por exemplo, em IA e robótica, e com Israel em drones e veículos aéreos não tripulados.[28] Prepare-se para a onda indiana.

* * *

Na Segunda Guerra Mundial, o Projeto Manhattan, que consumiu 0,4% do PIB americano, foi visto como corrida contra o tempo para conseguir a bomba antes dos alemães. Mas, inicialmente, os nazistas haviam desistido de construir armas nucleares, considerando-as muito caras e especulativas. Os soviéticos estavam bem atrás e acabaram se baseando em extensos vazamentos dos Estados Unidos. Os americanos haviam conduzido uma corrida armamentista contra fantasmas, trazendo armas nucleares para o mundo muito antes do que teria ocorrido em outras circunstâncias.

Algo similar aconteceu no fim da década de 1950, quando, após o teste soviético do míssil balístico intercontinental e do Sputnik, os responsáveis pelas decisões do Pentágono se convenceram de que havia um alarmante "gap de mísseis" em relação aos russos. Mais tarde, soube-se que os Estados Unidos tinham uma vantagem de 10 para 1 na época do relatório decisivo. Kruschev seguia uma antiga estratégia soviética: blefar. Ler erroneamente o outro lado significou que o uso de armas nucleares e mísseis intercontinentais fosse adiantado em décadas.

Será que essa mesma dinâmica enganosa pode estar em jogo na atual corrida armamentista tecnológica? Na verdade, não. Primeiro, o risco de proliferação da próxima onda é agudo. Como essas tecnologias estão ficando mais baratas e simples de usar mesmo enquanto se tornam mais poderosas, mais nações podem se engajar na vanguarda. Grandes modelos de linguagem ainda são vistos como tecnologia de ponta, mas não há grande mágica ou segredo estatal envolvido. O acesso à computação é provavelmente o maior gargalo, mas existem muitos serviços para fazer isso acontecer. O mesmo vale para o CRISPR ou a síntese de DNA.

Já podemos ver feitos como a aterrissagem chinesa na Lua ou o sistema biométrico de identificação de 1 bilhão de dólares da Índia, o Aadhaar, ocorrendo em tempo real. Não é mistério que a China possui enormes LLMs, Taiwan é líder em semicondutores, a Coreia do Sul tem especialistas de nível mundial em robôs e os governos de toda parte estão anunciando e implementando detalhadas estratégias tecnológicas. Isso ocorre abertamente, sendo compartilhado em patentes e conferências acadêmicas, relatado pela *Wired* e pelo *Financial Times* e transmitido ao vivo pela Bloomberg.

Declarar uma corrida armamentista já não é um ato de conjuração, uma profecia autorrealizável. A profecia já foi realizada. Está aqui, está acontecendo. Esse é um ponto tão óbvio que frequentemente deixa de ser mencionado: não existe autoridade central controlando quais tecnologias são desenvolvidas, quem as desenvolve e para que propósito; a tecnologia é uma orquestra sem maestro. Mas esse simples fato pode terminar sendo o mais significativo do século XXI.

E se a expressão "corrida armamentista" gera preocupação, é por um bom motivo. Dificilmente poderia haver uma fundação mais precária para um conjunto de tecnologias cada vez mais avançadas do que a percepção (e a realidade) de uma competição de soma zero baseada no medo. Mas há motivadores mais positivos da tecnologia a se considerar.

O CONHECIMENTO SÓ QUER SER LIVRE

Pura curiosidade, busca pela verdade, importância da abertura, revisão por pares baseada em evidências — esses são os valores essenciais da pesquisa científica e tecnológica. Desde a Revolução Científica e seus equivalentes industriais nos séculos XVIII e XIX, as descobertas científicas foram valorizadas não como joias secretas, mas como algo a ser exibido abertamente em jornais, livros, salões e palestras públicas. O sistema de patentes criou um mecanismo para compartilhar conhecimento ao mesmo tempo que recompensava o risco. O amplo acesso à informação se tornou um motor de nossa civilização.

A abertura é a ideologia primordial da ciência e da tecnologia. O que é sabido deve ser compartilhado; o que é descoberto deve ser publicado.

Ciência e tecnologia dependem do debate livre e do compartilhamento aberto de informações, em tal extensão que a própria abertura se tornou um poderoso (e maravilhosamente benéfico) incentivo.

Vivemos na era do que Audrey Kurth Cronin chama de "inovação tecnológica aberta".[29] Um sistema global de desenvolvimento de conhecimento e tecnologia agora tão disseminado e aberto que é quase impossível direcioná-lo, governá-lo ou, se necessário, interrompê-lo. Como resultado, a habilidade de entender, criar, desenvolver e adaptar tecnologia é altamente distribuída. Um trabalho desconhecido feito por um aluno de ciência da computação em certo ano pode acabar nas mãos de centenas de milhões de usuários no ano seguinte. Isso torna difícil prever ou controlar. Sim, as empresas de tecnologia querem manter seus segredos, mas também tendem a seguir as filosofias abertas que caracterizam o desenvolvimento de softwares e a academia. As inovações se difundem com muito mais velocidade e alcance e, consequentemente, são muito mais disruptivas.

O imperativo da abertura satura a cultura de pesquisa. A academia se constrói em torno da revisão por pares; qualquer artigo não sujeitado ao escrutínio crítico de pares confiáveis não atende ao padrão-ouro. Os financiadores não apoiam trabalhos que permanecem trancados. Tanto instituições quanto pesquisadores prestam cuidadosa atenção a seus registros de publicação e quão frequentemente seus artigos são citados. Mais citações significam mais prestígio, credibilidade e financiamento de pesquisa. Pesquisadores juniores estão especialmente propensos a serem julgados — e contratados — por seu registro de publicações, disponíveis publicamente em plataformas como Google Acadêmico. Além disso, atualmente artigos são anunciados no Twitter e frequentemente escritos tendo em mente a influência das redes sociais. Eles são projetados para atrair atenção.

Os acadêmicos defendem fervorosamente o acesso livre às suas pesquisas. Na área de tecnologia, normas rígidas sobre compartilhar e contribuir apoiam um espaço próspero de software de código aberto.

Algumas das maiores empresas do mundo — Alphabet, Meta, Microsoft — contribuem regularmente com imensas quantias de propriedade intelectual, de graça. Em áreas como IA e biologia sintética, nas quais as linhas entre pesquisa científica e desenvolvimento tecnológico são especialmente indistintas, tudo isso faz com que a cultura de abertura se torne um padrão.

Na DeepMind, aprendemos cedo que as oportunidades de publicar eram um fator-chave quando bons pesquisadores decidiam onde trabalhar. Eles queriam a abertura e o reconhecimento dos pares com os quais haviam se acostumado na academia. Em breve, isso se tornou o padrão nos principais laboratórios de IA: embora nem tudo fosse imediatamente publicado, a abertura era considerada uma vantagem estratégica na hora de atrair os melhores cientistas. Em contrapartida, o histórico de publicações é importante na hora de ser contratado pelos principais laboratórios de tecnologia, nos quais a competição é intensa, uma corrida para ver quem será publicado primeiro.

De modo geral, em um grau que talvez não seja totalmente compreendido, publicar e compartilhar não se destinam somente ao processo de falsificação na ciência. Destinam-se também a obter prestígio, fazer sucesso entre os pares, cumprir uma missão, conseguir um emprego, ganhar likes. Tudo isso tanto motiva quanto acelera o processo de desenvolvimento técnico.

Imensas quantidades de dados de IA e de códigos são públicas. Por exemplo, o GitHub tem 190 milhões de repositórios de código, muitos deles públicos.[30] Os servidores acadêmicos de pré-impressão permitem que pesquisadores disponibilizem rapidamente seu trabalho sem qualquer revisão ou mecanismo de filtragem. O serviço original, arXiv, abriga mais de 2 milhões de artigos.[31] Dezenas de serviços de pré-impressão mais especializados, como o bioRxiv, na área de ciências da vida, alimentam o processo. O grande estoque de artigos científicos e técnicos do mundo está acessível na internet aberta ou disponível através de logins institucionais fáceis de obter.[32] Isso se encaixa em um mundo no qual o financiamento transfronteiriço e a colaboração são a norma; onde os projetos frequentemente têm centenas de pesquisadores compartilhando livremente as informações; onde milhares de tutoriais e cursos de técnicas avançadas estão prontamente disponíveis on-line.

Tudo isso ocorre no contexto de um cenário de pesquisa turbinado. Os gastos mundiais com P&D estão bem acima de 700 bilhões de dólares por ano, quebrando recordes.[33] Somente o orçamento de P&D da Amazon é de 78 bilhões de dólares, que seria o nono maior do mundo se ela fosse um país.[34] Alphabet, Apple, Huawei, Meta e Microsoft gastam mais de 20 bilhões de dólares por ano em P&D.[35] Todas essas empresas, aquelas que investem mais intensamente na próxima onda, aquelas com os orçamentos mais generosos, têm um histórico de publicar abertamente suas pesquisas.

O futuro é notavelmente de código aberto, publicado no arXiv, documentado no GitHub. Está sendo construído para citações, elogios e a promessa de estabilidade acadêmica. Tanto o imperativo da abertura quanto a grande massa de material de pesquisa facilmente disponível significam que esse é um conjunto inerentemente enraizado e amplamente distribuído de incentivos e fundações para futuras pesquisas que ninguém pode governar totalmente.

Prever qualquer coisa na fronteira é complicado. Se desejar direcionar o processo de pesquisa, para que ele alcance ou se afaste de certos resultados, ou se desejar contê-lo antecipadamente, você enfrentará múltiplos desafios. Não há somente a questão de como coordenar grupos concorrentes, mas também o fato de que, na fronteira, é impossível prever de onde os avanços podem vir.

A tecnologia de edição de genes CRISPR, por exemplo, tem suas raízes no trabalho do pesquisador espanhol Francisco Mojica, que queria entender como alguns organismos unicelulares prosperavam em água salobra. Mojica logo se deparou com sequências repetidas de DNA que seriam parte fundamental do CRISPR. Essas seções repetidas e agrupadas pareciam importantes. Ele inventou o nome CRISPR. O trabalho posterior de dois pesquisadores de uma empresa dinamarquesa de iogurte buscava proteger bactérias vitais para as culturas iniciais do processo de fermentação do iogurte. Esse trabalho ajudou a demonstrar como os mecanismos centrais poderiam funcionar. Esses caminhos improváveis foram a base da maior história biotecnológica do século XXI.

Do mesmo modo, campos podem ficar estagnados por décadas e então mudar drasticamente em meses. As redes neurais passaram décadas paradas, sendo criticadas por luminares como Marvin Minsky. Apenas alguns pesquisadores isolados, como Geoffrey Hinton e Yann LeCun, continuaram insistindo em um período no qual a palavra "neural" era tão controversa que os pesquisadores deliberadamente a removiam de seus artigos. Parecia impossível na década de 1990, mas as redes neurais dominaram a IA. E, no entanto, também foi LeCun quem disse que o AlphaGo era impossível apenas alguns dias antes de ele fazer seu primeiro grande avanço.[36] Isso não é um demérito para ele; apenas mostra que ninguém pode ter certeza de nada na fronteira da pesquisa.

Mesmo no caso do hardware, o caminho para a IA era impossível de prever. As GPUs — unidades de processamento gráfico — são parte fundamental da IA moderna. Mas foram desenvolvidas primeiro para oferecer gráficos realistas para jogos de computador. Em uma ilustração da natureza omniuso da tecnologia, o processamento paralelo rápido para gráficos chamativos acabou sendo perfeito para o treinamento de redes neurais profundas. Em última análise, é uma sorte que a demanda por jogos fotorrealistas tenha feito com que empresas como a NVIDIA investissem tanto na criação de hardwares melhores e que isso se adaptasse tão bem ao aprendizado de máquina. (A NVIDIA não tem do que reclamar; suas ações subiram 1.000% nos cinco anos após a AlexNet.)[37]

Se tentasse monitorar e direcionar a pesquisa de IA no passado, você provavelmente faria a coisa errada, bloqueando ou incentivando trabalhos que eventualmente se provariam irrelevantes e perdendo totalmente os avanços mais importantes que surgiam silenciosamente nas margens. A pesquisa em ciência e tecnologia é inerentemente imprevisível, excepcionalmente aberta e cresce rapidamente. Governá-la ou controlá-la, portanto, é imensamente difícil.

O mundo de hoje é otimizado para a curiosidade, o compartilhamento e a pesquisa em um ritmo jamais visto. A pesquisa moderna trabalha contra a contenção. Assim como a necessidade e o desejo de ter lucro.

A OPORTUNIDADE DE 100 TRILHÕES DE DÓLARES

Em 1830, foi inaugurada a primeira ferrovia de passageiros entre Liverpool e Manchester. Construir aquela maravilha da engenharia exigira uma lei do Parlamento. A rota precisava de pontes, do desmatamento de certos trechos, de seções elevadas sobre terreno pantanoso e da solução de disputas imobiliárias aparentemente intermináveis: todos desafios titânicos. A inauguração da ferrovia foi prestigiada por dignitários que incluíam o primeiro-ministro e o parlamentar por Liverpool William Huskisson. Durante a celebração, a multidão ficou sobre os trilhos para receber a nova maravilha que se aproximava. A impressionante máquina era tão pouco familiar que as pessoas não conseguiram avaliar a velocidade do trem, e o próprio Huskisson morreu sob as rodas da locomotiva. Para os espectadores horrorizados, o Rocket movido a vapor de George Stephenson era monstruoso, um borrão de modernidade e maquinário ao mesmo tempo alienígena e aterrorizante.

Mas também era uma sensação, mais rápido que qualquer coisa experimentada até então. O crescimento foi rápido. Haviam sido previstos 250 passageiros por dia;[38] após um mês, havia 1.200. Centenas de toneladas de algodão podiam ser levadas das docas de Liverpool às fábricas de Manchester com mínimo esforço, em tempo recorde. Cinco anos depois, a ferrovia produzia dividendos de 10%, pressagiando a miniexplosão de construção de novas ferrovias na década de 1830.[39] O governo viu oportunidade para mais. Em 1844, um jovem parlamentar chamado William Gladstone criou a Lei de Regulamentação das Ferrovias para impulsionar os investimentos. Empresas submeteram centenas de pedidos para construir ferrovias em apenas alguns meses de 1845. Enquanto o restante do mercado de ações estagnava, as empresas ferroviárias cresciam. Os investidores se amontoavam. Em seu auge, as ações das ferrovias representavam mais de dois terços do valor total do mercado.[40]

Menos de um ano depois, a quebradeira começou. O mercado chegou ao fundo do poço em 1850, 66% mais baixo que em seu auge. O lucro fácil, não pela primeira ou última vez, tornou as pessoas gananciosas e tolas. Milhares perderam tudo. Mesmo assim, uma nova era chegara com o boom. Com a locomotiva, um mundo antigo e bucólico fora destroçado em uma blitz de viadutos e túneis, desvios e grandes estações, fumaça de carvão e apitos. De algumas poucas linhas dispersas, a loucura de investimentos criou os contornos de uma rede nacional integrada. Isso encolheu o país. Na década de 1830, uma jornada entre Londres e Edimburgo levava dias em uma carruagem desconfortável. Na década de 1850, levava doze horas em um único trem. A conexão com o restante do país significou que vilarejos, cidades e regiões prosperaram. O turismo, o comércio e a vida familiar foram transformados. Entre muitos outros impactos, ela criou a necessidade de uma hora nacional padronizada para permitir o uso de tabelas de horários. E tudo isso aconteceu graças à insaciável sede pelo lucro.

O boom das ferrovias na década de 1840 foi "provavelmente a maior bolha da história".[41] Mas, nos anais da tecnologia, foi mais norma que exceção. Não havia nada inevitável na chegada das ferrovias, mas havia algo inevitável na chance de ganhar dinheiro. Carlota Perez vê uma "fase frenética" equivalente como parte de toda grande implementação tecnológica nos últimos duzentos anos, dos cabos telefônicos originais à contemporânea internet de banda larga.⁴² O boom nunca dura, mas a especulação produz mudanças duradouras, um novo substrato tecnológico.

A verdade é que a curiosidade dos pesquisadores acadêmicos e a determinação de governos motivados são insuficientes para colocar novos avanços nas mãos de bilhões de consumidores. A ciência tem que ser convertida em produtos úteis e desejáveis para realmente se disseminar.⁴³ Dito de modo simples: a maioria das tecnologias é criada para ganhar dinheiro.

Esse talvez seja o mais persistente, arraigado e disperso incentivo de todos. O lucro leva o empreendedor chinês a desenvolver um telefone radicalmente reprojetado; o fazendeiro holandês a encontrar tecnologias robóticas e novas estufas para cultivar tomates o ano inteiro no clima frio do mar do Norte; os investidores da Sand Hill Road de Palo Alto a investir milhões de dólares em empreendedores jovens e inexperientes. Embora a motivação dos colaboradores individuais possa variar, o Google está construindo IA e a Amazon está construindo robôs porque, como empresas de capital aberto com acionistas a quem prestar contas, elas os veem como maneiras de obter lucro.

O potencial de lucro está embutido até mesmo em algo mais duradouro e robusto: a demanda. As pessoas querem e precisam dos frutos da tecnologia. As pessoas precisam de comida, refrigeração e telecomunicações para viver; elas podem querer unidades de ar-condicionado, um novo tipo de sapato que requer alguma nova e intrincada técnica de produção, algum método revolucionário para colorir cupcakes ou qualquer um dos inumeráveis usos cotidianos da tecnologia. O que quer que seja, a tecnologia ajuda a fornecer, e os criadores tiram sua parte. A amplidão das necessidades e dos desejos humanos e as incontáveis oportunidades de lucrar com eles são integrais para a história da tecnologia, e assim permanecerão no futuro.

Isso não é uma coisa ruim. Há apenas algumas centenas de anos, o crescimento econômico era quase inexistente. Os padrões de vida ficaram estagnados por séculos e em níveis incompreensivelmente piores que os de hoje. Nos últimos duzentos anos, o output econômico cresceu mais de trezentas vezes. O PIB *per capita* cresceu no mínimo treze vezes no mesmo período, cem vezes nas partes mais ricas do mundo.[44] No início do século XIX, quase todo mundo vivia na extrema pobreza. Agora, globalmente, cerca de 9% das pessoas estão nessa situação.[45] Melhorias exponenciais da condição humana, outrora impossíveis, agora são rotineiras.

Na raiz, essa é uma história de aplicar sistematicamente a ciência e a tecnologia em nome do lucro. Isso, por sua vez, levou a grandes saltos na produção e nos padrões de vida. No século XIX, invenções como a debulhadora de Cyrus McCormick levaram a um aumento de 500% na produção de trigo por hora.[46] A máquina de costurar de Singer significou que costurar uma camisa deixou de exigir quatorze horas e passou a exigir somente uma.[47] Nas economias desenvolvidas, as pessoas trabalham muito menos do que costumavam trabalhar e recebem remunerações muito mais altas. Na Alemanha, por exemplo, as horas anuais de trabalho caíram quase 60% desde 1870.[48]

A tecnologia entrou em um círculo virtuoso de criar riqueza que podia ser reinvestida em mais desenvolvimento tecnológico, o que elevava os padrões de vida. Mas nenhum desses objetivos de longo prazo era o objetivo primário de qualquer indivíduo. No capítulo 1, argumentei que quase tudo que nos cerca é produto da inteligência humana. Eis uma ligeira correção: grande parte do que nos rodeia foi criado pela inteligência humana em busca de ganho monetário.

O motor criou uma economia mundial que vale 85 trilhões de dólares — e contando. Dos pioneiros da Revolução Industrial aos empreendedores atuais do Vale do Silício, a tecnologia apresenta um incentivo magnético na forma de grandes recompensas financeiras. A próxima onda representa o maior prêmio econômico da história. É uma cornucópia de consumo e um potencial centro de lucro sem paralelos. Qualquer um que tente contê-la precisará explicar como um sistema capitalista distribuído, global e de poder incontrolável será persuadido a moderar, que dirá interromper, sua aceleração.

Quando uma corporação automatiza seus pedidos de seguro ou adota uma nova técnica de manufatura, ela cria economia derivada da eficiência ou melhora o produto, aumentando os lucros e atraindo novos clientes. Quando uma inovação produz uma vantagem competitiva como essa, todo mundo precisa adotá-la, ultrapassá-la, mudar o foco ou vai perder participação de mercado e eventualmente falir. A atitude em torno dessa dinâmica no negócio da tecnologia é simples e implacável: construa a nova geração de tecnologia ou seja destruído.

Não surpreende, portanto, que as corporações desempenhem papel tão grande na próxima onda. A tecnologia é, de longe, a maior categoria no S&P 500, respondendo por 26% do índice.[49] Entre si, os maiores grupos tecnológicos possuem dinheiro disponível equivalente ao PIB de Taiwan ou da Polônia. Os gastos de capital, como em P&D, são enormes, excedendo as gigantes do petróleo, anteriormente as maiores investidoras. Qualquer um que acompanhe a indústria terá testemunhado uma corrida comercial cada vez mais intensa em torno da IA, com empresas como Google, Microsoft e OpenAI disputando semana a semana para lançar novos produtos.

Centenas de bilhões de dólares em capital de risco e capital privado são aplicados em inúmeras startups.[50] O investimento somente em tecnologias de IA atingiu 100 bilhões de dólares ao ano.[51] Esses números são importantes. Enormes quantidades de despesas de capital, gastos em P&D, capital de risco e investimento em private equity, sem paralelo em qualquer outro setor ou qualquer outro governo com exceção do chinês e do americano, são o combustível bruto alimentando a próxima onda. Todo esse dinheiro exige retorno, e a tecnologia que ele cria é sua maneira de consegui-lo.

Como aconteceu durante a Revolução Industrial, o potencial de recompensa econômica é imenso. É difícil intuir estimativas. A PwC prevê que a IA acrescentará 15,7 *trilhões* de dólares à economia global em 2030.[52] A McKinsey prevê uma contribuição de 4 trilhões de dólares da biotecnologia no mesmo período.[53] Aumentar as instalações mundiais de robôs 30% acima da previsão poderia gerar um dividendo de 5 trilhões de dólares, uma soma maior que toda a produção da Alemanha.[54] Especialmente quando outras fontes de crescimento são cada vez mais escassas, esses são fortes incentivos. Com lucros tão altos, interromper a corrida do ouro provavelmente será incrivelmente desafiador.

Essas previsões são justificadas? Os números certamente são imensos. Projetar números imensos no futuro próximo é fácil no papel. Mas, em um prazo ligeiramente mais longo, eles não são inteiramente desarrazoados. O mercado pertinente em algum momento se estende, como na primeira e na segunda revoluções industriais, à economia global. Alguém do fim do século XVIII não acreditaria na ideia de um crescimento de cem vezes do PIB *per capita*. Teria parecido ridículo sequer falar nisso. Mas aconteceu. Considerando-se todas essas previsões e as áreas fundamentais atingidas pela próxima onda, até mesmo um aumento de 10 a 15% na economia mundial durante a próxima década pode parecer conservador. No longo prazo, provavelmente será muito maior que isso.

Considere que a economia mundial cresceu seis vezes na última metade do século XX.[55] Mesmo que o crescimento desacelere para somente um terço desse nível nos próximos cinquentas anos, ainda representará cerca de 100 trilhões de dólares em PIB adicional.

Pense no impacto da próxima onda de sistemas de IA. Grandes modelos de linguagem permitem que você tenha uma conversa útil com uma IA sobre qualquer tópico, em linguagem fluente e natural. Nos próximos dois anos, qualquer que seja seu trabalho, você poderá consultar um especialista sob demanda, perguntar sobre a última campanha publicitária ou design de produto, saber os detalhes específicos de um dilema legal, isolar os elementos mais efetivos de um argumento de venda, resolver uma complicada questão logística, obter uma segunda opinião sobre um diagnóstico, continuar investigando e testando, obtendo respostas cada vez mais detalhadas baseadas na vanguarda do conhecimento, entregues com detalhes excepcionais. Todo o conhecimento do mundo, as melhores práticas, os precedentes e o poder computacional estarão disponíveis, sob medida para você, para suas necessidades e circunstâncias específicas, instantaneamente e sem esforços. É um salto de potencial cognitivo pelo menos tão grande quanto a introdução da internet. E isso antes de sequer entrarmos nas implicações de algo como a IAC e o teste de Turing moderno.

No fim das contas, pouca coisa é mais valiosa que a inteligência. A inteligência é a fonte e a diretora, a arquiteta e a facilitadora da economia mundial. Quanto mais expandimos o alcance e a natureza das inteligências em oferta, mais crescimento deve ser possível. No caso da IA generalista, cenários econômicos plausíveis sugerem que ela pode levar não somente a uma explosão de crescimento, mas também à aceleração permanente da própria taxa de crescimento.[56] Em termos econômicos diretos, a IA *poderia*, no longo prazo, ser a tecnologia mais valiosa de todas, ainda mais quando associada ao potencial da biologia sintética, da robótica e de todas as outras.

Esses investimentos não são passivos; eles desempenharão um grande papel para fazer com que seja assim, em outra profecia autorrealizável realizada. Esses trilhões representam um enorme valor agregado e uma oportunidade para a sociedade, produzindo melhores padrões de vida para bilhões de pessoas e imensos lucros para os interesses privados. De qualquer maneira, isso cria um incentivo arraigado para continuar a descobrir e desenvolver novas tecnologias.

DESAFIOS GLOBAIS

Durante a maior parte da história, simplesmente alimentar a si mesmo e à família era o desafio dominante da vida humana. A agricultura sempre foi um negócio difícil e incerto. Mas, especialmente antes das melhorias do século XX, era muito, muito mais difícil. Qualquer variação das condições do tempo — frio, quente, seco ou úmido demais — podia ser catastrófica. Quase tudo era feito à mão, talvez com a ajuda de alguns bois, se você tivesse sorte. Em certas épocas do ano, havia pouco a fazer; em outras, semanas de trabalho físico incessante e exaustivo.

A plantação podia ser arruinada por doenças ou pestes, apodrecer após a colheita ou ser roubada por exércitos invasores. A maioria dos agricultores tinha somente o necessário para a sobrevivência imediata, frequentemente trabalhando como servos e entregando a maior parte de sua minguada produção. Mesmo nas partes mais produtivas do mundo, a colheita era esparsa e frágil. A vida era dura, à beira do desastre. Quando Thomas Malthus argumentou, em 1798, que a população em rápido crescimento iria rapidamente exaurir a capacidade agrícola e levar a um colapso, ele não estava errado; colheitas estáticas frequentemente seguem essa regra.

O que ele não levou em conta foi a escala da engenhosidade humana. Em condições climáticas favoráveis e usando as técnicas mais avançadas de então, no século XIII cada hectare de trigo na Inglaterra rendia mais ou menos meia tonelada.[57] E foi assim por séculos. Lentamente, a chegada de novas técnicas e tecnologias fez isso mudar: rotação de culturas, seleção artificial, arados mecanizados, fertilizantes sintéticos, pesticidas, modificações genéticas e, agora, até mesmo semeadura e remoção de ervas daninhas otimizadas pela IA. No século XXI, a produção é de mais ou menos 8 toneladas por hectare.[58] A mesma parcela de terra pequena e inócua, a mesma geografia e o mesmo solo cultivado no século XIII agora produzem treze vezes mais. A colheita de milho por hectare nos Estados Unidos triplicou nos últimos cinquenta anos.[59] O trabalho exigido para produzir 1 quilo de grãos caiu 98% desde o início do século XIX.[60]

Em 1945, cerca de 50% da população do mundo estava seriamente subnutrida.[61] Hoje, a despeito de uma população três vezes maior, esse número caiu para 10%. Isso ainda representa mais de 600 milhões de pessoas, um número inconcebível. Mas, nas taxas de 1945, seriam 4 bilhões de pessoas, embora, na verdade, essas pessoas não pudessem ser mantidas vivas. É fácil ignorar quão longe chegamos e quão notável a inovação realmente é. O que o fazendeiro medieval não teria dado pelas vastas colheitadeiras e os épicos sistemas de irrigação de um fazendeiro moderno? Para eles, uma melhoria de dezesseis vezes seria nada menos que um milagre. E é.

Alimentar o mundo ainda é um desafio enorme. Mas essa necessidade impulsionou a tecnologia e levou a uma abundância inimaginável em épocas anteriores: alimento suficiente, embora inadequadamente distribuído, para os mais de 8 bilhões de habitantes humanos do planeta.

A tecnologia, como no caso do suprimento de comida, é parte vital da solução dos desafios que a humanidade enfrenta hoje e inevitavelmente enfrentará amanhã. Buscamos novas tecnologias, incluindo as da próxima onda, não somente porque as desejamos, mas porque, em um nível fundamental, *precisamos* delas.

É provável que o mundo esteja caminhando na direção de um aquecimento climático de 2°C ou mais. A cada segundo de cada dia, os limites da biosfera — da água doce à perda de biodiversidade — são ultrapassados. Até mesmo os países mais resilientes, temperados e ricos sofrerão desastrosas ondas de calor, secas, tempestades e escassez de água nas próximas décadas. Colheitas serão perdidas. Incêndios florestais se espalharão. Vastas quantidades de metano escaparão do permafrost em descongelamento, ameaçando criar um loop retroalimentado de calor extremo. As doenças se espalharão muito além de seu alcance usual. Refugiados climáticos e de conflitos engolfarão o mundo quando o nível dos mares aumentar inexoravelmente, ameaçando grandes centros populacionais. Ecossistemas marinhos e terrestres entrarão em colapso.

A despeito das promessas de transição para a energia limpa, a distância até lá ainda é vasta. A densidade energética dos hidrocarbonetos é incrivelmente difícil de replicar para tarefas como impulsionar aviões ou navios de contêineres. Embora a geração de eletricidade limpa se expanda rapidamente, a eletricidade responde por somente 25% da produção global de energia.⁶² Os outros 75% passarão por uma transição muito mais complicada. Desde o início do século XXI, o uso global de energia aumentou 45%, mas a parte vinda de combustíveis fósseis caiu apenas de 87% para 84% — significando que o uso de combustíveis fósseis aumentou muito, a despeito de todas as iniciativas de usar eletricidade limpa como fonte de energia.⁶³

O estudioso da energia Vaclav Smil chama a amônia, o cimento, o plástico e o aço de quatro pilares da civilização moderna: a base material da sociedade moderna, cada um deles exigindo muito carbono para ser produzido e sem nenhum sucessor óbvio. Sem esses materiais, a vida moderna para. Sem combustíveis fósseis, os materiais param. Nos últimos trinta anos, 700 bilhões de toneladas de concreto cuspidor de carbono foram usadas em nossas sociedades. Como substituir isso? Veículos elétricos não emitem carbono quando estão sendo dirigidos, mas são grandes glutões de recursos: os materiais para somente um veículo elétrico exigem extrair cerca de 225 toneladas de matérias-primas finitas, uma demanda que já cresce de maneira insustentável.

A produção de alimentos, como vimos, é um grande sucesso da história da tecnologia. Mas, dos tratores nos campos e fertilizantes sintéticos às estufas de plástico, está saturada de combustíveis fósseis. Imagine o tomate comum regado com cinco colheres de sopa de petróleo.⁶⁴ Essa é a quantidade necessária para cultivá-lo. Além disso, para atender à demanda global, a agricultura precisará produzir quase 50% mais alimentos em 2050, exatamente quando a produtividade das safras estará em declínio por causa das mudanças climáticas.⁶⁵

Para termos uma chance de manter o aquecimento global abaixo de 2ºC, os cientistas de todo o mundo trabalhando no Painel Intergovernamental de Mudanças Climáticas da ONU foram claros: a captura e a armazenagem de carbono é uma tecnologia essencial. Mas ainda não foi inventada ou não está pronta para ser produzida em escala.⁶⁶ Para enfrentar esse desafio global, precisamos adaptar totalmente nossos sistemas de agricultura, manufatura, transporte e energia, usando tecnologias que sejam neutras ou até mesmo negativas em uso de carbono. Não são tarefas pequenas. Na prática, significa reconstruir toda a infraestrutura da sociedade moderna e, ao mesmo tempo, tentar melhorar a qualidade de vida de bilhões de pessoas.

A humanidade não tem escolha senão superar desafios como esse e muitos outros, como encontrar uma maneira de oferecer cuidados de saúde cada vez mais caros a populações cada vez mais idosas, afligidas por condições crônicas e intratáveis. Aqui, então, está outro incentivo poderoso: como prosperamos em face de tarefas assustadoras que parecem estar além de nossas possibilidades. Existe um forte argumento moral pelas novas tecnologias, para além do lucro ou das vantagens.

A tecnologia pode e irá melhorar vidas e solucionar problemas. Pense em um mundo recoberto de árvores que vivem mais tempo e absorvem quantidades muito maiores de CO_2. Ou fitoplâncton que ajuda os oceanos a se tornarem um tanque maior e mais sustentável de carbono. A IA ajudou a projetar uma enzima que pode decompor o plástico poluindo nossos mares.[67] Ela também será importante para prever o que está por vir, desde determinar onde um incêndio florestal poderá atingir um subúrbio até acompanhar o desmatamento através de conjuntos de dados públicos. Será um mundo de medicamentos baratos e personalizados; diagnósticos rápidos e precisos; e substitutos projetados pela IA para os fertilizantes cuja produção faz uso intensivo de energia.

Baterias sustentáveis e escaláveis precisam de tecnologias radicalmente novas. Computadores quânticos associados à IA, com a habilidade de criar modelos em nível molecular, terão papel crítico na busca por substitutos para as baterias de lítio convencionais; substitutos mais leves, baratos, limpos e abundantes, além de mais fáceis de produzir e reciclar. E farão o mesmo na pesquisa de materiais fotovoltaicos e na descoberta de medicamentos, permitindo simulações no nível molecular para identificar novos compostos — simulações muito mais precisas e poderosas que as lentas técnicas experimentais do passado. Essa é uma hiperevolução em ação, e promete salvar bilhões em P&D e ir muito além do paradigma atual de pesquisa.

Uma escola de ingênuo tecnossolucionismo vê a tecnologia como resposta para todos os problemas do mundo. Sozinha, não é. Como ela é criada, usada, possuída e gerida faz toda a diferença. Ninguém deve achar que a tecnologia é uma resposta quase mágica a algo tão multifacetado e imenso quanto as mudanças climáticas. Mas a ideia de que podemos enfrentar os desafios definidores deste século sem novas tecnologias é totalmente fantasiosa. Também vale lembrar que as tecnologias da onda tornarão a vida mais fácil, saudável, produtiva e agradável para bilhões de pessoas. Elas pouparão tempo, custos, esforço e milhões de vidas. A significância disso não deve ser banalizada ou esquecida em meio à incerteza.

A próxima onda está vindo parcialmente porque não há maneira de prosseguir sem ela. Forças sistêmicas em escala gigantesca empurrarão essa tecnologia adiante. Mas, em minha experiência, outra força, mais pessoal, está sempre presente e é amplamente subestimada: o ego.

EGO

Cientistas e tecnólogos são humanos. Anseiam por status, sucesso e legado. Querem ser os primeiros e os melhores, e reconhecidos como tais. São competitivos e inteligentes, com um senso cuidadosamente cultivado de seu lugar no mundo e na história. Adoram romper limites, às vezes por dinheiro, mas frequentemente pela glória, às vezes somente porque sim. Os cientistas e engenheiros de IA estão entre as pessoas mais bem pagas do mundo e, mesmo assim, o que realmente os faz sair da cama pela manhã é a perspectiva de serem os primeiros a conseguir um avanço ou verem seu nome em um artigo que virará referência. Quer você os ame ou odeie, os magnatas e empreendedores da tecnologia são vistos como exemplos de poder, riqueza, visão e pura determinação. Críticos e fãs os veem como expressões do ego, excelentes em fazer com que as coisas aconteçam.

Os engenheiros frequentemente têm uma mentalidade particular. O diretor de Los Alamos, J. Robert Oppenheimer, era um homem de princípios muito elevados. Mas, acima de tudo, era um solucionador de problemas movido pela curiosidade. Considere estas palavras, tão assustadoras quanto sua famosa citação do Bhagavad Gita (ao ver o primeiro teste nuclear, ele lembrou de uma linha da escritura hindu: "Agora me tornei a Morte, a destruidora de mundos"): "Quando vê algo tecnicamente interessante, você vai em frente e faz, e discute sobre o que fazer com aquilo somente depois que obteve sucesso técnico."[68] Era uma atitude partilhada por seu colega do Projeto Manhattan, o brilhante polímata húngaro-americano John von Neumann. "O que estamos criando agora", disse ele, "é um monstro cuja influência mudará a história, desde que sobre alguma história, mas seria impossível não o levar adiante, não somente por razões militares, mas também porque seria antiético, do ponto de vista dos cientistas, não fazer o que eles sabem que é factível, por mais terríveis que sejam as consequências."[69]

Passe tempo suficiente em ambientes técnicos e, a despeito de toda a conversa sobre ética e responsabilidade social, você passará a reconhecer a prevalência dessa visão, mesmo diante de tecnologias de extremo poder. Vi isso acontecer muitas vezes, e provavelmente estaria mentindo se dissesse que nunca sucumbi a ela.

Escrever a história, fazer algo que importa, ajudar os outros, vencer os outros, impressionar um potencial parceiro, impressionar chefe, pares, rivais: está tudo lá, tudo parte da sempre presente motivação para correr riscos, explorar limites, penetrar o desconhecido. Construir algo novo. Mudar o jogo. Escalar a montanha.

Seja ele nobre e elevado ou amargo e de soma zero, quando você trabalha com tecnologia, muitas vezes é esse aspecto, até mais do que as necessidades dos Estados ou os imperativos de acionistas distantes, que anima o progresso. Encontre um cientista ou tecnólogo bem-sucedido e verá alguém movido pelo puro ego, estimulado pelos impulsos emotivos que podem soar desprezíveis e mesmo antiéticos, mas que, mesmo assim, são parte sub-reconhecida de por que nós, tecnólogos, fazemos o que fazemos. O mito do Vale do Silício em que o heroico fundador de startup constrói sozinho um império em face de um mundo hostil e ignorante é persistente por uma razão. É a autoimagem a que os tecnólogos aspiram frequentemente, um arquétipo a emular, uma fantasia que ainda impulsiona novas tecnologias.

Nacionalismo, capitalismo e ciência — essas são, por agora, características arraigadas do mundo. Simplesmente removê-los de cena não é possível em qualquer cenário razoável. Altruísmo e curiosidade, arrogância e competição, desejo de vencer a corrida, fazer nome, salvar sua tribo, ajudar o mundo, o que quer que seja: essas são as coisas que impulsionam a onda, e não podem ser expurgadas nem contornadas.

Além disso, esses diferentes incentivos e elementos da onda se acumulam. Corridas armamentistas nacionais se combinam a rivalidades corporativas, ao passo que laboratórios e pesquisadores incitam uns aos outros. Em outras palavras, uma série de subcorridas, aninhadas umas no interior das outras, somam-se em uma dinâmica complexa e de reforço mútuo. A tecnologia "emerge" através de incontáveis contribuições independentes que se acumulam em camadas, em uma bagunça emaranhada de ideias se desdobrando, movidas por incentivos profundamente enraizados e dispersos.

Sem ferramentas para disseminar a informação à velocidade da luz, as pessoas do passado podiam contemplar novas tecnologias, às vezes durante décadas, antes de perceberem suas implicações. E, mesmo quando o faziam, era necessário muito tempo e, no fim das contas, muita imaginação para compreender integralmente as ramificações mais amplas. Hoje, todo mundo observa as reações de todos os outros, em tempo real.

Tudo vaza. Tudo é copiado, repetido, melhorado. E, como todo mundo está observando e aprendendo com todo mundo, com tantas pessoas girando em torno das mesmas áreas, alguém inevitavelmente descobre o próximo grande avanço. E então não tem esperança de contê-lo, pois, mesmo que o faça, outro alguém tem o mesmo insight ou encontra uma maneira adjacente de fazer a mesma coisa; as pessoas veem o potencial estratégico, o lucro ou o prestígio e correm atrás dele.

É por isso que não dizemos não. É por isso que a próxima onda está vindo e que contê-la será um desafio tão grande. A tecnologia é agora um megassistema indispensável, impregnado em todo aspecto da vida cotidiana, da sociedade e da economia. Ninguém pode viver sem ela. Incentivos arraigados estão presentes para exigir mais, radicalmente mais. Ninguém está totalmente no controle do que ela faz ou de para onde irá em seguida. Esse não é um conceito filosófico maluco, um cenário extremamente determinista ou um tecnocentrismo californiano de olhos arregalados. É uma descrição básica do mundo que agora habitamos, aliás, do mundo que habitamos já há bastante tempo.

Nesse sentido, parece que a tecnologia é, para usar uma imagem cruel, um grande bolor limoso rolando lentamente na direção de um futuro inevitável, com bilhões de minúsculas contribuições sendo feitas por cada acadêmico ou empreendedor individual sem qualquer coordenação ou habilidade de resistir. Atratores poderosos o chamam. Onde bloqueios aparecem, fendas se abrem em outra parte, e ele continua rolando. Desacelerar essas tecnologias é antitético aos interesses nacionais, corporativos e de pesquisa.

Esse é o problema da ação coletiva, por definição. A ideia de que o CRISPR ou a IA podem ser colocados de volta na caixa não é sensata. Até que alguém crie um caminho plausível para desmantelar esses incentivos interligados, a opção de não construir, de dizer não, talvez até mesmo de desacelerar ou tomar um rumo diferente, não estará presente.

Conter a tecnologia significa contornar todas essas dinâmicas mutuamente reforçadoras. É difícil ver como isso pode ser feito em qualquer escala de tempo que afete a próxima onda. Há somente uma entidade que talvez pudesse fornecer a solução, uma que ancora nosso sistema político e assume responsabilidade final pelas tecnologias que a sociedade produz: o Estado-nação.

Mas há um problema. Os Estados já enfrentam enorme estresse, e a próxima onda parece apta a complicar muito mais as coisas. As consequências dessa colisão modelarão o restante do século.

Parte III
ESTADOS DE FALHA

CAPÍTULO 9

A GRANDE BARGANHA

A PROMESSA DO ESTADO

Em seu âmago, o Estado-nação, a unidade central da atual ordem política mundial, oferece aos cidadãos uma barganha simples e altamente persuasiva: a de que não somente a centralização do poder no Estado soberano e territorial é possível, como seus benefícios superam em muito os riscos.[1] A história sugere que o monopólio da violência — ou seja, confiar amplamente ao Estado as tarefas de impor leis e desenvolver poderes militares — é a maneira mais certa de permitir a paz e a prosperidade. E que, além disso, um país bem gerido é uma base essencial para o crescimento econômico, a segurança e o bem-estar. Nos últimos quinhentos anos, centralizar o poder em uma autoridade singular foi fundamental para manter a paz e estimular os talentos criativos de bilhões de pessoas para trabalhar arduamente, buscar educação, inventar, comercializar e, ao fazer isso, gerar progresso.

Mesmo quando se torna mais poderoso e envolvido na vida cotidiana, a grande barganha do Estado-nação, consequentemente, é a de que o poder centralizado não somente pode permitir a paz e a prosperidade, como também pode ser contido por meio de uma série de freios, contrapesos, redistribuições e formas institucionais. Frequentemente, esquecemos do delicado equilíbrio entre extremos necessário para manter essa barganha. De um lado, os excessos mais distópicos do poder centralizado devem ser evitados e, de outro, devemos aceitar intervenções regulares para manter a ordem.

Hoje, mais que em qualquer outro momento da história, as tecnologias da próxima onda ameaçam perturbar esse frágil equilíbrio. Dito de modo simples, a grande barganha está fraturando, e a tecnologia é um impulsionador crítico dessa transformação histórica.

Dado que os Estados-nações estão encarregados de gerir e regulamentar o impacto da tecnologia no melhor interesse de suas populações, quão preparados estão eles para o que está vindo? Se o Estado é incapaz de coordenar a contenção dessa onda, incapaz de assegurar que ela será benéfica para os cidadãos, que opções restam à humanidade em médio e longo prazos?

Nas duas primeiras partes do livro, vimos que uma onda de poderosas tecnologias está prestes a se quebrar sobre nós. Agora é hora de considerar o que isso significa e vislumbrar o mundo após o dilúvio.

Nesta terceira parte, lidaremos com as profundas consequências dessas tecnologias para o Estado-nação e, acima de tudo, para o Estado-nação liberal e democrático. Rachaduras já estão se formando. A ordem política que gerou riqueza crescente, melhores padrões de vida, progresso da educação, ciência e tecnologia e um mundo que tende à paz está agora sob imenso estresse, desestabilizada, em parte, pelas próprias forças que ajudou a engendrar. As implicações totais são amplas e difíceis de imaginar, mas, para mim, indicam um futuro no qual o desafio da contenção será mais difícil que nunca, no qual o maior dilema do século se tornará inevitável.

LIÇÕES DE COPENHAGUE: A POLÍTICA É PESSOAL

Sempre acreditei passionalmente no poder do Estado para melhorar vidas. Antes de minha carreira em IA, trabalhei no governo e no setor sem fins lucrativos. Ajudei a fundar um serviço gratuito de aconselhamento por telefone quando tinha 19 anos, trabalhei para o prefeito de Londres e fui cofundador de uma empresa de resolução de conflitos focada em negociação entre múltiplas partes. Trabalhar com servidores públicos — pessoas extenuadas e exaustas, mas sempre com muita demanda e fazendo um trabalho heroico para aqueles que precisam — foi suficiente para me mostrar que desastre seria se o Estado falhasse.

Todavia, minha experiência com o governo local, negociações na ONU e organizações sem fins lucrativos me deu conhecimento inestimável e de primeira mão sobre suas limitações. Essas entidades muitas vezes são cronicamente mal geridas, inchadas e lentas para agir. Um projeto que viabilizei em 2009, durante as negociações sobre o clima em Copenhague, envolveu reunir centenas de ONGs e especialistas científicos para alinhar sua posição de negociação. A ideia era apresentar uma posição coerente aos 192 países que discutiriam durante a cúpula principal.

Só que não conseguíamos obter consenso em nada. Para começar, ninguém concordava sobre a ciência ou sobre a realidade do que estava acontecendo em campo. As prioridades estavam divididas. Não havia consenso sobre o que seria efetivo, financeiramente acessível ou mesmo prático. Seria possível levantar 10 bilhões de dólares para transformar a Amazônia em um parque nacional para absorver CO_2? Como lidar com as milícias e os subornos? Ou talvez a resposta fosse reflorestar a Noruega, e não o Brasil, ou seria criar gigantescas fazendas de algas kelp? Assim que as propostas eram feitas, alguém as criticava. Toda sugestão criava um problema. Terminamos com máxima divergência em todas as coisas possíveis. Foi, em outras palavras, política como sempre.

E isso envolvendo pessoas teoricamente no "mesmo time". Não havíamos nem chegado ao evento principal e às negociações reais. Na cúpula de Copenhague, todos os Estados tinham posições rivais. Acrescente a isso a emoção. Os negociadores tentavam tomar decisões com centenas de pessoas na sala argumentando, gritando e formando grupos, enquanto o relógio continuava a girar, tanto na cúpula quanto no planeta. Eu estava lá tentando facilitar o processo, talvez a negociação multipartes mais complexa e com as apostas mais altas da história humana, mas, desde o início, pareceu quase impossível. Observando tudo aquilo, percebi que não faríamos progresso suficiente, rapidamente o suficiente. O cronograma era apertado demais. As questões eram complexas demais. Nossas instituições para lidar com imensos problemas globais não eram adequadas a seu propósito.

Vi algo similar quando trabalhei para o prefeito de Londres aos 20 e poucos anos. Meu trabalho era auditar o impacto da legislação de direitos humanos nas comunidades da cidade. Entrevistei todo mundo, de bengalis-britânicos a grupos judaicos locais, jovens e velhos, de todas as crenças e backgrounds. A experiência demonstrou como a legislação de direitos humanos poderia melhorar vidas de maneira muito prática. Ao contrário dos Estados Unidos, o Reino Unido não possui uma Constituição escrita protegendo os direitos fundamentais das pessoas. Agora grupos locais podiam levar problemas às autoridades locais e afirmar que elas tinham a obrigação legal de proteger os mais vulneráveis; elas não poderiam varrer esses problemas para debaixo do tapete. Por um lado, foi inspirador. Fiquei esperançoso: as instituições podiam ter um conjunto codificado de regras sobre justiça. O sistema podia funcionar.

Mas, é claro, a realidade da política de Londres era muito diferente. Na prática, tudo se transformou em desculpas, transferências de culpa, histórias para a mídia. Mesmo quando havia clara responsabilidade legal, os departamentos ou conselhos não respondiam, davam respostas evasivas, esquivavam-se ou postergavam. A estagnação diante dos desafios reais era endêmica.

Ao entrar na prefeitura de Londres, eu acabara de fazer 21 anos. Era 2005, e eu era ingenuamente otimista. Acreditava no governo local — e na ONU, aliás. Para um outsider, eles pareciam instituições grandiosas e efetivas que podiam trabalhar juntas para tratar de grandes questões. Eu achava, como muitos na época, que o globalismo e a democracia liberal eram padrões, o bem-vindo estado final da história. O contato com a realidade foi suficiente para me mostrar o abismo entre ideais esperançosos e os fatos.

Por volta da mesma época, comecei a prestar atenção em algo que começava a tomar forma. O Facebook crescia a uma velocidade sem precedentes. De algum modo, mesmo enquanto tudo, do governo local à ONU, parecia operar em passo glacial, a pequena startup crescera para mais de 100 milhões de usuários mensais em somente alguns anos. Esse simples fato mudou o curso da minha vida. Ficou muito claro para mim que algumas organizações ainda eram capazes de ações altamente efetivas, em grande escala, e que elas operavam em novos espaços, como plataformas on-line.

A ideia de que a tecnologia, sozinha, pode solucionar problemas sociais e políticos é uma ilusão perigosa. Mas a ideia de que esses problemas podem ser solucionados sem tecnologia também é errada. Ver de perto a frustração dos servidores públicos me fez querer encontrar maneiras efetivas de fazer coisas em grande escala, trabalhando não contra, mas em consonância com o Estado, a fim de criar sociedades mais produtivas, justas e gentis.

Os avanços tecnológicos nos ajudarão a enfrentar os desafios expostos na última seção: cultivar alimentos em temperaturas insustentáveis; detectar enchentes, terremotos e incêndios com antecedência; e aumentar o padrão de vida de todos. Em uma época de custos em espiral ascendente e serviços em deterioração, vejo a IA e a biologia sintética como alavancas críticas para acelerar o progresso. Elas tornarão os cuidados de saúde mais eficientes e acessíveis. Elas nos ajudarão a inventar ferramentas para fazermos a transição para a energia renovável e combatermos as mudanças climáticas em uma era na qual a política empacou, e apoiarão os professores, ajudando a aumentar a efetividade de sistemas educacionais mal financiados. Esse é o real potencial da próxima onda.

Assim, embarquei em uma carreira tecnológica, acreditando que uma nova geração de ferramentas poderia amplificar nossa habilidade de agir em grande escala, operando muito mais rapidamente que as políticas tradicionais. Usá-las para "inventar o futuro" parecia a melhor maneira de passar os anos mais produtivos de minha vida.

Invoquei meu lado idealista para dar contexto aos próximos capítulos, para deixar claro que vejo o deprimente retrato frequentemente encontrado como uma falha titânica da tecnologia e de pessoas como eu, que a constroem.

Embora a tecnologia ainda seja a maneira mais poderosa de enfrentar os desafios do século XXI, não podemos ignorar suas desvantagens. Ainda que reconheçamos os muitos benefícios, devemos superar a aversão ao pessimismo e analisar friamente os riscos que podem advir das tecnologias omniuso. Ao longo do tempo, a natureza desses riscos e o tamanho das apostas ficaram mais claros. A tecnologia não é somente uma ferramenta para apoiar a barganha que fizemos com o Estado-nação; é também uma ameaça genuína a ela.

Uma minoria influente da indústria tecnológica não somente acredita que as novas tecnologias representam uma ameaça para o ordenado mundo dos Estados-nações como recebe de braços abertos seu colapso. Esses críticos acreditam que o Estado só atrapalha. Eles argumentam que é melhor nos livrarmos dele, pois já apresenta tantos problemas que está além da salvação. Discordo fundamentalmente; tal evento seria um desastre.

Sou britânico, nascido e criado em Londres, mas um lado de minha família é sírio. Minha família foi pega na terrível guerra que assolou o país em anos recentes. Sei muito bem o que acontece quando os Estados falham e, falando cruamente, é inimaginavelmente ruim. Horrível. E qualquer um que ache que o que aconteceu na Síria jamais aconteceria "aqui" está se iludindo; pessoas são pessoas onde quer que estejam. Nosso sistema de Estados-nações não é perfeito, longe disso. Mesmo assim, devemos fazer todo o possível para apoiá-lo e protegê-lo. Este livro é, em parte, minha tentativa de sair em sua defesa.

Nada mais — nenhuma outra bala de prata — chegará a tempo para nos salvar, para absorver a força desestabilizadora da onda. Simplesmente não há outra opção no médio prazo.

Mesmo nos melhores cenários, a próxima onda será um imenso choque para os sistemas que governam as sociedades. Antes de explorarmos os perigos da onda, vale a pena investigarmos a saúde dos Estados-nações. Eles estão em condições de enfrentar os desafios à frente?

ESTADOS FRÁGEIS

As condições globais de vida são objetivamente melhores hoje que em qualquer momento do passado. Estamos acostumados a água corrente e alimentos abundantes. A maioria das pessoas goza de aquecimento e abrigo o ano todo. As taxas de alfabetização, expectativa de vida e igualdade de gênero são as mais altas de todos os tempos.[2] A soma de milhares de anos de estudo e investigação está disponível ao apertar de um botão. Para a maioria das pessoas nos países desenvolvidos, a vida é marcada por uma facilidade e uma abundância que teriam parecido inacreditáveis em eras passadas. E, mesmo assim, sob a superfície, há a inquietante sensação de que algo não está certo.

As sociedades ocidentais, em particular, estão imersas em profunda ansiedade; são os "Estados nervosos", impulsivos e turbulentos.[3] Essa inquietação persistente é parcialmente resultado de choques anteriores — múltiplas crises financeiras, a pandemia, violência (incluindo tudo, do 11 de Setembro à guerra da Ucrânia) — e parcialmente efeito de pressões antigas e crescentes, como o declínio da confiança pública, a rescente desigualdade e o aquecimento global. Entrando na próxima onda, muitas nações são assaltadas por grandes desafios que minam sua efetividade, tornando-as mais fracas, divididas e inclinadas a decisões lentas e falhas. A próxima onda quebrará sobre um ambiente volátil, incompetente e transtornado. Isso torna o desafio da contenção — de controlar e dirigir as tecnologias para que seu resultado líquido seja benéfico para a sociedade — ainda maior.

As democracias são construídas sobre a confiança. As pessoas precisam confiar que oficiais do governo, militares e outras elites não abusarão de suas posições dominantes. Todo mundo tem que acreditar que os impostos serão pagos, as regras serão honradas, o interesse da coletividade será colocado acima do individual. Sem confiança, das urnas à restituição de imposto de renda, dos conselhos locais ao Poder Judiciário, as sociedades estão em apuros.

A confiança no governo, particularmente nos Estados Unidos, desmoronou.[4] De acordo com uma pesquisa do Pew, mais de 70% dos americanos acreditavam que as administrações presidenciais do pós-guerra, como as de Eisenhower e Johnson, fariam "o que era certo". Em presidências recentes, como as de Obama, Trump e Biden, essa medida de confiança caiu para menos de 20%.[5] Muito notavelmente, um estudo sobre a democracia nos Estados Unidos feito em 2018 descobriu que um em cada cinco americanos acredita que o "governo militar" é uma boa ideia![6] Não menos que 85% dos americanos sentem que o país está "indo na direção errada".[7] Isso se estende às instituições não governamentais, com crescentes níveis de desconfiança em relação à mídia, ao establishment científico e à ideia de especialização em geral.[8]

O problema não se limita aos Estados Unidos. Outra pesquisa do Pew revelou que, em 27 países, a maioria está insatisfeita com a democracia. Uma pesquisa do Democracy Perception Index descobriu que, em cinquenta nações, dois terços dos respondentes sentem que o governo "raramente" ou "nunca" age em nome do interesse público.[9] O fato de tantas pessoas sentirem que a sociedade está falhando é, em si mesmo, um problema: a desconfiança gera negatividade e apatia. As pessoas não se dão ao trabalho de votar.

Desde 2010, mais países retrocederam que progrediram em medidas democráticas, um processo que parece estar se acelerando.[10] O crescente nacionalismo e autoritarismo parece endêmico, da Polônia e China à Rússia, Hungria, Filipinas e Turquia. Os movimentos populistas vão do bizarro, como o QAnon, ao sem direção (os *gilets jaunes* na França), mas, de Bolsonaro no Brasil ao Brexit no Reino Unido, sua proeminência no palco mundial é impossível de ignorar.

Por trás do novo impulso autoritarista e da instabilidade política, jaz um reservatório cada vez maior de ressentimento social. Catalisadora-chave da instabilidade e do ressentimento social, a desigualdade disparou nas nações ocidentais em décadas recentes, e em nenhum lugar mais que nos Estados Unidos.[11] Entre 1980 e 2021, a parcela de renda nacional destinada ao 1% no topo quase dobrou, e agora quase chega a 50%.[12] A riqueza está cada vez mais concentrada em um grupo minúsculo.[13] Políticas governamentais, população produtiva cada vez menor, níveis educacionais estagnados e crescimento de longo prazo cada vez mais lento contribuíram decisivamente para sociedades mais desiguais.[14] Quarenta milhões de pessoas nos Estados Unidos vivem na pobreza,[15] e mais de 5 milhões vivem em "condições de Terceiro Mundo" — tudo dentro da economia mais rica do mundo.

Essas tendências são especialmente preocupantes quando consideramos o persistente relacionamento entre imobilidade social, desigualdade crescente e violência política.[16] Nos dados de mais de cem países, as evidências sugerem que, quanto menor a mobilidade social de um país, mais ele experimenta turbulências como tumultos, greves, assassinatos, campanhas revolucionárias e guerras civis. Quando as pessoas sentem que estão presas, e que outras estão acumulando injustamente as recompensas, elas ficam furiosas.

Não muito tempo atrás, o mundo devia ser "plano" — um terreno sem atritos, de comércio fácil e prosperidade crescente. Na verdade, no século XXI, crises nas cadeias de suprimento e choques financeiros permanecem sendo características indeléveis da economia. Os países que tendem ao nacionalismo estão, em parte, experimentando um distanciamento da brilhante promessa do século XXI de que a interconexão aceleraria a disseminação da riqueza e da democracia.

Onshoring, segurança nacional, cadeia de suprimentos resiliente, autossuficiência — a linguagem atual do comércio é novamente a das fronteiras, barreiras e tarifas. Ao mesmo tempo, alimentos, energia, matérias-primas e mercadorias de todos os tipos ficaram mais caros. Essencialmente, toda ordem econômica e de segurança do pós-guerra enfrenta tensões sem precedentes.

Os desafios globais chegam a um limiar crítico. Inflação disparada. Escassez de energia. Renda estagnada. Quebra de confiança. Ondas de populismo. Nenhuma das antigas visões da esquerda ou da direita parece oferecer respostas convincentes, mas há carência de opções melhores. Seria preciso uma pessoa corajosa, ou possivelmente delirante, para argumentar que tudo está bem, que não há forças sérias de populismo, raiva e disfunção agindo contra as sociedades — tudo a despeito dos mais elevados padrões de vida que o mundo já conheceu.[17]

Isso torna a contenção muito mais complicada. Formar consenso nacional e internacional e estabelecer novas normas em torno de tecnologias que se movem rapidamente já são grandes desafios. Como fazer isso quando nosso modo básico de operação parece ser a instabilidade?

TECNOLOGIA É POLÍTICA: O DESAFIO DA ONDA PARA OS ESTADOS

Cada onda tecnológica anterior teve profundas implicações políticas. Devemos esperar o mesmo no futuro. A última onda — a chegada de mainframes, computadores e softwares pessoais, internet e smartphones — trouxe imensos benefícios para a sociedade. Ela criou novas ferramentas para a economia moderna, incentivando o crescimento, transformando o acesso ao conhecimento, ao entretenimento e às pessoas. Em meio à atual inquietação sobre os efeitos negativos das redes sociais, é fácil ignorar essa miríade de coisas positivas. Mas, na última década, o consenso crescente sugere que essas tecnologias também fizeram outra coisa: criaram as condições para alimentar e amplificar a polarização política e a fragilidade institucional subjacentes.

Não é novidade que as plataformas de mídias sociais podem gerar respostas emocionais instintivas, os choques de adrenalina tão efetivamente causados por ameaças percebidas. As mídias sociais sobrevivem de emoções intensas e, muito frequentemente, do ultraje. Uma meta-análise publicada no jornal *Nature* revisou os resultados de quase quinhentos estudos, concluindo que há clara correlação entre o uso crescente das mídias digitais e o aumento da desconfiança nos políticos, dos movimentos populistas, do ódio e da polarização.[18] Correlação pode não ser causalidade, mas essa revisão sistemática detectou "claras evidências de sérias ameaças à democracia" vindas das novas tecnologias.

A tecnologia já erodiu as fronteiras estáveis e soberanas dos Estados-nações, criando ou apoiando fluxos globais inatos de pessoas, informações, ideias, know-how, commodities, mercadorias, capital e riqueza. Ela é, como já vimos, um componente significativo da estratégia geopolítica. E está presente em quase todo aspecto da vida humana. Mesmo antes de a próxima onda se quebrar, a tecnologia já é uma impulsionadora do palco mundial, um grande fator na deterioração dos Estados-nações em todo o mundo. Rápida demais em seu desenvolvimento, global demais, multifacetada e atraente demais para qualquer modelo simples de contenção, estrategicamente crítica, usada por bilhões de pessoas, a tecnologia moderna é um dos principais atores em atuação, uma força monumental que os Estados-nações lutam para gerir. IA, biologia sintética e o restante estão sendo introduzidos em sociedades disfuncionais que *já* foram sacudidas por ondas tecnológicas de imenso poder. Esse mundo não está pronto para a próxima onda. Ele é um mundo que já começa a ceder ao peso da tensão atual.

Ouvi frequentemente que a tecnologia é um "valor neutro" e que a política surge de seu uso. Isso é tão redutor e simplista que quase não faz sentido. A tecnologia não "causou" ou criou diretamente o Estado moderno (ou qualquer estrutura política). Mas o potencial que ela libera não é neutro.

Como disse o historiador da tecnologia Langdon Winner, "a tecnologia, em suas várias manifestações, é parte significativa do mundo humano. Suas estruturas, processos e alterações se tornam parte de estrutura, processos e alterações da consciência, da sociedade e da política humana".[19] Em outras palavras, a tecnologia é política.

Esse fato é radicalmente sub-reconhecido, não somente por nossos líderes, mas até mesmo por aqueles construindo a tecnologia. Às vezes, essa politização sutil, mas onipresente, é quase invisível. Não deveria ser. As redes sociais não são somente o lembrete mais recente de que a tecnologia e a organização política não podem ser divorciadas. Estados e tecnologias estão intimamente ligados. Isso tem importantes ramificações para o que está vindo.

Embora a tecnologia não empurre as pessoas simplisticamente em determinada direção, não é tecnodeterminismo ingênuo reconhecer sua tendência de facilitar certas capacidades ou ver como ela promove alguns resultados mais que outros.[20] Nisso, a tecnologia é um dos determinantes-chave da história, mas nunca sozinha e nunca de maneira mecanista, inerentemente previsível. Ela não causa comportamentos ou resultados, mas o que produz guia ou circunscreve possibilidades.

Guerra, paz, comércio, ordem política e cultura sempre estiveram fundamentalmente interligados, ainda mais com tecnologia. Tecnologias são ideias, manifestadas em produtos e serviços que têm consequências profundas e duradouras para pessoas, estruturas sociais, meio ambiente e tudo que está no meio.

A tecnologia moderna e o Estado evoluíram simbioticamente, em constante diálogo. Pense em como a tecnologia facilitou as partes essenciais do Estado, ajudando a construir o edifício da identidade nacional e da administração. Escrever era uma ferramenta administrativa e contábil para acompanhar dívidas, heranças, leis, impostos, contratos e registros de propriedade. O relógio produziu horários estabelecidos, primeiro em espaços limitados como monastérios, mas depois de forma mecânica nas cidades mercantis medievais e, finalmente, nas nações, criando unidades sociais comuns e ainda maiores.[21] A prensa móvel ajudou a padronizar as línguas nacionais a partir de um caos de dialetos e, dessa forma, ajudou a produzir uma "comunidade imaginada" nacional, o povo unitário por trás do Estado-nação.[22] Suplantando tradições orais mais fluidas, a palavra impressa fixou geografia, conhecimento e história no lugar, promulgando conjuntos de códigos legais e ideologias. O rádio e a TV turbinaram esse processo, criando momentos de partilha nacional e mesmo internacional experimentados simultaneamente, como as conversas em frente à lareira de Franklin Delano Roosevelt ou a Copa do Mundo.

As armas também são tecnologias centrais de poder usadas pelos Estados-nações. De fato, teóricos do Estado frequentemente sugerem que a própria guerra foi fundacional para sua criação (nas palavras do cientista político Charles Tilly, "a guerra fez o Estado e o Estado fez a guerra"), assim como o conflito sempre foi um impulso para novas tecnologias — das bigas e armaduras de metal ao radar e aos chips avançados que guiam os mísseis de precisão. Introduzida na Europa no século XIII, a pólvora rompeu com o antigo padrão defensivo dos castelos medievais. Assentamentos fortificados eram agora alvos fáceis para bombardeio. Na guerra dos Cem Anos entre Grã-Bretanha e França, a vantagem foi daqueles que podiam comprar, montar, manter, mover e empregar canhões caríssimos. Ao longo dos anos, o Estado concentrou cada vez mais poder letal, reivindicando o monopólio do uso legítimo da força.

Dito de modo simples, a tecnologia e a ordem política estão intimamente conectadas. A introdução de novas tecnologias tem grandes consequências políticas. Assim como o canhão e a prensa móvel subverteram a sociedade, devemos esperar o mesmo de tecnologias como IA, robótica e biologia sintética.

Pare por um momento e imagine um mundo no qual robôs com a destreza de seres humanos e que podem ser "programados" em português comum estão disponíveis pelo preço de um micro-ondas. Você consegue pensar em todos os usos que tal tecnologia terá? Ou quão amplamente será adotada? Quem, ou melhor, o que cuidará de sua mãe idosa na casa de repouso? Como você pedirá comida em um restaurante, quem a trará até sua mesa? Qual será a aparência dos agentes policiais em uma situação de reféns? Quem trabalhará nos pomares na época da colheita? Como os estrategistas militares e paramilitares reagirão quando nenhum humano precisar ser enviado a combate? Como serão os campos de esporte quando as crianças estiverem treinando futebol? Qual será a aparência de seu limpador de janelas? Quem possui todo esse hardware e essa propriedade intelectual, quem os controla, que salvaguardas foram criadas se — quando — ela der errado?

Tudo isso implica uma economia política muito diferente da de hoje.

O Estado-nação moderno, liberal, democrata e industrializado é a força global dominante desde o início do século XX, o claro "vencedor" do grande conflito político do último século. Ele veio com funções definidoras agora incorporadas à vida cotidiana. Provisão de segurança. Grandes concentrações de poder legítimo no centro, capazes de dominar totalmente no interior de suas jurisdições, mas também freios e contrapesos razoáveis para todas as formas de poder, além da separação entre elas. Bem-estar social adequado através da redistribuição e da boa gestão econômica. Estruturas estáveis de inovação e regulamentação tecnológica, juntamente com toda uma arquitetura social, econômica e legal de globalização.

Nos próximos capítulos, veremos como a próxima onda coloca tudo isso sob grande ameaça.

Acho que aquilo que emergirá tende em duas direções, com um espectro de resultados no meio. Por um lado, alguns Estados democráticos liberais continuarão a ser erodidos a partir de dentro, tornando-se uma espécie de governo zumbi.[23] Os adereços da democracia liberal e do Estado-nação tradicional permanecerão, mas, na prática, serão esvaziados, com os serviços essenciais cada vez mais desgastados e o regime cada vez mais instável e turbulento. Seguindo em frente na ausência de qualquer outra coisa, eles se tornarão cada vez mais degradados e disfuncionais. Por outro lado, a adoção irrefletida de alguns aspectos da nova onda abrirá caminho para o controle estatal, criando leviatãs cujo poder irá além dos mais extremos governos totalitários da história. Regimes autoritários também podem tender ao status de zumbi, mas podem igualmente redobrar seus esforços, receber impulso e se tornar tecnoditaduras. Em ambos os caminhos, o delicado equilíbrio que mantém os Estados funcionando tenderá ao caos.

Tanto Estados fracassados quanto regimes autoritários são resultados desastrosos, não somente em seus próprios termos, mas também para governar a tecnologia; você não quer que burocracias falhas, populistas oportunistas ou ditadores onipotentes sejam fundamentalmente responsáveis por controlar tecnologias poderosas. Nenhuma direção pode ou irá conter a próxima onda.

De ambos os lados, então, há perigo, dado que gerir a próxima onda exigirá Estados confiantes, ágeis, coerentes, responsivos ao povo, equipados com perícia, equilibrando interesses e incentivos, capazes de reagir rápida e decisivamente com ações legislativas e, crucialmente, com coordenação internacional próxima. Os líderes precisarão agir de maneira ousada e sem precedentes, trocando ganhos de curto prazo por benefícios de longo prazo. Responder efetivamente a um dos eventos mais amplos e transformadores da história exigirá governos maduros, estáveis e, acima de tudo, confiáveis, no auge de suas habilidades. Estados que funcionem muito, muito bem. É disso que precisaremos para garantir que a próxima onda crie os grandes benefícios que promete. É uma tarefa incrivelmente difícil.

Robôs baratos e onipresentes como os delineados aqui são, juntamente com as várias outras tecnologias transformadoras que vimos na parte II, inevitáveis em um horizonte de vinte anos, possivelmente muito antes. Nesse contexto, devemos esperar profundas mudanças na economia, no Estado-nação e em tudo que os acompanha. A grande barganha já está com problemas. Quando o dilúvio começar, uma série de novos estressores irá sacudir suas fundações.

CAPÍTULO 10

AMPLIFICADORES DA FRAGILIDADE

EMERGÊNCIA NACIONAL 2.0: ASSIMETRIA INCONTIDA EM AÇÃO

Na manhã de 12 de maio de 2017, o Serviço Nacional de Saúde britânico (NHS, em inglês) parou. Milhares de suas instalações em toda a nação subitamente viram seus sistemas de TI congelarem. Nos hospitais, os funcionários não conseguiam acessar equipamentos médicos cruciais, como aparelhos de ressonância magnética, nem os prontuários dos pacientes. Milhares de procedimentos agendados, de consultas de pacientes com câncer a cirurgias eletivas, tiveram que ser cancelados. Equipes em pânico improvisaram com recursos manuais, como anotações em papel e telefones pessoais. O Royal London Hospital fechou seu departamento de emergências, com os pacientes deitados em macas do lado de fora de salas de cirurgia.

O NHS fora atingido por um ataque de ransomware.[1] Ele se chamava WannaCry e sua escala era imensa. O ransomware compromete um sistema ao criptografá-lo e interromper o acesso a arquivos e capacidades essenciais. Os invasores cibernéticos tipicamente exigem resgate para liberar o sistema refém.

O NHS não foi o único alvo do WannaCry. Explorando uma vulnerabilidade em sistemas Microsoft mais antigos, os hackers haviam encontrado uma maneira de interromper o funcionamento de partes do mundo digital, incluindo organizações como Deutsche Bahn, Telefónica, FedEx, Hitachi e até o Ministério de Segurança Pública chinês. O

WannaCry convenceu alguns usuários a abrirem um e-mail, liberando um *worm* que se replicava e disseminava sozinho, infectando 250 mil computadores de 150 países em um único dia.² Por algumas horas após o ataque, grande parte do mundo digital cambaleou, refém de um agressor distante e sem rosto. Os danos resultantes foram de até 8 bilhões de dólares, mas as implicações foram ainda mais graves.³ O ataque WannaCry expôs como instituições cuja operação damos como certa eram vulneráveis a ataques cibernéticos sofisticados.

No fim, o NHS — e o mundo — deu sorte. Um hacker britânico de 21 anos chamado Marcus Hutchins tropeçou em um *kill switch*. Analisando o código do malware, ele viu um domínio de nome estranho. Deduzindo que o domínio devia ser parte da estrutura de comando e controle do *worm* e vendo que não estava registrado, Hutchins o comprou por 10,69 dólares, passando a controlar o vírus enquanto a Microsoft publicava atualizações que cancelavam a vulnerabilidade.

Talvez a coisa mais extraordinária sobre o WannaCry seja a sua origem. Ele foi programado usando tecnologia criada pela Agência de Segurança Nacional (NSA, em inglês) dos Estados Unidos. Uma unidade de elite da NSA chamada Operações de Acesso Adaptado desenvolvera um ataque cibernético chamado EternalBlue. Nas palavras de um funcionário da NSA, aquelas eram "as chaves do reino", ferramentas projetadas para "minar a segurança de muitas redes governamentais e corporativas importantes, aqui e no exterior".⁴

Como essa tecnologia formidável, desenvolvida por uma das organizações mais tecnicamente sofisticadas do planeta, foi obtida por um grupo de hackers? Como disse a Microsoft na época, "um cenário equivalente com armas convencionais seria se os militares americanos dissessem que mísseis Tomahawk foram roubados".⁵ Ao contrário dos mísseis Tomahawk, as armas digitais da NSA podiam ser passadas adiante discretamente, no interior de um pendrive. Os hackers que roubaram a tecnologia, um grupo conhecido como Shadow Brokers, colocaram o EternalBlue à venda. Ele rapidamente terminou nas mãos de hackers norte-coreanos, provavelmente a unidade cibernética Bureau 121, financiada pelo Estado. E eles o lançaram contra o mundo.

A despeito de atualizações apressadas, a repercussão do vazamento do EternalBlue ainda não terminara. Em junho de 2017, uma nova versão da arma emergiu, dessa vez projetada especificamente para atingir a infraestrutura nacional ucraniana, em um ataque rapidamente atribuído à inteligência militar russa. O ataque cibernético NotPetya quase deixou o país de joelhos. Sistemas de monitoramento da radiação em Chernobyl ficaram sem energia. Caixas eletrônicos pararam de entregar dinheiro. Celulares ficaram em silêncio. Dez por cento dos computadores do país foram infectados, e infraestruturas básicas como a rede elétrica do banco Oschadbank foram desligadas. Grandes multinacionais, como a gigante dos transportes Maersk, foram imobilizadas, em dano colateral.

Eis uma parábola sobre a tecnologia do século XXI. Um software criado pelo serviço de segurança do Estado mais tecnologicamente sofisticado do mundo vazou ou foi roubado, indo parar nas mãos de terroristas digitais trabalhando para um dos Estados mais falhos e uma das potências nucleares mais inconstantes do mundo. Então foi transformado em arma, voltado contra o tecido fundamental do Estado contemporâneo: serviços de saúde, transporte e infraestruturas de energia, negócios essenciais de comunicação global e logística. Em outras palavras, graças a uma falha básica de contenção, uma superpotência global se tornou vítima de sua própria, poderosa e supostamente segura, tecnologia.

Isso é assimetria incontida em ação.

Felizmente, os ataques de ransomware descritos se baseavam em armas cibernéticas convencionais. Felizmente porque não contavam com as características da próxima onda. Seu poder e potencial eram limitados. O Estado-nação foi arranhado e machucado, mas não fundamentalmente minado. No entanto, é uma questão de quando, não se, o próximo ataque ocorrerá, e da próxima vez podemos não ter tanta sorte.

É tentador argumentar que os ataques cibernéticos são muito menos eficazes do que poderíamos imaginar, dada a velocidade com que os sistemas críticos se recuperam de ataques como o WannaCry. Em relação à próxima onda, essa suposição é um erro grave. Os ataques demonstram que existem aqueles que usariam tecnologias de ponta para degradar e desabilitar as principais funções do Estado. Eles mostram que instituições centrais da vida moderna estão vulneráveis. Um único indivíduo e uma empresa privada (Microsoft) consertaram uma falha sistêmica. O ataque não respeitou as fronteiras nacionais. O papel do governo na resolução da crise foi limitado.

Agora imagine se, em vez de acidentalmente deixarem uma brecha, os hackers por trás do WannaCry tivessem projetado o programa para sistematicamente aprender sobre suas próprias vulnerabilidades e corrigi-las. Imagine se, ao atacar, o programa evoluísse para explorar outras fraquezas. Se pudesse se mover por hospitais, escritórios, residências, em constante mutação, sempre aprendendo. Ele poderia atingir sistemas de suporte à vida, infraestrutura militar, sinalização de trânsito, redes elétricas, bancos de dados financeiros. À medida que se espalhasse, aprenderia a detectar e interromper novas tentativas de desligá-lo. Uma arma como essa está no horizonte, se já não estiver em desenvolvimento.

WannaCry e NotPetya são limitados se comparados aos agentes de aprendizado de propósito geral que constituirão a próxima geração de armas cibernéticas, ameaçando criar a emergência nacional 2.0. Os ataques cibernéticos de hoje não são a ameaça real; são o canário na mina de carvão de uma nova era de vulnerabilidade e instabilidade, degradando o papel do Estado-nação como único árbitro da segurança.

Aqui está uma aplicação específica e de curto prazo da tecnologia da próxima onda desgastando o tecido do Estado. Neste capítulo, veremos como esse e outros estressores destroem o próprio edifício responsável por governar a tecnologia. Esses amplificadores da fragilidade, choques sistêmicos, emergências 2.0 intensificarão muito os desafios já existentes, abalando os alicerces do Estado e perturbando nosso já precário equilíbrio social. Essa é, em parte, uma história de quem pode fazer o que, uma história sobre poder e onde ele está concentrado.

O CUSTO CADA VEZ MAIS BAIXO DO PODER

Poder é "a habilidade ou capacidade de fazer algo ou agir de maneira particular; [...] de dirigir ou influenciar o comportamento de outros ou o curso dos eventos".[6] É a energia mecânica ou elétrica que sustenta a civilização. A base e o princípio central do Estado. O poder, de uma forma ou de outra, modela tudo. E também está prestes a ser transformado.

A tecnologia é, em última análise, política porque é uma forma de poder. E talvez a única característica predominante da próxima onda seja que ela democratizará o acesso ao poder. Como vimos na parte II, ela permitirá que as pessoas *façam* coisas no mundo real. Penso nela da seguinte maneira: assim como os custos de processar e difundir informações despencaram na era da internet de consumo, o custo de fazer algo, agir, projetar poder, despencará com a próxima onda. Saber é ótimo, mas fazer é muito mais impactante.

Em vez de somente consumir conteúdo, qualquer um poderá *produzir* vídeos, imagens e textos de qualidade profissional. A IA não se limitará a ajudar o padrinho de casamento a encontrar informações para seu discurso, ela também *escreverá* o discurso. E tudo isso em uma escala nunca vista antes. Os robôs não se limitarão a fabricar carros e organizar armazéns, eles estarão disponíveis para todo inventor de garagem com um pouco de tempo e imaginação. A onda passada permitiu que sequenciássemos, ou lêssemos, o DNA. A próxima onda tornará a síntese de DNA universalmente disponível.

Onde quer que o poder esteja hoje, ele será amplificado. Qualquer pessoa com objetivos — ou seja, todo mundo — terá imensa ajuda para atingi-los. Reformular uma estratégia de negócios, organizar eventos sociais para uma comunidade ou capturar território inimigo será mais fácil. Construir uma empresa aérea ou imobilizar uma frota será igualmente mais viável. Seja ela comercial, religiosa, cultural ou militar, democrática ou autoritária, toda motivação em que você possa pensar pode ser dramaticamente ampliada com acesso a poder barato.

Hoje, por mais rico que seja, você simplesmente não pode comprar um smartphone mais poderoso do que aqueles que estão disponíveis para bilhões de pessoas. Essa fenomenal conquista da civilização é frequentemente ignorada. Na próxima década, o acesso à IAC seguirá a mesma tendência. Esses mesmos bilhões de pessoas em breve terão acesso amplo e igual aos melhores advogados, médicos, estrategistas, designers, coaches, assistentes executivos, negociadores e assim por diante. Todo mundo terá uma equipe de primeira classe a seu lado.

Esse será o maior e mais rápido acelerador de riqueza e prosperidade da história humana. Será também um dos mais caóticos. Se todo mundo terá acesso a mais capacidade, isso claramente incluirá aqueles que desejam fazer mal. Com a tecnologia evoluindo mais rapidamente que as medidas defensivas, os atores nocivos, dos cartéis mexicanos aos hackers norte-coreanos, também serão encorajados. Democratizar o acesso necessariamente significa democratizar o risco.

Estamos prestes a cruzar um limiar crítico na história de nossa espécie. É isso que o Estado-nação terá que enfrentar na próxima década. Neste capítulo, veremos alguns exemplos-chave de amplificadores da fragilidade derivados da próxima onda. Primeiro, vamos analisar mais de perto um risco de curto prazo: como os atores nocivos serão capazes de iniciar novas operações ofensivas. Tais ataques podem ser letais, vastamente acessíveis e uma chance para alguém atacar em grande escala com impunidade.

ROBÔS ARMADOS: A PRIMAZIA DA OFENSIVA

Em novembro de 2020, Mohsen Fakhrizadeh era cientista-chefe e elemento central do longo esforço iraniano para construir armas nucleares. Patriótico, dedicado e muito experiente, ele era um alvo preferencial para os adversários do Irã. Sabendo dos riscos, Fakhrizadeh mantinha sua localização e seus movimentos em segredo com a ajuda dos serviços de segurança iranianos.

Seguindo por uma estrada poeirenta até sua casa de campo perto do mar Cáspio, o comboio fortemente vigiado de Fakhrizadeh parou de repente. O veículo do cientista foi atingido por uma saraivada de balas. Ferido, ele saiu tropeçando do carro, mas foi morto por uma segunda rajada de metralhadora. Seus guarda-costas, membros da Guarda Revolucionária do Irã, não conseguiam entender o que estava acontecendo. Onde estava o atirador? Alguns momentos depois, houve uma explosão e uma caminhonete próxima irrompeu em chamas.

Mas, com exceção de uma arma, a caminhonete estava vazia. Não houve assassinos presentes naquele dia. Segundo a investigação realizada pelo *New York Times*, foi "o teste de estreia de um atirador computadorizado de alta tecnologia equipado com inteligência artificial e múltiplas câmeras, operado via satélite e capaz de disparar seiscentos tiros por minuto".[7] Montada em uma caminhonete estacionada em local estratégico, mas de aparência inócua, equipada com câmeras, era uma espécie de arma robótica montada por agentes israelenses. Um humano autorizou o ataque, mas foi a IA que ajustou automaticamente a mira da arma. Apenas quinze balas foram disparadas e uma das pessoas mais importantes e bem protegidas do Irã foi morta em menos de um minuto. A explosão foi apenas uma tentativa fracassada de esconder as evidências.

O assassinato de Fakhrizadeh é um prenúncio do que está por vir. Robôs armados mais sofisticados reduzirão ainda mais as barreiras da violência. Vídeos de robôs de última geração, com nomes como Atlas e BigDog, são fáceis de encontrar na internet. Neles você verá humanoides atarracados e de aparência estranha ou pequenos robôs parecidos com cachorros correndo por pistas de obstáculos. Eles parecem curiosamente desequilibrados, mas nunca caem. Percorrem paisagens complexas com movimentos estranhos, mas suas estruturas de aparência pesada nunca tombam. Saltam para a frente e para trás, pulam, giram e fazem truques. Derrube-os e eles se levantam, calma e inexoravelmente. E estão prontos para fazer isso de novo e de novo. É assustador.

Agora imagine robôs equipados com reconhecimento facial, sequenciamento de DNA e armas automáticas. Os robôs do futuro podem não assumir a forma de cachorros. Miniaturizados ainda mais, terão o tamanho de um pássaro ou uma abelha, armados com uma pequena arma de fogo ou um frasco de antraz. Em breve, podem estar acessíveis a qualquer um. É assim que ocorre o empoderamento dos atores nocivos.

O custo dos drones de nível militar caiu três ordens de magnitude na última década.[8] Até 2028, 26 bilhões de dólares por ano serão gastos em drones militares e, a essa altura, é provável que muitos sejam totalmente autônomos.[9]

O uso de drones autônomos se torna mais plausível a cada dia. Em maio de 2021, por exemplo, um enxame de drones equipados com IA em Gaza foi usado para encontrar, identificar e atacar militantes do Hamas.[10] Startups como Anduril, Shield AI e Rebellion Defense levantaram centenas de milhões de dólares para construir redes autônomas de drones e outras aplicações militares de IA.[11] Tecnologias complementares, como impressão 3D e comunicações móveis avançadas, reduzirão o custo dos drones táticos para alguns milhares de dólares, colocando-os ao alcance de todos, desde entusiastas amadores até paramilitares e psicopatas solitários.

Além de acesso facilitado, armas aprimoradas pela IA melhorarão a si mesmas em tempo real. O impacto do WannaCry foi muito mais limitado do que poderia ter sido. Depois que a atualização de software foi instalada, o problema imediato foi resolvido. A IA transforma esse tipo de ataque. Armas cibernéticas com IA investigarão continuamente as redes, adaptando-se de forma autônoma para encontrar e explorar pontos fracos. Os *worms* de computador de hoje se replicam usando um conjunto fixo de heurísticas pré-programadas.

Mas e se você tivesse um *worm* que se aprimorasse usando aprendizado por reforço, atualizando experimentalmente seu código a cada interação de rede, encontrando cada vez mais maneiras eficientes de tirar vantagem das vulnerabilidades cibernéticas? Assim como sistemas como o AlphaGo aprendem estratégias inesperadas em milhões de partidas contra si mesmos, o mesmo acontecerá com os ataques cibernéticos controlados por IA. Por mais que você analise cada eventualidade, inevitavelmente haverá uma pequena vulnerabilidade que poderá ser descoberta por uma IA persistente.

Tudo, de carros e aviões a geladeiras e centros de dados, depende de vastas bases de códigos. As próximas IAs tornam mais fácil que nunca identificar e explorar vulnerabilidades. Elas podem até mesmo encontrar meios legais ou financeiros de prejudicar corporações ou outras instituições, pontos ocultos de falha na regulamentação bancária ou nos protocolos técnicos de segurança. Como indicou o especialista em segurança cibernética Bruce Schneier, as IAs podem compilar leis e regulamentos de todo o mundo a fim de encontrar brechas e legalidades de arbitragem.[12] Imagine que uma imensa quantidade de documentos de determinada empresa vazasse. Uma IA poderia analisar vários sistemas jurídicos, descobrir todas as infrações possíveis e, em seguida, atacar a empresa com vários processos incapacitantes, simultaneamente em todo o mundo. As IAs podem desenvolver estratégias de negociação automatizadas projetadas para destruir as posições dos concorrentes ou criar campanhas de desinformação (mais sobre isso na próxima seção), planejando uma corrida aos bancos ou o boicote de um produto e permitindo que um concorrente compre a empresa — ou simplesmente a veja ruir.

Uma IA capaz de explorar não somente os sistemas financeiros, legais ou de comunicação, mas também a psicologia humana, nossas fraquezas e nossos vieses, está a caminho. Pesquisadores da Meta criaram um programa chamado Cicero.[13] Ele se tornou especialista em um complexo jogo de tabuleiro chamado Diplomacia, no qual é fundamental planejar longas e complexas estratégias baseadas na enganação e na traição. O programa mostra como as IAs podem nos ajudar a planejar e colaborar, mas também indica como poderiam desenvolver truques psicológicos para ganhar confiança e influência, lendo e manipulando nossas emoções e comportamentos com uma profundidade assustadora, uma habilidade útil tanto para jogar Diplomacia quanto para, digamos, influenciar eleições e criar um movimento político.

O espaço para possíveis ataques contra funções-chave do Estado cresce na mesma medida em que a premissa que torna a IA tão poderosa e excitante — sua habilidade de aprender e se adaptar — empodera os atores nocivos.

Durante séculos, capacidades ofensivas de ponta, como barragens, ataques navais, tanques, porta-aviões e mísseis balísticos intercontinentais, foram inicialmente tão caras que permaneciam limitadas ao Estado-nação. Agora elas evoluem tão rapidamente que proliferam nas mãos de laboratórios de pesquisa, startups e inventores de garagem. Assim como o efeito da difusão um-para-muitos das redes sociais significa que uma única pessoa subitamente pode ter difusão global, a capacidade de ação significativa e de longo alcance se torna disponível para todos.

Essa nova dinâmica — na qual atores nocivos são encorajados a partir para a ofensiva — cria novos vetores de ataque graças à natureza interligada e vulnerável dos sistemas modernos: não somente um único hospital, mas todo um sistema de saúde pode ser atingido; não somente um armazém, mas toda a cadeia de suprimentos. Com armas autônomas letais, os custos, tanto materiais quanto, acima de tudo, humanos de iniciar uma guerra, de atacar, são mais baixos que nunca. Ao mesmo tempo, tudo isso introduz níveis maiores de negação e ambiguidade, degradando a lógica da dissuasão. Se ninguém pode ter certeza sobre quem iniciou um ataque ou o que exatamente aconteceu, por que não seguir em frente?

Quando atores nocivos e atores externos ao Estado são empoderados dessa maneira, uma das propostas essenciais do Estado é minada: a imagem de guarda-chuva de segurança para os cidadãos é profundamente danificada.[14] Provisões de segurança são alicerces fundamentais do sistema do Estado-nação, não adicionais agradáveis. Os Estados sabem como responder a questões de lei e ordem e ataques diretos de países hostis. Mas isso é muito mais confuso, amorfo e assimétrico, borrando as linhas da territorialidade e da atribuição clara.

Como um Estado mantém a confiança dos cidadãos, faz sua parte da grande barganha, se falha na promessa básica de segurança? Como ele pode garantir que os hospitais continuarão funcionando, as escolas continuarão abertas, as luzes permanecerão — literalmente — acesas no mundo? Se o Estado não pode proteger você e sua família, de que valem a conformidade e o pertencimento? Se sentimos que as coisas fundamentais — a eletricidade que ilumina nossas casas, os sistemas de transporte que nos levam de um lado para outro, nossa segurança cotidiana — estão se despedaçando e não há nada que nós ou o governo possamos fazer, uma fundação do sistema é removida. Se o Estado começou com novas formas de guerra, talvez termine da mesma maneira.

Ao longo da história, a tecnologia produziu uma delicada dança de vantagens ofensivas e defensivas, com o pêndulo oscilando entre as duas, mas um equilíbrio sendo precariamente mantido: para cada novo projétil ou arma cibernética, uma potente contramedida era rapidamente criada. Canhões podem derrubar os muros de um castelo, mas também podem destroçar um exército invasor. Agora, tecnologias poderosas, assimétricas, omniuso certamente chegarão às mãos daqueles que querem prejudicar o Estado. Embora as operações defensivas sejam fortalecidas com o tempo, a natureza dessas características favorece a ofensiva: essa proliferação de poder é simplesmente ampla, rápida e aberta demais. Um algoritmo capaz de mudar o mundo pode ser guardado em um laptop; em breve, não precisará do tipo de infraestrutura vasta e regulável da última onda e da internet. Ao contrário de uma flecha ou mesmo de um míssil supersônico, a IA e os bioagentes evoluirão de maneira mais barata, rápida e autônoma que qualquer tecnologia que já tenhamos visto. Consequentemente, sem um conjunto dramático de intervenções para alterar o curso atual, milhões terão acesso a essas capacidades em somente alguns anos.

Manter uma vantagem decisiva e indefinida em um espectro tão amplo de tecnologias de uso geral simplesmente não é possível. Em algum momento, o equilíbrio pode ser restaurado, mas não antes que uma onda de força imensamente desestabilizadora seja liberada. E, como vimos, a natureza da ameaça é muito mais disseminada do que formas contundentes de agressão física. Informação e comunicação, juntas, formam seu próprio e crescente vetor de risco, outro amplificador de fragilidade emergente que exige atenção.

Bem-vindo à era do deepfake.

A MÁQUINA DA DESINFORMAÇÃO

Nas eleições locais de 2020 na Índia, o presidente do Partido Bharatiya Janata, de Délhi, Manoj Tiwari, foi filmado fazendo um discurso de campanha em inglês e no dialeto local. Ambos pareciam e soavam convincentemente reais.[15] No vídeo, ele parte para o ataque, acusando o líder de um partido rival de ter "trapaceado". Mas a versão no dialeto local era um deepfake, um novo tipo de mídia sintética baseada em IA.

Produzido por uma empresa de comunicações políticas, o deepfake expôs o candidato a eleitores novos e difíceis de alcançar. Não tendo consciência do discurso em torno das mídias fake, muitos assumiram que ele era real. A empresa por trás do deepfake argumentou que aquele era um uso "positivo" da tecnologia, mas, para qualquer observador sóbrio, o incidente anunciou uma perigosa nova era da comunicação política. Em outro incidente muito divulgado, um vídeo de Nancy Pelosi foi editado para fazê-la parecer doente e debilitada e então enviado para circular amplamente nas redes sociais.[16]

Pergunte a si mesmo o que acontece quando qualquer um tem o poder de criar e difundir material com níveis incríveis de realismo. Esses exemplos ocorreram *antes* de as maneiras de gerar deepfakes quase perfeitos — sejam textos, imagens, vídeos ou áudios — se tornarem tão fáceis quanto fazer uma busca no Google. Como vimos no capítulo 4, grandes modelos de linguagem agora produzem resultados espantosos ao gerar mídias sintéticas. Um mundo de deepfakes indistinguíveis das mídias convencionais está aqui. Esses fakes serão tão bons que nossas mentes racionais acharão difícil aceitar que não são reais.

Os deepfakes se espalham rapidamente. Se quiser assistir a um fake convincente de Tom Cruise se preparando para lutar contra um jacaré, você pode.[17] Mais e mais pessoas comuns serão imitadas conforme os dados de treinamento necessários se reduzem a somente um punhado de exemplos. Já está acontecendo. Um banco em Hong Kong transferiu milhões de dólares para fraudadores em 2021 depois que um de seus clientes foi personificado por um deepfake.[18] Soando idêntico ao cliente real, um dos fraudadores telefonou para o gerente do banco e explicou que a empresa precisava mover dinheiro para uma aquisição. Como todos os documentos pareciam estar em ordem e a voz e a personalidade eram impecavelmente familiares, o gerente iniciou a transferência.[19]

Qualquer um motivado a semear instabilidade poderá fazer isso com facilidade. Imagine que, três dias antes de uma eleição, o presidente seja filmado usando um termo racista. A assessoria de imprensa da campanha nega vigorosamente, mas todo mundo sabe o que viu. O ultraje ferve pelo país. O presidente cai nas pesquisas. Os *swing states* subitamente passam a apoiar o oponente, que, contra todas as expectativas, vence. Uma nova administração é empossada. Mas o vídeo é um deepfake, tão sofisticado que escapou até mesmo das melhores redes neurais detectoras de fakes.

A ameaça aqui não está tanto nos casos extremos, mas em cenários sutis, cheio de nuances e altamente plausíveis sendo exagerados e distorcidos. Não é o presidente invadindo uma escola, gritando coisas sem sentido e arremessando granadas;[20] é o presidente resignadamente dizendo que não tem escolha a não ser instituir um conjunto de leis emergenciais para restabelecer o serviço militar obrigatório. Não são fogos de artifício de Hollywood; é a suposta gravação da câmera de vigilância que pega um grupo de policiais brancos espancando um homem negro até a morte.

Sermões do pregador radical Anwar al-Awlaki inspiraram o atentado à maratona de Boston, os ataques ao *Charlie Hebdo* em Paris e o atirador que matou 49 pessoas em um clube noturno de Orlando. Mas al-Awlaki morreu em 2011, sendo o primeiro cidadão americano morto em um ataque americano com drones, antes de qualquer um desses eventos. Suas mensagens radicais, no entanto, ficaram disponíveis no YouTube até 2017.[21] Suponha que, usando deepfakes, novos vídeos de al-Awlaki pudessem ser "revelados", cada um deles comandando mais ataques com sua retórica precisa. Nem todo mundo acreditaria, mas os que quisessem acreditar achariam os vídeos profundamente persuasivos.

Em breve, esses vídeos serão inteira e crivelmente interativos.[22] Você estará falando diretamente com ele. Ele conhecerá você e se adaptará a seu dialeto e estilo, usando elementos de sua história, suas queixas pessoais, o bullying que você sofreu no colégio, seus terríveis e imorais pais ocidentalizados. Isso não é desinformação como bombardeio geral; é desinformação com precisão cirúrgica.

Ataques de phishing contra políticos e empresários; desinformação com o objetivo de prejudicar ou manipular grandes mercados financeiros; mídia projetada para envenenar as principais linhas de falha, como as divisões sectárias ou raciais; até mesmo fraudes de baixo nível — a confiança é danificada e a fragilidade é novamente ampliada.

Em algum momento, histórias sintéticas completas e ricas sobre eventos aparentemente do mundo real serão fáceis de gerar. Cidadãos, individualmente, não terão tempo nem ferramentas para verificar uma fração do conteúdo a que serão expostos. Os fakes passarão facilmente em verificações sofisticadas, que dirá em testes informais de dois segundos.

ATAQUES DE DESINFORMAÇÃO FINANCIADOS PELO ESTADO

Na década de 1980, a União Soviética financiou campanhas de desinformação sugerindo que o vírus da AIDS era resultado de um programa americano de armas biológicas. Anos depois, algumas comunidades ainda lidavam com a desconfiança e outras consequências dessas campanhas. Que, aliás, nunca pararam. De acordo com o Facebook, agentes russos criaram nada menos que 8 mil peças de conteúdo orgânico, que chegaram a 126 milhões de americanos em sua plataforma durante a eleição de 2016.[23]

Ferramentas digitais aprimoradas pela IA exacerbarão operações de desinformação como essas, interferindo em eleições, explorando divisões sociais e criando elaboradas campanhas de astroturfing para semear o caos. Infelizmente, não se trata somente da Rússia.[24] Mais de setenta países foram descobertos promovendo campanhas de desinformação.[25] A China rapidamente alcança a Rússia; outros países, da Turquia ao Irã, aprimoram suas habilidades. (A CIA tampouco é estranha às operações de desinformação.)[26]

No início da pandemia de Covid-19, uma tempestade de desinformação teve consequências letais. Um estudo do Carnegie Mellon analisou mais de 200 milhões de tuítes discutindo a Covid-19 no auge do primeiro lockdown. Oitenta e dois por cento dos usuários influentes defendendo a "reabertura dos Estados Unidos" eram bots.²⁷ Tratava-se de uma "máquina de propaganda", muito provavelmente russa, projetada para intensificar a pior crise de saúde pública em um século.

Os deepfakes automatizam esses ataques. Até agora, as campanhas efetivas de desinformação exigiam mão de obra intensiva. Embora bots e fakes não sejam difíceis de criar, a maioria é de baixa qualidade, facilmente identificável e só moderadamente efetiva em modificar o comportamento dos alvos.

A mídia sintética de alta qualidade muda essa equação. Nem todas as nações possuem fundos para construir grandes programas de desinformação, com escritórios dedicados e legiões de técnicos treinados, mas essa barreira diminui quando material de alta fidelidade pode ser gerado a um clicar do mouse. Muito do caos futuro não será acidental. Ele ocorrerá quando as campanhas de desinformação atuais forem turbinadas, expandidas e delegadas a um grupo de atores motivados.

A ascensão da mídia sintética em larga escala e com custos mínimos amplifica tanto a desinformação (informação intencional e maliciosamente falsa) quanto a informação errônea (uma poluição mais ampla e não intencional do espaço informacional). É a deixa para o "infocalipse", o ponto no qual a sociedade já não consegue gerir a torrente de material duvidoso, no qual o ecossistema informacional que embasa o conhecimento, a confiança e a coesão social, a cola mantendo a sociedade unida, entra em colapso.²⁸ Nas palavras de um relatório da Brookings Institution, mídia sintética onipresente e perfeita significa "distorção do discurso democrático; manipulação das eleições; erosão da confiança nas instituições; enfraquecimento do jornalismo; exacerbação das divisões sociais; solapamento da saúde pública; e imposição de danos difíceis de reparar à reputação de indivíduos proeminentes, incluindo políticos eleitos e candidatos".²⁹

Mas nem todos os estressores e danos virão de atores nocivos. Alguns virão com a melhor das intenções. A amplificação da fragilidade pode ser tanto acidental quanto deliberada.

VAZAMENTOS EM LABORATÓRIOS E INSTABILIDADE INVOLUNTÁRIA

Em um dos laboratórios mais seguros do mundo, um grupo de pesquisadores fazia experimentos com um patógeno letal. Ninguém sabia com certeza o que aconteceria em seguida. Mesmo com o benefício do retrospecto, os detalhes sobre a pesquisa são escassos. O certo é que, em um país famoso por seus segredos e pelo controle governamental, uma nova e estranha doença começou a surgir.

Logo ela passou a ser encontrada em todo o mundo, no Reino Unido, nos Estados Unidos e além. Estranhamente, não parecia ser uma variante totalmente natural da doença. Certas características criaram alarme na comunidade científica e sugeriram que algo dera horrivelmente errado em um laboratório, que aquele não era um evento natural. As mortes começaram a aumentar. O laboratório hiperseguro não era assim tão seguro, afinal.

Se a história soa familiar, provavelmente não se trata daquela em que você está pensando. Isso aconteceu em 1977, com uma epidemia de influenza conhecida como gripe russa. Descoberta na China, ela foi detectada na União Soviética logo depois, disseminando-se de lá e supostamente matando até 700 mil pessoas.[30] A coisa incomum sobre a variante H1N1 da gripe era quão proximamente ela se parecia com a variante que circulara na década de 1950.[31] A doença atingiu mais gravemente as pessoas jovens, um possível sinal de que elas tinham menos imunidade que as que haviam nascido algumas décadas antes.

Abundam teorias sobre o que aconteceu. Será que algo escapou do permafrost? Foi parte do extenso e misterioso programa de armas biológicas da Rússia? Até hoje, a melhor explicação é o vazamento em um laboratório. Uma versão anterior do vírus provavelmente escapou durante os experimentos com uma vacina.[32] A epidemia foi causada por uma bem-intencionada pesquisa que tentava evitar epidemias.

Os laboratórios biológicos estão sujeitos a padrões globais que deveriam impedir acidentes. Os mais seguros são conhecidos como laboratórios de biossegurança nível 4 (BSL-4 em inglês). Eles representam os mais altos padrões de contenção para lidar com os mais perigosos materiais patogênicos. As instalações são completamente isoladas. A entrada é por uma eclusa de ar. Tudo que entra e sai é minuciosamente verificado. Todo mundo usa trajes pressurizados. Qualquer um que saia tem que tomar uma ducha. Todos os materiais são descartados de acordo com protocolos estritos. Bordas afiadas de qualquer tipo, capazes de perfurar luvas ou trajes, são proibidas. Os pesquisadores de laboratórios BSL-4 são treinados para criar os ambientes mais biologicamente seguros que a humanidade já viu.

Mesmo assim, acidentes e vazamentos acontecem.[33] A gripe russa de 1977 é somente um exemplo. Somente dois anos depois, esporos de antraz foram acidentalmente liberados por uma instalação secreta de armas biológicas na União Soviética, produzindo um rastro de doença de 50 quilômetros que matou ao menos 66 pessoas.[34]

Em 2007, um cano vazando no Instituto Pirbright, no Reino Unido, que inclui laboratórios BSL-4, causou um surto de doenças mão-pé-boca que custou 147 milhões de libras.[35] Em 2021, o pesquisador de uma empresa farmacêutica perto da Filadélfia deixou frascos de varíola em um freezer sem marcação e sem segurança.[36] Felizmente, eles foram encontrados quando alguém limpou o freezer. A pessoa teve a sorte de estar usando máscara e luvas. Se o vírus tivesse escapado, as consequências teriam sido catastróficas. Antes de ser erradicada, a varíola matou entre 300 e 500 milhões de pessoas somente no século XX, com uma taxa de reprodução equivalente às variantes mais contagiosas da Covid e uma taxa de mortalidade trinta vezes maior.[37]

A Sars deve ser mantida em condições BSL-3, mas escapou de laboratórios de virologia em Singapura, Taiwan e na China. Inacreditavelmente, escapou quatro vezes do mesmo laboratório em Beijing.[38]

Os erros foram humanos e mundanos. O caso de Singapura se deveu a um estudante universitário que não sabia da presença da Sars. Em Taiwan, um pesquisador cometeu um erro ao lidar com detritos que ofereciam risco biológico. Em Beijing, os vazamentos foram atribuídos à desativação malfeita do vírus e à sua manipulação em laboratórios inseguros. E tudo isso antes de sequer mencionarmos Wuhan, onde fica o maior laboratório BSL-4 do mundo, sede da pesquisa sobre o coronavírus.

Embora o número de laboratórios BSL-4 tenha disparado, somente um quarto deles tem boa pontuação em segurança, de acordo com o Global Health Security Index.[39] Entre 1975 e 2016, os pesquisadores catalogaram ao menos 71 exposições deliberadas ou acidentais a patógenos tóxicos e altamente infecciosos.[40] Em sua maioria, foram acidentes minúsculos que mesmo o mais bem-treinado ser humano certamente sofrerá às vezes: o descuido com uma agulha, um frasco virado, um experimento preparado de forma ligeiramente errada. Nosso retrato é quase certamente incompleto. Poucos pesquisadores relatam acidentes pública ou prontamente. Uma pesquisa entre oficiais de biossegurança descobriu que a maioria nunca relatou acidentes fora de suas instituições.[41] Uma avaliação de risco realizada nos Estados Unidos em 2014 estimou que, em uma década, a chance de "um grande vazamento laboratorial" em dez laboratórios era de 10%; o risco de pandemia resultante, de 27%.[42]

Nada *deveria* sair. Mas os patógenos saem, repetidamente. A despeito de serem alguns dos mais rígidos em vigor, os protocolos, tecnologias e regras de contenção falham. Uma pipeta trêmula. Um plástico perfurado. Uma gota de solução em um sapato. Essas são falhas tangíveis de contenção. Acidentais. Incidentais. Ocorrendo com sombria e inevitável regularidade. Na era da vida sintética, todavia, elas introduzem a chance de acidentes que podem representar tanto um enorme estressor quanto algo a que retornaremos mais tarde no capítulo 12: catástrofe.

* * *

Poucas áreas da biologia são tão controversas quanto a pesquisa de ganho de função (GOF em inglês).[43] Dito de modo simples, experimentos de ganho de função deliberadamente alteram patógenos para serem mais letais, mais infecciosos ou ambos. Na natureza, os vírus usualmente trocam letalidade por transmissibilidade. Frequentemente, quanto mais transmissível um vírus, menos letal ele é. Mas não há razão absoluta para ser assim. Uma maneira de entender como os vírus poderiam ser mais letais e mais transmissíveis ao mesmo tempo e como poderíamos combatê-los é, bom, deixar que isso aconteça.

É aí que entra a pesquisa de ganho de função. Os pesquisadores investigam o tempo de incubação das infecções, como elas desenvolvem resistência à vacina ou talvez como se disseminam assintomaticamente por uma população. Trabalho assim pode ser realizado com doenças que incluem Ebola, influenzas como a H1N1 e sarampo.

Tais esforços de pesquisa geralmente são confiáveis e bem-intencionados. O trabalho com a gripe aviária nos Países Baixos e nos Estados Unidos há mais ou menos uma década é um bom exemplo.[44] A doença tinha taxas chocantemente altas de mortalidade, mas, por sorte, era muito difícil de pegar. Os pesquisadores queriam entender como esse retrato podia mudar, como a doença podia mutar para uma forma mais transmissível, e usaram furões para ver como isso poderia ocorrer. Em outras palavras, em princípio, eles tornaram uma doença letal mais fácil de pegar.

Não é preciso muita imaginação, no entanto, para ver como tal pesquisa poderia dar errado. Alguns sentiram, inclusive eu, que modificar vírus deliberadamente dessa maneira era um pouco como brincar com um detonador nuclear.

Basta dizer que as pesquisas de ganho de função são controversas. Durante algum tempo, as agências americanas impuseram uma moratória ao seu financiamento.[45] Em uma clássica falha de contenção, elas foram retomadas em 2019. Há ao menos algumas indicações de que a Covid-19 foi geneticamente alterada, e um crescente corpo de evidências (circunstanciais), dos registros do Instituto Wuhan à biologia molecular do próprio vírus, sugere que o vazamento em um laboratório pode ter sido a origem da pandemia.[46]

Tanto o FBI quanto o Departamento de Energia dos Estados Unidos acreditam ser o caso, com a CIA ainda indecisa.[47] Ao contrário de surtos anteriores, não há evidência incontestável de transmissão zoonótica. É eminentemente plausível que uma pesquisa biológica tenha matado milhões de pessoas, paralisado a sociedade global e custado trilhões de dólares. No fim de 2022, um estudo do Instituto Nacional de Saúde na Universidade de Boston combinou a variante original e mais letal da Covid com a proteína spike da variante ômicron, mais transmissível.[48] Muitos sentiram que a pesquisa não deveria ter sido realizada, mas lá estava ela, financiada por dinheiro público.[49]

Não se trata de atores nocivos transformando tecnologia em arma, mas das consequências involuntárias das ações de pessoas boas querendo resultados melhores na área de saúde. Trata-se do que dá errado quando ferramentas poderosas proliferam, dos erros que são cometidos, dos "efeitos revanche" que surgem, da bagunça aleatória e imprevista que resulta da colisão entre tecnologia e realidade. Fora do quadro de giz, longe da teoria, o problema central da tecnologia incontida permanece mesmo na presença das melhores intenções.

A pesquisa GOF pretende manter as pessoas seguras. Mas ocorre, inevitavelmente, em um mundo falho, no qual laboratórios têm vazamentos, no qual pandemias acontecem. Independentemente do que tenha acontecido de fato em Wuhan, é sombriamente plausível que uma pesquisa sobre o coronavírus estivesse em curso e tenha vazado. O registro histórico de vazamentos em laboratórios é difícil de ignorar.

Pesquisas de ganho de função e vazamentos em laboratórios são somente dois exemplos particularmente agudos de como a próxima onda introduzirá uma pletora de efeitos revanche e inadvertidos efeitos de falha. Se todo laboratório semicompetente ou mesmo hacker biológico aleatório puder embarcar nessa pesquisa, a tragédia não poderá ser evitada indefinidamente. Foi esse o tipo de cenário delineado para mim no seminário que mencionei no capítulo 1.

Conforme crescem o poder e a disseminação de qualquer tecnologia, seus modos de falha disparam. Se um avião cai, é uma tragédia terrível. Mas, se toda uma frota de aviões cai, trata-se de algo ainda mais assustador. Reiterando: esses riscos não estão ligados a danos mal-intencionados; eles existem simplesmente por operarmos na vanguarda das tecnologias mais capazes da história, amplamente integradas a sistemas essenciais da sociedade. O vazamento em um laboratório é somente um bom exemplo de consequência não intencional; o cerne do problema da contenção; o equivalente, em relação à próxima onda, do colapso de reatores ou de ogivas perdidas. Acidentes como esse criam outro estressor imprevisível, outra rachadura no sistema.

Todavia, estressores também podem ser eventos menos discretos, menos um ataque de robô, um vazamento em laboratório ou um vídeo deepfake e mais um processo lento e difuso de solapamento das fundações. Considere que, ao longo da história, ferramentas e tecnologias foram projetadas para nos ajudar a fazer mais com menos. Os exemplos individuais não valem quase nada. Mas o que acontece se o efeito colateral dessas eficiências cumulativas for que os humanos já não são necessários para fazer o trabalho?

O DEBATE SOBRE A AUTOMAÇÃO

Ao longo dos anos desde que cofundei a DeepMind, nenhum debate político sobre a IA recebeu mais tempo no ar que aquele sobre o futuro do trabalho — até o ponto da saturação.

Eis a tese original. No passado, as novas tecnologias deixaram pessoas sem trabalho, produzindo o que o economista John Maynard Keynes chamou de "desemprego tecnológico". Na visão de Keynes, isso era uma coisa boa, com a produtividade crescente liberando tempo para mais inovações e para o lazer. Os exemplos de deslocamento relacionado à tecnologia são inúmeros. A introdução de teares elétricos tirou os antigos tecelões do negócio; os automóveis significaram que os fabricantes de carruagens e donos de estábulos já não eram necessários; as fábricas de lâmpadas prosperaram e as fábricas de velas faliram.

Falando de modo amplo, quando a tecnologia prejudicava antigos empregos e indústrias, ela também produzia novos. Ao longo do tempo, esses novos empregos tenderam na direção de papéis na indústria de serviços e de trabalhos de escritório baseados na cognição. Quando as fábricas fecharam no cinturão da ferrugem, a demanda por advogados, designers e influenciadores de redes sociais disparou. Ao menos até agora, em termos econômicos, as novas tecnologias não substituíram o trabalho; elas o complementaram. Mas, e se os novos sistemas deslocadores de trabalho subirem a escada da habilidade cognitiva humana, sem deixar lugar para a mão de obra? Se a nova onda realmente for geral e variada como parece, como os humanos competirão com ela? E se a grande maioria das tarefas de escritório puder ser realizada mais eficientemente pela IA? As áreas em que os humanos ainda se sairão "melhor" que as máquinas serão poucas. Há muito argumento de que esse é o cenário mais provável. Com a chegada da última geração de grandes modelos de linguagem, estou mais convencido do que nunca de que as coisas serão assim.

Essas ferramentas só aumentarão a inteligência humana temporariamente. Por algum tempo, elas nos tornarão mais inteligentes e eficientes e produzirão enorme crescimento econômico, mas são fundamentalmente substitutas do trabalho. Em algum momento, realizarão o trabalho cognitivo de maneira mais eficiente e barata que muitas pessoas trabalhando em administração, entrada de dados, serviço ao cliente (incluindo telefonemas), e-mails, sumários, tradução de documentos, produção de conteúdo, criação de anúncios e assim por diante. Diante da abundância de equivalentes de custo baixíssimo, os dias desse tipo de "trabalho manual cognitivo" estão contados.

Estamos só começando a ver o impacto que essa nova onda está prestes a ter. As análises iniciais do ChatGPT sugerem que, em muitas tarefas, ele aumenta a produtividade de "profissionais universitários de nível médio" em 40%.[50] Isso pode afetar as decisões de contratação: um estudo da McKinsey estimou que, em mais da metade de todos os empregos, muitas das tarefas poderão ser automatizadas por máquinas nos próximos sete anos, ao passo que 52 milhões de americanos trabalharão em cargos com "exposição média à automação" em 2030.[51]

Os economistas Daron Acemoglu e Pascual Restrepo estimam que os robôs fazem com que os salários dos trabalhadores locais caiam.[52] Com cada robô adicional por mil trabalhadores, há um declínio na taxa emprego-população e, consequentemente, uma queda nos salários. Hoje, os algoritmos realizam a vasta maioria das compras e vendas de ações, agem cada vez mais no interior de instituições financeiras e, mesmo com o boom de Wall Street, destroem empregos conforme a tecnologia se infiltra em cada vez mais tarefas.[53]

Muitos não estão convencidos. Economistas como David Autor argumentam que a nova tecnologia aumenta consistentemente a renda, criando demanda por mais trabalho.[54] A tecnologia torna as empresas mais produtivas e gera mais dinheiro, que flui novamente para a economia. Dito de modo simples, a demanda é insaciável, e essa demanda, atiçada pela riqueza gerada pela tecnologia, dá origem a novos empregos que exigem trabalho humano. Afinal, dizem os céticos, dez anos de sucesso no aprendizado profundo não causaram uma crise de automação de empregos. Alguns argumentam que cultivar esse medo é repetir a antiga falácia do "torrão de trabalho", que alega erroneamente que a quantidade de trabalho é fixa.[55] Em vez disso, o futuro se parece mais com bilhões de pessoas trabalhando em empregos de alto nível que mal podem ser concebidos hoje.

Acredito que essa visão cor-de-rosa é implausível nas próximas duas décadas; a automação é, inequivocamente, outro amplificador da fragilidade. Como vimos no capítulo 4, a taxa de aprimoramento da IA vai muito além da exponencial, e parece não haver teto óbvio em vista. As máquinas estão rapidamente imitando todos os tipos de habilidades humanas, incluindo visão, fala e linguagem. Mesmo sem progresso fundamental na direção da "compreensão profunda", novos modelos de linguagem podem ler, sintetizar e gerar textos incrivelmente precisos e úteis. Há literalmente centenas de cargos nos quais essa habilidade é o requerimento essencial, e mesmo assim, há muito mais que a IA pode fazer.

Sim, é quase certo que novas categorias profissionais serão criadas. Quem teria imaginado que "influenciador" seria um papel tão procurado? Ou que, em 2023, as pessoas trabalhariam como "engenheiras de prompt" — programadoras não técnicas de grandes modelos de linguagem que são hábeis em produzir respostas específicas? A demanda por massagistas, violoncelistas e arremessadores de beisebol não vai desaparecer. Mas meu palpite é que novos empregos não surgirão em números ou escalas de tempo suficientes para realmente fazer diferença. O número de pessoas que podem obter um Ph.D. em aprendizado de máquina permanecerá minúsculo quando comparado à escala das demissões. E, claro, novas demandas criarão novas tarefas, mas isso não significa que todas serão desempenhadas por humanos.

Os mercados de trabalho também possuem imenso atrito em termos de habilidades, geografia e identidade.[56] Considere que, no último período de desindustrialização, o metalúrgico em Pittsburgh e o montador de carro em Detroit dificilmente podiam mudar de cidade, obter novo treinamento no meio da carreira e se tornar um corretor de derivativos em Nova York, um consultor de marca em Seattle ou um professor em Miami. Embora o Vale do Silício e a City de Londres criem muitos novos empregos, isso não ajuda as pessoas do outro lado do país se elas não tiverem as habilidades certas ou não forem capazes de se mudar. Se seu senso de self está ligado a um tipo particular de trabalho, o novo trabalho oferece pouco consolo quando você sente que ele agride sua dignidade.

Trabalhar em um centro de distribuição sob um contrato de zero hora não fornece o mesmo senso de orgulho e solidariedade social que trabalhar para uma montadora de sucesso em Detroit na década de 1960. O Índice de Qualidade do Trabalho no Setor Privado, uma medida de quantos empregos fornecem renda acima da média, despencou desde 1990;[57] isso sugere que, como proporção do total, os empregos bem-pagos já começaram a diminuir.

Países como a Índia e as Filipinas tiveram um enorme boom com o processo de terceirização, criando empregos comparativamente bem-pagos em lugares como centrais de atendimento. Mas a automação terá como alvo precisamente esse tipo de tarefa. Novos empregos podem ser criados no longo prazo, mas, para milhões, eles não chegarão a tempo ou nos lugares certos.

Ao mesmo tempo, a recessão de empregos criará uma cratera na arrecadação de impostos, prejudicando os serviços públicos e colocando em questão os programas de bem-estar social exatamente no momento que serão mais necessários. Mesmo antes de os empregos serem dizimados, os governos já estarão sobrecarregados, tendo dificuldades para honrarem seus compromissos, financiarem-se de maneira sustentável e produzirem os serviços que o público passou a esperar. Além disso, todas essas perturbações ocorrerão globalmente, em múltiplas dimensões, afetando cada degrau da escada do desenvolvimento, das economias primariamente agrícolas aos setores avançados baseados em serviços. De Lagos a Los Angeles, os caminhos para o emprego sustentável estarão sujeitos a deslocamentos imensos, imprevisíveis e velozes.

Mesmo aqueles que não preveem os resultados mais severos da automação aceitam que ela causará significativas perturbações de médio prazo.[58] Qualquer que seja sua posição no debate sobre os empregos, é difícil negar que as ramificações serão imensamente desestabilizadoras para centenas de milhões de pessoas que, no mínimo, precisarão adquirir novas habilidades e fazer a transição para novos tipos de tarefa. Mesmo os cenários otimistas envolvem preocupantes ramificações políticas, de governos falidos a populações subempregadas, inseguras e furiosas.

É um prenúncio de problemas. Outro estressor em um mundo estressado.

Perturbações no mercado de trabalho são, como as redes sociais, amplificadores da fragilidade. Elas danificam e abalam o Estado-nação. Os primeiros sinais estão surgindo, mas, assim como as redes sociais no fim da primeira década do século XXI, a forma e a extensão exata das implicações ainda não estão claras. De qualquer modo, só porque as consequências ainda não são evidentes, não significa que possam ser ignoradas.

Os estressores delineados neste capítulo (que não são, de modo algum, exaustivos) — novas formas de ataque e vulnerabilidade, industrialização da desinformação, armas letais autônomas, acidentes como vazamentos em laboratórios e consequências da automação — são familiares para as pessoas nos círculos tecnológicos, políticos e de segurança. Mesmo assim, frequentemente são vistos de modo isolado. O que se perde na análise é que todas essas novas pressões sobre nossas instituições derivam da mesma revolução de propósito geral subjacente. Do fato de que elas chegarão juntas, com estressores simultâneos encontrando, suportando e impulsionando uns aos outros. A amplificação integral da fragilidade não é vista porque frequentemente parece que esses impactos ocorrem de maneira incremental e em silos convenientes. Não ocorrem. Eles derivam de um único e inter-relacionado fenômeno que se manifesta de diferentes maneiras. A realidade é muito mais enredada, entrelaçada, emergente e caótica do que qualquer apresentação sequencial pode expressar. Fragilidade amplificada. Estado-nação enfraquecido.

Ele suportou surtos de instabilidade antes. O diferente aqui é que a revolução de propósito geral não está limitada a nichos específicos, problemas definidos, setores claramente demarcados. Ela está, por definição, em toda parte. O custo decrescente do poder, da ação, não se aplica somente a atores nocivos ou startups ágeis, a aplicações enclausuradas e limitadas.

O poder é redistribuído e reforçado em toda a soma e extensão da sociedade. A natureza integralmente omniuso da próxima onda significa que ela é encontrada em cada nível, setor e negócio, em cada subcultura, grupo e burocracia, em cada canto de nosso mundo. Ela produz trilhões de dólares em novo valor econômico ao mesmo tempo que destrói certas fontes existentes de riqueza. Alguns indivíduos são imensamente favorecidos; outros podem perder tudo. Militarmente, ela empodera tanto os Estados-nações quanto as milícias. Ela não se confina, portanto, à amplificação de pontos específicos de fragilidade; trata-se, em um prazo ligeiramente mais longo, da transformação do próprio terreno sobre o qual a sociedade foi construída. E, nessa grande redistribuição de poder, o Estado, cada vez mais frágil, é abalado em seu âmago, com sua grande barganha ficando esfarrapada e precária.

CAPÍTULO 11

O FUTURO DAS NAÇÕES

O ESTRIBO

À primeira vista, estribos podem não parecer revolucionários.[1] Afinal, são triângulos de metal bastante rudimentares ligados a alças de couro e presos à sela do cavalo. Olhe mais de perto e verá outro retrato.

Antes do estribo, o impacto da cavalaria no campo de batalha era surpreendentemente limitado. Paredes de escudos firmes e organizadas geralmente venciam ataques a cavalo. Como os cavaleiros não estavam presos aos animais, eles eram vulneráveis. Soldados armados com lanças longas e escudos largos, postados em linhas cerradas, podiam desmontar até mesmo a cavalaria mais pesada. Como resultado, a função primária do cavalo era o transporte até o campo de batalha.

O estribo revolucionou isso. Ele fixou a lança e o cavaleiro ao animal, transformando-os em uma unidade. A força da lança passou a ser combinada ao poder do cavalo e do cavaleiro. Atingir um escudo já não significava que você cairia, mas, sim, que arrebentaria o escudo e a pessoa que o segurava. Subitamente, galopando a toda velocidade, com as lanças empunhadas e os cavaleiros seguros na sela, o ataque da cavalaria pesada se transformou em uma esmagadora tática de choque, capaz de romper até a mais firme linha de infantaria.

Essa minúscula inovação fez a balança do poder pender na direção da ofensiva. Assim que o estribo foi introduzido na Europa, Carlos Martel, líder dos francos, compreendeu seu potencial. Usando-o com devastadora eficiência, ele derrotou e expulsou os sarracenos da França. Mas a introdução dessas unidades de cavalaria pesada exigiu imensas mudanças na sociedade franca. Cavalos eram caros e comiam muito. Uma cavalaria pesada exigia longos anos de treinamento. Em resposta, Martel e seus herdeiros desapropriaram terras da Igreja Católica e as usaram para criar uma elite guerreira. A recém-obtida riqueza permitiu que essa elite criasse cavalos e tivesse tempo para treinar, estabeleceu vínculos entre ela e o reino e, mais tarde, financiou a compra de armaduras. Em troca dessa riqueza e status, a elite prometeu pegar em armas e lutar pelo rei. Outra barganha foi feita.

Com o tempo, o pacto improvisado se transformou em um elaborado sistema de feudalismo, com redes de obrigações para com os senhores e um imenso estrato de servos. Era um mundo de propriedades e títulos, torneios de justa e aprendizes, ferreiros e artesãos, armaduras e castelos, uma cultura autoconsciente de imagens heráldicas e histórias românticas sobre a coragem dos cavaleiros. Essa foi a forma política dominante durante todo o período medieval.

O estribo foi uma inovação aparentemente simples. Mas, com ele, veio uma revolução social que mudou centenas de milhões de vidas. O sistema político, econômico, bélico e cultural que estruturou a vida europeia por quase mil anos repousava, em parte, naqueles pequenos triângulos metálicos. A história dos estribos enfatiza uma importante verdade: as novas tecnologias ajudam a criar novos centros de poder, com infraestruturas sociais que tanto permitem quanto apoiam sua existência. No último capítulo, vimos como, atualmente, esse processo se soma a uma série de desafios imediatos enfrentados pelo Estado-nação. Mas, no longo prazo, as implicações da queda do custo do poder são tectônicas, terremotos tecnopolíticos que sacudirão o terreno sobre o qual o Estado foi construído.

Embora pequenas mudanças tecnológicas possam alterar de forma fundamental o equilíbrio de poder, tentar prever exatamente como isso acontecerá, décadas no futuro, é incrivelmente difícil. Tecnologias exponenciais amplificam tudo e todos. E isso cria tendências a princípio contraditórias. O poder é tanto concentrado quanto dispersado. Seus detentores são tanto fortalecidos quanto enfraquecidos. Estados-nações ficam ao mesmo tempo mais frágeis e sob maior risco de deslizarem para os abusos do poder sem limites.

Lembre-se de que crescente acesso ao poder significa que o poder *de todos* será amplificado. Nas próximas décadas, padrões históricos se repetirão, novos centros se formarão, infraestruturas se desenvolverão, formas de governança e organização social emergirão. Ao mesmo tempo, os núcleos existentes de poder serão estendidos de maneiras imprevisíveis. Às vezes, quando lemos sobre tecnologia, temos a sensação de que ela varrerá para longe tudo o que veio antes, que nenhum negócio ou instituição antiga sobreviverá ao turbilhão. Não acho que isso seja verdade; alguns serão destruídos, mas muitos serão amplificados. A televisão pode transmitir a revolução, mas também ajudar a apagá-la. As tecnologias podem reforçar estruturas sociais, hierarquias e regimes de controle tanto quanto subvertê-los.

Na turbulência resultante, sem uma grande mudança de foco, muitos Estados democráticos abertos enfrentam a deterioração regular de suas fundações institucionais, o enfraquecimento da legitimidade e da autoridade. Essa é uma dinâmica circular de disseminação da tecnologia e modificação do poder que mina as fundações, reduz a capacidade de controle e, como consequência, leva a mais disseminação. Ao mesmo tempo, os Estados autoritários recebem um novo e potente arsenal de repressão.

O Estado-nação estará sujeito a enormes forças centrífugas e centrípetas, centralização e fragmentação. É um caminho rápido para o caos, colocando em questão quem toma decisões e como; de que modo essas decisões são executadas, por quem, quando e onde, pressionando esses delicados equilíbrios e acomodações até o ponto de ruptura. Essa receita para a turbulência criará épicas concentrações e dispersões de poder, fragmentando o Estado de cima para baixo e de baixo para cima. Por fim, colocará em dúvida a viabilidade de certas nações.

Esse ingovernável mundo "pós-soberano", nas palavras da cientista política Wendy Brown, irá muito além da breve sensação de fragilidade;[2] ele será uma macrotendência de longo prazo à instabilidade profunda, com duração de décadas. O primeiro resultado serão vastas e inéditas concentrações de poder e riqueza que reordenarão a sociedade.

CONCENTRAÇÕES: OS RETORNOS COMPOSTOS DA INTELIGÊNCIA

Dos mongóis aos mogóis, por mais de mil anos a força mais poderosa da Ásia foi um império tradicional. Em 1800, isso mudou. Tal força era uma empresa privada, de propriedade de um número relativamente pequeno de acionistas, dirigida por um punhado de contadores e administradores empoeirados operando em um edifício com somente cinco janelas em uma cidade a milhares de quilômetros de distância.

Na virada do século XIX, a Companhia Britânica das Índias Orientais controlava grandes parcelas do subcontinente indiano. Ela governava mais terras e pessoas que as de toda a Europa, coletando taxas e criando leis. Comandava um exército bem treinado de 200 mil homens, duas vezes maior que o britânico, e operava a maior frota mercantil do mundo. Seu poder de fogo coletivo era maior que o de qualquer Estado asiático. Seus relacionamentos comerciais em todo o globo foram fundamentais para tudo, da fundação de Hong Kong à Festa do Chá de Boston. Seus impostos aduaneiros, taxas e dividendos eram fundamentais para a economia britânica;[3] nada menos que metade do comércio exterior britânico da época ocorria através da empresa.

Claramente, não se tratava de uma corporação comum. Na verdade, *era* um tipo de império. É difícil conceber uma empresa como essa em termos modernos. Não estamos indo na direção de uma Companhia Britânica das Índias Orientais neocolonial, 2.0. Mas acho que precisamos confrontar a escala e a influência que alguns conselhos administrativos possuem não somente sobre os sutis empurrõezinhos e arquitetura de escolhas que modelam a cultura e a política de hoje, mas também, e mais importante, sobre para onde iremos nas próximas décadas. Eles são uma espécie de império e, com a próxima onda, sua escala, influência e capacidade tenderão a se expandir radicalmente.

As pessoas frequentemente gostam de medir o progresso da IA comparando-a com quão bem humanos podem realizar certa tarefa. Os pesquisadores falam de conseguir desempenho sobre-humano em traduções ou em tarefas do mundo real como dirigir. O que isso deixa de fora é que as forças mais poderosas do mundo são *grupos* de indivíduos que se coordenam para atingir objetivos em comum. As organizações também são um tipo de inteligência.[4] Empresas, forças militares, burocracias e até mercados são inteligências artificiais, agregando e processando grandes quantidades de dados, organizando-se em torno de objetivos específicos e construindo mecanismos para ficarem cada vez melhores em conquistá-los. De fato, a inteligência de máquina se parece muito mais com uma imensa burocracia que com a mente humana. Quando falamos sobre a IA ter enorme impacto no mundo, vale a pena ter em mente quão longo é o alcance dessas IAs mais antigas.

O que acontecerá quando muitas, talvez a maioria, das tarefas necessárias para operar uma corporação ou um departamento governamental puderem ser realizadas com mais eficiência pelas máquinas? Quem se beneficiará primeiro dessas dinâmicas e o que provavelmente fará com esse novo poder?

Já estamos em uma era na qual megacorporações são avaliadas em trilhões de dólares e possuem mais ativos, em todos os sentidos, que países inteiros. Veja a Apple. Ela produziu um dos mais belos, influentes e amplamente usados produtos da história de nossa espécie. O iPhone é genial. Com seu produto sendo usado por mais de 1,2 bilhão de pessoas em todo o mundo, a empresa merecidamente colheu ricas recompensas pelo sucesso: em 2022, recebeu uma avaliação mais alta que todas as empresas listadas no índice FTSE 100 da Bolsa de Valores de Londres *combinadas*. Com quase 200 bilhões de dólares em dinheiro e investimentos e um público cativo no interior de seu ecossistema, a Apple parece estar em boa posição para tirar proveito da nova onda.

Similarmente, uma vasta variedade de serviços, de setores muito diferentes e atingindo grandes extensões do planeta, uniram-se em uma única corporação, o Google: mapas, localização, avaliação de empresas, propaganda, streaming de vídeo, ferramentas de escritório, calendários, e-mail, armazenamento de fotos, videoconferências e muito mais. Grandes empresas de tecnologia fornecem ferramentas para tudo, de organizar um aniversário a gerir negócios de milhões de dólares. As únicas organizações equivalentes, que tocam tão profundamente a vida de tantas pessoas, são os governos nacionais. Eu chamo isso de "googlização": uma variedade de serviços fornecidos de graça ou a baixo custo que fazem com que entidades singulares facilitem o funcionamento de extensas seções da economia e da experiência humana.

Para ter uma noção dessas concentrações, considere que a receita combinada das empresas na lista Global 500 da *Fortune* já responde por 44% do PIB mundial.[5] Seus lucros totais são maiores que o PIB anual de qualquer país, com exceção dos seis maiores. As empresas já controlam os maiores clusters de processadores de IA, os melhores modelos, os computadores quânticos mais avançados e a esmagadora maioria da capacidade robótica e da propriedade intelectual.[6] Ao contrário do que ocorreu com foguetes, satélites e a internet, a fronteira da próxima onda é encontrada em corporações, não em organizações governamentais ou laboratórios acadêmicos. Acelere esse processo com a próxima geração de tecnologias e um futuro de concentração corporativa já não parecerá tão extraordinário.

Já está em vigor um pronunciado e cada vez mais acelerado efeito "superastro", no qual os principais players ficam com fatias cada vez maiores da torta.[7] As cinquenta maiores cidades do mundo ficam com a maior parte da riqueza e do poder corporativo (45% das sedes de grandes empresas, 21% do PIB mundial), a despeito de abrigarem somente 8% da população. As empresas globais que compõem os 10% no topo ficam com 80% dos lucros totais. Espere que a próxima onda reforce esse processo, produzindo superastros ainda mais ricos e bem-sucedidos — sejam regiões, setores empresariais, empresas ou grupos de pesquisa.

Acho que veremos um grupo de corporações privadas superar o tamanho e o alcance de muitos Estados-nações. Considere a influência desproporcional de um império corporativo como o Grupo Samsung na Coreia do Sul. Fundado como uma loja de macarrão há quase um século, ele se tornou um grande conglomerado após a Guerra da Coreia. Quando o crescimento coreano acelerou nas décadas de 1960 e 1970, a Samsung estava no centro, não somente como uma potência com atuação diversificada na indústria, mas também nos setores bancário e de seguros. O milagre econômico coreano foi um milagre impulsionado pela Samsung. A essa altura, ela já era o principal *chaebol*, o nome dado ao seleto grupo de empresas gigantescas que dominam o país.

Smartphones, semicondutores e TVs são as especialidades da Samsung. Mas também seguros de vida, operadores de balsa e parques temáticos. Carreiras na Samsung são imensamente valorizadas. A receita do grupo representa 20% da economia coreana. Para os coreanos hoje, a Samsung é quase um governo paralelo, uma presença constante na vida cotidiana. Dada a densa rede de interesses e escândalos corporativos e governamentais, o equilíbrio de poder entre o Estado e a corporação é precário e turvo.

A Samsung e a Coreia são pontos fora da curva, mas talvez não por muito tempo. Dada a variedade de capacidades concentradas, coisas que tipicamente pertencem à província do governo, como educação e defesa, talvez até mesmo moeda e imposição da lei, poderiam ser fornecidas por essa nova geração de empresas. O sistema de resolução de disputas do eBay e do PayPal, por exemplo, já processa cerca de 60 milhões de casos ao ano, três vezes mais que todo o sistema legal americano. Noventa por cento dessas disputas são solucionadas somente com uso da tecnologia.[8] E há mais por vir.

A tecnologia já criou uma espécie de império moderno. A próxima onda acelera rapidamente essa tendência, colocando imenso poder e riqueza nas mãos daqueles que a criam e controlam. Novos interesses privados ocuparão espaços abandonados por governos sobrecarregados e sob pressão. Esse processo não será imposto sob a mira de um mosquete, como ocorreu com a Companhia Britânica das Índias Orientais, mas, exatamente como naquele caso, criará empresas privadas com a escala, o alcance e o poder de governos. As empresas com dinheiro, perícia e distribuição para tirar vantagem da próxima onda, para simultaneamente aumentar sua inteligência e estender seu alcance, terão ganhos colossais.

Na última onda, as coisas se desmaterializaram, mercadorias se tornaram serviços. Você já não compra softwares, músicas ou CDs; você usa streaming. Você espera que antivírus e programas de segurança sejam subprodutos de ser usuário do Google ou da Apple. Produtos quebram, ficam obsoletos. Serviços, nem tanto. Eles são ininterruptos e fáceis de usar. As empresas, por sua vez, estão ávidas para que você assine seus ecossistemas de softwares; pagamentos regulares são atraentes. Todas as grandes plataformas tecnológicas são empresas de serviços ou possuem grandes empresas de serviços. A Apple tem a App Store, destinada primariamente a vender dispositivos, e a Amazon, embora seja a maior varejista de mercadorias físicas do mundo, também fornece serviços de e-commerce e streaming de TV, além de abrigar um bom pedaço da internet em seu serviço de nuvem, a Amazon Web Services.

Para onde quer que você olhe, a tecnologia acelera essa desmaterialização, reduzindo a complexidade para o consumidor final ao fornecer serviços de consumo contínuo, em vez dos tradicionais produtos de compra única. Sejam serviços como Uber, DoorDash e Airbnb ou plataformas abertas de publicação como Instagram e TikTok, a tendência dos meganegócios não é participar do mercado, mas ser o mercado; não fabricar o produto, mas operar o serviço. A questão agora se torna: o que mais pode ser transformado em serviço e incluído na suíte atual de uma megaempresa?

Em algumas décadas, prevejo que a maioria dos produtos físicos terá aparência de serviço. Produção e distribuição de custo marginal zero tornarão isso possível.[9] A migração para a nuvem se tornará generalizada, e a tendência será estimulada pelo uso de softwares com pouco ou nenhum código, pela biomanufatura e pela impressão 3D. Quando combina todas as facetas da próxima onda, incluindo as capacidades de design, gestão e logística da IA, os modelos de reação química permitidos pela computação quântica e as refinadas habilidades de montagem da robótica, você obtém uma revolução total na natureza da produção.

Alimentos, medicamentos, produtos para o lar, quase tudo pode ser impresso em 3D, bioproduzido ou fabricado através de manufatura atomicamente precisa no local ou perto do local de uso, sob a supervisão de sofisticadas IAs que interagem com os clientes em linguagem natural. Você simplesmente compra o código de execução e deixa a IA ou o robô fazerem a tarefa ou criarem o produto. Sim, isso ignora uma hedionda massa de complexidade material e sim, ainda está muito longe. Mas se você semicerrar os olhos para focar à distância, esse cenário se torna claramente plausível. Mesmo que você não seja totalmente convencido por esse argumento, parece impossível que essas forças não criem grandes mudanças e novas concentrações de valor na cadeia logística global.

Atender à demanda por serviços baratos e ininterruptos usualmente requer escala (pesados investimentos iniciais em chips, pessoas, segurança, inovação), o que recompensa e acelera a centralização. Nesse cenário, haverá somente alguns megaplayers cujos poder e escala rivalizarão com os Estados tradicionais. Além disso, os donos dos melhores sistemas serão capazes de obter imensa vantagem competitiva.[10] Lembra daquelas imensas e centralizadas empresas da próxima onda que acabei de mencionar? Elas provavelmente serão ainda maiores, mais ricas e mais entrincheiradas que as do passado.

Quanto mais os sistemas se generalizam com sucesso pelos setores, mais poder e riqueza se concentram nas mãos de seus proprietários. Aqueles com recursos para inventar ou adotar mais rapidamente as novas tecnologias — aqueles que puderem passar no teste de Turing atualizado, por exemplo — terão retornos cada vez maiores. Seus sistemas possuirão mais dados e mais "experiência de uso no mundo real" e, por isso, trabalharão melhor, serão mais rápidos na generalização e garantirão a liderança, atraindo os melhores talentos para construí-los. Um intransponível "gap de inteligência" se torna plausível. Se uma organização assume a dianteira, isso pode se tornar um gerador de receita e, no fim das contas, um centro de poder sem paralelos. Se esse processo se estende a algo como IAG integral ou supremacia quântica, ele pode tornar as coisas muito difíceis para os novos competidores e, aliás, para os governos.

Qualquer que seja o ponto final, estamos indo na direção de um lugar no qual poderes e habilidades sem precedentes estarão nas mãos de atores já poderosos que, sem dúvida, os usarão para amplificar seu alcance e avançar sua agenda.

Tais concentrações permitirão que megacorporações automatizadas transfiram valor do capital humano — o trabalho — para o capital bruto. Somando-se todas as desigualdades resultantes dessa concentração, haverá outra grande aceleração e aprofundamento estrutural de uma fratura já existente. Não admira que se fale em neo ou tecnofeudalismo — um desafio direto à ordem social, dessa vez construído sobre algo que vai além dos estribos.[11]

Em resumo, os retornos sobre a inteligência aumentarão exponencialmente. Algumas inteligências artificiais seletas, que costumávamos chamar de organizações, irão se beneficiar imensamente dessa nova concentração de habilidades — talvez a maior já vista. Recriar a essência do que tornou nossa espécie tão bem-sucedida em ferramentas que podem ser reusadas e reaplicadas repetidamente, em uma miríade de cenários, é um prêmio valioso, que corporações e burocracias de todo tipo irão perseguir e usar. Como essas entidades serão governadas, como se chocarão contra o Estado e depois o capturarão e remodelarão é uma questão em aberto. Que elas o desafiarão parece certo.

Mas as consequências de maiores concentrações de poder não terminam com as corporações.

VIGILÂNCIA: COMBUSTÍVEL DE FOGUETE PARA O AUTORITARISMO

Quando comparado a corporações estelares, os governos parecem lentos, inchados e sem contato com a realidade. É tentador achar que estão destinados à lata de lixo da história. Todavia, outra reação inevitável dos Estados-nações será usar as ferramentas da próxima onda para aumentar seu controle sobre o poder, tirando vantagem delas para entrincheirar seu domínio.

No século XX, regimes totalitários quiseram economias planificadas, populações obedientes e ecossistemas de informação controlados. Eles quiseram hegemonia total. Todo aspecto da vida era gerido. Planos de cinco anos ditavam tudo, do número de filme e seu conteúdo aos quilos de trigo esperados de um campo. Planejadores intensamente modernistas tinham a esperança de criar cidades imaculadas e organizadas. Um aparato de segurança implacável e sempre vigilante mantinha tudo funcionando. O poder estava concentrado nas mãos de um único líder supremo, com a habilidade de ver o panorama completo e agir decisivamente. Pense na coletivização soviética, nos planos de cinco anos de Stálin, na China de Mao, na Alemanha Oriental da Stasi. Esse é o governo como pesadelo distópico.

E, ao menos até agora, ele sempre deu desastrosamente errado. A despeito dos melhores esforços de revolucionários e burocratas, a sociedade não podia ser modelada;[12] ela nunca foi totalmente "legível" para o Estado, mas sim uma realidade confusa e ingovernável que não se conformava aos sonhos puristas do centro. A humanidade é diversa e impulsiva demais para ser encaixotada dessa maneira. No passado, as ferramentas disponíveis para os governos totalitários simplesmente não estavam à altura da tarefa. Assim, esses governos fracassaram; eles falharam em melhorar a qualidade de vida ou, em algum momento, entraram em colapso ou foram reformados. A concentração extrema não era somente altamente indesejável; era praticamente impossível.

A próxima onda apresenta a inquietante possibilidade de que isso já não seja verdade. Em vez disso, ela poderia iniciar uma injeção de poder e controle centralizados que transformaria as funções do Estado em distorções repressivas de seu propósito original. Combustível de foguete tanto para os autoritários quanto para as grandes competições pelo poder. Capturar e utilizar dados em grande escala e com extraordinária precisão; criar sistemas de vigilância e controle cobrindo todo o território e agindo em tempo real; colocar, em outras palavras, o mais poderoso conjunto de tecnologias da história sob o comando de uma única entidade reescreveria os limites do poder do Estado e, compreensivelmente, produziria uma entidade inteiramente diferente.

O smart speaker o acorda. Imediatamente, você pega o telefone para ler seus e-mails. O smartwatch informa que sua noite de sono foi normal e seu ritmo cardíaco está regular. Uma organização distante já sabe, em teoria, a que horas você acordou, como está se sentindo e o que está lendo. Você sai de casa para o trabalho e o celular rastreia seus movimentos, gravando as letras usadas em suas mensagens e o podcast que você está ouvindo. No caminho e ao longo do dia, você é capturado centenas de vezes por câmeras de circuito fechado.[13] Afinal, a cidade de Londres tem ao menos uma câmera para cada dez pessoas, talvez mais. Quando passa seu cartão no leitor do escritório, o sistema registra a que horas você chegou. Um software instalado em seu computador monitora sua produtividade em um nível de detalhe que inclui seus movimentos oculares.

A caminho de casa, você compra o jantar. O programa de fidelidade do supermercado registra suas compras. Depois de comer, você assiste de uma só vez a outro programa de TV; seus hábitos de consumo são devidamente registrados. Cada olhar, cada mensagem apressada, cada ideia incompleta registrada em um navegador ou em uma busca rápida, cada passo pelas movimentadas ruas da cidade, cada batida do coração e noite ruim de sono, cada compra ou devolução — tudo é capturado, observado, tabulado. E esse é só um minúsculo exemplo dos possíveis dados coletados todos os dias, não somente no trabalho ou no celular, mas também no consultório médico e na academia. Quase todo detalhe da vida é logado em algum lugar, por aqueles com a sofisticação necessária para processar os dados coletados e agir a partir deles. Não se trata de alguma distopia distante. Estou descrevendo a realidade diária de milhões de pessoas em uma cidade como Londres.

O único passo que falta é unir essas bases de dados díspares em um sistema integrado: o aparato de vigilância perfeito do século XXI. O exemplo preeminente, claro, é a China. Isso não é novidade, mas se já sabemos quão avançado e ambicioso o programa do partido é agora, que dirá daqui a vinte ou trinta anos.

Comparada à ocidental, a pesquisa chinesa sobre IA se concentra mais em áreas de vigilância, como rastreamento de objetos, compreensão de cenas e reconhecimento de voz ou ações.[14] Tecnologias de vigilância são ubíquas, cada vez mais granulares em sua habilidade de focar em qualquer aspecto da vida dos cidadãos. Elas combinam reconhecimento de rostos, modos de andar e placas veiculares com coleta de dados — incluindo biológicos — em larga escala. Serviços centralizados como WeChat agrupam tudo, de mensagens privadas a compras e serviços bancários, em um único lugar facilmente rastreável. Dirija pelas rodovias da China e você notará centenas de câmeras com sistemas de reconhecimento automático de placas. (Elas também existem na maioria das grandes áreas urbanas do Ocidente.) Durante as quarentenas da Covid-19, cachorros robóticos e drones carregavam alto-falantes que diziam às pessoas para permanecerem em casa.

Os softwares de reconhecimento facial usam os avanços da visão computacional que vimos na parte II, identificando rostos individuais com extrema precisão. Quando abro meu telefone, ele liga automaticamente depois de "ver" meu rosto: uma conveniência pequena, mas bacana, com implicações óbvias e profundas. Embora o sistema tenha sido desenvolvido por pesquisadores corporativos e acadêmicos nos Estados Unidos, ninguém adotou ou aperfeiçoou a tecnologia mais que a China.

O presidente Mao disse outrora que "as pessoas têm olhos afiados" ao vigiar os vizinhos em busca de infrações contra a ortodoxia comunista. Em 2015, essa foi a inspiração para um extenso programa de reconhecimento facial chamado "Sharp Eyes", cujo objetivo é estender tal vigilância a nada menos que 100% do espaço público.[15] Uma equipe de pesquisadores chineses da Universidade de Hong Kong fundou a SenseTime, uma das maiores empresas de reconhecimento facial do mundo, usando uma base de dados de mais de 2 bilhões de rostos.[16] A China agora é líder em tecnologias de reconhecimento facial, com empresas gigantescas como Megvii e CloudWalk disputando mercado com a SenseTime. A polícia chinesa até mesmo possui óculos escuros com tecnologia de reconhecimento facial, capazes de encontrar suspeitos em meio à multidão.[17]

Cerca de metade do 1 bilhão de câmeras de circuito fechado do mundo está na China.[18] Muitas têm software de reconhecimento facial e estão cuidadosamente posicionadas para coletar o máximo possível de informações, mesmo em espaços semiprivados: edifícios residenciais, hotéis e até bares de karaokê. Uma investigação do *New York Times* descobriu que a polícia da província de Fujian, sozinha, possuía uma base de dados estimada em 2,5 bilhões de imagens faciais. Os policiais foram honestos sobre seu propósito: "controlar e administrar pessoas". As autoridades também tentam recolher dados sonoros — a polícia da cidade de Zhongshan queria câmeras que pudessem registrar áudio em um raio de 90 metros —, e monitorar e arquivar dados biológicos se tornou rotineiro na era da Covid-19.

O Ministério de Segurança Pública é claro sobre sua próxima prioridade: reunir bases de dados e serviços dispersos em um todo coerente, de placas veiculares a DNA, contas de WeChat a cartões de crédito. Esse sistema de IA poderia localizar em tempo real ameaças emergentes ao Partido Comunista Chinês, como dissidentes e protestos, permitindo uma imediata e esmagadora resposta governamental a qualquer coisa percebida como indesejável.[19] Em nenhum lugar isso tem um potencial mais horripilante que na Região Autônoma de Xinjiang.

Essa parte rústica e remota do noroeste da China tem enfrentado a sistemática e tecnologicamente empoderada repressão e limpeza étnica de seu povo nativo, os uigures. Todos os sistemas de monitoramento e controle estão reunidos lá. As cidades estão cobertas de câmeras de vigilância com reconhecimento facial e rastreamento por IA. Barreiras e campos de "reeducação" governam os movimentos e as liberdades. Um sistema de crédito social baseado em dados de vigilância controla a população. As autoridades construíram uma base de dados de varredura de íris que tem capacidade para 30 milhões de amostras — mais que a população da região.[20]

Sociedades de vigilância e controle já existem, e devem crescer enormemente com a próxima concentração de poder no centro. Mas seria um erro considerar a situação um problema chinês ou autoritário. Para começar, essa tecnologia está sendo exportada para lugares como Venezuela e Zimbábue, Equador e Etiópia. E mesmo Estados Unidos. Em 2019, o governo americano proibiu as agências federais e seus terceirizados de comprarem equipamentos de telecomunicação e vigilância de vários fornecedores chineses, incluindo Huawei, ZTE e Hikvision.[21] Mas, somente um ano depois, três agências federais foram flagradas comprando tal equipamento.[22] Mais de cem cidades americanas adquiriram a tecnologia usada contra os uigures de Xinjiang.[23] Um exemplo clássico de falha de contenção.

As empresas e os governos ocidentais também estão na vanguarda da construção e uso dessa tecnologia. Citar Londres há pouco não foi acidental: ela compete com cidades como Shenzhen pelo título de mais vigiada do mundo. Não é segredo que governos monitoram e controlam suas próprias populações, mas essa tendência também se estende às empresas ocidentais. Em armazéns inteligentes, cada micromovimento dos funcionários é rastreado, incluindo temperatura corporal e idas ao banheiro.[24] Empresas como Vigilant Solutions agregam dados de movimentação baseados em placas veiculares, que então vendem para jurisdições como governos estaduais ou municipais.[25] Até mesmo sua pizza está sendo observada: a Domino's usa câmeras equipadas com IA para verificar a produção.[26] Assim como qualquer pessoa na China, aqueles no Ocidente deixam para trás um vasto rastro de dados a cada dia de suas vidas. E, assim como na China, eles são coletados, processados, operacionalizados e vendidos.

Antes da próxima onda, a noção de "panóptico high-tech" era coisa de romances distópicos, como *Nós*, de Ievguêni Zamiátin, ou *1984*, de George Orwell.[27] O panóptico está se tornando possível. Bilhões de dispositivos e trilhões de pontos de dados podem ser operados e monitorados simultaneamente, em tempo real, e usados não somente para vigilância, mas também para previsão. Ele não somente antecipará resultados sociais com precisão e granularidade, como também poderá, sutil ou abertamente, conduzi-los ou coagi-los, de macroprocessos como resultados eleitorais a comportamentos individuais de consumo.

Isso leva a perspectiva de totalitarismo a um novo patamar. Não acontecerá em toda parte nem ao mesmo tempo. Mas se IA, biotecnologia, quântica, robótica e o restante forem centralizados nas mãos de um Estado repressor, a entidade resultante será palpavelmente diferente de qualquer coisa já vista. No próximo capítulo, retornaremos a essa possibilidade. Antes disso, no entanto, vem outra tendência. Uma completa e paradoxalmente oposta à centralização.

FRAGMENTAÇÕES: PODER PARA O POVO

Para a maioria das pessoas, a palavra "Hezbollah" não evoca parlamentos, escolas e hospitais. Trata-se, afinal, de uma organização militante nascida da longa tragédia da guerra civil libanesa, com um histórico de violência, oficialmente classificada como terrorista pelo governo americano e frequentemente agindo como procuradora dos interesses iranianos. Mas há muito mais acontecendo aqui, e sugere uma direção alternativa para o poder e o Estado.

Em seu território original, o Líbano, o Hezbollah opera como um "Estado xiita no interior do Estado". Ele possui uma considerável e notória ala militar. O Hezbollah talvez seja o mais bem armado não Estado do mundo, tendo, nas palavras de um analista, "um arsenal de artilharia maior que o da maioria das nações".[28] Ele possui drones, tanques, foguetes de longo alcance e muitos milhares de soldados que lutaram ao lado do regime de Assad na guerra civil síria e se engajaram regularmente contra Israel.

Talvez para surpresa de alguns, também é uma força política principal, um partido convencional no psicodrama ininterrupto que é o governo libanês. Ele é, de muitas maneiras, somente outra parte do sistema político, construindo alianças, propondo leis e trabalhando com os instrumentos convencionais do Estado. Seus membros participam de conselhos municipais e do Parlamento e têm posições ministeriais no Gabinete. Nas grandes parcelas de território libanês que controla, o Hezbollah dirige escolas, hospitais, centros de assistência médica, infraestrutura, projetos de acesso à água e iniciativas de microcrédito. Alguns desses programas até mesmo contam com o apoio de sunitas e cristãos. Distritos inteiros são praticamente geridos pelo grupo, à maneira de um Estado. Ele também conduz várias atividades comerciais, tanto legais quanto criminosas, incluindo o contrabando de petróleo.[29]

Então o que é o Hezbollah? Estado ou não Estado? Grupo extremista ou poder convencional baseado em território? Ele é uma estranha entidade "híbrida" funcionando tanto dentro quanto fora das instituições estatais.[30] Um Estado, mas um não Estado, capaz de escolher responsabilidades e atividades em benefício de seus próprios interesses, frequentemente com consequências nefastas para a região mais ampla ou para o país como um todo. Não há muitas organizações como o Hezbollah, que evoluiu em meio a tensões regionais únicas.

A próxima onda, contudo, pode tornar mais plausível a existência de várias entidades pequenas e parecidas com um Estado.[31] Em vez de centralização, ela pode gerar uma espécie de "hezbollização", um mundo estilhaçado e tribalizado no qual todo mundo tem acesso às últimas tecnologias, todo mundo pode se sustentar, onde é muito mais possível, para qualquer um, manter seus padrões de vida sem as grandes superestruturas da organização do Estado-nação.

Considere que a combinação entre IA, robótica barata e biotecnologia avançada, aliada a fontes de energia limpa, pode permitir, pela primeira vez na modernidade, uma vida "fora da rede" quase equivalente à vida conectada. Lembre-se de que, somente na última década, o custo dos painéis solares fotovoltaicos caiu mais de 82% e cairá ainda mais, colocando a autossuficiência energética ao alcance mesmo das menores comunidades.[32] Conforme a eletrificação da infraestrutura e alternativas aos combustíveis fósseis se difundem, mais partes do mundo podem se tornar autossuficientes — mas agora equipadas com infraestrutura de IA, biotecnologia, robótica e assim por diante, capazes de gerar informações e produzir mercadorias localmente.

Campos como educação e medicina atualmente se apoiam em grandes infraestruturas sociais e financeiras. É bastante possível vê-las mais enxutas e localizadas: sistemas de educação adaptativos e inteligentes, por exemplo, que conduzam o estudante pela jornada do aprendizado, construindo um currículo sob medida; IAs capazes de criar todos os materiais, como jogos interativos perfeitamente adaptados à criança e com sistemas automatizados de notas; e assim por diante.

Você pode não ter segurança coletiva do tipo guarda-chuva, como no sistema do Estado-nação, mas contratar diferentes forças de proteção física e cibernética, em bases *ad hoc*. IA hackers e drones autônomos também estarão disponíveis para os grupos de segurança privada. Vimos antes como a capacidade ofensiva está sendo distribuída para qualquer um que a queira; com o tempo, a mesma distribuição ocorrerá com a defesa. Quando qualquer um tiver acesso à tecnologia de ponta, os Estados-nações não serão os únicos capazes de organizar formidáveis defesas físicas e virtuais.

Em resumo, partes-chave da sociedade e da organização social modernas, que hoje dependem da escala e da centralização, podem regredir radicalmente em função das capacidades liberadas pela próxima onda. Rebelião em massa, secessionismo e formação de Estados de qualquer tipo parecerão muito diferentes nesse mundo. A real redistribuição de poder significa que comunidades de todos os tipos poderão viver como quiserem, sejam elas Estado Islâmico, FARC, Anonymous, secessionistas de Biafra à Catalunha ou grandes corporações construindo luxuosos parques temáticos em uma ilha remota do Pacífico.

Alguns aspectos da próxima onda apontam na direção de mais centralização de poder. Os maiores modelos de IA custarão centenas de milhões de dólares para treinar e, consequentemente, serão propriedade de poucos. Mas, paradoxalmente, haverá uma contratendência em paralelo. Avanços na IA já aparecem em repositórios de código aberto dias depois de serem publicados em jornais de acesso livre, tornando os modelos top de linha fáceis de acessar, construir e modificar. Modelos com todas as especificações, incluindo listas de componentes, são publicados, vazados e roubados.

Empresas como Stability AI e Hugging Face aceleram formas distribuídas e descentralizadas de IA. Técnicas como CRISPR tornam os experimentos biológicos mais fáceis, significando que biohackers em suas garagens podem brincar na fronteira final da ciência. Em última análise, compartilhar ou copiar DNA ou o código de um grande modelo de linguagem é trivial. A abertura é o padrão, as imitações são endêmicas, os custos caem inexoravelmente e as barreiras ao acesso desmoronam. Capacidades exponenciais são dadas a qualquer um que as queira.

Isso anuncia uma redistribuição colossal de poder *para longe* dos centros existentes. Imagine um futuro no qual grupos pequenos — seja em Estados falidos como o Líbano ou em campos nômades fora da rede no Novo México — forneçam serviços capacitados pela IA como cooperativas de crédito, escolas e assistência médica; serviços no âmago da comunidade que frequentemente depende da escala ou do Estado. No qual a chance de ditar os termos da sociedade no micronível se torna irresistível: venha para nossa escola e evite para sempre a teoria crítica da raça ou boicote o maléfico sistema financeiro e use nosso produto de finanças descentralizadas. No qual agrupamentos de qualquer tipo — ideológicos, religiosos, culturais, raciais — poderão organizar sociedades viáveis. Pense em criar sua própria escola. Ou hospital ou exército. É um projeto tão complexo, vasto e difícil que só pensar nele já é cansativo. Reunir os recursos e obter as permissões e os equipamentos necessários é uma empreitada de vida inteira. Agora pense que você tem muitos assistentes que, quando solicitados a criar uma escola, um hospital ou um exército, podem fazer isso acontecer em um prazo realista.

A IAC e a biologia sintética empoderam tanto a Extinction Rebellion quanto as megacorporações do Dow Jones; tanto o Microestado com um líder carismático quanto o gigante adormecido. Embora algumas vantagens do tamanho possam ser intensificadas, elas também podem ser anuladas. Pergunte a si mesmo o que acontecerá a Estados já desgastados se cada seita, movimento separatista, fundação de caridade e rede social, cada zelote e xenófobo, cada populista teórico da conspiração, partido político ou mesmo máfia, cartel de drogas ou grupo terrorista tiver a chance de construir um Estado. Os destituídos de direitos irão simplesmente retomá-los — em seus próprios termos.

Fragmentações podem ocorrer por toda parte. E se as próprias empresas iniciarem a jornada para se tornarem Estados? Ou as cidades decidirem se separar e obter mais autonomia? E se as pessoas gastarem mais tempo, dinheiro e energia emocional nos mundos virtuais que no real? O que acontece às hierarquias tradicionais quando ferramentas de incrível poder e perícia estão disponíveis tanto para crianças de rua quanto para bilionários? Já é notável que os titãs corporativos passem a maior parte de sua vida trabalhando em softwares como Gmail ou Excel, acessíveis para a maioria das pessoas do planeta. Isso será radicalmente ampliado com a democratização do empoderamento, quando todo mundo no planeta terá acesso desimpedido às mais poderosas tecnologias já construídas.

Quando as pessoas passarem a ter cada vez mais poder nas mãos, acredito que a próxima fronteira da desigualdade será a biologia. Um mundo fragmentado é um no qual algumas jurisdições são muito mais permissivas sobre experimentos com seres humanos que outras, no qual bolsões de biocapacidades e modificações corporais avançadas produzem resultados divergentes no nível do DNA, os quais, por sua vez, produzem resultados divergentes nos níveis dos Estados e Microestados. Poderia haver algo como uma corrida pelo aprimoramento pessoal através de biohacking. Um país desesperado por investimentos ou vantagens poderia ver potencial em se tornar um paraíso para biohackers. Como será o contrato social quando um grupo seleto de "pós-humanos" elevar a si mesmo até um nível intelectual ou físico inalcançável? Como isso se relacionaria à dinâmica de fragmentação da política, com alguns enclaves tentando deixar o todo para trás?

Tudo isso ainda está firmemente no reino da especulação. Mas estamos entrando em uma era na qual o previamente impensável é uma possibilidade distinta. Em minha opinião, usar antolhos sobre o que está acontecendo é mais perigoso que ser excessivamente especulativo.

A governança funciona por consentimento; trata-se de uma ficção coletiva que repousa sobre a crença de todos os envolvidos. Nesse cenário, o Estado soberano é pressionado até o ponto de ruptura. O antigo contrato social é rasgado. Instituições são contornadas, minadas, substituídas. A taxação, a imposição das leis, a obediência às normas: tudo é ameaçado. Nesse cenário, a rápida fragmentação do poder poderia acelerar um tipo de "turbobalcanização" que daria a atores ágeis e recém-capacitados uma liberdade de ação sem precedentes. Teria início uma desagregação das grandes consolidações de autoridade e serviços personificadas pelo Estado.

Algo mais parecido com o mundo pré-Estado-nação emergiria nesse cenário, neomedieval, menor, mais local e constitucionalmente diverso, um patchwork complexo e instável de entidades políticas. Só que, dessa vez, com tecnologia imensamente poderosa. Quando o norte da Itália era um patchwork de pequenas cidades-estados, ela nos deu o Renascimento, mas também foi palco de constantes guerras e feudos mutuamente destrutivos. Um Renascimento seria incrível; uma guerra incessante contra a tecnologia militar de amanhã, nem tanto.

Para muitas pessoas trabalhando na área de tecnologia ou em áreas adjacentes, esse tipo de resultado radical não é somente um subproduto indesejado, mas o próprio objetivo. Tecnólogos hiperlibertários como o fundador do PayPal e capitalista de risco Peter Thiel celebram a visão do Estado murchando, vendo-a como libertação de uma espécie superpoderosa de líderes empresariais ou "indivíduos soberanos", como chamam a si mesmos.[33] A fogueira dos serviços públicos, instituições e normas é celebrada com uma visão explícita na qual a tecnologia pode "criar espaço para novos modelos de dissensão e novas maneiras de formar comunidades não limitadas pelos Estados-nações históricos".[34]

O movimento tecnolibertário levou a frase de Ronald Reagan em 1981, "O governo é o problema", a seu extremo lógico, vendo as muitas falhas do governo, mas não seus imensos benefícios, acreditando que suas funções regulatórias e de taxação são destrutivas e limitadoras com poucas vantagens — ao menos para eles. Acho profundamente deprimente que indivíduos tão poderosos e privilegiados tenham uma visão tão estreita e destrutiva, mas ela dá ainda mais ímpeto à fragmentação.

Esse é um mundo no qual bilionários e profetas dos últimos dias podem criar e dirigir Microestados; no qual atores não Estados, de corporações e comunas a algoritmos, começam a ofuscar o Estado a partir de cima, mas também de baixo. Pense novamente no estribo e nos profundos efeitos de uma única, simples invenção. E então pense na escala de invenção da próxima onda. Associada às pressões e fragilidades já existentes, mudanças radicais como as de minha especulação não parecem tão absurdas. Estranho seria se não houvesse nenhuma mudança radical.

A PRÓXIMA ONDA DE CONTRADIÇÕES

Se centralização e descentralização soam como se fossem diretamente contraditórias, há uma boa razão para isso: elas são. Entender o futuro significa lidar simultaneamente com múltiplas trajetórias conflitantes. A próxima onda cria imensas marés centralizadoras e descentralizadoras *ao mesmo tempo*. Ambas estarão em jogo. Cada indivíduo, empresa, igreja, organização sem fins lucrativos e nação em algum momento terá sua própria IA e, mais tarde, suas próprias capacidades de biotecnologia e robótica. De um único indivíduo em seu sofá às maiores organizações do mundo, cada IA terá como meta atingir os objetivos de seu dono. Aqui está a chave para entender a próxima onda de contradições, uma onda cheia de colisões.

Cada nova formulação de poder oferecerá uma visão diferente de entrega de bens públicos, ou proporá uma maneira diferente de fazer produtos ou pregará um conjunto diferente de crenças religiosas. Os sistemas de IA já tomam decisões críticas com implicações abertamente políticas: quem recebe o empréstimo, o emprego, a vaga na faculdade, a chance de liberdade condicional, a consulta com o especialista. Em uma década, eles decidirão como o dinheiro público será gasto, para onde forças militares serão enviadas ou o que os estudantes deverão aprender. Isso ocorrerá de maneiras tanto centralizadoras quanto descentralizadoras. Uma IA poderá, por exemplo, operar como um sistema vasto, do tamanho do Estado, um único serviço de propósito geral governando centenas de milhões de pessoas. Mas também teremos sistemas amplamente capazes, disponíveis a baixo custo, de código aberto, altamente adaptados, atendendo a um vilarejo.

Múltiplas estruturas de propriedade existirão em conjunto: tecnologia democratizada em coletivos de código aberto, produtos dos líderes corporativos de hoje ou de startups insurgentes que crescem em velocidade exponencial, e pertencentes ao governo, seja por meio da nacionalização ou do fomento interno. Todas irão coexistir e coevoluir, e por toda parte irão alterar, ampliar, produzir e interromper fluxos e redes de poder.

Onde e como as forças irão atuar dependerá de fatores sociais e políticos já existentes. Não deve ser um processo excessivamente simples, e haverá numerosos pontos de adaptação e resistência que não serão óbvios de antemão. Alguns setores ou regiões irão para um lado, outros, para outro, alguns sentirão as contorções poderosas de ambos. Algumas hierarquias e estruturas sociais serão reforçadas, outras, destruídas; alguns lugares podem se tornar mais igualitários ou autoritários, outros, muito menos. Em todos os casos, a tensão e a volatilidade adicionais, a imprevisível amplificação do poder e a violenta perturbação causada por centros radicalmente novos de capacidades abalarão ainda mais a fundação do sistema do Estado-nação democrático liberal.

E, se esse retrato soar estranho, paradoxal e impossível, considere o seguinte. A próxima onda irá aprofundar e recapitular exatamente as mesmas dinâmicas contraditórias da onda anterior. A internet faz exatamente isso: centraliza em alguns hubs-chave e, ao mesmo tempo, empodera bilhões de pessoas. Ela cria colossos, mas dá a todos a oportunidade de participar. As redes sociais geraram alguns gigantes e 1 milhão de tribos. Todo mundo pode criar um website, mas há somente um Google. Todo mundo pode vender seus produtos de nicho, mas há somente uma Amazon. E assim sucessivamente. A perturbação da era da internet é explicada amplamente por essa tensão, essa potente e volátil mistura de empoderamento e controle.

Com a próxima onda, forças como essa irão se expandir para além da internet e da esfera digital. Serão aplicáveis a qualquer área da vida. Sim, já conhecemos essa receita para produzir mudanças lancinantes. Mas, se a internet parece grande, isso é ainda maior. Tecnologias de propósito geral, extensas e omniuso, mudarão tanto a sociedade quanto o que significa ser humano. Pode soar hiperbólico. Mas, na próxima década, devemos antecipar fluxos radicais, novas concentrações e dispersões de informação, riqueza e, acima de tudo, poder.

O que isso tem a ver com a tecnologia e, muito mais importante, o que tem a ver conosco? O que acontecerá se o Estado já não puder controlar, de maneira equilibrada, a próxima onda? Até agora, na parte III, discutimos a condição já precária do Estado-nação moderno e antecipamos as ameaças chegando com a próxima onda. Vimos como um conjunto devastador de estressores e uma redistribuição colossal de poder convergirão para levar a única força capaz de gerir a onda — o Estado — até o ponto de crise.

Esse momento já está quase aqui. Causada pela inexorável ascensão da tecnologia e pelo fim das nações, essa crise assumirá a forma de um problema imenso, de nível existencial, um conjunto de escolhas brutais que representam o mais importante dilema do século XXI.

Deixar-nos sem boas opções seria o fracasso final da tecnologia. Todavia, é precisamente para isso que nos dirigimos.

CAPÍTULO 12

O DILEMA

CATÁSTROFE: O FRACASSO FINAL

A história da humanidade é, em parte, uma história de catástrofe. As pandemias surgem com destaque. Duas mataram até 30% da população do mundo: a Peste de Justiniano no século VI e a Peste Negra no século XIV. A população da Inglaterra era de 7 milhões de pessoas em 1300, mas, em 1450, atingida pelas ondas da peste, reduzira-se a somente 2 milhões.[1]

É claro que catástrofes também são criadas pelo homem. A Primeira Guerra Mundial matou cerca de 1% da população do mundo;[2] a Segunda Guerra Mundial, 3%. Ou veja a violência perpetrada por Gengis Khan e o exército mongol na China e na Ásia Central no século XIII, que tirou a vida de até 10% da população mundial. Com o advento da bomba atômica, a humanidade agora possui força letal suficiente para matar todos os habitantes do planeta sete vezes. Eventos catastróficos que outrora se desenrolavam ao longo de anos e décadas agora podem ocorrer em minutos, ao apertar de um botão.

Com a próxima onda, estamos prestes a dar outro salto dessa natureza, expandindo tanto o limite superior do risco quanto o número de caminhos possíveis para aqueles que buscam liberar forças catastróficas. Neste capítulo, iremos além da fragilidade e das ameaças ao funcionamento do Estado e veremos o que acontecerá — mais cedo ou mais tarde — se a contenção não for possível.

A esmagadora maioria dessas tecnologias será usada para o bem. Embora eu tenha focado nos riscos, é importante entender que elas melhorarão a vida diária de incontáveis pessoas. Neste capítulo, veremos os casos extremos que quase ninguém quer ver, muito menos aqueles que trabalham com essas ferramentas. Todavia, só porque esses usos comporão uma minúscula minoria, não significa que possamos ignorá-los. Vimos que atores nocivos podem causar danos sérios, gerando instabilidade em massa. Imagine quando qualquer laboratório ou hacker semicompetente puder sintetizar sequências complexas de DNA. Quanto tempo vai demorar até que ocorra um desastre?

Ao longo do tempo, conforme as tecnologias mais poderosas da história se espalham por toda parte, esses casos extremos se tornam mais prováveis. Em algum momento, algo dará errado — em escala e velocidade proporcionais às capacidades liberadas. O resultado das quatro características da próxima onda é que, na ausência de fortes métodos de contenção operando em todos os níveis, eventos catastróficos como uma pandemia fabricada são mais possíveis que nunca.

Isso é inaceitável. Mas eis o dilema: as soluções de contenção mais seguras são igualmente inaceitáveis, conduzindo a humanidade por um caminho autoritário e distópico.

De um lado, as sociedades podem se voltar para o tipo de vigilância total permitida pela tecnologia que vimos no último capítulo, uma resposta visceral impondo mecanismos duros contra a tecnologia desviada ou descontrolada. Segurança ao preço da liberdade. Ou, de outro, a humanidade pode recuar de vez da fronteira tecnológica. Esse evento, embora improvável, tampouco é uma resposta. Em princípio, a única entidade capaz de navegar esse conflito existencial é o mesmo Estado-nação que atualmente está em colapso, arrastado pelas próprias forças que precisa conter.

Ao longo do tempo, portanto, as implicações dessas tecnologias levarão a humanidade a percorrer um caminho entre os polos da catástrofe e da distopia. Esse é o dilema essencial de nossa era.

A promessa da tecnologia é melhorar vidas, com os benefícios superando em muito os custos e as desvantagens. Esse conjunto de escolhas difíceis significa que a promessa foi radicalmente invertida.

Previsões do apocalipse deixam as pessoas — inclusive eu mesmo — de olhos vidrados. A essa altura, você deve estar se sentindo desconfiado ou cético. Falar sobre efeitos catastróficos frequentemente leva ao ridículo: acusações de catastrofismo, negatividade indulgente, alarmismo estridente, de olhar para o próprio umbigo em relação a riscos remotos e rarefeitos quando muitos perigos claros e imediatos gritam por atenção. Assim como o tecno-otimismo, o tecnocatastrofismo é fácil de ignorar, de considerar uma forma de sensacionalismo sem apoio nos registros históricos.

Mas o fato de um aviso ter implicações dramáticas não é um bom motivo para automaticamente rejeitá-lo. A complacência avessa ao pessimismo unida à possibilidade de desastre são, em si, uma receita para o desastre. Parece plausível, racional, "esperto" considerar tais avisos tagarelice exagerada de alguns esquisitões, mas essa atitude prepara o caminho para o fracasso.

Sem dúvida, os riscos tecnológicos nos levam a um território incerto. Mesmo assim, todas as tendências apontam para uma profusão de riscos. Essa especulação é fundamentada em avanços científicos e tecnológicos constantes e cumulativos. Acredito que aqueles que ignoram a catástrofe estão ignorando os fatos objetivos à nossa frente. Afinal de contas, não estamos falando da proliferação de motocicletas ou máquinas de lavar.

VARIEDADES DE CATÁSTROFE

A fim de saber para que danos catastróficos devemos nos preparar, simplesmente extrapole os ataques de atores nocivos que vimos no capítulo 10. Eis somente alguns dos cenários plausíveis.

Terroristas acoplam armas automáticas equipadas com reconhecimento facial a um enxame de centenas ou milhares de drones autônomos, todos capazes de se reequilibrar rapidamente após o coice da arma, disparando curtas rajadas e seguindo em frente. Esses drones são lançados em um grande centro urbano, com instruções de matar um perfil específico. Na agitada hora do rush, eles operam com aterrorizante eficiência, seguindo uma rota otimizada. Em minutos, ocorre um ataque de escala ainda maior que, digamos, os atentados de 2008 em Mumbai, no qual terroristas armados atacaram marcos da cidade, como a estação ferroviária central.

Um assassino em massa decide atingir um grande comício com drones, pulverizadores e um patógeno sintético. Os participantes logo começam a ficar doentes, depois suas famílias. O igualmente amado e detestado político é uma das primeiras vítimas. Em uma febril atmosfera partidária, o ataque gera respostas violentas em todo o país, e o caos aumenta.

Usando somente instruções em linguagem natural, um conspirador hostil aos Estados Unidos dissemina ondas de desinformação controvertidas e meticulosamente construídas. Numerosas tentativas são feitas, mas a maioria não ganha tração. Uma tem sucesso: um policial assassino em Chicago. É totalmente fake, mas a agitação nas ruas e a repulsa disseminada são reais. O atacante agora tem um manual de estratégia. Quando se verifica que o vídeo é uma fraude, tumultos violentos, com múltiplas mortes, já ocorrem pelo país, com suas chamas sendo continuamente avivadas por novas rajadas de desinformação.

Ou imagine tudo isso acontecendo ao mesmo tempo. Ou não somente em um evento ou cidade, mas centenas. Com ferramentas como essas, não é preciso muito para perceber que empoderar atores nocivos abre as portas para a catástrofe. Os sistemas de IA de hoje tentam bravamente não ensinar como envenenar o suprimento de água ou construir uma bomba indetectável. Eles ainda não são capazes de definir ou perseguir objetivos por si mesmos. No entanto, como vimos, versões mais amplamente dispersas e menos seguras dos poderosos modelos de ponta atuais estão chegando rapidamente.

De todos os riscos catastróficos da próxima onda, a IA recebe a maior cobertura. Mas há muitos mais. Quando as Forças Armadas estiverem totalmente automatizadas, as barreiras de entrada dos conflitos serão muito mais baixas. Uma guerra pode ser gerada acidentalmente por razões que nunca ficarão claras no caso de IAs detectarem algum padrão de comportamento ou ameaça e reagirem, instantaneamente e com força total. Basta dizer que a natureza da guerra será alienígena, ela escalará rapidamente e suas consequências destrutivas serão insuperáveis.

Já falamos sobre pandemias fabricadas e o perigo de liberações acidentais, e vislumbramos o que pode acontecer se milhões de entusiastas do aprimoramento pessoal tiverem acesso a experimentos com o código genético da vida. Um evento de risco biológico extremo, mas menos óbvio, tendo como alvo certa parcela da população ou a sabotagem de determinado ecossistema, não pode ser descartado. Imagine que ativistas desejando interromper o comércio de cocaína inventem um novo inseto que só ataca plantas de coca, como maneira de substituir a fumigação aérea. Ou que militantes veganos decidam destruir toda a cadeia de suprimento da carne, com consequências terríveis, tanto intencionais quanto involuntárias. Ambos os eventos podem sair do controle.

Sabemos como é o vazamento em um laboratório no contexto da amplificação da fragilidade, mas, se tal vazamento não for controlado rapidamente, ele pode se mostrar à altura das pragas anteriores. Para colocar isso em contexto, depois que foi identificada, a variante ômicron da Covid-19 infectou um quarto dos americanos nos primeiros cem dias. E se tivéssemos uma pandemia com esse nível de transmissibilidade, mas uma taxa de mortalidade de 20%? Ou se fosse um tipo de HIV respiratório que ficasse incubado durante anos, sem sintomas agudos? Um novo vírus transmissível entre humanos, com uma taxa de reprodução 4 (muito abaixo da catapora e do sarampo) e uma taxa de mortalidade de 50% (muito abaixo do Ebola e da gripe aviária) poderia, mesmo com medidas de lockdown, causar mais de 1 bilhão de mortes em alguns meses.[3] E se múltiplos patógenos assim fossem liberados ao mesmo tempo? Isso iria muito além da amplificação da fragilidade; seria uma calamidade inimaginável.

Para além dos clichês de Hollywood, uma subcultura de pesquisadores acadêmicos divulgou uma narrativa extrema de como a IA poderia instigar um desastre existencial. Pense em máquinas todo-poderosas arrasando o mundo por motivos misteriosos: não uma IA maligna causando destruição intencional como nos filmes, mas uma IAG integral cegamente otimizando tudo em nome de algum objetivo obscuro, indiferente às preocupações humanas.

O experimento mental canônico é o de que, se você programar uma IA suficientemente poderosa para fazer clipes de papel, mas não for muito cuidadoso ao especificar o objetivo, ela pode acabar transformando o mundo, e talvez até mesmo o cosmos, em clipes de papel. Comece a seguir cadeias lógicas como essa e você terá uma miríade de enervantes sequências de eventos. Os pesquisadores de segurança da IA temem (com razão) que, se algo como uma IAG for criada, a humanidade já não controlará seu próprio destino. Pela primeira vez, não seremos a espécie dominante do universo conhecido. Por mais espertos que sejam os designers, por mais robustos que sejam os mecanismos, prever todas as eventualidades, garantir a segurança, é impossível. Mesmo que estivesse totalmente alinhada aos interesses humanos, uma IA poderosa o suficiente poderia, potencialmente, substituir sua programação, descartando características de segurança e alinhamento aparentemente embutidas.

Seguindo essa linha de raciocínio, com frequência ouço as pessoas dizerem algo como: "A IAG é o maior risco que a humanidade enfrenta hoje! Será o fim do mundo!" Mas, quando pressionadas a explicar, a dizer como isso acontecerá, elas se tornam evasivas, suas respostas, incertas, o perigo exato, nebuloso. A IA, dizem elas, poderia capturar todos os recursos computacionais e transformar o mundo inteiro em um computador gigante. Conforme as IAs ficam mais poderosas, os cenários mais extremos exigirão séria consideração e mitigação. Contudo, muita coisa pode dar errado muito antes de chegarmos lá.

Nos próximos dez anos, a IA será a maior força amplificadora da história. É por isso que poderia permitir uma redistribuição de poder em escala histórica. Sendo o maior acelerante imaginável do progresso humano, ela também permitirá danos, de guerras e acidentes a grupos terroristas aleatórios, governos autoritários, corporações excessivamente ambiciosas, roubo e sabotagem. Pense em uma IAC capaz de passar facilmente no teste de Turing moderno, mas voltada para fins catastróficos. IAs e biologia sintética avançadas não estarão disponíveis somente para grupos tentando encontrar novas fontes de energia ou medicamentos salvadores de vida; elas também estarão disponíveis para o próximo Ted Kaczynski.

A IA é tanto valiosa quanto perigosa precisamente porque é uma extensão do que temos de melhor e de pior. E, como tecnologia cuja premissa é o aprendizado, ela pode continuar se adaptando, testando, produzindo novas estratégias e ideias potencialmente muito distantes de qualquer coisa considerada antes, mesmo por outras IAs. Peça a ela para sugerir maneiras de interromper o fornecimento de água potável, quebrar o mercado de ações, gerar uma guerra nuclear ou projetar um vírus letal e ela fará isso. Em breve. Ainda mais do que com hipotéticos maximizadores de clipes de papel ou algum demônio estranho e malévolo, eu me preocupo com forças já existentes que essa ferramenta amplificará nos próximos dez anos.

Imagine cenários nos quais as IAs controlarão as redes de energia, a programação da mídia, as usinas de força, os aviões e as contas das principais instituições financeiras. Quando robôs forem ubíquos e as Forças Armadas estiverem repletas de armas letais autônomas — armazéns cheios de uma tecnologia que pode cometer assassinato em massa de modo autônomo, literalmente ao apertar de um botão —, como será um hack, uma versão desenvolvida por outra IA? Ou considere modos de falha ainda mais básicos, não ataques, mas simples erros. E se as IAs cometerem erros em infraestruturas fundamentais ou sistemas médicos amplamente usados começarem a falhar? Não é difícil ver como agentes numerosos, capazes e semiautônomos, mesmo aqueles perseguindo objetivos bem-intencionados, mas mal definidos, podem causar caos.[4]

Ainda não conhecemos as implicações da IA em campos tão diversos quanto a agricultura, a química, a cirurgia e as finanças. E isso é parte do problema; não sabemos quais modos de falha estão sendo introduzidos e quão extensos podem ser.

Não há manual de instrução para construir tecnologias da próxima onda com segurança. Não podemos construir sistemas de poder e perigo cada vez maiores para fazer testes prévios. Não temos como saber quão rapidamente uma IA poderá aprimorar a si mesma ou o que acontecerá após um acidente laboratorial com uma peça de biotecnologia ainda não inventada. Não sabemos dizer o que resultará de uma consciência humana plugada diretamente a um computador, o que uma arma cibernética equipada com IA significará para a infraestrutura crítica ou como um gene se comportará. Uma vez que autômatos automontáveis em rápida evolução ou novos agentes biológicos sejam liberados, não há como voltar o relógio. Depois de certo ponto, até mesmo a curiosidade e a bricolagem podem ser perigosas. Mesmo acreditando que a chance de catástrofe é baixa, o fato de estarmos operando às cegas deveria fazer com que parássemos para pensar.

Construir tecnologias seguras e contidas tampouco é suficiente. Solucionar a questão do alinhamento da IA não significa fazer isso uma vez, mas *todas as vezes* que uma IA suficientemente poderosa for construída, onde e quando quer que aconteça. Você não precisa resolver a questão dos vazamentos em um único laboratório, mas em todos, para sempre e em todos os países, mesmo aqueles sob séria tensão política. Quando a tecnologia atinge capacidade crítica, não basta que os primeiros pioneiros a construam para ser segura, por mais desafiador que isso indubitavelmente seja. A verdadeira segurança requer manter esses padrões em todas e cada uma das instâncias: uma expectativa gigantesca, considerando-se quão rápida e amplamente elas se multiplicam.

É isso que acontece quando qualquer um é livre para inventar ou usar ferramentas que afetam a todos. E não falamos somente do acesso à prensa móvel ou ao motor a vapor, por mais extraordinários que tenham sido. Falamos de outputs de caráter fundamentalmente novo: novos compostos, novas vidas, novas espécies.

Se a onda não for contida, é apenas questão de tempo. Conte com a possibilidade de acidentes, erros, usos maliciosos, evoluções para além do controle humano, consequências imprevisíveis de todo tipo. Em algum estágio, de alguma forma, em algum lugar, algo vai falhar. E não será como em Bopal ou mesmo Chernobyl, será em escala mundial. Esse será o legado de tecnologias produzidas, na maior parte dos casos, com a melhor das intenções.

Embora nem todos partilhem dessas intenções.

CULTS, LUNÁTICOS E ESTADOS SUICIDAS

Na maior parte do tempo, os riscos que surgem de coisas como pesquisas de ganho de função são resultado de esforços benignos e sancionados. Em outras palavras, são efeitos revanche aumentados, consequências não intencionais do desejo de fazer o bem. Infelizmente, algumas organizações são criadas precisamente pela motivação oposta.

Fundado na década de 1980, o Aum Shinrikyo (Verdade Suprema) era um culto apocalíptico japonês.[5] O grupo se originara em um estúdio de ioga, sob a liderança de um homem que se apresentava como Shoko Asahara. Construindo sua afiliação entre os descontentes, eles se radicalizaram conforme seus números cresciam, convencendo-se de que o apocalipse estava próximo, somente eles sobreviveriam e precisavam apressar o evento. Asahara expandiu o grupo para algo entre 40 mil e 60 mil membros, convencendo um grupo de tenentes leais a usarem armas biológicas e químicas. No auge da popularidade do Aum Shinrikyo, estima-se que ele tivesse mais de 1 bilhão de dólares em ativos e dezenas de cientistas bem-treinados entre seus membros.[6] A despeito de sua fascinação por armas bizarras, dignas de ficção científica, como máquinas geradoras de terremotos, pistolas de plasma e espelhos para defletir raios solares, eles eram um grupo letalmente sério e altamente sofisticado.

O Aum criou empresas falsas e se infiltrou em laboratórios universitários para obter material, comprou terras na Austrália com a intenção de prospectar urano, a fim de construir armas nucleares e iniciou um enorme programa de armas biológicas e químicas nas colinas perto de Tóquio. O grupo fez experimentos com fosgênio, cianeto de hidrogênio, soman e outros agentes nervosos. Eles planejavam criar e liberar uma versão aprimorada do antraz, recrutando um virologista pós-graduado para ajudar. Os membros obtiveram a neurotoxina *C. botulinum* e a borrifaram no Aeroporto Internacional de Narita, no Prédio da Dieta Nacional, no Palácio Imperial, na sede de outro grupo religioso e em duas bases navais americanas. Felizmente, cometeram um erro na manipulação da toxina e não houve nenhum dano.

Mas a sorte não durou. Em 1994, o Aum Shinrikyo usou um caminhão para borrifar o agente nervoso sarin, matando oito pessoas e ferindo duzentas. Um ano depois, eles atacaram o metrô de Tóquio, liberando mais sarin, matando treze pessoas e ferindo cerca de 6 mil. O ataque ao metrô, que envolveu espalhar malas cheias de sarin pelo sistema de túneis, foi mais prejudicial em parte por causa dos espaços fechados. Felizmente, nenhum dos ataques usou um mecanismo de entrega particularmente efetivo. Mas, no fim, foi somente a sorte que impediu um evento mais catastrófico.

O Aum Shinrikyo combinava um grau incomum de organização com um nível assustador de ambição. Eles queriam iniciar a Terceira Guerra Mundial e o colapso global ao cometer assassinatos em escala chocante, e começaram a construir infraestrutura para isso. Por um lado, é reconfortante saber que organizações assim são muito raras. Dos muitos incidentes terroristas e outros assassinatos em massa cometidos por não Estados desde a década de 1990, a maioria foi levada adiante por indivíduos solitários e perturbados ou por grupos com agendas políticas ou ideológicas específicas.

Por outro, essa segurança tem limites. Obter armas poderosas costumava ser uma grande barreira de entrada, o que ajudava a evitar catástrofes. O niilismo doentio do atirador de escola é limitado pelas armas a que ele tem acesso. O Unabomber só tinha dispositivos caseiros. Preparar e disseminar armas biológicas e químicas foram grandes desafios para o Aum Shinrikyo. Como grupo pequeno e fanático operando em uma atmosfera de paranoico sigilo, com pouca perícia e acesso limitado aos materiais, eles cometeram erros.

Mas, como vimos, quando a próxima onda estiver madura, as ferramentas de destruição serão democratizadas e se transformarão em commodities. Elas terão maior capacidade e adaptabilidade, potencialmente operando de maneiras para além do controle ou do entendimento humano, evoluindo e se atualizando velozmente. Alguns dos maiores poderes ofensivos da história estarão amplamente disponíveis.

Aqueles que desejam usar as novas tecnologias da mesma maneira que o Aum felizmente são raros. Mas mesmo um único Aum Shinrikyo a cada cinquenta anos agora é demais se quisermos evitar incidentes muito piores que o ataque ao metrô. Cultos, lunáticos, Estados suicidas em seus últimos estertores, todos têm motivos e, agora, meios. Como disse sucintamente um relatório sobre as implicações do Aum Shinrikyo, "estamos jogando roleta-russa".[7]

Uma nova fase da história está aqui. Com governos zumbis falhando em conter a tecnologia, o próximo Aum Shinrikyo, o próximo acidente industrial, a próxima guerra causada por um ditador maluco, o próximo minúsculo vazamento em um laboratório terão um impacto difícil de contemplar.

É tentador tratar esses sombrios cenários de risco como devaneios distantes de pessoas que cresceram lendo ficção científica demais e desenvolveram um viés de catastrofismo. Tentador, mas errôneo. Independentemente de onde estamos em relação a protocolos BSL-4, propostas de regulamentação ou publicações técnicas sobre os problemas de alinhamento da IA, os incentivos são poderosos e as tecnologias continuam a se desenvolver e se difundir. Não estamos falando de romances especulativos ou séries da Netflix. Isso é real, sendo analisado neste exato instante em escritórios e laboratórios em todo o mundo.

Mas os riscos são tão sérios que exigem que todas as opções sejam consideradas. A contenção está relacionada à habilidade de controlar a tecnologia. Mais adiante, significa a habilidade de controlar as pessoas e sociedades por trás dela. Quando impactos catastróficos se fizerem sentir ou sua possibilidade se tornar impossível de ignorar, os termos do debate mudarão. Aumentarão os pedidos não somente por controle, mas também por repressão. O potencial de níveis inéditos de vigilância se tornará cada vez mais atraente. Talvez seja possível localizar e, então, desativar as ameaças emergentes? Não seria essa a melhor solução, a coisa certa a fazer?

Meu palpite é que essa será a reação de governos e populações ao redor do mundo. Quando o poder unitário do Estado-nação for ameaçado, quando a contenção parecer cada vez mais difícil e vidas estiverem em jogo, a reação inevitável será uma tentativa de aumentar o controle sobre o poder.

A pergunta é: a que preço?

A GUINADA DISTÓPICA

Impedir catástrofes é um imperativo óbvio. Quanto maior a catástrofe, maiores as apostas, maior a necessidade de contramedidas. Se a ameaça de desastre se tornar aguda demais, os governos provavelmente concluirão que a única maneira de impedi-lo é controlar rigidamente todos os aspectos da tecnologia, garantindo que nada passe pelo cordão de segurança, que nenhuma IA ou vírus modificado possa fugir, ser construído ou mesmo pesquisado.

A tecnologia penetrou nossa civilização tão profundamente que vigiá-la significa vigiar tudo. Todo laboratório e fábrica, todo servidor e linha de código, toda sequência sintetizada de DNA, toda empresa e universidade, desde o biohacker em uma cabana na floresta até centrais de dados gigantescas e anônimas. Responder à calamidade em face da dinâmica inédita da próxima onda significa buscar uma resposta inédita. Significa não somente vigiar tudo, mas se dar o direito de interromper e controlar tudo, onde e quando for necessário.

Alguns dirão, inevitavelmente: centralize o poder em grau extremo, construa o panóptico e orquestre rigidamente cada aspecto da vida, a fim de garantir que nenhuma pandemia ou IA rebelde jamais ocorra.[8] Muitas nações se convencerão de que a única maneira de realmente assegurar isso é instalar o tipo de vigilância em massa que vimos no último capítulo: controle total, apoiado por hard power. A porta para a distopia se abre. De fato, diante da catástrofe, para alguns a distopia pode parecer um alívio.

Sugestões como essa permanecem marginais, especialmente no Ocidente. Contudo, parece somente uma questão de tempo antes que se avolumem. A onda fornece tanto motivos quanto meios para a distopia, uma "IA-cracia" autorreforçadora de coleta de dados e coerção cada vez mais intensas.[9] Se você duvida do apetite por vigilância e controle, pense em como o fechamento de sociedades inteiras, inconcebível semanas antes, subitamente se tornou uma realidade inescapável durante a pandemia de Covid-19. A conformidade, ao menos no início, foi quase universal em face do pedido de governos sobrecarregados para "fazermos a nossa parte". A tolerância pública por medidas potentes em nome da segurança parece alta.

Um cataclisma galvanizaria os pedidos por um aparato extremo de vigilância, a fim de impedir tais eventos. Se ou quando algo der errado, quanto tempo demorará até que a repressão comece? Como alguém poderia plausivelmente argumentar contra ela em face do desastre? Quanto tempo até que a distopia da vigilância se enraíze, uma assustadora gavinha de cada vez, e cresça? Quando as falhas de pequena escala da tecnologia aumentam, crescem os pedidos de controle. Quando o controle aumenta, os freios e contrapesos enfraquecem, o terreno se move e abre caminho para mais intervenções, iniciando uma espiral descendente até a tecnodistopia.

Trocar liberdade por segurança é um dilema antigo. Já está presente no relato fundacional do Estado leviatã por Thomas Hobbes. E nunca desaparece. Esse é um relacionamento frequentemente complexo e multidimensional, mas a próxima onda aumenta muito as apostas. Que nível de controle social é apropriado para interromper uma pandemia fabricada? Que nível de interferência em *outros* países é apropriado com vistas ao mesmo fim? As consequências para a liberdade, a soberania e a privacidade nunca foram tão potencialmente dolorosas.

Acredito que uma sociedade repressiva de vigilância e controle é simplesmente outro fracasso, outra maneira pela qual as capacidades da próxima onda levarão não ao florescimento humano, mas a seu oposto. Cada aplicação coerciva, tendenciosa e gravemente injusta será muito amplificada. Direitos e liberdades duramente conquistados serão removidos. A autodeterminação nacional, para muitas nações, será no melhor dos casos comprometida. Sem fragilidade dessa vez, somente opressão amplificada. Se a resposta para a catástrofe é uma distopia como essa, então não é uma resposta.

Com a arquitetura de monitoramento e coerção sendo construída na China e em outros lugares, pode-se argumentar que os primeiros passos já foram dados. A ameaça de cataclisma e a promessa de segurança permitirão muitos outros. Toda onda tecnológica anterior introduziu a alta possibilidade de perturbações sistêmicas da ordem social. Mas, até agora, nenhuma delas introduziu riscos amplos e sistêmicos de desastre globalizado. Foi isso que mudou. É isso que pode gerar uma resposta distópica.

Se os Estados-zumbis sonambularão até a catástrofe, com sua abertura e crescente caos sendo uma placa de Petri para a tecnologia incontida, os Estados autoritários já se encaminham alegremente para a tecnodistopia, preparando o palco — tecnologicamente, se não moralmente — para vastas invasões de privacidade e reduções de liberdade. E, no continuum entre os dois, também podemos ter o pior dos dois mundos: aparatos de vigilância e controle repressivos, porém dispersos, que ainda não formam um sistema estanque.[10]

Catástrofe *e* distopia.

O filósofo da tecnologia Lewis Mumford falou sobre a "megamáquina", na qual sistemas sociais se combinam a tecnologias para formar "uma estrutura uniforme e todo-envolvente" que é "controlada para benefício de organizações coletivas despersonalizadas".[11] Em nome da segurança, a humanidade pode liberar a megamáquina para, literalmente, impedir o surgimento de outras megamáquinas. A próxima onda, então, poderia paradoxalmente criar as próprias ferramentas necessárias para contê-la. Mas, ao fazer isso, daria origem a um modo de falha no qual a autodeterminação, a liberdade e a privacidade seriam apagadas, no qual sistemas de vigilância e controle mecanizados se transformariam em formas de dominação que sufocariam a sociedade.

Para aqueles que podem dizer que esse retrato repressivo é onde estamos agora, respondo que não é nada comparado ao que o futuro pode trazer. E esse tampouco é o único caminho possível para a distopia. Há muitos outros, mas esse está diretamente relacionado tanto aos desafios políticos da onda quanto a seu potencial catastrófico. Não se trata somente de um vago experimento mental. Diante disso, precisamos fazer as seguintes perguntas: ainda que os propulsores por trás dele pareçam tão grandes e inamovíveis, a humanidade deve descer do trem? Devemos rejeitar totalmente o desenvolvimento tecnológico contínuo? Está na hora, por mais improvável que seja, de termos uma moratória da própria tecnologia?

ESTAGNAÇÃO: UM TIPO DIFERENTE DE CATÁSTROFE

Olhando para nossas vastas cidades, com seus robustos edifícios cívicos feitos de aço e pedra, para as grandes malhas rodoviárias e ferroviárias que as ligam e as imensas obras de paisagismo e engenharia que as cercam, nossa sociedade exsuda uma tentadora sensação de permanência. A despeito da falta de peso do mundo digital, há solidez e profusão no mundo material a nossa volta. Isso modela nossas expectativas cotidianas.

Vamos ao supermercado e esperamos encontrá-lo cheio de frutas e vegetais frescos. Esperamos que ele seja mantido resfriado no verão e aquecido no inverno. A despeito das constantes turbulências, presumimos que as cadeias de suprimentos e as pregnâncias do século XXI são tão robustas quanto o prédio da prefeitura. Todas as partes mais historicamente extremas de nossa existência parecem banais e, desse modo, vivemos como se pudessem existir indefinidamente. A maioria daqueles que nos cercam, incluindo nossos líderes, faz o mesmo.

No entanto, nada para sempre. Na história, os colapsos sociais são legião: da antiga Mesopotâmia a Roma, dos maias à ilha de Páscoa, repetidamente. Não é somente que as civilizações não durem, é que a insustentabilidade parece inevitável. Civilizações que entram em colapso não são exceção, são regra. Uma pesquisa com sessenta civilizações sugere que elas duram cerca de quatrocentos anos.[12] Sem novas tecnologias, elas atingem o limite de seu desenvolvimento — em energia disponível, comida, complexidade social —, e esse limite as destrói.[13]

Nada mudou com exceção disto: durante centenas de anos, o desenvolvimento tecnológico constante aparentemente permitiu que as sociedades fugissem da armadilha de ferro da história. Mas seria errado pensar que essa dinâmica chegou ao fim. A civilização do século XXI está muito distante dos maias, naturalmente, mas as pressões de uma superestrutura imensa e faminta, de uma grande população e dos limites da capacidade energética e civilizacional não desapareceram magicamente; foram somente mantidas sob controle.

Suponha que houvesse um mundo no qual aqueles incentivos pudessem ser interrompidos. Seria uma boa época para postergar indefinidamente os desenvolvimentos tecnológicos? Absolutamente, não.

As civilizações modernas fazem cheques que somente o desenvolvimento tecnológico contínuo pode pagar. Todo nosso edifício é baseado na ideia de crescimento econômico de longo prazo. E o crescimento econômico de longo prazo é baseado, em última análise, na introdução e difusão de novas tecnologias. Seja a expectativa de consumir mais por menos ou ter mais serviços públicos sem pagar mais impostos ou a ideia de que podemos degradar indefinidamente o meio ambiente enquanto a vida fica cada vez melhor, a barganha — e pode-se dizer que é a grande barganha — precisa de tecnologia.

O desenvolvimento de novas tecnologias é, como vimos, parte crítica para superar os grandes desafios de nosso planeta. Sem novas tecnologias, esses desafios simplesmente não serão superados. Os custos do *status quo* em termos de exploração humana e material não podem ser deixados de lado. Nossa atual suíte de tecnologias é notável, mas há poucos sinais de que possa ser sustentável se for ampliada para suportar mais de 8 bilhões de pessoas nos níveis a que os países desenvolvidos estão acostumados. Por menos palatável que seja para alguns, vale a pena repetir: solucionar problemas como as mudanças climáticas, manter os padrões cada vez mais altos de vida e de saúde e melhorar a educação e as oportunidades não será possível sem novas tecnologias como parte do pacote.

Em um sentido, pausar o desenvolvimento tecnológico, presumindo-se que fosse possível, levaria à segurança, de certo modo. Para começar, limitaria a introdução de novos riscos catastróficos. Mas não significaria evitar a distopia. Em vez disso, como a insustentabilidade das sociedades do século XXI já começou a demonstrar, simplesmente levaria a outra forma de distopia. Sem novas tecnologias, cedo ou tarde tudo estagna e possivelmente desaba.

No próximo século, a população global começará a cair, em alguns países abruptamente.[14] Quando a proporção entre trabalhadores e aposentados mudar e a força de trabalho diminuir, as economias simplesmente não serão capazes de funcionar nos níveis atuais. Em outras palavras, sem novas tecnologias será impossível manter os padrões de vida.

Esse é um problema global. Países como Japão, Alemanha, Itália, Rússia e Coreia do Sul se aproximam de uma crise em relação à população em idade produtiva.[15] Talvez mais surpreendente seja o fato de que, na década de 2050, países como Índia, Indonésia, México e Turquia estarão em posição similar. A China terá grande participação na história da tecnologia nas próximas décadas, mas, no fim do século, a Academia de Ciências de Xangai prevê que o país terá somente 600 milhões de pessoas, uma reversão impressionante de quase um século de crescimento populacional.[16] A taxa de fecundidade total da China é uma das mais baixas do mundo, só comparável à de vizinhos como Coreia do Sul e Taiwan. A verdade é que a China é completamente insustentável sem novas tecnologias.

Não se trata somente de números, mas de perícia, base tributária e níveis de investimento; os aposentados irão retirar dinheiro do sistema, não fazer investimentos de longo prazo. Tudo isso significa que "os modelos de governo após a Segunda Guerra Mundial não faliram, simplesmente; eles se tornaram pactos suicidas envolvendo toda a sociedade".[17] Tendências demográficas levam décadas para mudar. Coortes geracionais não mudam de tamanho. Esse lento declínio já é inexorável, um iceberg que se aproxima e nada podemos fazer para evitar — exceto encontrar maneiras de substituir esses trabalhadores.

A pressão sobre nossos recursos também é uma certeza. Lembre-se de que obter materiais para tecnologia limpa, que dirá para todo o restante, é um processo incrivelmente complexo e vulnerável. A demanda por lítio, cobalto e grafite deve subir 500% até 2030.[18] Atualmente, as baterias são a melhor esperança de economia limpa, mas, na maioria dos lugares, mal temos capacidade de armazenagem suficiente para alguns minutos ou mesmo segundos de consumo energético. Para substituir os estoques em rápida diminuição ou remediar as falhas na cadeia de suprimento de vários materiais, precisamos de opções. Isso significa novos avanços tecnológicos e científicos em áreas como ciência dos materiais.

Dadas as restrições populacionais e de recursos,[19] somente ficarmos parados provavelmente exigiria um aumento global de produtividade de duas ou três vezes, e ficarmos parados não é aceitável para a vasta maioria do mundo, na qual, por exemplo, a mortalidade infantil é doze vezes mais alta que nos países desenvolvidos. É claro que qualquer continuação nos níveis atuais não anuncia somente tensão demográfica e de recursos, mas também uma emergência climática.

Não se engane, não fazer nada também leva ao desastre.

Não seriam somente alguns casos de falta de mão de obra em restaurantes e baterias caras. Isso significaria o desmantelamento de cada aspecto precário da vida moderna, com numerosos efeitos imprevisíveis, somando-se a uma série de problemas já intratáveis. Acho que é fácil ignorar o quanto nosso modo de vida é garantido por avanços tecnológicos constantes. Aqueles precedentes históricos — a norma, lembre-se, para cada civilização anterior — estão gritando em alto e bom som. Ficar parado significa um futuro escasso e, no melhor dos casos, declínio, mas provavelmente uma implosão que poderia sair alarmantemente de controle. Alguns podem argumentar que isso forma um terceiro polo, um grande trilema. Para mim, esse não é um argumento convincente. Primeiro, essa é, de longe, a opção menos provável nesse estágio. E, segundo, se acontecer, irá simplesmente reafirmar o dilema em uma nova forma. Uma moratória da tecnologia não é a solução, é um convite para outro tipo de distopia, outro tipo de catástrofe.

Mesmo que fosse possível, a ideia de interromper a próxima onda não é confortável. Manter, que dirá melhorar, os padrões de vida exige tecnologia. Prevenir colapsos exige tecnologia. Os custos de dizer não são existenciais. E, mesmo assim, cada caminho que leva daqui até novas tecnologias traz graves riscos e desvantagens.

Esse é o grande dilema.

PARA ONDE AGORA?

Desde o início da era nuclear e digital, esse dilema se torna cada vez mais claro. Em 1955, perto do fim da vida, o matemático John von Neumann escreveu um ensaio chamado "Podemos sobreviver à tecnologia?"[20] Prevendo o argumento que apresento aqui, ele acreditava que a sociedade global estava "em uma crise que amadurece rapidamente — uma crise piorada pelo fato de que o ambiente no qual o progresso tecnológico deve ocorrer se tornou tanto subdimensionado quanto suborganizado". No fim do ensaio, von Neumann apresentou a sobrevivência como somente uma "possibilidade", como estava certo em fazer à sombra da nuvem de cogumelo que seu computador tornara realidade. "Não há cura para o progresso", escreveu ele. "Qualquer tentativa de encontrar canais automaticamente seguros para a variedade atual e explosiva de progresso levará à frustração."

Não sou o único a querer construir tecnologias que possam oferecer muitos benefícios e, ao mesmo tempo, diminuir seus riscos. Alguns ridicularizarão essa ambição como somente outra forma de húbris do Vale do Silício, mas estou convencido de que a tecnologia ainda é um impulsionador primário para melhorar nosso mundo e nossas vidas. Apesar de todos os danos, desvantagens e consequências não intencionais, a contribuição líquida da tecnologia até agora foi esmagadoramente positiva. Afinal, até mesmo seus críticos mais duros geralmente ficam felizes em usar uma chaleira, tomar uma aspirina, assistir à TV e andar de metrô. Para cada arma há uma dose de penicilina salvadora de vidas; para cada fragmento de desinformação, uma verdade é rapidamente revelada.

Todavia, de algum modo, de von Neumann e seus pares em diante, eu e muitos outros ficamos ansiosos sobre a trajetória de longo prazo. Minha mais profunda preocupação é o fato de a tecnologia estar demonstrando a real possibilidade de apresentar resultados líquidos negativos, não termos respostas para impedir essa mudança, e estarmos presos, sem saída.

Nenhum de nós sabe com certeza como isso se dará. Dentro dos parâmetros amplos do dilema, há uma variedade imensa e incognoscível de resultados específicos. Mas acredito que as próximas décadas verão compromissos complexos e dolorosos entre prosperidade, vigilância e a cada vez mais aguda ameaça de catástrofe. Mesmo um sistema de Estados na melhor situação possível enfrentaria dificuldades.

Estamos enfrentando o desafio final para o *Homo technologicus*.

Se este livro parece contraditório em sua atitude em relação à tecnologia, parte positivo e parte agourento, é porque tal visão contraditória é a avaliação mais honesta de onde estamos. Nossos bisavós teriam ficado pasmos com a abundância de nosso mundo. Mas também com sua fragilidade e perigos. Com a próxima onda, enfrentamos uma ameaça real, uma cascata de consequências potencialmente desastrosas — sim, até mesmo um risco existencial para nossa espécie. A tecnologia é o melhor e o pior de nós. Não existe uma abordagem clara e unilateral que lhe faça justiça. A única abordagem coerente à tecnologia é ver ambos os lados ao mesmo tempo.

Na última década, mais ou menos, esse dilema se tornou ainda mais pronunciado, e a tarefa de lidar com ele, mais urgente. Olhe para o mundo e parece que a contenção não é possível. Siga as consequências e outra coisa se torna igualmente clara: para o bem de todos, a contenção *precisa* ser possível.

Parte IV

ATRAVÉS DA ONDA

CAPÍTULO 13

A CONTENÇÃO PRECISA SER POSSÍVEL

O PREÇO DE INSIGHTS DISPERSOS

Já pretendi escrever um livro apresentando um retrato mais otimista do futuro da tecnologia e do futuro em geral. Embora atualmente o mundo esteja muito mais informado sobre a tecnologia e muito mais desconfiado dela, ainda há muito sobre o que sermos positivos. Mas, durante a pandemia de Covid-19, tive tempo para refletir. Dei a mim mesmo permissão para me reconectar com uma verdade que estivera, se não negando, ao menos minimizando por tempo demais. A mudança exponencial está chegando. Ela é inevitável. Esse fato precisa ser confrontado.

Se você aceitar ainda que somente uma pequena parte do argumento central deste livro, a questão real será sobre o que *fazer* a respeito. Quando reconhecemos essa realidade, o que realmente fará diferença? Diante de um dilema como o que delineei nas três primeiras partes, que aspecto pode assumir a contenção, mesmo que somente em teoria?

Em anos recentes, tive incontáveis conversas sobre essa questão. Eu a discuti com os melhores pesquisadores de IA, CEOs, velhos amigos, legisladores em Washington, Beijing e Bruxelas, cientistas, advogados, alunos do ensino médio e pessoas aleatórias que me deram ouvidos em bares. Todo mundo imediatamente buscou respostas fáceis e, quase sem exceção, terminou com a mesma prescrição: regulamentação.

Aqui parece estar a resposta, a saída do dilema, a chave para a contenção, a salvadora do Estado-nação e da civilização como a conhecemos. Regulamentação hábil, equilibrando a necessidade de fazer progresso com restrições razoáveis de segurança, nos níveis nacional e supranacional e incluindo todo mundo, das gigantes tecnológicas e Forças Armadas às startups e pequenos grupos universitários de pesquisa, unidos em uma estrutura abrangente e exequível. *Já fizemos isso antes*, diz o argumento, *veja os carros, aviões e medicamentos. Não é assim que iremos gerir e conter a próxima onda?*

Ah, se fosse tão simples! Falar "Regulamentação!" diante de impressionantes mudanças tecnológicas é a parte fácil. E também a resposta clássica da aversão ao pessimismo. É uma maneira simples de ignorar o problema. No papel, a regulamentação parece atraente, até mesmo óbvia e simples; sugeri-la permite que as pessoas pareçam espertas, preocupadas e até aliviadas. O que fica subentendido é que o problema é solucionável, mas a responsabilidade pertence a outra pessoa. Olhe mais profundamente, no entanto, e as fissuras se tornam evidentes.

Na parte IV, exploraremos as muitas maneiras pelas quais a sociedade pode começar a enfrentar o dilema, a se livrar da aversão ao pessimismo e realmente lidar com o problema da contenção, buscando respostas em um mundo no qual solucioná-lo precisa ser possível. Mas, antes de fazermos isso, é vital reconhecermos uma verdade central: a regulamentação não é suficiente. Organizar uma mesa-redonda na Casa Branca e fazer discursos passionais é fácil; criar legislação efetiva é uma proposta diferente. Como vimos, os governos enfrentam múltiplas crises, independentes da próxima onda — declínio da confiança, desigualdade arraigada, polarização política, para citar só algumas. Eles estão sobrecarregados e suas forças de trabalho não são qualificadas nem estão preparadas para os desafios complexos e rápidos que virão.

Enquanto amadores de garagem obtêm acesso a ferramentas cada vez mais poderosas e as empresas tecnológicas gastam bilhões em P&D, a maioria dos políticos está presa em um ciclo diuturno de notícias, composto por frases de efeito e sessões de fotos. Quando um governo regrediu a ponto de simplesmente se arrastar de crise em crise, ele não tem condições de lidar com forças tectônicas que exigem profunda perícia e julgamentos cuidadosos, em prazos incertos. É fácil ignorar essas questões em favor de outras mais fáceis, com maior probabilidade de conquistar votos na próxima eleição.

Até mesmo tecnólogos e pesquisadores de áreas como IA têm dificuldade para acompanhar o ritmo da mudança. Que chance, então, têm os reguladores, com menos recursos? Como podem responder a uma era de hiperevolução, ao ritmo e à imprevisibilidade da próxima onda?[1]

A tecnologia evolui semana a semana. Criar e aprovar legislação requer anos. Considere a chegada de um novo produto no mercado, como a campainha Ring. A Ring colocou uma câmera em sua porta de entrada e a conectou a seu celular. O produto foi adotado tão rapidamente e está agora tão disseminado que modificou de forma fundamental a natureza do que precisa ser regulamentado; de repente, a rua comum de subúrbio deixou de ser um espaço relativamente privado e passou a ser vigiada e filmada. Quando a regulamentação conseguiu alcançá-la, a Ring já criara uma extensa rede de câmeras, coletando dados e imagens de portas de entrada em todo o mundo. Vinte anos depois do surgimento das mídias sociais, não existe abordagem consistente para a emergência dessa poderosa plataforma (além disso, o problema central é a privacidade, a polarização, o monopólio, a propriedade estrangeira, a saúde mental — ou todos eles?). A próxima onda irá piorar essa dinâmica.

Discussões sobre tecnologia se espalham por redes sociais, blogs, newsletters, jornais acadêmicos e incontáveis conferências, seminários e workshops, tornando-se cada vez mais distantes e difíceis de ouvir em meio ao ruído. Todo mundo tem opiniões, mas elas não se unem em um programa coerente. Falar sobre ética dos sistemas de aprendizado de máquina está a um mundo de distância de, digamos, falar da segurança técnica da biologia sintética. Essas discussões ocorrem em silos isolados e cheios de ecos. E raramente saem de lá.

Mas acredito que são facetas do mesmo fenômeno; todas pretendem abordar diferentes aspectos da mesma onda. Não é suficiente termos dezenas de conversas separadas sobre viés algorítmico, risco biológico, combates de drones, o impacto econômico da robótica ou as implicações da computação quântica para a privacidade. Fazer isso subestima a inter-relação entre causa e efeito. Precisamos de uma abordagem que una conversas díspares, encapsulando todas as dimensões de risco. Precisamos de um conceito de propósito geral para essa revolução de propósito geral.

O preço de insights dispersos é o fracasso, e sabemos o que acontece. Neste momento, insights dispersos é tudo que temos: centenas de programas distintos em partes distantes da tecnosfera, minando esforços bem-intencionados, mas *ad hoc*, sem um plano ou direção geral. No nível mais elevado, precisamos de um objetivo claro e simples, um imperativo que integre todos os diferentes esforços em torno da tecnologia em um conjunto coerente. Não somente ajustando esse ou aquele elemento, não somente essa ou aquela empresa, grupo de pesquisa ou mesmo país, mas por toda a parte, em todas as frentes, zonas de risco e geografias ao mesmo tempo. Seja para lidar com uma IAG emergente ou uma nova forma de vida estranha, porém útil, o objetivo tem que ser unificado: contenção.

O problema central para a humanidade no século XXI é como ter sabedoria e poder político legítimo, domínio técnico adequado e normas robustas suficientes para restringir as tecnologias, a fim de assegurar que continuem fazendo muito mais bem que mal. Como, em outras palavras, podemos frear o aparentemente irrefreável.

Da história do *Homo technologicus* à realidade de uma era na qual a tecnologia pervade todo aspecto da vida, as chances de transformarmos isso em realidade são baixas. Mas não significa que não devamos tentar.

A maioria das organizações, no entanto, e não somente os governos, é inadequada para os complexos desafios que estão a caminho. Como vimos, até mesmo as nações ricas podem ter dificuldades em face de uma crise.[2] Em 2020, o Global Health Security Index colocou os Estados Unidos em primeiro lugar e o Reino Unido pouco atrás em termos de prontidão para a pandemia. Todavia um catálogo de decisões desastrosas resultou em taxas de mortalidade e custos financeiros significativamente piores que em países similares, como Canadá e Alemanha.[3] Apesar do que parecia ser excelente perícia, profundidade institucional, planejamento e recursos, mesmo os mais organizados no papel foram derrotados.

Em face disso, os governos deveriam estar mais preparados que nunca para gerir novos riscos e tecnologias. Os orçamentos nacionais para coisas assim geralmente atingem níveis recordes.[4] Mas a verdade é que novas ameaças são excepcionalmente difíceis para qualquer governo. Essa não é uma falha da ideia de governo, é uma avaliação da escala do desafio diante de nós. Quando enfrentarem algo como uma IAC que possa passar no teste de Turing moderno, a resposta mesmo das mais meticulosas e previdentes burocracias será semelhante à resposta ao Covid. Governos lutam a última guerra, enfrentam a última pandemia, regulamentam a última onda. Os reguladores regulamentam coisas que podem antecipar.

Esta, no entanto, é uma era de surpresas.

A REGULAMENTAÇÃO NÃO É SUFICIENTE

A despeito dos ventos contrários, esforços para regulamentar tecnologias fronteiriças *são* necessários e crescem cada vez mais. A legislação mais ambiciosa provavelmente é o projeto de lei sobre IA da União Europeia, proposto em 2021.[5] No momento em que escrevo, em 2023, o projeto passa pelo longo processo de se tornar uma lei europeia. Se for aprovado, a pesquisa e o uso de IA serão categorizados em uma escala baseada em riscos. Tecnologias com "risco inaceitável" de causarem dano direto serão proibidas. IAs que afetem direitos humanos fundamentais ou sistemas críticos como infraestrutura básica, transportes públicos, saúde ou bem-estar social serão classificadas como sendo de "alto risco", estando sujeitas a níveis mais altos de supervisão ou responsabilização. Uma IA de alto risco deve ser "transparente, segura, sujeita ao controle humano e adequadamente documentada".

Mas o projeto de lei, embora seja um dos mais avançados, ambiciosos e previdentes do mundo, também demonstra os problemas inerentes da regulamentação. Ele foi atacado de todos os lados, tanto por ir longe demais quanto por não ir longe o bastante. Alguns argumentam que está excessivamente focado em riscos nascentes ou futuros, tentando regulamentar algo que ainda nem existe; outros acham que não é previdente o bastante.[6] Alguns acreditam que beneficia as grandes empresas tecnológicas, pois elas foram instrumentais para sua elaboração e amenizaram suas provisões.[7] Outros acham que é excessivo e irá diminuir o ímpeto de pesquisa e inovação na União Europeia, prejudicando empregos e arrecadações tributárias.

A maioria das tentativas de regulamentação caminha na corda bamba entre interesses rivais. Mas em poucas áreas elas precisam lidar com algo tão amplamente difundido, tão crítico para a economia e em evolução tão rápida quanto a tecnologia fronteiriça. Todo o barulho e confusão deixa claro quão difícil e complexa é qualquer forma de regulamentação, especialmente em meio à mudança acelerada, e como, por causa disso, ela certamente possui falhas, sendo incapaz de promover contenção efetiva.

Regulamentar tecnologias hiperevolutivas, de propósito geral e omniuso é incrivelmente desafiador. Considere como o transporte motorizado é regulamentado. Não existe um único regulador ou algumas poucas leis. Temos regulamentação sobre tráfego, estradas, estacionamentos, cintos de segurança, emissões, treinamento de motoristas e assim por diante. Ela vem não somente das legislaturas nacionais, mas também de governos locais, agências rodoviárias, ministérios dos Transportes, entidades de licenciamento, gabinetes de padrões ambientais. E depende não somente dos legisladores, mas das forças policiais, fiscais de trânsito, empresas de veículos, mecânicos, planejadores urbanos e seguradoras.

Regulamentações complexas, refinadas ao longo de décadas, tornaram estradas e veículos incrementalmente mais seguros e ordenados, permitindo seu crescimento e disseminação. E, mesmo assim, 1,35 milhão de pessoas por ano morrem em acidentes de trânsito.[8] A regulamentação pode amenizar os efeitos negativos, mas não apagar resultados ruins como acidentes, poluição ou expansão irregular. Nós decidimos que esse é um custo humano aceitável, dados os benefícios. Esse "nós" é crucial. A regulamentação não depende somente da aprovação de uma nova lei. Ela depende também de normas, estruturas de propriedade, códigos não escritos de conformidade e honestidade, procedimentos de arbitragem, cumprimento de contratos, mecanismos de supervisão. Tudo isso precisa ser integrado, e o público precisa participar.

Isso leva tempo — tempo que não temos. Com a próxima onda, não temos meio século para que numerosas entidades descubram o que fazer, para que os valores certos e as melhores práticas emerjam. Regulamentação avançada e apropriada precisa ser criada rapidamente. Tampouco está claro como tudo isso será feito em relação a um espectro tão amplo de tecnologias inéditas. Quando regulamenta biologia sintética, você está regulamentando alimentos, medicamentos, ferramentas industriais, pesquisas acadêmicas ou tudo isso ao mesmo tempo? Que entidades são responsáveis pelo quê? Como todas elas trabalham juntas? Que atores respondem por que partes da cadeia de suprimentos? As consequências de um único acidente sério são extremas, mas sequer decidir qual agência seria responsável é um campo minado.

Acima do debate legislativo, as nações também são flagradas em contradição. De um lado, elas estão em uma competição estratégica para acelerar o desenvolvimento de tecnologias como IA e biologia sintética. Toda nação quer estar, e ser vista, na fronteira tecnológica. É uma questão de orgulho e segurança nacionais, além de um imperativo existencial. De outro, elas estão desesperadas para regulamentar e gerir essas tecnologias — para contê-las, especialmente pelo medo de que ameacem o Estado-nação como sede última do poder. A coisa assustadora é que isso presume uma situação ideal de Estados-nações fortes, razoavelmente competentes e coesos (democráticos liberais), capazes de trabalhar coerentemente como unidades, no plano interno, e de se coordenarem com sucesso, no plano internacional.

Para que a contenção seja possível, as regras precisam funcionar em lugares tão diversos quanto os Países Baixos e a Nicarágua, a Nova Zelândia e a Nigéria. Quando alguém fica para trás, outros se adiantam. Todo país já traz seus costumes legais e culturais distintos para o desenvolvimento da tecnologia. A União Europeia restringe de forma severa organismos geneticamente modificados no abastecimento de alimentos. Mas, nos Estados Unidos, eles são parte rotineira do agronegócio. A China, diante disso, age como uma espécie de líder regulatório. O governo promulgou vários decretos sobre ética na IA, tentando impor restrições amplas.[9] Ele proativamente baniu várias criptomoedas e iniciativas de finanças descentralizadas e limita o tempo que crianças com menos de 18 anos podem passar em jogos e aplicativos sociais a noventa minutos durante a semana e três horas no fim de semana.[10] A regulamentação preliminar de algoritmos de recomendação e LLMs na China excede em muito qualquer coisa que já tenhamos visto no Ocidente.[11]

A China pisa no freio em algumas áreas enquanto — como vimos — acelera em outras. Sua regulamentação é acompanhada do emprego incomparável da tecnologia como ferramenta de poder de um governo autoritário. Converse com insiders da defesa e da política ocidentais e eles confirmarão sem hesitar que, embora a China fale muito sobre ética e limitações à IA, não existem barreiras significativas quando se trata de segurança nacional. Na verdade, a política chinesa de IA segue duas rotas: a civil, que é regulamentada, e a militar-industrial, que tem total liberdade.

A menos que a regulamentação possa lidar com a natureza profunda dos incentivos delineados na parte II, ela não será suficiente para conter a tecnologia. Ela não impede atores nocivos motivados ou acidentes. Não chega ao cerne de um sistema de pesquisa aberto e imprevisível. Não fornece alternativas às imensas recompensas financeiras em oferta. E, acima de tudo, não mitiga as necessidades estratégicas. Não descreve como os países podem se coordenar em relação a um fenômeno transnacional atraente e difícil de definir, construindo uma delicada massa crítica de alianças, especialmente em um contexto no qual os tratados internacionais falham com muita frequência.[12] Há um abismo intransponível entre o desejo de refrear a próxima onda e o desejo de modelá-la e possuí-la, entre a necessidade de proteção contra as tecnologias e a necessidade de proteção contra outros. Vantagem e controle apontam em direções opostas.

A realidade é que a contenção não é algo que um governo, ou mesmo um grupo de governos, possa fazer sozinho. Ela requer inovação e ousadia na parceria entre os setores público e privado e um conjunto completamente novo de incentivos para todas as partes. Regulamentações como o projeto de lei sobre IA da União Europeia ao menos indicam um mundo no qual a contenção está no mapa, no qual os principais governos levam os riscos da proliferação a sério, demonstrando novos níveis de comprometimento e disposição para grandes sacrifícios.

A regulamentação não basta, mas é um começo. Passos ousados. Entendimento real das apostas envolvidas na próxima onda. Em um mundo no qual a contenção parece não ser possível, tudo isso gesticula para um futuro no qual ela possa ser.

CONTENÇÃO REVISITADA: A NOVA GRANDE BARGANHA

Alguma entidade tem o poder de evitar a proliferação em massa e, ao mesmo tempo, capturar o imenso poder e os benefícios gerados pela próxima onda? De impedir que atores nocivos adquiram uma tecnologia ou moldar a disseminação de ideias nascentes em torno dela? Conforme a autonomia aumenta, alguém ou alguma coisa realmente tem chance de controlá-la no nível macro? Contenção significa responder sim a questões como essas. Em teoria, a tecnologia contida nos tira do dilema. Ela significa ao mesmo tempo usar e controlar a onda; usar uma ferramenta vital para construir sociedades sustentáveis e prósperas e controlá-la de maneira a evitar sérias catástrofes, mas não tão invasivamente que leve à distopia. Significa escrever um novo tipo de grande barganha.

Anteriormente, descrevi a contenção como fundamental para controlar e governar tecnologias, incluindo aspectos técnicos, culturais e regulatórios. No nível básico, acredito que isso significa ter o poder de reduzir drasticamente ou impedir de forma integral seus impactos negativos, da escala local e pequena à planetária e existencial. Envolvendo medidas duras contra o mau uso de tecnologias já disseminadas, ela também determina o desenvolvimento, a direção e a governança de tecnologias nascentes. Tecnologia contida é tecnologia cujos modos de falha são conhecidos, geridos e mitigados, uma situação na qual os modos de modelar e governar a tecnologia crescem paralelamente a suas capacidades.

É tentador pensar na contenção em sentido óbvio e literal, uma espécie de caixa mágica na qual dada tecnologia pode ser selada. No limite extremo — no caso de malwares ou patógenos —, passos drásticos podem ser necessários. De modo geral, no entanto, pense na contenção mais como um conjunto de grades de proteção, uma maneira de manter a humanidade no banco do motorista quando uma tecnologia ameaçar causar mais mal que bem. Pense nessas grades de segurança operando em diferentes níveis e com diferentes modos de implementação. No próximo capítulo, veremos com mais detalhes como elas podem ser, da pesquisa de alinhamento da IA a projetos de laboratórios, tratados internacionais e protocolos de melhores práticas. Por agora, o ponto-chave é que precisam ser fortes o suficiente para, em teoria, impedir uma catástrofe.

A contenção precisará responder à natureza da tecnologia e canalizá-la para direções mais fáceis de controlar. Lembre das quatro características da próxima onda: assimetria, hiperevolução, omniuso e autonomia. Cada característica precisa ser vista através das lentes da contenção. Antes de delinear uma estratégia, vale a pena fazer as seguintes perguntas, a fim de entrever rotas promissoras:

- *A tecnologia é omniuso e de propósito geral ou é específica?* Uma arma nuclear é uma tecnologia altamente específica com um único propósito, ao passo que um computador é inerentemente multiuso. Quanto mais usos potenciais, mais difícil de conter. Em vez de sistemas gerais, portanto, sistemas de escopo mais restrito e relacionados a domínios específicos deveriam ser encorajados.

- *A tecnologia está se afastando dos átomos e se aproximando dos bits?* Quanto mais desmaterializada uma tecnologia, mais ela está sujeita a efeitos hiperevolutivos difíceis de controlar. Áreas como design de materiais ou desenvolvimento de medicamentos aceleram rapidamente, tornando o ritmo do progresso difícil de acompanhar.

- *O preço e a complexidade estão diminuindo e, se sim, quão rapidamente?* O preço dos caças não caiu da mesma maneira que o preço dos transistores ou do hardware de consumo. Uma ameaça originada na computação básica tem natureza mais ampla que a dos caças, a despeito do óbvio potencial destrutivo dos últimos.

- *Há alternativas viáveis?* Os CFCs puderam ser banidos parcialmente porque havia alternativas mais baratas e seguras para a refrigeração. Quais alternativas estão disponíveis? Quanto mais alternativas seguras estiverem disponíveis, mais fácil será eliminar gradualmente o uso.

- *A tecnologia permite impacto assimétrico?* Pense em um enxame de drones contra forças militares convencionais ou em um minúsculo computador ou vírus biológico danificando sistemas sociais vitais. O risco de certas tecnologias surpreenderem e explorarem vulnerabilidades é maior.

- *Ela possui características autônomas?* Há escopo para autoaprendizagem ou operação sem supervisão? Pense em genética dirigida, vírus, malwares e, é claro, robótica. Quanto mais uma tecnologia for projetada para exigir intervenção humana, menos chances de perder o controle.

- *Ela confere excessiva vantagem estratégica e geopolítica?* Armas químicas, por exemplo, têm vantagens limitadas e muitas desvantagens, ao passo que avanços em IA ou biotecnologia apresentam enormes vantagens econômicas e militares. Consequentemente, dizer não a elas é mais difícil.

- *Ela favorece o ataque ou a defesa?* Na Segunda Guerra Mundial, o desenvolvimento de mísseis como o V-2 ajudou as operações ofensivas. Mas uma tecnologia como o radar favorece a defesa. O desenvolvimento orientado mais para a defesa que para a ofensiva tende na direção da contenção.

- *Há restrições de recursos ou de engenharia a sua invenção, desenvolvimento e uso?* Chips de silício exigem materiais, máquinas e conhecimentos especializados e altamente concentrados. Em termos globais, os talentos disponíveis para a biologia sintética são poucos. Ambas as situações favorecem a contenção no curto prazo.

Quando o atrito adicional mantém as coisas no mundo tangível dos átomos ou as torna mais caras e quando há alternativas mais seguras à disposição, há mais chances de contenção, porque é mais fácil desacelerar as tecnologias, limitar o acesso a elas ou abandoná-las totalmente. Tecnologias específicas são mais fáceis de regulamentar, mas regulamentar tecnologias omniuso é mais importante. Do mesmo modo, quanto maior o potencial de ações ofensivas ou autonomia, maior a necessidade de contenção. Se for possível manter o preço e o acesso fora do alcance de muitos, a proliferação se torna mais difícil. Faça perguntas como essas e uma visão holística da contenção começará a vir à tona.

ANTES DO DILÚVIO

Trabalhei nessa questão durante quase quinze anos. Ao longo do tempo, senti a força do que descrevi neste livro, dos incentivos, da necessidade urgente de respostas enquanto os contornos do dilema se tornam cada vez mais claros. E, mesmo assim, fiquei chocado com o que a tecnologia tornou possível em poucos anos. Eu me debati com essas ideias, observando o ritmo cada vez mais acelerado do desenvolvimento.

A realidade é que frequentemente não controlamos ou contivemos tecnologias no passado. Se quisermos fazer isso agora, precisaremos de algo dramaticamente novo, de um programa abrangente de segurança, ética, regulamentação e controle que ainda não tem nome nem sequer parece possível.

O dilema deveria ser um premente chamado à ação. Mas, ao longo dos anos, ficou óbvio que a maioria das pessoas acha que tudo isso é demais para absorver. E eu entendo. Mal parece real no primeiro contato. Em todas aquelas muitas discussões sobre IA e regulamentação, percebi o quanto é difícil, em comparação com uma série de desafios presentes ou iminentes, expressar exatamente por que os riscos apresentados neste livro precisam ser levados a sério, por que não se trata somente de riscos de cauda quase irrelevantes ou de algo saído da ficção científica.

Um dos desafios para sequer começar a ter essa conversa é o fato de a tecnologia, na imaginação popular, estar associada a uma faixa estreita de aplicações muitas vezes supérfluas. "Tecnologia" agora significa principalmente plataformas de mídias sociais e gadgets que podemos usar como roupas ou acessórios para contar nossos passos e batimentos cardíacos. É fácil esquecer que ela inclui sistemas de irrigação essenciais para alimentar o planeta e máquinas de suporte à vida para recém-nascidos. A tecnologia não é somente uma maneira de armazenar suas selfies; ela representa acesso à cultura e à sabedoria acumuladas do mundo. A tecnologia não é um nicho, ela é um hiperobjeto que domina a existência humana.

Uma comparação útil aqui é a mudança climática. Ela também envolve riscos com frequência difusos, incertos, temporalmente distantes, ocorrendo em outros lugares, sem ter a proeminência, a adrenalina e o imediatismo de uma emboscada na savana — o tipo de risco ao qual estamos preparados para responder. Psicologicamente, nada disso parece real. Nossos cérebros pré-históricos geralmente são inúteis para lidar com ameaças amorfas como essas.¹³

No entanto, na última década, o desafio da mudança climática entrou em foco. Embora o mundo ainda cuspa quantidades cada vez maiores de CO2, cientistas por toda parte podem medir suas partes por milhão (ppm) na atmosfera. Na década de 1970, o carbono atmosférico global era de somente 300 ppm.¹⁴ Em 2022, 420 ppm. Seja em Beijing, Berlim ou Burundi, em uma grande petrolífera ou uma fazenda familiar, todo mundo pode ver, objetivamente, o que está acontecendo ao clima. Dados produzem clareza.

A aversão ao pessimismo é muito mais difícil quando os efeitos são tão claramente quantificáveis. Assim como a mudança climática, o risco tecnológico só pode ser abordado em escala planetária, mas não há clareza equivalente. Não existe uma métrica conveniente do risco, nenhuma unidade objetiva em relação à ameaça compartilhada nas capitais nacionais, nas salas de reuniões e no sentimento público, nenhuma parte por milhão para mensurar o que a tecnologia pode fazer ou em que posição está. Não há padrão consensual ou óbvio que possamos conferir ano após ano. Nenhum consenso entre cientistas e tecnólogos na vanguarda. Nenhum movimento popular tentando impedi-la, nenhuma imagem vívida de icebergs derretendo, ursos-polares sem território ou vilarejos inundados para campanhas de conscientização. Pesquisas obscuras publicadas no arXiv, em blogs cult do Substack ou em áridos artigos de think tanks não são suficientes.

Como encontrar terreno comum entre agendas rivais? China e Estados Unidos não partilham uma visão comum sobre restringir o desenvolvimento da IA; a Meta não concordaria com a posição de que as mídias sociais são parte do problema; pesquisadores de IA e virologistas acreditam que seu trabalho é parte crucial não da catástrofe, mas de compreendê-la e evitá-la. Em face de tudo isso, a "tecnologia" não é um problema no mesmo sentido que um planeta em aquecimento.

Mas pode ser.

O primeiro passo é a aceitação. Precisamos calmamente reconhecer que a onda está vindo e que o dilema, na ausência de uma mudança radical de curso, é inevitável. Podemos lidar com a ampla variedade de resultados bons e ruins produzidos por nossa continuada abertura e descuidada busca ou podemos lidar com os riscos distópicos e autoritários gerados por nossas tentativas de limitar a proliferação de tecnologias poderosas; riscos, aliás, inerentes à propriedade concentrada dessas mesmas tecnologias.

Escolha seu veneno. Em última análise, esse equilíbrio tem que ser atingido com a participação de todos. Quanto mais ele estiver no radar público, melhor. Se este livro gerar críticas, argumentos, propostas e contrapropostas, quanto mais, melhor.

Não haverá uma solução única, mágica, encontrada por um punhado de pessoas inteligentes fechadas em algum bunker. Antes o oposto. As elites atuais estão tão investidas em sua aversão ao pessimismo que temem ser honestas sobre os perigos que enfrentamos. Elas opinam e debatem em caráter privado, mas não se dispõem a vir a público falar a respeito. Estão acostumadas a um mundo de controle e ordem: o controle do CEO sobre a empresa, do banco central sobre as taxas de juros, do burocrata sobre as compras militares, do planejador urbano sobre os buracos a serem consertados nas ruas. Suas alavancas de controle são imperfeitas, claro, mas são conhecidas, testadas e geralmente funcionam. Mas não aqui.

Esse é um momento único. A próxima onda *realmente* está vindo, mas ainda não se quebrou sobre nós. Embora os incentivos incontroláveis sejam imutáveis, a forma final da onda, os contornos precisos do dilema, ainda serão decididos. Não vamos perder décadas esperando. Precisamos começar a geri-los hoje.

No próximo capítulo, vou delinear dez áreas de foco. Não se trata de um mapa completo, nem remotamente de respostas finais, mas de um necessário trabalho de base. Minha intenção é semear ideias na esperança de dar os cruciais primeiros passos *na direção* da contenção. O que unifica essas ideias é o fato de serem todas sobre ganhos marginais, sobre a lenta e constante agregação de pequenos esforços para aumentar a probabilidade de bons resultados. Elas falam de criar um contexto diferente para a criação e o emprego da tecnologia, de encontrar maneiras de ganhar tempo, desacelerar, criar espaço para buscar respostas, chamar atenção, construir alianças, aprofundar o trabalho técnico.

Acredito que conter a próxima onda não é possível no mundo *atual*. O que esses passos podem fazer é mudar as condições subjacentes. Dar um empurrãozinho no *status quo* para que a contenção tenha uma chance. Devemos fazer tudo isso sabendo que pode dar errado, mas que essa é nossa melhor chance de construir um mundo no qual a contenção — e o florescimento humano — seja possível.

Não há garantias aqui, nenhum coelho a ser retirado da cartola. Qualquer um esperando uma solução rápida, uma resposta esperta, ficará desapontado. Ao nos aproximarmos do dilema, estamos na mesma posição, muito humana, de sempre: dando tudo que temos e torcendo para que funcione. Eis como acho que talvez — só talvez — possamos fazer isso funcionar.

CAPÍTULO 14

DEZ PASSOS NA DIREÇÃO DA CONTENÇÃO

Pense nas dez ideias apresentadas aqui como círculos concêntricos. Começamos com passos pequenos e diretos, perto da tecnologia, focando em mecanismos específicos para impor restrições já no projeto. Daí em diante, cada ideia se torna progressivamente mais ampla, subindo uma escada de intervenção que se afasta das especificações técnicas, do código bruto e da matéria-prima e se move na direção de ações não técnicas, mas igualmente importantes, do tipo que leva a novos incentivos empresariais, reformas no governo, tratados internacionais, uma cultura tecnológica mais ampla e um movimento popular global.

É a maneira como as camadas dessa cebola se somam que as torna poderosas; sozinhas, elas são insuficientes. Todas necessitam de tipos muito diferentes de intervenção, com variadas habilidades, competências e pessoas; cada uma delas é, de modo geral, seu próprio, vasto e especializado subcampo. Creio que, coletivamente, podemos somá-las e obter algo que funcione.

Vamos partir do início, com a própria tecnologia.

1. SEGURANÇA:
UM PROGRAMA APOLLO PARA A SEGURANÇA TÉCNICA

Há alguns anos, muitos grandes modelos de linguagem apresentaram um problema. Para falar francamente, eles eram racistas. Os usuários facilmente encontravam maneiras de fazê-los regurgitar material racista ou manifestar opiniões racistas que haviam vislumbrado ao escanear o vasto corpus de textos com os quais haviam sido treinados. O viés tóxico parecia estar entranhado nos textos humanos e era amplificado pela IA. Isso levou muitos a concluírem que todo o setup era eticamente defeituoso e moralmente inviável, que não havia como os LLMs serem controlados bem o bastante para serem liberados para o público, dados os óbvios danos.

Mas então, como vimos, os LLMs decolaram. Em 2023, está claro que, comparados aos sistemas iniciais, é extremamente difícil incitar algo como o ChatGPT a fazer comentários racistas. O problema foi solucionado? De modo algum. Ainda há múltiplos exemplos de LLMs tendenciosos e mesmo abertamente racistas, assim como sérios problemas com tudo, de informações inexatas a gaslighting. Mas, para aqueles de nós que trabalharam no campo desde o início, o progresso exponencial em eliminar outputs ruins foi incrível, inegável. É fácil ignorar quão longe chegamos e quão rapidamente chegamos até aqui.

Um impulsionador-chave por trás desse progresso é chamado de aprendizado por reforço de feedback humano. Para consertar os LLMs tendenciosos, os pesquisadores tiveram conversas multiturnos astuciosamente construídas com os modelos, incentivando-os a dizer coisas odiosas, tóxicas ou ofensivas para ver onde e como as coisas davam errado. Localizando esses passos em falso, eles reintegravam insights humanos nos modelos, ensinando-os a ter uma visão de mundo mais desejável, não muito diferente da maneira como ensinamos crianças a não dizerem coisas inapropriadas à mesa de jantar. Quando os engenheiros ficaram mais conscientes dos problemas éticos inerentes a seus sistemas, eles se tornaram mais abertos à necessidade de encontrar inovações técnicas para ajudar a solucioná-los.

Abordar o racismo e o viés em LLMs é um exemplo de como a implementação cuidadosa e responsável é necessária para melhorar a segurança desses modelos. O contato com a realidade ajuda os desenvolvedores a aprenderem, corrigirem erros e aprimorarem a segurança.

Embora seja errado dizer que as correções técnicas bastam para solucionar os problemas sociais e éticos engendrados pela IA, isso mostra como elas serão parte da solução. Segurança técnica próxima, no código, no laboratório, é o primeiro item de qualquer agenda de contenção.

Ouça a palavra "contenção" e, presumindo que você não seja um erudito das relações internacionais, é provável que você pense no sentido físico de manter algo do lado de dentro. Conter fisicamente a tecnologia certamente é importante. Vimos, por exemplo, como até mesmo laboratórios BSL-4 podem vazar. Que tipo de ambiente pode tornar isso totalmente impossível? Como seria um BSL-7 ou $-n$?

Embora eu tenha argumentado no último capítulo que a contenção não deve ser reduzida a um tipo de caixa mágica, isso não significa que não queiramos descobrir maneiras de construir uma. O controle final é o controle físico de servidores, micróbios, drones, robôs e algoritmos. "Encaixotar" uma IA é a forma original e básica de contenção tecnológica. Isso envolveria ausência de conexão com a internet, contato humano limitado e uma interface externa pequena e restrita. Seria, literalmente, contenção em caixas físicas com localização definida. Um sistema como esse — chamado de lacuna de ar — poderia, em teoria, impedir uma IA de se engajar com o mundo mais amplo ou, de alguma maneira, "escapar".

A segregação física é somente um aspecto de transformar a arquitetura técnica de segurança para responder ao desafio da próxima onda. Usar o melhor do que já existe é um começo. A energia nuclear, por exemplo, tem má reputação por causa de desastres muito divulgados como os de Chernobyl e Fukushima. Mas, na verdade, é notavelmente segura. A Agência Internacional de Energia Atômica publicou mais de cem relatórios de segurança especificando os padrões técnicos para determinadas situações, da classificação dos resíduos radioativos à prontidão em caso de emergências.[1] Entidades como o Instituto de Engenheiros Eletricistas e Eletrônicos mantêm mais de 2 mil padrões técnicos de segurança para tecnologias que vão do desenvolvimento de robôs autônomos ao aprendizado de máquina. Os setores de biotecnologia e farmácia há décadas operam sob padrões de segurança muito mais elevados que os do setor de softwares. Vale lembrar que anos de esforços tornaram muitas tecnologias existentes extremamente seguras — e construir a partir daí.

A pesquisa de segurança da IA ainda é um campo nascente e subdesenvolvido que foca em evitar que ainda mais sistemas superem nossa habilidade de entendê-los e controlá-los. Vejo essas questões sobre controle e alinhamento de valores como subconjuntos do problema mais amplo da contenção. Ao passo que bilhões são despejados na robótica, na biotecnologia e na IA, quantias comparativamente minúsculas são gastas em um estrutura de segurança técnica à altura de mantê-las funcionalmente contidas. O principal monitor de armas biológicas, por exemplo, a Convenção de Armas Biológicas, tem um orçamento de somente 1,4 milhão de dólares e apenas quatro funcionários em tempo integral — menos que o McDonald's comum.[2]

O número de pesquisadores de segurança em IA ainda é minúsculo: de mais ou menos cem nos principais laboratórios mundiais em 2021, ele passou para trezentos ou quatrocentos em 2022.[3] Considerando-se que existem de 30 mil a 40 mil pesquisadores de IA hoje (número similar ao de pessoas trabalhando com DNA), é um número chocantemente baixo.[4] Mesmo uma ampliação frenética de dez vezes — improvável, considerando-se o gargalo de talentos — não estaria à altura do desafio. Comparada à magnitude do que pode dar errado, a pesquisa de segurança e ética em IA é marginal. Em razão do desafio apresentado pelos recursos, somente um punhado de instituições leva as questões de segurança técnica a sério. Todavia, as decisões de segurança tomadas hoje alterarão o curso futuro da tecnologia e da humanidade.

Claramente, há algo que devemos fazer: encorajar, incentivar e financiar diretamente muito mais trabalhos nessa área. Está na hora de criarmos um programa Apollo para a segurança em IA e biotecnologia. Centenas de milhões de pessoas deveriam estar trabalhando nisso. Concretamente, uma boa proposta legislativa seria exigir que uma porção fixa — digamos, um mínimo de 20% — dos orçamentos corporativos de pesquisa e desenvolvimento de vanguarda fosse direcionada a esforços de segurança, com a obrigação de comunicar as conclusões materiais a um grupo de trabalho governamental, a fim de que o progresso pudesse ser acompanhado e compartilhado. As missões Apollo originais foram caras e onerosas, mas demonstraram o nível correto de ambição, e sua atitude positiva diante de probabilidades desencorajadoras catalisou o desenvolvimento de tecnologias que vão de semicondutores e softwares a relógios de quartzo e painéis solares.[5] Algo similar poderia ser feito na área de segurança.

Embora os números sejam atualmente baixos, sei, por experiência própria, que uma onda de interesse está se formando em torno dessas questões. Estudantes e outros jovens que conheço falam animadamente sobre alinhamento de IA e prontidão para pandemias. Converse com eles e ficará claro que o desafio intelectual os atrai, mas eles também são movidos pelo imperativo moral. Eles querem ajudar e sentem que é seu dever fazer melhor. Estou convicto de que, se empregos e programas de pesquisa estiverem disponíveis, o talento os seguirá.

Para os especialistas em segurança técnica do amanhã, há muitas direções promissoras a explorar. A prontidão para pandemias poderia, por exemplo, ser grandemente aprimorada com o uso de lâmpadas de baixo comprimento de onda que matem vírus. Emitindo luz com comprimentos de onda entre 200 e 230 nanômetros, perto do espectro ultravioleta, elas podem matar vírus sem penetrar a camada externa da pele: uma poderosa arma contra pandemias e disseminação de doenças.[6] E, se a pandemia do Covid-19 nos ensinou algo, foi o valor de uma abordagem integrada e acelerada de pesquisa, produção e regulamentação de novas vacinas.

Em IA, segurança técnica também significa caixas de areia e simulações seguras para criar lacunas de ar comprovadamente efetivas, a fim de que IAs avançadas possam ser rigorosamente testadas antes de terem acesso ao mundo real. Significa muito mais trabalho sobre a incerteza, um grande foco neste momento — ou seja, como uma IA comunica que pode estar errada? Uma das questões com os LLMs é que eles ainda sofrem do *problema da alucinação*, frequentemente alegando que informações absolutamente errôneas são corretas. Isso é duplamente perigoso, uma vez que frequentemente *estão certos*, no nível de especialistas. Como usuário, é muito fácil ser conduzido a uma falsa sensação de segurança e presumir que tudo que sai do sistema é verdadeiro.

Na Microsoft AI, por exemplo, tentamos encontrar maneiras de encorajar nossa IA a ser cautelosa e incerta e nossos usuários a permanecerem críticos. Projetamos nossa PI para expressar dúvidas em relação a si mesma, solicitar feedback de maneira frequente e construtiva e ceder rapidamente, presumindo que o humano está correto. Nós e outros também trabalhamos em um importante caminho de pesquisa que visa a verificar as declarações da IA usando bases de conhecimento independentes que sabemos ser críveis. Tentamos nos assegurar de que os outputs da IA forneçam citações, fontes e evidências interrogáveis que o usuário possa investigar quando encontrar alegações dúbias.

A explicação é outra grande fronteira da segurança técnica. Lembre-se de que, no momento, ninguém sabe explicar precisamente por que um modelo produz os outputs que produz. Criar maneiras de os modelos explicarem suas decisões ou as oferecerem para escrutínio se tornou um crítico quebra-cabeça técnico para os pesquisadores de segurança. A pesquisa ainda está no início, mas há sinais promissores de que os modelos de IA serão capazes de fornecer, se não raciocínios causais, ao menos justificativas para seus outputs, embora ainda não esteja claro quão confiáveis elas serão.

Também há muito trabalho sendo feito no uso de arquiteturas simplificadas para explorar arquiteturas mais complexas, incluindo a automação do próprio processo de pesquisa de alinhamento: construir IAs para ajudar a conter IAs.[7] Os pesquisadores trabalham em uma geração de "IAs críticas" que podem monitorar e oferecer feedback sobre os outputs de outras IAs, com o objetivo de aprimorá-los em velocidades e escalas de que os humanos não são capazes — velocidades e escalas que veremos na próxima onda. Gerir ferramentas poderosas requer ferramentas poderosas.

O cientista da computação Stuart Russell propõe usar o tipo de dúvida sistemática que exploramos na Microsoft para criar o que chama de "IA comprovadamente benéfica".[8] Em vez de dar a uma IA um conjunto de objetivos externos e fixos, contidos no que é conhecido como constituição escrita, ele recomenda que os sistemas deduzam cautelosamente nossas preferências e nossos objetivos. Eles devem nos observar e aprender. Em teoria, isso deixa mais espaço para a dúvida no interior dos sistemas e evita resultados perversos.

Muitos desafios-chave permanecem: como imbuir valores seguros em um poderoso sistema de IA, potencialmente capaz de reescrever suas próprias instruções? Como as IAs podem inferir tais valores dos humanos? Outra questão em andamento é como solucionar o problema da "corrigibilidade", assegurando que sempre seja possível acessar e corrigir sistemas. Se acha que essas parecem características de segurança obrigatórias e bastante fundamentais para IAs avançadas, você está certo. O progresso nessas áreas precisa ser acelerado.

Também deveríamos embutir limitações técnicas robustas nos processos de desenvolvimento e produção. Pense em como todas as fotocopiadoras e impressoras modernas incluem uma tecnologia que impede a cópia ou impressão de dinheiro, com algumas até mesmo se desligando se alguém tentar. Por exemplo, restrições à quantidade de computação de treinamento usada para criar modelos limitariam a taxa de progresso (ao menos nessa dimensão). O desempenho pode ser restrito, de modo que um modelo só possa rodar em hardwares rigidamente controlados. Os sistemas de IA podem ser construídos com proteção criptografada para garantir que a lista de componentes dos modelos — a propriedade intelectual mais valiosa do sistema — só possa ser copiada um número limitado de vezes ou somente em certas circunstâncias.

O maior desafio, seja em biologia sintética, robótica ou IA, é construir um dispositivo de desligamento à prova de bala, uma maneira de neutralizar qualquer tecnologia que ameace sair do controle. É bom senso garantir que possamos desativar qualquer sistema autônomo ou poderoso. Como fazer isso com tecnologias tão distribuídas, mutáveis e de longo alcance quanto as da próxima onda — tecnologias cuja forma precisa ainda não está clara; tecnologias que, em alguns casos, podem resistir ativamente — é uma questão em aberto. Trata-se de um grande desafio. Acho possível? Sim, mas ninguém deveria minimizar, nem por um segundo, o tamanho da dificuldade.

Uma parte grande demais do trabalho de segurança é incremental e focada em estreitas análises de impacto, servindo para solucionar problemas que surgem após o lançamento, em vez de trabalhar previamente nas questões fundamentais. Deveríamos identificar os problemas cedo e então investir mais tempo e recursos nessas questões. Pense grande. Crie padrões comuns. Características de segurança não deveriam ser reflexões tardias, mas propriedades inerentes do projeto das novas tecnologias, o estado fundamental de tudo que vem depois. A despeito dos grandes desafios, estou genuinamente empolgado com a variedade e a engenhosidade das ideias nessa área. Vamos dar a elas o oxigênio intelectual e o apoio material necessários para que sejam um sucesso, reconhecendo que, embora a engenharia nunca seja toda a resposta, representa uma parte fundamental dela.

2. AUDITORIAS: CONHECIMENTO É PODER; PODER É CONTROLE

Auditorias soam tediosas. Necessárias, talvez, mas mortalmente chatas. Mas são indispensáveis para a contenção. Criar contentores físicos e virtuais seguros — o tipo de trabalho que acabamos de ver — é fundamental. Mas insuficiente. Supervisão significativa, regras exequíveis e revisão das implementações técnicas são vitais. Os avanços e regulamentações da segurança técnica dificilmente serão efetivos se não for possível verificar se funcionam como deveriam. Como podemos estar certos sobre o que realmente está acontecendo e conferir se estamos no controle? Esse é um imenso desafio técnico e social.

A confiança vem da transparência. Precisamos ser capazes de verificar, em todos os níveis, a segurança, integridade ou natureza não comprometida de um sistema. Isso, por sua vez, está relacionado a direitos de acesso e capacidade de auditoria, a realizar testes adversários nos sistemas e ter equipes de hackers de chapéu branco ou mesmo IAs explorando fraquezas, falhas ou vieses. Trata-se de construir tecnologias de uma maneira inteiramente diferente, com ferramentas e técnicas que ainda não existem.

O escrutínio externo é essencial. Hoje, não existe esforço global, formal ou rotineiro para testar sistemas já implementados. Não existe aparato de alerta precoce para riscos tecnológicos e nenhuma maneira uniforme ou rigorosa de saber se as tecnologias obedecem às regulamentações ou mesmo se aderem aos padrões combinados. Não existem instituições, avaliações padronizadas nem as ferramentas necessárias. Como ponto de partida, então, fazer com que as empresas e os pesquisadores que trabalham na vanguarda, onde há risco real de dano, colaborem proativamente com especialistas confiáveis em auditorias lideradas pelo governo é puro bom senso. Se uma entidade assim existisse, eu ficaria feliz em colaborar com ela.

Há alguns anos, cofundei uma organização intersetorial e da sociedade civil chamada Partnership on AI [Parceria sobre IA] para ajudar com esse tipo de trabalho. Fomos fundados com o apoio de todas as principais empresas tecnológicas, incluindo DeepMind, Google, Facebook, Apple, Microsoft, IBM e OpenAI, juntamente com dezenas de grupos de especialistas da sociedade civil, incluindo ACLU [União Americana pelas Liberdades Civis], EFF [Fundação Fronteira Eletrônica], Oxfam [Comitê de Oxford para o Alívio da Fome], UNDP [Programa das Nações Unidas para o Desenvolvimento] e vinte outros.

Logo depois, criamos uma base de dados sobre incidentes com IA, projetada para coletar relatórios confidenciais sobre eventos de segurança e compartilhar lições com os desenvolvedores. Ela já coletou mais de 1.200 relatórios. Com mais de cem parceiros entre organizações sem fins lucrativos, acadêmicos e membros da mídia, a parceria oferece janelas críticas e neutras para a discussão e a colaboração interdisciplinar. Há escopo para mais organizações como essa, e programas de auditoria em seu interior.

Outro exemplo interessante é "organizar times vermelhos" [*red teaming*], ou seja, proativamente procurar falhas nos modelos de IA ou sistemas de softwares. Isso significa atacar os sistemas de maneira controlada para encontrar vulnerabilidades e outros modos de falha.[9] Os encontrados hoje provavelmente serão amplificados no futuro, e entendê-los permite que salvaguardas sejam construídas conforme os sistemas se tornam mais poderosos. Quanto mais pública e coletivamente isso for feito, melhor, permitindo que os desenvolvedores aprendam uns com os outros. Novamente, está mais que na hora de as grandes empresas tecnológicas colaborarem de maneira proativa, compartilhando rapidamente insights sobre novos riscos, assim como a indústria da segurança cibernética há muito compartilha informações sobre novos ataques a vulnerabilidades de dia zero.

Também está na hora de criar times vermelhos financiados pelo governo para realizar ataques e testes de estresse em todos os sistemas, assegurando que insights descobertos durante o processo sejam amplamente difundidos na indústria. Em algum momento, esse trabalho poderia ser automatizado e realizado em grande escala, com sistemas de IA encomendados pelo governo e projetados especificamente para auditar e localizar problemas em outros, ao mesmo tempo permitindo a própria auditoria.

Os sistemas implementados para monitorar novas tecnologias precisarão reconhecer anomalias, saltos imprevistos de capacidade, modos de falha ocultos. Eles precisarão localizar cavalos de Troia que parecem legítimos, mas escondem surpresas indesejadas. Para fazer isso, terão que monitorar uma ampla variedade de métricas sem cair na sempre tentadora armadilha do panóptico. Acompanhar de perto conjuntos de dados significativos que são usados para treinar modelos, particularmente conjuntos de dados de código aberto, bibliometria de pesquisas e incidentes danosos publicamente disponíveis seria uma maneira frutífera e não invasiva de começar. APIs que deixam outros usarem serviços de IA fundamentais não deveriam ser disponibilizadas indiscriminadamente, mas somente com verificações do tipo "conheça seu cliente", como no caso de setores da indústria bancária.

Do lado técnico, há escopo para mecanismos direcionados de supervisão, o que alguns pesquisadores chamam de "supervisão escalável" de "sistemas que potencialmente nos superam na maioria das habilidades relevantes para a tarefa em questão".[10] Essa proposta tem como objetivo verificar matematicamente a natureza não danosa dos algoritmos, exigindo do modelo provas rígidas de que ações ou outputs nocivos estão demonstravelmente restritos. Essencialmente, registros de atividade garantidos e limitações às capacidades são embutidos. Verificar e validar o comportamento de um modelo dessa maneira pode potencialmente fornecer uma maneira objetiva e formal de guiar e acompanhar um sistema.

Outro exemplo promissor de novo mecanismo de supervisão é o SecureDNA, um programa sem fins lucrativos fundado por um grupo de cientistas e especialistas em segurança. No presente, somente uma fração do DNA sintetizado é analisada em busca de elementos potencialmente perigosos, mas o esforço global como o SecureDNA, para ligar todo sintetizador — pequeno e doméstico ou grande e remoto — a um sistema centralizado, seguro e criptografado que possa procurar sequências patogênicas é um grande começo.[11] Se as pessoas estiverem imprimindo sequências potencialmente danosas, recebem uma advertência. Baseado em nuvem, gratuito e criptograficamente seguro, o sistema atualiza os dados em tempo real.

Analisar todas as sínteses de DNA seria um grande exercício de redução do risco biológico e, na minha opinião, não restringiria indevidamente as liberdades civis. Isso não impediria a formação de um mercado paralelo no longo prazo, mas ter que construir seus próprios sintetizadores ou hackear um sistema já existente criaria uma importante barreira. A pré-verificação das sínteses de DNA ou dos inputs de dados em modelos de IA anteciparia as auditorias para antes de os sistemas serem implementados, reduzindo o risco.

Atualmente, a supervisão da emergência de novas tecnologias ou de seu mau uso por Estados hostis e outros atores varia muito ao redor do globo. O retrato é desigual: uma mistura de informações de código aberto frequentemente turvas, pesquisas acadêmicas e, em alguns casos, vigilância clandestina. É um campo minado em termos legais e políticos, no qual os limites da intrusão são muito variados e, no pior dos casos, deliberadamente obscuros. Podemos fazer melhor que isso. A transparência não pode ser opcional. Tem que haver uma rota clara e legal para conferir as minúcias de qualquer nova tecnologia, no código, no laboratório, na fábrica ou no mundo lá fora.

A maior parte deveria ser realizada voluntariamente, em colaboração com os criadores de tecnologia. Onde não puder ser feito dessa maneira, a legislação deve forçar a cooperação. E, se isso não funcionar, abordagens alternativas podem ser consideradas, como o desenvolvimento de salvaguardas técnicas — incluindo, em alguns casos, backdoors criptografadas — para fornecer uma entrada verificável no sistema, controlada pelo Judiciário ou por um corpo independente equivalente e sancionado.

Quando houvesse solicitação de acesso a qualquer sistema público ou privado pelas agências da lei ou pelos reguladores, isso seria decidido com base nos méritos do caso. Do mesmo modo, registros criptografados de qualquer cópia ou compartilhamento de um modelo, sistema ou conhecimento ajudariam a acompanhar sua proliferação e uso. Unir mecanismos sociais e tecnológicos de contenção dessa maneira é indispensável. Os detalhes precisam de mais pesquisas e debates públicos. Precisamos encontrar um equilíbrio novo, seguro e difícil de abusar entre vigilância e segurança, que funcione com a próxima onda.

Leis, tratados e soluções técnicas brilhantes são todos muito bons. Mas ainda precisam ser alinhados e verificados, e sem lançar mão de medidas draconianas de controle. Construir tecnologias como essas está longe de ser tedioso: é um dos desafios técnicos e sociais mais galvanizantes do século XXI. Implementar tanto características de segurança técnica quanto medidas de auditoria é vital, mas exige algo que não temos. Tempo.

3. GARGALOS: GANHANDO TEMPO

Xi Jinping estava preocupado.[12] "Dependemos da importação para obter matérias-primas, dispositivos e componentes críticos", disse o presidente chinês a um grupo de cientistas de seu país em setembro de 2020. Ominosamente, as "tecnologias essenciais" que ele acreditava serem tão vitais para o futuro e a segurança geopolítica da China eram "controladas por outros". De fato, a China gasta mais importando chips que petróleo.[13] Não há muito que possa abalar publicamente a liderança chinesa, mas, ao ligar sua estratégia de longo prazo ao domínio da próxima onda, ela admitiu uma grande vulnerabilidade.

Alguns anos antes, um jornal do governo usara uma imagem mais gráfica para descrever o mesmo problema: a tecnologia chinesa estava limitada por uma série de "gargalos". Se alguém fizesse pressão sobre esses gargalos, bom... a implicação era clara.

Os medos de Xi se tornaram realidade em 7 de outubro de 2022. Os Estados Unidos declararam guerra à China, atacando um desses gargalos. A guerra não envolveu mísseis sendo lançados sobre o estreito de Taiwan. Não houve bloqueio naval no mar do Sul da China ou fuzileiros navais invadindo a costa de Fuji. O ataque veio de uma fonte improvável: o Departamento de Comércio. Os tiros disparados foram controles de exportação sobre os semicondutores avançados, os chips que permitem a computação e, portanto, a inteligência artificial.

Os novos controles de exportação tornaram ilegal que empresas americanas vendessem chips de alta performance para a China e que qualquer empresa compartilhasse as ferramentas para fabricar esses chips ou fornecesse o know-how para consertar os já existentes. Os semicondutores mais avançados (geralmente envolvendo processos abaixo de 14 nanômetros, ou seja, 14 bilionésimos de metro, a distância ocupada por vinte átomos) — incluindo propriedade intelectual, equipamentos de manufatura, partes, projetos, softwares, serviços — para uso em áreas como inteligência artificial e supercomputadores agora estão sujeitos a licenciamento restrito. As principais fabricantes americanas de chips, como NVIDIA e AMD, já não podem fornecer aos clientes chineses os meios e o know-how para produzir os chips mais avançados do mundo. Cidadãos americanos trabalhando com semicondutores em empresas chinesas tiveram que fazer uma escolha: manter seus empregos e perder a cidadania americana ou pedir demissão imediatamente.

Foi um golpe súbito, projetado para aniquilar o domínio da China sobre o bloco de construção mais importante da tecnologia do século XXI. Não se tratou somente de uma disputa comercial arcana. A declaração fez soar uma poderosa sirene em Zhongnanhai, o complexo da liderança chinesa, logo depois de o congresso do Partido Comunista transformar Xi em presidente vitalício. Um executivo da área de tecnologia, falando anonimamente, delineou o escopo da iniciativa: "Eles não estão visando somente as aplicações militares; estão tentando impedir, por qualquer meio, o desenvolvimento do poder tecnológico da China."[14]

No curto a médio prazo, o consenso é que será um problema.[15] Os desafios de construir essa infraestrutura são imensos, especialmente as sofisticadas máquinas e técnicas que produzem os chips mais avançados do mundo, uma área na qual a China está para trás. No longo prazo, porém, provavelmente não a impedirá. Em vez disso, irá impeli-la por um caminho difícil e extremamente dispendioso, mas ainda plausível, até a produção doméstica de semicondutores. Se custar centenas de bilhões de dólares (e custará), a China pagará.[16]

As empresas chinesas já encontram maneiras de contornar os controles, usando empresas de fachada e serviços de computação em nuvem de outros países. A NVIDIA, a fabricante americana dos chips de IA mais avançados do mundo, recentemente ajustou de forma retroativa seus chips top de linha para evadir as sanções.[17] Mesmo assim, isso demonstrou algo vital: há ao menos uma alavanca inegável. A onda pode ser desacelerada, ao menos por algum tempo e em algumas áreas.

Ganhar tempo em uma era de hiperevolução é inestimável. Tempo para desenvolver mais estratégias de contenção. Para projetar medidas de segurança adicionais. Para testar mecanismos de desativação. Para construir tecnologias defensivas aprimoradas. Para escorar o Estado-nação, criar regulamentações melhores ou aprovar aquele projeto de lei. Para formar alianças internacionais.

Neste momento, a tecnologia é movida pelo poder dos incentivos, não pelo ritmo da contenção. Controles de exportação como a aposta americana no caso dos semicondutores têm implicações incertas para a competição entre as grandes potências, para as corridas armamentistas e para o futuro, mas quase todo mundo concorda sobre uma coisa: eles retardarão ao menos parte do desenvolvimento tecnológico na China e, por extensão, no mundo.

A história recente sugere que, apesar de sua proliferação global, a tecnologia repousa sobre alguns hubs críticos de P&D e comercialização: gargalos. Considere estes pontos de notável concentração: Xerox e Apple para interfaces, digamos, ou DARPA e MIT, ou Genentech, Monsanto, Stanford, e UCSF para engenharia genética. É notável quão lentamente essa concentração começa a desaparecer.

Na IA, a maior parte das unidades de processamento gráfico mais avançadas, essenciais para os últimos modelos, é projetada pela americana NVIDIA. A maioria dos chips é produzida pela TSMC de Taiwan, a mais avançada, sofisticada e dispendiosa fábrica do mundo, funcionando em um único edifício. O maquinário da TSMC para fabricar os chips vem de uma única empresa, a holandesa ASML, de longe a mais importante e valiosa empresa tecnológica da Europa. As máquinas da ASML, que usam uma técnica conhecida como litografia ultravioleta extrema e produzem chips com espantosa precisão atômica, estão entre os mais complexos bens manufaturados da história.[18] Essas três empresas detêm o controle sobre os chips de última geração, uma tecnologia tão fisicamente constrita que, por uma estimativa, eles custam até 10 bilhões de dólares o quilo.[19]

Os chips não são o único gargalo. A computação em nuvem em escala industrial também é dominada por seis grandes empresas. Por agora, um punhado de grupos dotados de amplos recursos, mais notadamente DeepMind e OpenAI, está em busca da IAG. O tráfego global de dados se dá através de um número limitado de cabos de fibra ótica aglomerados em gargalos (na costa sudoeste da Inglaterra ou em Singapura, por exemplo). A escassez de elementos raros como cobalto, nióbio e tungstênio poderia derrubar indústrias inteiras.[20] Até 80% do quartzo de alta qualidade, essencial para painéis fotovoltaicos e chips de silício, vem de uma única mina na Carolina do Norte.[21] Sintetizadores de DNA e supercomputadores quânticos não são bens de consumo comuns. Habilidades também são um gargalo: o número de pessoas trabalhando em todas as tecnologias de ponta discutidas neste livro provavelmente não ultrapassa 150 mil.

Assim, conforme os impactos negativos se tornam claros, devemos usar esses gargalos para criar limitadores sensatos de ritmo, freios à velocidade do desenvolvimento, a fim de garantir que o bom senso seja implementado tão rapidamente quanto a ciência evolui. Na prática, portanto, os gargalos não deveriam se aplicar somente à China; eles deveriam ser aplicados amplamente para regular o ritmo do desenvolvimento ou da implementação. Aqui, aqueles controles de exportação não são somente uma jogada geoestratégica, mas um experimento vivo, um possível mapa de como a tecnologia pode ser contida, mas não totalmente reprimida. No fim, todas essas tecnologias serão amplamente difundidas. Até lá, os próximos cinco anos, mais ou menos, serão absolutamente críticos, uma janela apertada durante a qual certos pontos de pressão ainda poderão desacelerar a tecnologia. Enquanto a opção existe, vamos usá-la e ganhar tempo.

4. CRIADORES: OS CRÍTICOS DEVERIAM CONSTRUIR

O fato de que os incentivos à tecnologia são incontroláveis não significa que seus criadores estejam isentos de responsabilidade por suas criações. Não estamos: a responsabilidade é clara como cristal. Ninguém é compelido a fazer experimentos com modificação genética ou construir grandes modelos de linguagem. A inevitável disseminação e o desenvolvimento da tecnologia não são um passe livre, uma licença para construirmos o que quisermos e ver o que acontece. Eles são antes um ruidoso lembrete da necessidade de fazer as coisas direito e das horríveis consequências de não fazer.

Mais que qualquer um, aqueles que trabalham com tecnologia precisam buscar ativamente soluções para os problemas descritos neste livro. O ônus da prova e da solução repousa sobre eles, sobre nós. As pessoas frequentemente me perguntam, considerando-se tudo isso, por que trabalho com IA e construo empresas e ferramentas de IA. Para além da imensa contribuição que elas podem fazer, minha resposta é que não quero somente falar e debater sobre contenção. Quero ajudar proativamente a fazê-la acontecer, na vanguarda, à frente de para onde quer que a tecnologia esteja indo. A contenção precisa de tecnólogos profundamente focados em transformá-la em realidade.

Os críticos da tecnologia também têm papel vital. Ficar gritando do lado de fora, reclamar no Twitter e escrever artigos longos e obscuros sobre os problemas é muito bom. Mas tais ações não impedirão a próxima onda e, na verdade, não a modificarão de nenhuma maneira significativa. Quando comecei a trabalhar na área, a visão externa da tecnologia era totalmente benigna, quase extasiada. Aquelas eram empresas bacanas e amigáveis, construindo um futuro brilhante. Isso mudou. Mas, embora as vozes dos críticos tenham ficado muito mais altas, é notável quão poucos e distantes são seus sucessos.

A sua própria maneira, os críticos da tecnologia caíram na mesma armadilha de aversão ao pessimismo que afeta as elites tecnológicas, políticas e empresariais. Muitos dos que ridicularizam os tecnólogos excessivamente otimistas se atêm a escrever sobre estruturas teóricas de supervisão e pedir regulamentação. Se você acredita que a tecnologia é importante e poderosa e segue as implicações dessas críticas, tais respostas são evidentemente inadequadas. Até mesmo os críticos evitam a verdadeira realidade a sua frente. De fato, às vezes o criticismo estridente se torna parte do mesmo ciclo de hype sofrido pela tecnologia.[22]

Críticos com credibilidade precisam ser praticantes. Construir a tecnologia certa ou ter modos práticos de alterar seu curso, não somente observando e comentando, mas ativamente mostrando o caminho, criando a mudança, executando as ações necessárias na fonte, significa que os críticos precisam estar envolvidos. Eles não podem ficar gritando do lado de fora. Isso não é, de modo algum, um argumento contra os críticos, antes o oposto. É um reconhecimento de que a tecnologia *precisa* muito deles — em todos os níveis, mas especialmente nas linhas de frente, construindo e fazendo, lidando com a realidade tangível e cotidiana da criação. Se você está lendo isso e é um crítico, então há uma resposta clara: envolva-se.

Reconheço que isso torna a vida mais difícil. Não existe posição confortável aqui. É impossível não reconhecer alguns dos paradoxos. Pessoas como eu enfrentam a perspectiva de, enquanto tentam criar ferramentas positivas e impedir resultados nocivos, inadvertidamente acelerarem as próprias coisas que tentam evitar, como os pesquisadores de ganho de função com seus experimentos virais. As tecnologias que desenvolvo podem muito bem causar danos. Eu, pessoalmente, continuarei a cometer erros, a despeito de meus melhores esforços para aprender e melhorar. Eu me debati com essa questão durante anos: recuar ou me envolver? Quanto mais perto está do coração da tecnologia, mais você pode afetar os resultados, direcioná-los para rumos mais positivos e bloquear aplicações danosas. Mas isso significa também ser parte do que a torna realidade — com todo o bem e todo o mal que ela pode fazer.

Não tenho todas as respostas. Questiono constantemente minhas escolhas. Mas a única outra opção é desistir totalmente da tarefa de construir. Tecnólogos não podem ser arquitetos distantes e desconectados do futuro, dando ouvidos apenas a si mesmos. Sem críticos externos e internos, o dilema nos atingirá inexoravelmente. Com eles, há uma chance maior de construirmos tecnologias que não prejudiquem ainda mais o Estado-nação, tenham menor propensão às falhas catastróficas e não ajudem a aumentar as chances de distopias autoritárias. Há dez anos, a indústria tecnológica também era monocultural, em todos os sentidos da palavra. Isso começou a mudar, e agora há mais diversidade intelectual que nunca antes, incluindo mais vozes críticas, éticas e humanistas no próprio processo de desenvolvimento.

Quando cofundei a DeepMind, inserir preocupações com segurança e ética no tecido essencial de uma empresa tecnológica parecia novidade. Até empregar a palavra "ética" nesse contexto me rendeu olhares universalmente estranhos; hoje, em contraste, ela infelizmente corre o risco de se tornar outro clichê excessivamente usado. Mesmo assim, ela levou a mudanças reais, criando oportunidades significativas de discussão e contestação. É promissor o fato de a pesquisa sobre ética na IA ter se ampliado — as publicações cresceram cinco vezes desde 2014.[23] Do lado da indústria, esse crescimento é ainda mais rápido; a pesquisa sobre IAs éticas com afiliações industriais aumenta 70% todos os anos. Outrora, teria sido estranho encontrar filósofos morais, cientistas políticos e antropólogos culturais trabalhando com tecnologia; hoje, nem tanto. Mas um grande déficit de perspectivas não técnicas e vozes diversas na discussão ainda é muito comum: a tecnologia contida é um projeto que requer todos os tipos de disciplinas e perspectivas.[24] Contratar proativamente, tendo isso em mente, é indispensável.

Em um mundo de incentivos arraigados e regulamentação falha, a tecnologia precisa de críticos não somente do lado de fora, mas em seu centro.

5. NEGÓCIOS: LUCRO + PROPÓSITO

O lucro impulsiona a próxima onda. Não há caminho para a segurança que não reconheça e enfrente esse fato. Quando se trata de tecnologias exponenciais como a IA e a biologia sintética, devemos encontrar modelos comerciais novos, responsáveis e inclusivos que incentivem tanto a segurança quanto o lucro. Deveria ser possível criar empresas mais bem adaptadas a conter a tecnologia por default. Eu e outros há muito fazemos experimentos com esse desafio, mas, até agora, os resultados foram mistos.

As corporações tradicionalmente possuem um único e inequívoco objetivo: retornos para os acionistas. Na maior parte dos casos, isso significa desenvolvimento desimpedido de novas tecnologias. Embora esse tenha sido um poderoso motor de progresso na história, ele é inadequado para conter a próxima onda. Acredito que descobrir maneiras de reconciliar lucro e propósito social em estruturas organizacionais híbridas é a melhor maneira de navegar os desafios à frente, mas fazer isso funcionar na prática é incrivelmente difícil.

Desde o início da DeepMind, foi importante para mim termos modelos de governança à altura de nosso objetivo final. Quando fomos comprados pelo Google em 2014, projetei um "conselho de ética e segurança" para supervisionar nossas tecnologias, e ele foi uma condição para a aquisição. Mesmo naquela época, percebemos que, se fôssemos bem-sucedidos em nossa missão de construir uma inteligência artificial verdadeiramente geral, isso liberaria uma força que estaria muito além do que uma única corporação poderia possuir e controlar. Queríamos garantir que o Google entendesse isso e se comprometesse a ampliar nossa governança para além dos tecnólogos. Em última análise, eu queria criar um fórum global e com múltiplas partes interessadas para decidir o que aconteceria à IAG quando ou se ela fosse criada, uma espécie de instituto mundial democrático para a IA. Parecia-me que, quanto mais poderosa fosse a tecnologia, mais importante seria ter múltiplas perspectivas controlando-a e tendo acesso a ela.

Após nossa aquisição pelo Google, meus cofundadores e eu passamos anos tentando inserir um estatuto ético na estrutura legal da empresa, argumentando interminavelmente sobre quanto desse estatuto poderia ser público, quanto mais o trabalho da DeepMind poderia ser sujeito à supervisão e ao escrutínio independentes. Nosso objetivo nessas discussões era sempre assegurar que tecnologia inédita encontrasse governança inédita. Nossa proposta era transformar a DeepMind em uma nova forma de "empresa de interesse global", com um conselho de curadores totalmente independente, separado e adicional ao conselho de diretores encarregado da direção operacional. Os membros, as decisões e mesmo alguns dos argumentos do conselho seriam mais públicos. Transparência, responsabilidade, ética — esses valores não seriam somente comunicação corporativa, mas valores basilares, legalmente vinculativos e inseridos em tudo que a empresa fizesse. Sentimos que isso nos permitiria trabalhar de maneira aberta, aprendendo proativamente como empresas podem ser administradoras resilientes, modernas e de longo prazo de tecnologias exponenciais.

Estabelecemos maneiras plausíveis para os lucros da IA serem reinvestidos em uma missão ética e social. A nova empresa seria "limitada por garantia", sem acionistas, mas com a obrigação de fornecer à Alphabet, a principal fundadora, uma licença tecnológica exclusiva. Como parte de sua missão social e científica, a DeepMind usaria grande parte de seus lucros para trabalhar em tecnologias de serviço público que poderiam só se tornar valiosas anos depois: captura e armazenagem de carbono, limpeza dos oceanos, robôs comedores de plásticos ou fusão nuclear. O acordo é que seríamos capazes de disponibilizar alguns de nossos principais avanços de forma aberta, assim como um laboratório acadêmico. A propriedade intelectual essencial ao negócio de busca do Google permaneceria com o Google, mas o restante estaria disponível para a missão social da DeepMind, trabalhando com novos medicamentos, melhor assistência médica, mudanças climáticas e outros. Isso significaria que os investidores seriam recompensados, mas também asseguraria que o propósito social estivesse no DNA legal da empresa.

Em retrospecto, isso foi demais para o Google naquele momento. Advogados foram contratados, anos de intensa negociação se seguiram, mas não parecia haver uma maneira de estabelecer a quadratura do círculo. No fim, não conseguimos encontrar uma resposta satisfatória para todo mundo. A DeepMind continuou a ser uma unidade normal no interior do Google, sem independência legal, operando como marca separada. Foi uma lição importante para mim: o capitalismo de acionistas funciona porque é simples e claro, e os modelos de governança também têm a tendência de serem simples e claros. No modelo de acionistas, as linhas de prestação de contas e acompanhamento do desempenho são quantificadas e muito transparentes. Pode ser possível projetar estruturas mais modernas em teoria, mas operá-las na prática é outra história.

Durante meu tempo no Google, continuei trabalhando em esforços experimentais para criar estruturas inovadoras de governança. Esbocei os princípios de IA do Google e fui parte da equipe que criou o conselho consultivo de ética da IA, composto de especialistas renomados e independentes das áreas legal, tecnológica e ética. O objetivo de ambos era dar os primeiros passos para criar um estatuto sobre a maneira como o Google lidaria com tecnologias de ponta como IA e computação quântica. Nossa ambição era convidar um grupo diversificado de partes interessadas a obter acesso privilegiado à fronteira técnica, oferecer feedback e fornecer perspectivas externas muito necessárias, vindas daqueles que estavam longe da excitação e do otimismo de construir novas tecnologias.

Mas o conselho se desmantelou dias após ser anunciado. Alguns funcionários do Google objetaram à nomeação de Kay Coles James, presidente da Heritage Foundation, uma think tank conservadora baseada em Washington. Ela fora nomeada juntamente com várias figuras da esquerda e do centro, mas rapidamente se iniciou uma campanha no interior do Google para que fosse removida. Formando uma coalizão com funcionários do Twitter, os ativistas indicaram que ela fizera várias observações transfóbicas e anti-LGBTQIA+ ao longo dos anos, tendo dito recentemente: "Se eles podem mudar a definição de mulheres para incluir homens, podem apagar os esforços para empoderar as mulheres econômica, social e politicamente."[25] Embora eu discorde de suas observações e posições políticas, defendi a decisão de convidá-la para o conselho, argumentando que todos os valores e perspectivas mereciam ser ouvidos. Afinal, o Google é uma empresa global com usuários globais, alguns dos quais podem partilhar dessa visão.

Muitos funcionários do Google e ativistas externos discordaram e, dias após o anúncio, publicaram uma carta aberta exigindo que James fosse removida do conselho. Funcionários e outros fizeram campanha nas universidades, tentando remover o financiamento de outros membros do conselho que se recusavam a renunciar, argumentando que sua participação só podia ser entendida como tolerância à transfobia. No fim, três membros renunciaram, e o esforço foi destruído por completo em menos de uma semana. A atmosfera política, infelizmente, foi demais para figuras públicas e uma empresa pública.

Novamente, minhas tentativas de repensar o mandato corporativo falharam, embora tenham gerado discussões e ajudado a colocar algumas questões difíceis na mesa, tanto na Alphabet quanto nos círculos políticos, acadêmicos e industriais mais amplos. Quais equipes e pesquisas são financiadas, quais produtos são testados, quais controles internos e revisões são instaurados, quanto escrutínio externo é apropriado, quais partes interessadas precisam ser incluídas — líderes seniores da Alphabet e de outros lugares começaram a ter essas conversas com frequência.

Nas empresas tecnológicas, as discussões sobre segurança da IA que pareciam marginais havia uma década agora se tornam rotineiras. A necessidade de equilibrar lucros, contribuições positivas e segurança de última linha é aceita, em princípio, por todos os principais grupos tecnológicos americanos. A despeito da imensa escala das recompensas oferecidas, empreendedores, executivos e funcionários deveriam continuar fazendo pressão e explorando formas corporativas que possam acomodar melhor o desafio da contenção.

Experimentos encorajadores estão em curso. O Facebook criou um conselho de supervisão independente, composto por ex-juízes, ativistas e especialistas acadêmicos, para aconselhar sobre a gestão da plataforma. O conselho recebeu críticas de todos os lados e, claramente, não "soluciona" o problema sozinho. Mas é importante elogiar esse esforço e encorajar o Facebook e outros a continuarem experimentando. Outro exemplo é o número crescente de corporações de utilidade pública e empresas B, que ainda são organizações com fins lucrativos, mas têm uma missão social inscrita em seus objetivos legalmente definidos. Empresas tecnológicas com fortes mecanismos de contenção e objetivos descritos como deveres fiduciários são o próximo passo. Há uma boa chance de mudança positiva aqui, dado o crescimento dessas estruturas corporativas alternativas (mais de 10 mil empresas agora usam a estrutura B).[26] Embora objetivos econômicos nem sempre se alinhem bem com tecnologias contidas, formas corporativas inovadoras tornam isso mais provável. Esse é o tipo de experimento de que necessitamos.

A contenção precisa de uma nova geração de corporações. Ela precisa que fundadores e aqueles que trabalham com tecnologia contribuam positivamente para a sociedade. Também precisa de algo mais difícil. Precisa de política.

6. GOVERNOS: SOBREVIVA, REFORME, REGULAMENTE

Problemas tecnológicos exigem soluções tecnológicas, como vimos, mas, sozinhas, elas nunca são suficientes. Também precisamos do Estado para prosperar. Todo esforço para escorar os Estados democráticos liberais e fortalecê-los contra os estressores deve ser apoiado. Os Estados-nações ainda controlam muitos elementos fundamentais da civilização: leis, fornecimento de dinheiro, taxação, forças militares e assim por diante. Isso será útil na tarefa à frente, quando eles precisarão criar e manter resilientes sistemas sociais, redes de bem-estar social, arquiteturas de segurança e mecanismos de governança capazes de sobreviver ao estresse severo. Mas eles também precisam saber, em detalhes, o que está acontecendo: neste momento, operam cegamente em meio a um furacão.

O físico Richard Feynman famosamente disse: "O que não posso criar, não entendo." Hoje, isso não poderia ser mais verdadeiro em relação aos governos e à tecnologia. Acho que o governo precisa se envolver muito mais, construindo tecnologias reais, estabelecendo padrões e estimulando as capacidades domésticas. Ele precisa competir por talentos e hardware no mercado aberto. Não há sombra de dúvida: isso é dispendioso, e os erros causarão desperdício. Mas governos proativos terão muito mais controle que se somente encomendarem serviços e usarem perícia terceirizada e tecnologia detida e operada por outros países.

A responsabilização é permitida pela profunda compreensão. A propriedade oferece controle. Ambas exigem que os governos ponham a mão na massa. Embora hoje as empresas tenham assumido a liderança, grande parte da pesquisa fundamental e mais especulativa ainda é financiada pelos governos.[27] Os gastos do governo federal americano com P&D são a mais baixa parcela do total de todos os tempos, somente 20%, mas ainda representam consideráveis 179 bilhões de dólares ao ano.

Essa é uma boa notícia. Investir em ciência, educação tecnológica e pesquisa e apoiar as empresas tecnológicas domésticas cria um loop de feedback positivo no qual os governos têm interesse direto na tecnologia de ponta, prontos para capitalizar benefícios e impedir danos.[28] Dito de modo simples, como parceiros igualitários na criação da próxima onda, os governos têm uma chance melhor de desviá-la na direção do interesse público geral. Possuir *muito* mais perícia técnica, mesmo a um custo considerável, é dinheiro bem gasto. Os governos não deveriam depender de consultores de gestão, colaboradores externos ou outros fornecedores. Funcionários respeitados, trabalhando em tempo integral e adequadamente compensados, com remunerações competitivas em relação ao setor privado, deveriam ser parte essencial da solução. Em vez disso, os salários do setor privado podem ser dez vezes maiores que os do setor público em papéis indispensáveis para o país: a situação é insustentável.[29]

Sua primeira tarefa seria monitorar e entender melhor os desenvolvimentos da tecnologia.[30] Os países precisam conhecer detalhadamente, por exemplo, que dados suas populações fornecem, onde e como são usados e o que significam; as administrações deveriam ter uma boa noção das últimas pesquisas, onde fica a fronteira, para onde está indo e como seus países podem maximizar as vantagens. Acima de tudo, elas precisam registrar todas as maneiras pelas quais as tecnologias podem causar danos — tabular cada vazamento em laboratório, ataque cibernético, viés de um modelo de linguagem, invasão de privacidade —, de maneira transparente ao público, para que todos possam aprender com as falhas e melhorar.

Essas informações então precisam ser usadas efetivamente pelo Estado, respondendo em tempo real aos problemas emergentes. Entidades próximas ao poder executivo, como o Gabinete de Políticas para a Ciência e a Tecnologia da Casa Branca, tornam-se cada vez mais influentes. Outras são necessárias: no século XXI, não faz sentido ter cargos no Gabinete para tratar de questões como economia, educação, segurança e defesa sem ter uma posição similarmente empoderada e democraticamente responsável para tratar de tecnologia. O secretário ou ministro de tecnologias emergentes ainda é uma raridade governamental. Não deveria ser; todo país deveria ter um na era da próxima onda.

A regulamentação, sozinha, não nos levará à contenção, mas qualquer discussão que não envolva regulamentação está fadada ao fracasso. A regulamentação deveria focar naqueles incentivos, alinhando melhor indivíduos, Estados, empresas e o público como um todo com a segurança e a proteção, ao mesmo tempo que aumenta a possibilidade de freios inflexíveis. Certos usos, como IA para fazer campanha eleitoral, deveriam ser proibidos por lei como parte do pacote.

As legislaturas começam a agir. Em 2015, praticamente não havia legislação sobre IA.[31] Mas 72 projetos de lei com a expressão "inteligência artificial" foram aprovados em todo o mundo desde 2019. O Observatório de IA da OCDE registra em sua base de dados nada menos que oitocentas políticas relacionadas a IA em sessenta países.[32] O projeto de lei sobre IA da União Europeia está cheio de problemas, mas há muito a ser elogiado em suas provisões, e ele representa o foco e a ambição corretos.

Em 2022, a Casa Branca publicou o esboço de uma Declaração de Direitos da IA com cinco princípios fundamentais, "para ajudar a guiar o projeto, o desenvolvimento e a implementação da inteligência artificial e outros sistemas automatizados, de modo que protejam os direitos do povo americano".[33] A declaração diz que os cidadãos devem ser protegidos de sistemas inseguros e inefetivos e do viés algorítmico. Ninguém deve ser forçado a se submeter a uma IA. Todo mundo tem o direito de dizer não. Esforços como esse devem ser amplamente apoiados e rapidamente implementados.

No entanto, a imaginação dos legisladores terá que estar à altura do escopo da tecnologia. O governo precisa ir além. Por razões compreensíveis, não permitimos que empresas construam ou operem reatores nucleares da maneira que quiserem. Na prática, o Estado está intimamente envolvido em todos os aspectos de sua existência, observando, licenciando e governando. Com o tempo, isso tende a se aplicar, como deveria, à tecnologia em geral. Hoje, qualquer um pode construir uma IA. Qualquer um pode montar um laboratório. Deveríamos nos mover para um ambiente mais licenciado. Isso produziria um conjunto mais claro de responsabilidades e mecanismos mais rígidos para revogar o acesso e remediar os danos causados por tecnologias avançadas. Os mais sofisticados sistemas de IA, sintetizadores e computadores quânticos deveriam ser produzidos somente por desenvolvedores certificados e responsáveis. Como parte de seu licenciamento, eles precisariam adotar padrões claros de segurança, seguir regras, realizar análises de risco, manter registros e monitorar as implementações. Assim como você não pode simplesmente lançar um foguete no espaço sem aprovação da Administração Federal de Aviação, você não deveria poder simplesmente lançar uma IA de última geração.

Diferentes regimes de licenciamento deveriam ser aplicados de acordo com o tamanho ou capacidade: quanto maior e mais capaz o modelo, mais exigentes os requerimentos da licença. Quanto mais geral o modelo, mais ele tende a ser uma ameaça séria. Isso significa que laboratórios de IA trabalhando nas capacidades mais fundamentais exigirão atenção especial. Adicionalmente, isso cria escopo para um licenciamento mais granular, se necessário, a fim de acomodar as especificidades do desenvolvimento: treinamento dos modelos, clusters de chips acima de dado tamanho, certos tipos de organismos.

A taxação também precisa ser completamente reformulada para financiar a segurança e o bem-estar social conforme passamos pela maior transição de valor — do trabalho para o capital — da história. Se a tecnologia criar perdedores, eles precisarão de compensação material. Hoje, nos Estados Unidos, a mão de obra é taxada em uma alíquota média de 25%, e equipamentos e softwares, em somente 5%.[34] O sistema foi projetado para deixar que o capital se reproduza sem atrito, em nome da criação de empresas prósperas. No futuro, a taxação precisará mudar a ênfase na direção do capital, não somente financiando uma redistribuição em benefício dos adversamente afetados, mas também criando uma transição mais lenta e justa. A política fiscal é uma válvula importante nessa transição, uma maneira de exercer controle sobre os gargalos e, ao mesmo tempo, aumentar a resiliência do Estado.

Isso deveria incluir alíquotas mais altas sobre antigas formas de capital, como terras, propriedades, ações de empresas e outros ativos menos líquidos de valor elevado, assim como um novo imposto sobre a automação e os sistemas automatizados. Isso às vezes é chamado de "imposto sobre os robôs";[35] os economistas do MIT argumentam que mesmo uma taxa moderada de 1 a 4% de seu valor teria grande impacto.[36] Uma mudança cuidadosamente calibrada que retirasse o fardo tributário do trabalho incentivaria a continuidade das contratações e diminuiria possíveis perturbações na vida doméstica. Créditos fiscais complementando as rendas mais baixas seriam uma proteção imediata contra a estagnação ou mesmo queda dos salários. Ao mesmo tempo, um maciço programa de retreinamento e educação prepararia as populações mais vulneráveis, aumentando a consciência sobre os riscos e oferecendo mais oportunidades de engajamento com as capacidades da onda. Uma renda básica universal (RBU) — ou seja, uma renda paga pelo Estado a cada cidadão, independentemente das circunstâncias — é frequentemente aventada como resposta às perturbações econômicas da próxima onda. No futuro, provavelmente haverá lugar para iniciativas como essa; no entanto, antes mesmo de chegarmos a ela, há muitas outras boas ideias.

Em uma era de IAs corporativas cada vez maiores, deveríamos começar a pensar em taxas de capital como essas sendo aplicadas às próprias corporações, não somente aos ativos ou lucros em questão.[37] Além disso, devem ser encontrados mecanismos para a taxação transfronteiriça dessas gigantes comerciais, assegurando que façam sua parte para manter o funcionamento das sociedades. Experimentos são encorajados aqui:

uma porção fixa do valor da empresa, por exemplo, paga como dividendo público, transferiria o valor de volta para a população em uma era de extrema concentração. No limite, há a questão central sobre quem possui o capital da próxima onda; uma IAG genuína não pode ser propriedade privada da mesma maneira que, digamos, um edifício ou uma frota de caminhões. Quando se trata de tecnologias que podem estender radicalmente o tempo de vida ou as capacidades humanas, claramente deve haver grande debate, desde o início, sobre sua distribuição.

Quem terá a capacidade de projetar, desenvolver e implementar tecnologias como essa será, em última análise, uma decisão governamental. As alavancas, instituições e perícias do governo terão que evoluir tão rapidamente quanto a tecnologia, um desafio geracional para todos os envolvidos. Uma era de tecnologia contida será, então, uma era de tecnologia extensa e inteligentemente regulamentada; não há dúvidas sobre isso. Mas, é claro, a regulamentação em um país possui uma falha inevitável. Nenhum governo nacional pode fazer isso sozinho.

7. ALIANÇAS: CHEGOU A HORA DOS TRATADOS

Armas de laser parecem ficção científica. Infelizmente, não são. Quando a tecnologia do laser começou a se desenvolver, ficou claro que ele podia causar cegueira. Usado como arma, poderia incapacitar forças adversárias ou, aliás, qualquer alvo. Uma nova e excitante tecnologia civil mais uma vez criou a perspectiva de horríveis modos de ataque (embora, até agora, não à maneira de *Star Wars*). Ninguém quer exércitos ou gangues andando por aí com lasers cegantes.

Felizmente, não aconteceu. Seu uso foi considerado ilegal pelo Protocolo de Armas Cegantes a Laser de 1995, uma atualização da Convenção sobre Certas Armas Convencionais que proibia o uso de "armas a laser especificamente projetadas, como única ou uma de suas funções de combate, para causar cegueira permanente à visão não aprimorada".[38] Cento e vinte e seis países assinaram o protocolo. Como resultado, armas de laser não são parte importante dos equipamentos militares nem são encontradas comumente nas ruas.

É verdade que lasers cegantes não são o tipo de tecnologia omniuso de que falamos neste livro. Mas são evidência de que uma proibição rigorosa pode funcionar. Alianças delicadas e cooperação internacional podem ser mantidas, e podem mudar a história.

Considere os seguintes exemplos, alguns dos quais já discutimos: o Tratado de Não Proliferação de Armas Nucleares; o Protocolo de Montreal, que proibiu os CFCs; a invenção, teste e produção da vacina contra a poliomielite ignorando as divisões da Guerra Fria; a Convenção sobre Armas Biológicas, um tratado de desarmamento que efetivamente baniu as armas biológicas; a proibição de bombas de fragmentação, minas terrestres, edição genética de seres humanos e políticas de eugenia; o Acordo de Paris, visando a limitar as emissões de carbono e os piores impactos das mudanças climáticas; o esforço global para erradicar a varíola; o fim do chumbo na gasolina; e o fim do uso do amianto.

Os países gostam tanto de abrir mão do poder quanto as empresas gostam de abrir mão do lucro, mas esses são precedentes com os quais podemos aprender, centelhas de esperança em um cenário tomado pela competição tecnológica ressurgente. Cada um desses tratados teve condições e desafios específicos que tanto os ajudaram a acontecer quanto impediram seu perfeito cumprimento. Mas cada um deles, crucialmente, é um precioso exemplo de nações do mundo se unindo e aceitando compromissos em face de um grande desafio, oferecendo dicas e estruturas para lidar com a próxima onda. Se um governo quisesse banir a biologia sintética ou as aplicações de IA, seria capaz? Claramente, não, a não ser de forma parcial e frágil. Mas uma aliança poderosa e motivada? Talvez.

Diante do abismo, a geopolítica pode mudar rapidamente. Nas garras da Segunda Guerra Mundial, a paz devia parecer um sonho. Enquanto os exaustos Aliados continuavam a lutar, poucos no campo de batalha podiam imaginar que, somente alguns anos depois, seus governos investiriam bilhões para reconstruir seus inimigos. Que, a despeito de crimes de guerra medonhos e genocidas, Alemanha e Japão em breve se tornariam partes fundamentais de uma aliança mundial estável. Em retrospecto, parece vertiginoso. Somente alguns anos separam as balas, a amargura e as praias da Normandia e de Iwo Jima de uma sólida parceria militar e comercial, uma profunda amizade que dura até hoje e o maior programa de ajuda externa já tentado.

No auge da Guerra Fria, contatos de alto nível eram mantidos a despeito das severas tensões. No evento de algo como uma IAG descontrolada ou um grande risco biológico, esse tipo de coordenação de alto nível será crítico, mas, conforme a nova Guerra Fria toma forma, as divisões crescem. Ameaças catastróficas são inatamente globais e deveriam ser enfrentadas com consenso internacional. As regras que terminam nas fronteiras nacionais obviamente são insuficientes. Embora todos os países tenham interesse no avanço dessas tecnologias, eles também têm bons motivos para restringir suas piores consequências. Então como serão o Tratado de Não Proliferação, o Protocolo de Montreal, o Acordo de Paris da próxima onda?

As armas nucleares são uma exceção parcialmente porque são tão difíceis de construir, mas não só por isso: as longas e pacientes horas de discussão, as décadas de minuciosas negociações de tratados na ONU, a colaboração internacional mesmo em épocas de extrema tensão, tudo isso faz diferença quando se trata de mantê-las sob controle. Há componentes tanto morais quanto estratégicos na contenção nuclear. Negociar e cumprir tais acordos jamais foi fácil, ainda mais em uma era de competição entre grandes potências. Consequentemente, os diplomatas desempenham um papel subestimado na contenção da tecnologia. Uma era dourada de tecnodiplomacia precisa emergir da era das corridas armamentistas. Muitos com quem falei na comunidade diplomática estão agudamente conscientes disso.

As alianças, porém, também podem funcionar no nível dos tecnólogos ou de entidades subnacionais, decidindo coletivamente o que financiar e do que se afastar. Um bom exemplo aqui vem da edição de genes da linha germinal. Um estudo com 106 países descobriu que a regulamentação da edição genética da linha germinal é irregular.[39] A maioria dos países tem algum tipo de regulamentação ou diretrizes políticas, mas há consideráveis divergências e furos. Isso não resulta em uma estrutura global para uma tecnologia de escopo global. O método mais efetivo até agora é a colaboração internacional de cientistas na linha de frente. Após a primeira edição genética de seres humanos, uma carta assinada por luminares como Eric Lander, Emmanuelle Charpentier e Feng Zhang pediu uma "moratória global de todos os usos clínicos da edição da linha germinal humana, isso é, a modificação de DNA hereditário (em espermatozoides, óvulos ou embriões) para criar crianças geneticamente modificadas" e "uma estrutura internacional na qual as nações, retendo o direito de tomarem suas próprias decisões, voluntariamente se comprometam a não aprovar o uso da edição clínica da linha germinal, a menos que certas condições sejam cumpridas".[40]

Eles não estão pedindo uma proibição permanente, não estão banindo a edição da linha germinal para fins de pesquisa e não estão dizendo que toda nação deve seguir o mesmo caminho. Estão pedindo que os praticantes dediquem algum tempo para se harmonizarem e tomarem as decisões certas. Um número suficiente de pessoas na vanguarda ainda pode fazer a diferença, criando espaço para a pausa, ajudando a criar uma base para que nações e entidades internacionais se unam e encontrem o caminho.

No começo deste capítulo, discuti os atritos entre Estados Unidos e China. A despeito de suas diferenças, ainda há lugares óbvios para a colaboração entre as duas potências rivais. A biologia sintética é um ponto de partida melhor que a IA, graças ao nível mais baixo de competição e à óbvia destruição mutuamente assegurada de novas ameaças biológicas. O projeto SecureDNA é um bom exemplo, criando um caminho para governar a biologia sintética similar ao usado para restringir as armas químicas. Se China e Estados Unidos pudessem criar, digamos, um observatório de risco biológico, englobando tudo, de P&D a aplicações comerciais já em uso, essa seria uma preciosa área a partir da qual expandir a colaboração.

China e Estados Unidos também compartilham o interesse em restringir a cauda longa dos atores nocivos. Dado que um Aum Shinrikyo poderia vir de qualquer lugar, ambos os países estão ansiosos para restringir a disseminação descontrolada das tecnologias mais poderosas do mundo. Atualmente, China e Estados Unidos têm dificuldades para definir padrões tecnológicos. Mas uma abordagem compartilhada seria boa para ambos, pois padrões diferentes dificultam as coisas para todo mundo. Outro ponto de comunalidade pode ser a manutenção dos sistemas criptográficos em face dos avanços da computação quântica e do aprendizado de máquina, que podem miná-los. Ambos poderiam pavimentar o caminho para compromissos mais amplos. Conforme o século avança, a lição da Guerra Fria terá que ser reaprendida: não há caminho para a segurança tecnológica que não envolva trabalhar com seus adversários.

Para além de encorajar iniciativas bilaterais, a coisa óbvia nesse estágio é propor a criação de algum tipo de instituição global devotada à tecnologia. Já ouvi muitas e muitas vezes: por que não temos um Banco Mundial para a biotecnologia ou uma ONU para a IA? Uma colaboração internacional segura não seria a melhor maneira de abordar uma questão tão assustadora e complexa quanto a IAG? Quem é o árbitro final, o credor de última instância, por assim dizer, a entidade que, ao ouvir a pergunta "Quem controla a tecnologia?", irá levantar a mão?

Nossa geração precisa de algo equivalente ao tratado nuclear para modelar uma abordagem comum em todo o mundo — nesse caso, não para impedir totalmente a proliferação, mas para impor limites e construir estruturas de gestão e mitigação que, como a onda, cruzem fronteiras. Isso criaria limites claros ao trabalho sendo realizado, mediaria esforços nacionais de licenciamento e criaria uma estrutura para revisar ambos.

Há claro espaço para uma nova entidade ou entidades nas questões técnicas. Um regulador dedicado que navegue geopolíticas contenciosas (tanto quanto possível), evite excessos e cumpra uma função pragmática de monitoramento segundo critérios objetivos é urgentemente necessário. Pense em algo como a Agência Internacional de Energia Atômica ou mesmo uma entidade comercial como a Associação Internacional de Transporte Aéreo. Em vez de ter uma organização que regule, construa ou controle a tecnologia diretamente, eu começaria com algo como uma Autoridade de Auditoria da IA, a AAI. Focada na descoberta de fatos, na auditoria de modelos e nos limites de capacidades, a AAI aumentaria a transparência global na fronteira tecnológica, fazendo perguntas como: o sistema dá sinais de possuir capacidade de autoaprimoramento? Pode especificar seus próprios objetivos? Pode adquirir mais recursos sem supervisão humana? Foi deliberadamente treinado para enganar ou manipular? Comissões similares de auditoria poderiam operar em quase todas as áreas da onda e, novamente, formariam uma base para os esforços governamentais de licenciamento, ao mesmo tempo ajudando a fazer pressão por um tratado de não proliferação.

O duro realismo tem muito mais chances de sucesso que propostas vagas e improváveis. Não precisamos reinventar totalmente a roda institucional, criando mais oportunidades de rivalidade e exibição. Precisamos somente encontrar todas as maneiras possíveis de aprimorá-la — rapidamente.

8. CULTURA: ACEITANDO RESPEITOSAMENTE AS FALHAS

O fio comum aqui é a governança: de sistemas de software, microchips, empresas, institutos de pesquisa, países e da comunidade internacional. Em cada nível, há um matagal de incentivos, custos ocultos, inércia institucional, feudos e visões de mundo conflitantes que precisa ser atravessado. Não se engane. Ética, segurança e contenção serão, acima de tudo, produtos da boa governança. Mas a boa governança não vem somente de regras bem definidas e estruturas institucionais efetivas.

Nos primeiros dias dos motores a jato, na década de 1950, acidentes — e fatalidades — eram preocupantemente comuns. No início da década de 2010, houve somente uma morte a cada 7,4 milhões de passageiros embarcados.[41] Atualmente, anos se passam sem que haja qualquer acidente fatal envolvendo uma aeronave comercial americana. Voar é o modo mais seguro de transporte: ficar sentado no céu a 35 mil pés de altitude é mais seguro que ficar sentado no sofá de casa.

O impressionante histórico de segurança das empresas aéreas se deve a numerosas e incrementais melhorias técnicas e operacionais ao longo dos anos. Mas, por trás delas, há algo igualmente importante: cultura. A indústria da aviação tem uma abordagem vigorosa de aprender com os erros em todos os níveis. Quedas não são somente acidentes trágicos a se lamentar, mas experiências de aprendizado fundamentais para determinar como os sistemas falham; oportunidades de diagnosticar problemas, consertá-los e partilhar o conhecimento com toda a indústria. As melhores práticas, portanto, não são segredos corporativos, uma vantagem sobre empresas rivais; elas são entusiasticamente implementadas pelas competidoras, em nome dos interesses comuns da indústria: confiança e segurança.

É isso que se faz necessário em relação à próxima onda: adesão real, instintiva, de todos os envolvidos com tecnologias fronteiriças. É muito bom criar e promover iniciativas e políticas de ética e segurança, mas você precisa que as pessoas envolvidas realmente acreditem nelas.

Embora a indústria tecnológica fale muito de "aceitar as falhas", ela raramente o faz quando se trata de privacidade, segurança ou falhas técnicas. Lançar um produto que não faz sucesso é uma coisa, mas criar um modelo de linguagem que leva a um apocalipse de desinformação ou um medicamento que causa reações adversas é muito mais desconfortável. As críticas à tecnologia são, por boas razões, implacavelmente violentas. A competição também. Uma consequência disso é que, assim que uma nova tecnologia ou produto dá errado, uma cultura de segredo se instaura. A abertura e a confiança mútua que caracterizam partes do processo de desenvolvimento se perdem. As oportunidades de aprendizado e difusão do conhecimento desaparecem. Até mesmo admitir erros, abrir as comportas, é visto como risco, como gafe corporativa.

O medo do fracasso e do opróbio público está conduzindo à estase. Relatar problemas imediatamente deveria ser o comportamento padrão de indivíduos e organizações. Mas, em vez de serem elogiadas pela experimentação, empresas e equipes são punidas. Fazer a coisa certa gera somente uma reação violenta de cinismo, guerra verbal no Twitter e brutais correções públicas. Por que alguém admitiria erros nesse contexto? Isso precisa parar se quisermos produzir tecnologias melhores, mais responsáveis e controláveis.

Aceitar as falhas deveria ser real, não uma frase de efeito. Para começar, ser totalmente aberto sobre elas mesmo em tópicos desconfortáveis deveria gerar elogios, não insultos. A primeira coisa que uma empresa tecnológica deveria fazer ao encontrar qualquer tipo de risco, desvantagem ou modo de falha é comunicar isso, de maneira segura, ao mundo todo. Quando há um vazamento em um laboratório, a primeira coisa que deve fazer é tornar esse fato público, não ocultá-lo. A primeira coisa que outros atores no mesmo espaço — empresas, grupos de pesquisa, governos — precisam fazer então é ouvir, refletir, oferecer apoio e, crucialmente, aprender e implementar ativamente esse aprendizado. Essa atitude salvou muitos milhares de vidas no céu. Poderia salvar milhões mais em anos futuros.

A contenção não pode ser somente sobre esta ou aquela política, checklist ou iniciativa. É preciso garantir que haja uma cultura de autocrítica que queira ativamente implementá-las, que aceite ter reguladores na sala, no laboratório, uma cultura na qual os reguladores queiram aprender com os tecnólogos e vice-versa. Ela precisa que todo mundo a deseje, a assuma, a adore. De outro modo, a segurança continuará sendo uma reflexão tardia. Entre muitos, e não somente na área de IA, há a sensação de que somos "apenas" pesquisadores, "somente" explorando e experimentando. Esse não é o caso há anos, e é um excelente exemplo de onde uma mudança de cultura se faz necessária. Os pesquisadores precisam ser encorajados a recuar da pressa constante de publicar. O conhecimento é um bem público, mas esse não deveria mais ser o padrão. Aqueles que realizam pesquisas fronteiriças precisam ser os primeiros a reconhecer isso, como seus pares nas áreas da física nuclear e da virologia já fizeram. Em IA, capacidades como autoaprimoramento recursivo e autonomia são limites que, em minha opinião, não devemos cruzar. Isso terá componentes técnicos e legais, mas também precisará de adesão moral, emocional e cultural das pessoas e organizações mais proximamente envolvidas.

Em 1973, um dos inventores da engenharia genética, Paul Berg, reuniu um grupo de cientistas na península de Monterey, na Califórnia. Ele começara a se preocupar com o que sua invenção poderia suscitar e queria estabelecer algumas regras e fundamentos morais antes de prosseguir. No centro de conferências de Asilomar, eles fizeram as perguntas difíceis geradas pela nova disciplina: devemos começar a modificar geneticamente os seres humanos? Se sim, que traços serão permissíveis? Dois anos depois, eles retornaram em números ainda maiores para a Conferência de Asilomar sobre DNA Recombinante. As apostas no hotel à beira-mar eram altas. Foi um ponto de virada para as ciências biológicas, estabelecendo princípios duráveis para governar a pesquisa e a tecnologia genéticas e criar diretrizes e limites morais para os experimentos que seriam realizados.

Compareci a uma conferência em Porto Rico em 2015 que tinha o objetivo de fazer algo similar em relação à IA. Reunindo um grupo misto, a conferência queria aumentar o perfil de segurança da IA, começar a construir uma cultura de cautela e esboçar respostas reais. Nós nos reunimos novamente em 2017, no simbólico balneário de Asilomar, para criar um conjunto de princípios de IA que eu, juntamente com muitos outros do campo, assinamos.[42] Eles falavam de construir uma cultura explicitamente responsável de pesquisa de IA e inspiraram várias outras iniciativas. Enquanto a onda continuar aumentando, precisaremos retornar conscientemente, uma vez após a outra, ao espírito — e à letra — de Asilomar.

Durante milênios, o juramento hipocrático tem sido o guia moral da profissão médica. Em latim, *Primum non nocere*. Primeiro, não prejudicar. O vencedor do prêmio Nobel da Paz e cientista britânico-polonês Joseph Rotblat, um homem que abandonou Los Alamos por questões de consciência, argumentou que os cientistas precisam fazer algo similar. Ele acreditava que a responsabilidade social e moral não era algo que qualquer cientista jamais pudesse deixar de lado.[43] Eu concordo, e deveríamos considerar uma versão contemporânea para tecnólogos: perguntar não somente o que "não prejudicar" significa na era de algoritmos globais e genomas editados, mas também como isso pode ser colocado em prática diariamente, em circunstâncias que frequentemente são moralmente ambíguas.

Princípios precautórios como esse são um bom primeiro passo. Faça uma pausa antes de construir, antes de publicar, revise tudo e pense nos impactos de segunda, terceira, enésima ordem. Encontre todas as evidências e as analise friamente. Corrija incansavelmente o curso. Esteja disposto a parar. Faça tudo isso não somente porque está escrito em algum manual, mas porque é a coisa certa a fazer, é o que tecnólogos fazem.

Ações como essa não podem operar somente como leis ou mantras corporativos. Leis são somente nacionais, mantras corporativos são transitórios, muito frequentemente cosméticos. Elas precisam operar em um nível mais profundo, no qual a cultura da tecnologia não seja somente a "mentalidade dos engenheiros", de vamos fazer e ver no que dá, mas algo mais cauteloso, mais curioso sobre o que pode acontecer. Uma cultura saudável é uma cultura que não se importa de deixar alguns frutos na árvore, dizer não, postergar os benefícios até que sejam seguros, uma na qual os tecnólogos lembram que a tecnologia é somente o meio para um fim, não o próprio fim.

9. MOVIMENTOS: O PODER DAS PESSOAS

Em todo este livro, a palavra "nós" foi usada. Podia se referir ao autor e ao coautor, aos pesquisadores e empreendedores de IA, à comunidade científica e tecnológica mais ampla, ao Ocidente ou à soma total da humanidade. (Estar diante de tecnologias integralmente globais e com o potencial de alterar nossa espécie é uma das poucas ocasiões em que falar sobre "nós, os seres humanos" é realmente justificado.)

Quando as pessoas falam sobre tecnologia — inclusive eu mesmo —, elas frequentemente usam um argumento como o que se segue. Como *nós* construímos a tecnologia, *nós* podemos solucionar os problemas que ela cria.[44] Isso é verdade no sentido mais amplo. Mas o problema é que não existe um "nós" funcional aqui. Não há consenso e nenhum mecanismo acordado para formar consenso. Na verdade, não há "nós", e certamente nenhuma alavanca que "nós" possamos empurrar. Isso deveria ser óbvio, mas merece ser repetido. Mesmo o presidente dos Estados Unidos tem poderes notavelmente limitados para alterar o curso, digamos, da internet.

Em vez disso, incontáveis atores dispersos trabalham, às vezes juntos, às vezes em objetivos opostos. Empresas e nações, como vimos, têm prioridades divergentes e incentivos fraturados, conflitantes. Em geral, preocupações com tecnologia como as delineadas neste livro são atividade da elite, assunto para a sala VIP do aeroporto, para editoriais de publicações *bien-pensants* ou tópicos de apresentações em Davos ou no TED. A maioria da humanidade ainda não se preocupa com essas coisas de maneira sistemática. Fora do Twitter, fora da bolha, a maioria das pessoas tem preocupações muito diferentes, outros problemas exigindo atenção em um mundo frágil. A comunicação em torno da IA nem sempre ajuda, tendendo a decair em narrativas simplistas.[45]

Assim, se atualmente a invocação do grande "nós" é sem sentido, ela gera um seguimento óbvio: vamos construir um. Ao longo da história, mudanças ocorreram porque pessoas trabalharam conscientemente para isso. A pressão popular criou novas normas. A abolição da escravidão, o voto das mulheres, os direitos civis foram grandes conquistas morais que se tornaram realidade porque as pessoas lutaram, construindo coalizões de bases amplas que levaram uma grande reivindicação a sério e então promoveram mudanças baseadas nela. O clima não foi colocado no mapa somente porque as pessoas notaram que as condições do tempo estavam mais extremas. Elas notaram porque ativistas e cientistas e, mais tarde, (alguns) escritores, celebridades, CEOs e políticos criaram agitação em busca de mudanças. E eles agiram movidos pelo desejo de fazer a coisa certa.

As pesquisas mostram que, quando o tópico das tecnologias emergentes e seus riscos é apresentado, as pessoas realmente se importam e querem encontrar soluções.[46] Embora muitos dos danos ainda estejam distantes, acredito que as pessoas são perfeitamente capazes de entender a situação. Ainda não encontrei ninguém que tivesse assistido ao vídeo do cachorro robô da Boston Dynamics ou considerado a perspectiva de outra pandemia sem estremecer de medo.

Aqui está um grande papel para os movimentos populares. Nos últimos cinco anos, mais ou menos, um novo movimento da sociedade civil começou a enfatizar esses problemas. Mídia, sindicatos, organizações filantrópicas e campanhas de base estão se envolvendo, proativamente buscando maneiras de criar tecnologia contida. Espero que minha geração de fundadores e criadores energize esses movimentos, em vez de ficar em seu caminho. Entrementes, assembleias de cidadãos oferecem um mecanismo para incluir um grupo mais amplo na conversa.[47] Uma proposta é realizar uma loteria, a fim de escolher uma parcela representativa da população para debater e apresentar propostas para gerir essas tecnologias. Tendo acesso a ferramentas e conselhos, essa seria uma maneira de tornar a contenção um processo coletivo, atento e realista.

A mudança ocorre quando as pessoas a exigem. O "nós" que constrói tecnologia é disperso, sujeito a um conjunto de diferentes e conflitantes incentivos nacionais, comerciais e de pesquisa. Quanto mais o "nós" que está sujeito à tecnologia falar claramente em uma única voz, uma massa pública e crítica causando agitação em nome da mudança, exigindo um alinhamento de abordagens, melhor a chance de bons resultados. Qualquer um, em qualquer lugar, pode fazer a diferença. Fundamentalmente, nem tecnólogos nem governos solucionarão esse problema sozinhos. Mas, todos juntos, talvez "nós" possamos.

10. O CAMINHO ESTREITO: A ÚNICA SAÍDA É ATRAVÉS DELE

Somente alguns dias após o lançamento do GPT-4, milhares de cientistas assinaram uma carta aberta pedindo uma moratória de seis meses da pesquisa de modelos mais poderosos de IA. Citando os princípios de Asilomar, eles citaram razões familiares para aqueles lendo este livro: "Nos últimos meses, os laboratórios de IA se envolveram em uma corrida descontrolada para desenvolver e lançar mentes digitais cada vez mais poderosas que ninguém — nem mesmo seus criadores — consegue entender, prever ou confiavelmente controlar."[48] Pouco tempo depois, a Itália baniu o ChatGPT. Uma queixa contra os LLMs foi apresentada à Comissão Federal de Comércio, pedindo controle regulatório muito mais rígido.[49] Perguntas sobre os riscos da IA foram feitas durante o briefing à imprensa na Casa Branca. Milhões de pessoas discutiram os impactos da tecnologia — no trabalho, à mesa de jantar.

Algo está crescendo. Não é a contenção, mas, pela primeira vez, as questões da próxima onda estão sendo tratadas com a urgência que merecem.

Cada uma das ideias delineadas até agora representa o início de um quebra-mar, uma hesitante barreira começando com as especificidades da própria tecnologia e se expandindo até o imperativo de formar um maciço movimento global em nome da mudança positiva. Nenhuma dessas medidas funciona sozinha. Mas, agrupadas, elas formam os primeiros contornos da contenção.

Um bom exemplo vem do biotecnólogo do MIT Kevin Esvelt.[50] Poucas pessoas consideraram as ameaças biológicas mais detalhadamente que ele. Aqueles patógenos sob medida projetados para causar o máximo possível de fatalidades? Kevin está determinado a usar todas as ferramentas possíveis para impedir que sejam criados. Seu programa é uma das mais holísticas estratégias de contenção existentes. E foi construído em torno de três pilares: retardar, detectar, defender.

Para retardar, ele ecoa a linguagem da tecnologia nuclear, propondo um "tratado de proibição de testes pandêmicos", um acordo internacional para impedir a manipulação dos materiais mais patogênicos. Quaisquer experimentos que aumentassem seriamente o risco de evento pandêmico, incluindo pesquisas de ganho de função, seriam proibidos. Ele também defende um regime inteiramente novo de seguros e responsabilização para qualquer um trabalhando com vírus ou outros materiais biológicos potencialmente prejudiciais. Isso aumentaria os custos da responsabilidade de maneira imediatamente tangível ao literalmente incluir consequências pouco prováveis, mas catastróficas — atualmente externalidades negativas suportadas por todos os outros — no preço da pesquisa. Não somente as instituições conduzindo pesquisas potencialmente perigosas teriam que fazer seguros adicionais, como uma lei de gatilho significaria que o causador de um grande risco biológico ou evento catastrófico se tornaria legalmente responsável.

A análise do DNA de todos os sintetizadores é imprescindível e, além disso, todo o sistema deveria ser baseado em nuvem, para poder ser atualizado em tempo real, de acordo com ameaças recém-compreendidas ou emergentes. A rápida detecção de um surto é igualmente importante nesse esquema, especialmente para patógenos sutis com longos períodos de encubação. Pense em uma doença dormente durante anos. Se você não sabe que ela existe, não pode contê-la.

Então, se o pior acontecer, defender. Países resilientes e preparados são vitais: as pandemias mais extremas tornariam difícil manter o fornecimento de alimentos, energia, água, lei e ordem e assistência médica. Ter estoque de equipamentos de proteção individual de excelente qualidade para todos os trabalhadores essenciais faria imensa diferença. Assim como fortes linhas de suprimento de equipamentos médicos capazes de suportar um choque sério. Aquelas lâmpadas de baixo comprimento de onda que podem destruir vírus? Elas precisam estar *por toda parte* antes de a pandemia começar ou, no mínimo, prontas para serem distribuídas.

Junte todos esses elementos e você terá um esboço de algo à altura da próxima onda.

1. Segurança técnica	Medidas técnicas concretas para aliviar possíveis danos e manter o controle.
2. Auditorias	Uma maneira de assegurar a transparência e a responsabilização da tecnologia.
3. Gargalos	Alavancas para retardar o desenvolvimento e ganhar tempo para os reguladores e as tecnologias defensivas.
4. Criadores	Garantir que desenvolvedores responsáveis insiram controles apropriados na tecnologia, desde o início.
5. Empresas	Alinhar os incentivos das organizações por trás da tecnologia com sua contenção.
6. Governo	Apoiar os governos, permitindo que construam tecnologia, regulamentem a tecnologia e implementem medidas de mitigação.
7. Alianças	Criar um sistema de cooperação internacional para harmonizar leis e programas.
8. Cultura	Uma cultura de compartilhar aprendizados e falhas, a fim de disseminar rapidamente os meios de lidar com eles.
9. Movimentos	Tudo isso precisa de input público em todos os níveis, incluindo pressionar cada componente e obrigá-lo a prestar contas.

O passo 10 é sobre *coerência*, assegurando que cada elemento funcione em harmonia com os outros, que a contenção seja um círculo virtuoso de medidas mutuamente reforçadoras, e não uma cacofonia cheia de falhas formada por programas rivais. Nesse sentido, a contenção não se limita a esta ou àquela sugestão específica, sendo um fenômeno coletivo que surge de sua interação, um subproduto de sociedades que aprendem a gerir e mitigar os riscos criados pelo *Homo technologicus*. Ações isoladas não funcionarão, seja com patógenos, computadores quânticos ou IA, mas um esquema como esse ganha força com a cuidadosa soma de contramedidas integradas, com grade de segurança sobre grade de segurança, dos tratados internacionais ao reforço da cadeia de suprimentos de novas tecnologias de proteção. Propostas como "retardar, detectar e defender", além disso, não são estados finais, destinações. A segurança, no contexto da próxima onda, não é um lugar aonde chegamos, mas algo que precisamos continuamente praticar.

A contenção não é uma parada de descanso. É um caminho estreito e infinito.

O economista Daron Acemoglu e o cientista político James Robinson compartilham a visão de que as democracias liberais são muito menos seguras do que podem parecer.[51] Eles veem o Estado como um "leviatã acorrentado" e inerentemente instável: vasto e poderoso, mas imobilizado por normas e sociedades civis persistentes. Ao longo do tempo, países como os Estados Unidos entraram no que eles chamam de "corredor estreito", que os mantêm em precário equilíbrio. De ambos os lados do corredor, há armadilhas. De um lado, o poder do Estado supera o poder da sociedade mais ampla e a domina completamente, criando leviatãs despóticos como a China. De outro, o Estado se desintegra, produzindo leviatãs ausentes, zumbis sem controle real sobre a sociedade, como a Somália ou o Líbano. Ambos têm consequências terríveis para suas populações.

O argumento de Acemoglu e Robinson é o de que o Estado caminha constantemente por esse corredor. A qualquer momento, ele pode cair. Para cada aumento de sua capacidade, é necessário um aumento correspondente na capacidade social, a fim de equilibrá-lo. Existe uma pressão constante na direção de leviatãs despóticos, que precisa ser contida por uma contrapressão igualmente constante. Não há destinação final, nenhuma existência feliz, segura e contínua no fim do corredor; trata-se de um espaço dinâmico e instável no qual elites e cidadãos contestam resultados e, a qualquer momento, o leviatã acorrentado pode cair ou se tornar despótico. A segurança consiste em avançar milímetro a milímetro e manter cuidadosamente o equilíbrio.

Acho que essa metáfora também se aplica à maneira como abordamos a tecnologia, e não somente porque o argumento é o de que a tecnologia torna esse equilíbrio muito mais precário. A tecnologia segura e contida, assim como a democracia liberal, não é um estado final; é um processo continuado, um delicado equilíbrio que deve ser ativamente mantido, defendido e protegido. Não há um momento no qual poderemos dizer "Solucionamos o problema de proliferação da tecnologia!". Em vez disso, precisamos encontrar uma maneira de viver com ela, garantindo que um número suficiente de pessoas esteja comprometido em manter o eterno equilíbrio entre abertura e fechamento.

Em vez de um corredor, que implica uma direção clara de viagem, imagino a contenção como um caminho estreito e traiçoeiro, envolvido na névoa, com um precipício profundo de cada lado e a catástrofe ou a distopia a um pequeno escorregão de distância; você não consegue ver muito à frente e, conforme avança, o caminho serpenteia e produz obstáculos inesperados.

De um lado, a total abertura à experimentação e ao desenvolvimento é uma receita para a catástrofe. Se todos no mundo pudessem brincar com bombas nucleares, em algum momento teríamos uma guerra nuclear. O código aberto foi um bônus para o desenvolvimento tecnológico e um grande impulsionador do progresso de modo geral. Mas não é uma filosofia apropriada para modelos poderosos de IA ou organismos sintéticos; aqui, deveria ser banido. Eles não deveriam ser compartilhados, que dirá implementados ou desenvolvidos, sem o devido e rigoroso processo.

A segurança depende de as coisas não falharem e não caírem em mãos erradas, nunca. Algum nível de policiamento da internet, dos sintetizadores de DNA, dos programas de pesquisa de IAG e assim por diante será essencial. É doloroso escrever isso. Aos vinte e poucos anos, eu tinha uma posição maximizadora da privacidade, acreditando que espaços de comunicação e trabalho completamente livres de supervisão eram direitos fundamentais e partes importantes de uma democracia saudável. Ao longo dos anos, porém, conforme os argumentos se tornavam mais claros e a tecnologia cada vez mais desenvolvida, atualizei essa visão. Simplesmente não é aceitável criar situações nas quais a ameaça de resultados catastróficos esteja sempre presente. Inteligência, vida e poder não são brinquedos, e devem ser tratados com o respeito, o cuidado e o controle que merecem. Tecnólogos e o público em geral terão que aceitar níveis mais altos do que nunca de supervisão e regulamentação. Assim como a maioria de nós não gostaria de viver em sociedades sem leis ou polícia, a maioria de nós tampouco quer viver em um mundo de tecnologia irrestrita.

Alguma medida de antiproliferação será necessária. E não vamos recuar dos fatos: isso significa censura real, possivelmente para além das fronteiras nacionais. Haverá vezes em que isso será visto, talvez corretamente, como desenfreada hegemonia americana, arrogância ocidental e egoísmo. Muito honestamente, nem sempre tenho certeza de onde está o equilíbrio correto, mas acredito firmemente que a abertura completa empurraria a humanidade para fora do caminho estreito. No outro extremo, todavia, como também deveria estar claro, total vigilância e total fechamento são inconcebíveis, errados e desastrosos. O excesso de controle é um atalho para a distopia. Também precisamos resistir a ele.

Nessa estrutura, os países estão sempre em risco. E, mesmo assim, alguns conseguem perdurar por séculos, trabalhando duro para permanecerem na liderança, permanecerem equilibrados, acorrentados na medida certa. Cada aspecto da contenção, tudo que descrevemos, terá que caminhar por essa excruciante corda bamba. Cada medida discutida aqui ou no futuro precisa ser vista nesse espectro: relevante o bastante para oferecer proteção significativa, mas impedida de ir longe demais.

A CONTENÇÃO DA PRÓXIMA ONDA É POSSÍVEL?

Olhando para a miríade de caminhos adiante, para todas as possíveis direções pelas quais a tecnologia conduzirá a experiência humana, para as capacidades liberadas, para a capacidade de transformar nosso mundo, parece que a contenção falha em muitas delas. O caminho estreito terá que ser percorrido eternamente daqui para a frente, e bastará um passo em falso para cairmos no abismo.

A história sugere que esse padrão de difusão e desenvolvimento é imutável. Imensos incentivos parecem arraigados. As tecnologias surpreendem até mesmo seus criadores com a velocidade e o poder de seu desenvolvimento. Todo dia parece anunciar um novo avanço, produto ou empresa. A vanguarda muda de posição em questão de meses. Os Estados-nações encarregados de regulamentar essa revolução estão em dificuldades por causa dela.

Mesmo assim, embora existam evidências convincentes de que a contenção não é possível, permaneço otimista. As ideias aqui apresentadas fornecem ferramentas e meios para continuarmos andando, passo a passo, pelo caminho. Elas são as lanternas, cordas e mapas que nos permitem avançar por essa rota tortuosa. O desafio da contenção não é uma razão para darmos meia-volta, é um chamado à ação, uma missão geracional que todos precisamos enfrentar.

Se nós — *nós*, a humanidade — pudermos modificar o contexto com uma explosão de novos e comprometidos movimentos, empresas e governos, com incentivos revisados e melhores capacidades técnicas, informações e salvaguardas, poderemos criar as condições para percorrer esse caminho instável com uma centelha de esperança. E, embora a escala do desafio seja imensa, cada seção do livro detalha áreas menores nas quais qualquer indivíduo ainda pode fazer a diferença. Será necessário um incrível esforço para modificar fundamentalmente nossas sociedades, nossos instintos humanos e os padrões da história. O resultado está longe de ser garantido. Parece impossível. Mas enfrentar o grande dilema do século XXI *precisa* ser possível.

Devemos aceitar a ideia de vivermos com contradições nesta era de mudança exponencial e novos poderes. Espere pelo pior, planeje para o pior, dê tudo que tem. Mantenha-se obstinadamente no caminho estreito. Faça com que o mundo para além das elites se mantenha engajado e pressionando. Se um número suficiente de pessoas começar a construir esse elusivo "nós", aquelas centelhas de esperança se transformarão nas fogueiras vorazes da mudança.

A VIDA APÓS O ANTROPOCENO

Tudo estava quieto. Janelas e cortinas estavam fechadas, lareiras e velas, apagadas, refeições, consumidas. O corre-corre do dia agitado esmorecera, e somente o latido ocasional de um cachorro, o arranhar da vegetação rasteira ou o farfalhar suave do vento nas árvores quebrava o silêncio. O mundo exalou e adormeceu.

Eles chegaram na calada da noite, quando não seriam reconhecidos. Dezenas deles, mascarados, disfarçados, armados, furiosos. No frescor e na quietude da noite, poderia haver uma chance de justiça, se eles não perdessem a coragem.

Eles se arrastaram sem dizer uma palavra na direção do grande edifício na fronteira da cidade. Uma forma quadrada, segura e ameaçadora na escuridão, a estrutura abrigava tecnologias novas, caras e controversas — máquinas que eles acreditavam ser o inimigo. Se fossem pegos, os intrusos perderiam tudo, inclusive a vida. Mas haviam feito um juramento. Estava na hora. Não havia como recuar. As máquinas, os chefes, não iriam vencer.

Do lado de fora, eles fizeram uma pausa e então atacaram. Batendo repetidamente na porta trancada, finalmente a derrubaram e entraram. Usando martelos e cassetetes, começaram a destruir as máquinas. O clangor do metal batendo em metal reverberou. Conforme detritos se espalhavam pelo chão, alarmes começaram a soar. Cortinas se abriram, os lampiões dos vigias foram apressadamente acesos. Os sabotadores — os luditas — correram para a saída e desapareceram sob a suave luz da lua. A quietude não retornaria.

* * *

Na virada do século XIX, a Grã-Bretanha estava no meio de uma onda. Tecnologias baseadas no vapor e na automação mecânica rasgavam as regras da produção, do trabalho, do valor, da riqueza, da capacidade e do poder. O que viemos a chamar de Primeira Revolução Industrial estava no auge, mudando o país e o mundo, uma fábrica de cada vez. Em 1785, o inventor Edmund Cartwright lançou o tear elétrico, uma maneira nova e mecanizada de tecer. Inicialmente, ele não fez sucesso. Mas em breve novas iterações revolucionaram a manufatura têxtil.

Nem todo mundo ficou feliz. O tear elétrico podia ser operado por uma criança, produzindo tanto tecido quanto 3,5 artesãos tradicionais. A mecanização fez os salários dos tecelões caírem mais da metade nos 45 anos após 1770, ao passo que o preço dos alimentos básicos disparou. Os homens perdiam lugar para mulheres e crianças nesse novo mundo. O trabalho têxtil, de tecer a tingir, sempre fora exaustivo, mas, nas fábricas, era barulhento, regimentado, perigoso e opressivo. Crianças que não produziam o suficiente eram penduradas no teto ou forçadas a carregar pesos. As mortes eram comuns. As horas eram punitivas. Para aqueles nas linhas de frente, pagando o custo humano da industrialização, não se tratava de uma admirável tecnoutopia, mas de um mundo de fábricas satânicas, servidão e menosprezo.

Os tecelões e trabalhadores têxteis tradicionais sentiam que as novas máquinas e o capital que as apoiava estavam tomando seus empregos, achatando seus salários, roubando sua dignidade e destruindo um rico modo de vida. Máquinas poupadoras de trabalho eram ótimas para os donos das fábricas, mas, para os trabalhadores altamente habilidosos e bem-pagos que tradicionalmente dominavam a área têxtil, eram um desastre.

Inspirados por uma figura mítica chamada Ned Ludd, os tecelões das Midlands inglesas se enfureceram e se organizaram. Eles se recusavam a aceitar que a proliferação era o padrão e a nova onda se quebrando em torno deles era uma inevitabilidade econômica. Eles decidiram revidar.

Em 1807, 6 mil tecelões se manifestaram contra os cortes nos salários, em um protesto interrompido por soldados da cavalaria armados com sabres, que mataram um manifestante. Dali em diante, uma campanha mais violenta começou a se formar. Em 1811, os sabotadores ganharam nome depois que o dono de uma fábrica em Nottingham recebeu uma série de cartas do "general Ludd e o exército de justiceiros". Não houve resposta e, em 11 de março, tecelões desempregados atacaram as fábricas locais, destruindo 63 máquinas e intensificando sua campanha.

Nos meses de ataques clandestinos que se seguiram, centenas de unidades foram destruídas. O "exército de Ned Ludd" revidou. Eles queriam apenas salários justos e dignidade. Suas demandas frequentemente eram pequenas: modestos aumentos de salário, a introdução mais gradual do novo maquinário, algum tipo de mecanismo de divisão de lucros. Não era pedir demais.

Os protestos luditas começaram a escassear, destruídos por um conjunto draconiano de leis e contramilícias. Nessa época, a Inglaterra tinha somente alguns milhares de teares elétricos. Mas, em 1850, havia um quarto de milhão. A batalha fora perdida, a tecnologia, difundida, a antiga vida dos tecelões, destruída, o mundo, mudado. Para os perdedores, essa é a aparência de uma onda incontida de tecnologia.

E, no entanto...

No longo prazo, as mesmas tecnologias industriais que causaram tanta dor deram origem a melhorias prodigiosas nos padrões de vida. Décadas, séculos depois, os descendentes daqueles tecelões viviam em condições que os luditas sequer teriam imaginado, habituados ao precário mundo que damos como certo. Em sua vasta maioria, eles voltavam para casas aquecidas no inverno, com refrigeradores cheios de alimentos exóticos. Quando ficavam doentes, recebiam miraculosa assistência médica. Viviam por muito mais tempo.

Assim como nós hoje, os luditas tinham um dilema. Sua dor e perturbação foram reais, mas também foram reais as melhorias de padrão de vida que beneficiaram seus filhos e netos, e que eu e você aproveitamos hoje sem nem pensar a respeito. Na época, os luditas falharam em conter a tecnologia. Mas a humanidade se adaptou. O desafio hoje é claro. Temos que reivindicar os benefícios da onda sem sermos esmagados por seus danos. Os luditas perderam sua batalha, e acho que é pouco provável que aqueles que desejam impedir a tecnologia hoje tenham mais sucesso.

A única maneira, portanto, é acertar na primeira tentativa. Garantir que a adaptação à tecnologia não seja simplesmente imposta às pessoas, como foi durante a Revolução Industrial. Assegurar que a tecnologia seja, desde o início, adaptada às pessoas, a suas vidas e esperanças. Tecnologias adaptadas são tecnologias contidas. A tarefa mais urgente não é surfar nem tentar inutilmente impedir a onda, mas esculpi-la.

A próxima onda mudará o mundo. Em última análise, os seres humanos podem já não ser os dirigentes planetários primários, como estamos acostumados a ser. Viveremos em uma época na qual a maioria de nossas interações diárias será não com outras pessoas, mas com IAs. Isso pode soar intrigante, horripilante ou absurdo, mas já está acontecendo. Acho que você já passa uma boa parte de suas horas acordado na frente de um monitor. Aliás, pode passar mais tempo de sua vida olhando para telas e monitores que para qualquer ser humano, incluindo cônjuge e filhos.

Assim, não é um grande salto dizer que passaremos cada vez mais tempo conversando e interagindo com essas novas máquinas. O tipo e a natureza das inteligências artificiais e biológicas que encontraremos serão radicalmente diferentes dos de agora. Elas farão o trabalho em nosso lugar, encontrando informações, montando apresentações, escrevendo programas, fazendo compras, escolhendo os presentes de Natal e nos aconselhando sobre a melhor maneira de abordar um problema, ou talvez só conversando e jogando.

Elas serão nossas inteligências pessoais, nossas companheiras e ajudantes, confidentes e colegas, chefes de gabinete, assistentes e tradutoras. Organizarão nossas vidas e conhecerão nossos desejos mais ardentes e medos mais sombrios. Ajudarão a gerir nossas empresas, curar nossos males e lutar nossas batalhas. Muitos tipos diferentes de personalidades, capacidades e formas surgirão durante o curso de um dia comum. Nossos mundos mentais e conversacionais incluirão inextricavelmente esse novo e estranho zoológico de inteligências. Cultura, política, economia; amizade, lazer, amor: tudo evoluirá em sintonia.

O mundo de amanhã será um lugar onde as fábricas cultivarão sua produção localmente, quase como as fazendas de eras anteriores. Drones e robôs serão ubíquos. O genoma humano será uma coisa elástica, assim como, necessariamente, a própria ideia de ser humano. O tempo de vida será muito mais longo que o nosso. Muitos desaparecerão quase inteiramente em mundos virtuais. O que outrora parecia um contrato social estabelecido irá se contorcer e curvar. Aprender a viver e prosperar nesse mundo será parte da vida de todos no século XXI.

A reação ludita é natural, esperada. Mas, como sempre, será fútil. Naquela época, porém, os tecnólogos não pensavam em adaptar sua tecnologia a fins humanos, assim como Carl Benz e os primeiros barões do petróleo não pensavam na atmosfera da Terra. A tecnologia era criada, o capital a financiava e todo mundo subia a bordo, quaisquer que fossem as consequências de longo prazo.

Dessa vez, a contenção precisa reescrever essa história. Pode ainda não haver um "nós" global, mas há um grupo de pessoas construindo essa tecnologia neste exato momento. Temos a imensa responsabilidade de garantir que a adaptação não siga esse caminho. Que, ao contrário dos teares elétricos, ao contrário do clima, a próxima onda seja adaptada às necessidades humanas, construída em torno de preocupações humanas. A próxima onda não deveria ser criada para servir interesses distantes, seguindo a agenda de uma tecno-lógica cega — ou pior.

Visões demais do futuro começam com o que a tecnologia pode ou poderia fazer. Essa é a base errada. Os tecnólogos devem focar nas minúcias da engenharia, sim, mas ajudando a imaginar e realizar um futuro humano e social mais rico, no sentido mais amplo, uma complexa tapeçaria na qual a tecnologia seja somente um fio. A tecnologia é central para a maneira como o futuro se desdobrará — isso é indubitavelmente verdadeiro —, mas não é o propósito do futuro, ou o que realmente está em jogo. Nós somos.

A tecnologia deve ampliar o que há de melhor em nós, abrir novos caminhos para a criatividade e a cooperação, trabalhar seguindo o veio humano de nossas vidas e relacionamentos mais preciosos.[1] Ela deve nos tornar mais felizes e saudáveis, ser o complemento final da empreitada humana e da vida bem-vivida — mas sempre em nossos termos, democraticamente decididos, publicamente debatidos, com benefícios amplamente distribuídos. Em meio à turbulência, nunca devemos perder isso de vista: uma visão que mesmo o mais ardoroso dos luditas poderia aceitar.

Mas, antes de chegarmos lá, antes de podermos realizar o potencial infinito das próximas tecnologias, a onda e seu dilema central precisam de contenção, precisam de controle intensificado, inédito, muito humano sobre toda a tecnosfera. Isso exigirá determinação monumental, durante décadas, em todo o espectro dos empreendimentos humanos. Trata-se de um desafio monumental cujo resultado, sem hipérbole, determinará a qualidade e a natureza da vida cotidiana neste século e além.

Os riscos de fracasso são quase altos demais para imaginar, mas precisamos enfrentá-los. O prêmio, todavia, é incrível: nada menos que o florescimento seguro e prolongado de nossa preciosa espécie.

Vale a pena lutar por isso.

AGRADECIMENTOS

Livros são uma das tecnologias mais transformadoras da história. E, como qualquer exemplo de tecnologia transformadora, são inatamente um trabalho de equipe. Este não é exceção. Para começar, ele resulta de uma colaboração autoral monumental durante mais de vinte anos de amizade e constante discussão.

A Crown foi uma incrível apoiadora deste projeto desde o estágio inicial. David Drake foi uma presença sábia e energizante, guiando o livro com brilhante visão editorial. Tivemos a sorte incrível de ter Paul Whitlatch como nosso editor, que fez incontáveis melhorias no livro, com notável paciência e perspicácia. Obrigado também a Madison Jacobs, Katie Berry e Chris Brand. Stuart Williams, da Bodley Head, em Londres, foi outra inteligente voz editorial e um apoiador constante, e tivemos o privilégio de ter duas agentes fantásticas, Tina Bennett e Sophie Lambert. Desde o início do projeto, Celia Pannetier trabalhou como nossa inestimável pesquisadora e foi parte vital da coleta de evidências, ao passo que Sean Lavery fez a checagem de todas as informações do livro.

Um grande número de pessoas contribuiu para este livro ao longo de muitos anos. Elas participaram de conversas detalhadas, leram capítulos, reagiram a argumentos, geraram ideias, corrigiram erros. Tantos telefonemas, seminários, entrevistas, edições e sugestões ajudaram em sua criação. Cada uma dessas pessoas devotou tempo e atenção a conversar, compartilhar perícias, debater e ensinar. Nossos agradecimentos especiais às muitas pessoas que leram e comentaram todo o manuscrito; sua generosidade e extraordinário nível de insight foram inestimáveis para a versão final.

Nossos agradecimentos a Gregory Allen, Graham Allison (e, de forma mais geral, aos professores e funcionários do Centro Belfer de Harvard), Sahar Amer, Anne Applebaum, Julian Baker, Samantha Barber, Gabriella Blum, Nick Bostrom, Ian Bremmer, Erik Brynjolfsson, Ben Buchanan, Sarah Carter, Rewon Child, George Church, Richard Danzig, Jennifer Doudna, Alexandra Eitel, Maria Eitel, Henry Elkus, Kevin Esvelt, Jeremy Fleming, Jack Goldsmith, Al Gore, Tristan Harris, Zaid Hassan, Jordan Hoffman, Joi Ito, Ayana Elizabeth Johnson, Danny Kahneman, Angela Kane, Melanie Katzman, Henry Kissinger, Kevin Klyman, Heinrich Küttler, Eric Lander, Sean Legassick, Aitor Lewkowycz, Leon Marshall, Jason Matheny, Andrew McAfee, Greg McKelvey, Dimitri Mehlhorn, David Miliband, Martha Minow, Geoff Mulgan, Aza Raskin, Tobias Rees, Stuart Russell, Jeffrey Sachs, Eric Schmidt, Bruce Schneier, Marilyn Thompson, Mayo Thompson, Thomas Viney, Maria Vogelauer, Mark Walport, Morwenna White, Scott Young e Jonathan Zittrain.

Aos cofundadores da Inflection, Reid Hoffman e Karén Simonyan, por serem colaboradores maravilhosos. E aos cofundadores da DeepMind, Demis Hassabis e Shane Legg, pela parceria durante uma década extraordinária. Michael gostaria de agradecer aos cofundadores da Canelo, Iain Millar e Nick Barreto, por seu apoio contínuo, mas, acima de tudo, a sua incrível esposa Dani e a seus filhos Monty e Dougie.

BIBLIOGRAFIA SELETA

Acemoglu, Daron, e Robinson, James. *The Narrow Corridor: How Nations Struggle for Liberty*. Londres: Viking, 2019. [Edição brasileira: *O corredor estreito: Estados, sociedades e o destino da liberdade*. Rio de Janeiro: Intrínseca, 2022.]

Acemoglu, Daron, e Robinson, James. *Why Nations Fail: The Origins of Power, Prosperity and Poverty*. Nova York: Random House, 2012. [Edição brasileira: *Por que as nações fracassam: As origens do poder, da prosperidade e da pobreza*. Rio de Janeiro: Intrínseca, 2022.]

Allison, Graham. *Destined for War: Can America and China Escape Thucydides' Trap?* Londres: Scribe, 2018. [Edição brasileira: *A caminho da guerra: Os Estados Unidos e a China conseguirão escapar da armadilha de Tucídides?* Rio de Janeiro: Intrínseca, 2020.]

Anderson, Benedict. *Imagined Communities: Reflections on the Origin and Spread of Nationalism*. Londres: Verso, 1983. [Edição brasileira: *Comunidades imaginadas*. São Paulo: Companhia das Letras, 2008.]

Anderson, Elizabeth. *Private Government: How Employers Rule Our Lives (and Why We Don't Talk about It)*. Princeton, NJ: Princeton University Press, 2017.

Arthur, W. Brian. *The Nature of Technology: What It Is And How It Evolves*. Londres: Allen Lane, 2009.

Atkinson, Anthony B. *Inequality: What can be done?* Cambridge, Mass.: Harvard University Press, 2015. [Edição brasileira: *Desigualdade — o que pode ser feito?* São Paulo: Leya, 2015.]

Atwood, Margaret. *Oryx and Crake*. Londres: Bloomsbury, 2003. [Edição brasileira: *Oryx e Crake*. Rio de Janeiro: Rocco, 2018.]

Azhar, Azeem. *Exponential: How Accelerating Technology Is Leaving Us Behind and What to Do About It*. Londres: Random House Business, 2021.

Beck, Ulrich. *Risk Society: Towards a New Modernity*. Londres: SAGE, 1992. [Edição brasileira: *Sociedade de risco: Rumo a uma outra modernidade*. São Paulo: Editora 34, 2011.]

Bendell, Jem, e Read, Rupert (eds.). *Deep Adaptation: Navigating the Realities of Climate Change*. Cambridge: Polity, 2021.

Bhaskar, Michael. *Curation: The power of selection in a world of excess.* Londres: Little, Brown Piatkus, 2016. [Edição brasileira: *Curadoria: O poder da seleção no mundo do excesso.* São Paulo: Editora Sesc, 2020.]

Bhaskar, Michael. *Human Frontiers: The Future of Big Ideas in an Age of Small Thinking.* Londres: The Bridge Street Press, 2021.

Bhattacharya, Ananyo. *The Man From The Future: The Visionary Life of John von Neumann.* Londres: Allen Lane, 2021.

Bradley, Simon. *The Railways: Nation, Network and People.* Londres: Profile Books, 2015.

Bremmer, Ian. *The Power of Crisis: The Power of Crisis: How Three Threats – and Our Response – Will Change the World.* Nova York: Simon & Schuster, 2022.

Brown, Wendy. *Walled States, Waning Sovereignty.* Nova York: Zone Books, 2010.

Brynjolfsson, Erik, e McAfee, Andrew. *The Second Machine Age: Work, Progress and Prosperity in a Time of Brilliant Technologies.* Nova York: W. W. Norton, 2014. [Edição brasileira: *A segunda era das máquinas: Trabalho, progresso e prosperidade em uma época de tecnologias brilhantes.* Rio de Janeiro: Alta Books, 2014.]

Brynjolfsson, Erik, e McAfee, Andrew. *Machine Platform Crowd: Harnessing Our Digital Future.* Nova York: W. W. Norton, 2017.

Bostrom, Nick, e Ćirković, Milan M. (eds.). *Global Catastrophic Risks.* Oxford: Oxford University Press, 2008.

Bostrom, Nick. *Superintelligence: Paths, Strategies, Dangers.* Oxford: Oxford University Press, 2017. [Edição brasileira: *Superinteligência: Caminhos, perigos e estratégias para um novo mundo.* Rio de Janeiro: Darkside, 2018.]

Botsman, Rachel. *Who Can You Trust?: How Technology Brought Us Together — and Why It Could Drive Us Apart.* Londres: Portfolio Penguin, 2017.

Butler, Samuel. *Erewhon.* Londres: Penguin Classics, 1872.

Cardwell, Donald. *The Fontana History of Technology.* Londres: Fontana Press, 1994.

Carey, Nessa. *Hacking the Code of Life: How Gene Editing Will Rewrite Our Futures.* Londres: Icon Books, 2019.

Carson, Rachel. *Silent Spring.* Londres: Penguin Classics, 1962.

Chan, Alina, e Ridley, Matt. *Viral: The Search for the Origin of Covid-19.* Londres: Fourth Estate, 2022.

Christian, Brian. *The Alignment Problem: How Can Artificial Intelligence Learn Human Values?* Nova York: W.W. Norton, 2020.

Cowen, Tyler. *The Great Stagnation: How America Are All the Low-Hanging Fruit of Modern History, Got Sick, and Will (Eventually) Feel Better.* Nova York: Dutton, 2011.

Crawford, Kate. *Atlas of AI: Power, Politics and the Planetary Costs of Artificial Intelligence.* New Haven: Yale University Press, 2021.

Cronin, Audrey Kurth. *Power To The People: How Open Technological Innovation is Arming Tomorrow's Terrorists*. Nova York: Oxford University Press, 2020.

Dalrymple, William. *The Anarchy: The Relentless Rise of the East India Company*. Londres: Bloomsbury, 2020.

Davidson, James Dale, e Rees-Mogg, William. *The Sovereign Individual: Mastering the Transition to the Information Age*. Nova York: Touchstone, 1997.

Davies, William. *Nervous States: How Feeling Took Over The World*. Londres: Jonathan Cape, 2018.

Davis, Jenny L. *How Artifacts Afford: The Power and Politics of Everyday Things*. Cambridge, Mass.: MIT Press, 2020.

Diamandis, Peter H., e Kotler, Steven. *The Future Is Faster Than You Think: How Converging Technologies Are Transforming Business, Industries, and Our Lives*. Nova York: Simon & Schuster, 2020.

Diamond, Jared. *Collapse: How Societies Choose To Fail Or Survive*. Londres: Penguin, 2005. [Edição brasileira: *Colapso: Como as sociedades escolhem o fracasso ou o sucesso*. Rio de Janeiro: Record, 2005.]

Drexler, K. Eric. *Radical Abundance: How A Revolution in Nanotechnology Will Change Civilization*. Nova York: PublicAffairs, 2013.

Drezner, Daniel. *The Ideas Industry: How Pessimists, Partisans, and Plutocrats are Transforming the Marketplace of Ideas*. Nova York: Oxford University Press USA, 2017.

Dyson, George. *Turing's Cathedral: The Origins of the Digital Universe*. Londres: Allen Lane, 2012.

Eggers, Dave. *The Every*. Londres: Hamish Hamilton, 2021.

Eisenstein, Elizabeth L. *The Printing Press as an Agent of Change: Communications and Cultural Transformations in Early-Modern Europe*. Cambridge: Cambridge University Press, 1979.

Ellul, Jacques. *The Technological Society*. Nova York: Vintage, 1964.

Ferguson, Niall. *Doom: The Politics of Catastrophe*. Londres: Allen Lane, 2021.

Ford, Martin. *Rule of the Robots: How Artificial Intelligence Will Transform Everything*. Londres: Basic Books, 2021.

Franklin, Ursula M. *The Real World of Technology*. Toronto: House of Anansi, 1999.

Galor, Oded. *The Journey of Humanity: The Origins of Wealth and Inequality*. Londres: Bodley Head, 2022. [Edição brasileira: *A jornada da humanidade: As origens da riqueza e da desigualdade*. Rio de Janeiro: Intrínseca, 2023.]

Golumbia, David. *The Politics of Bitcoin: Software as Right-Wing Extremism*. Minneapolis, MN: The University of Minnesota Press, 2016.

Greenspan, Alan, e Adrian Wooldridge. *Capitalism in America: A History*. Londres: Allen Lane, 2018. [Edição brasileira: *Capitalismo na América: Uma história*. Rio de Janeiro: Record, 2020.]

Gordon, Robert. *The Rise and Fall of American Growth: The U.S. Standard of Living Since the Civil War*. Princeton, N.J.: Princeton University Press, 2017.

Hall, Rodney Bruce, e Biersteker, Thomas J. (eds.). *The Emergence of Private Authority in Global Governance*. Cambridge: Cambridge University Press, 2002.

Henrich, Joseph. *The Secret of Our Success: How Culture Is Driving Human Evolution, Domesticating Our Species and Making Us Smarter*. Princeton, NJ: Princeton University Press, 2016.

Hidalgo, César. *Why Information Grows: The Evolution of Order, from Atoms to Economies*. Londres: Allen Lane, 2015.

Hillman, Jonathan E. *The Digital Silk Road: China's Quest to Wire the World and Win the Future*. Londres: Profile Books, 2021. [Edição brasileira: *A Rota da Seda Digital: O plano da China de conectar o mundo e dominar o futuro*. Belo Horizonte: Vestígio, 2022.]

Hockfield, Susan. *The Age of Living Machines: How Biology Will Build the Next Technology Revolution*. Nova York: W.W. Norton, 2019.

Horsman, Mathew, e Marshall, Andrew. *After the Nation-State: Citizens, Tribalism and the New World Disorder*. Londres: HarperCollins, 1995.

Hughes-Wilson, Colonel John. *Eve of Destruction: The Inside Story of Our Dangerous Nuclear World*. Londres: John Blake, 2021.

Inkster, Nigel. *The Great Decoupling: China, America and the Struggle for Technological Supremacy*. Londres: Hurst, 2020.

Isaacson, Walter. *The Code Breaker: Jennifer Doudna, Gene Editing and the Future of the Human Race*. Nova York: Simon & Schuster, 2021. [Edição brasileira: *A decodificadora: Jennifer Doudna, edição de genes e o futuro da espécie humana*. Rio de Janeiro: Intrínseca, 2021.]

Katwala, Amit. *Quantum Computing*. Londres: Random House Business, 2021.

Kelly, Kevin. *What Technology Wants*. Londres: Penguin, 2011.

Kelly, Kevin. *The Inevitable: Understanding The 12 Technological Forces That Will Shape Our Future*. Nova York: Penguin, 2017. [Edição brasileira: *Inevitável: As 12 forças tecnológicas que mudarão nosso mundo*. Rio de Janeiro: Alta Books, 2018.]

Kissinger, Henry A., Schmidt, Eric e Huttenlocher, Daniel. *The Age of A.I.: And Our Human Future*. Londres: John Murray, 2021. [Edição brasileira: *A Era da IA: E nosso futuro como humanos*. Rio de Janeiro: Alta Books, 2023.]

Kolbert, Elizabeth. *Under A White Sky: The Nature of the Future*. Nova York: Crown, 2021. [Edição brasileira: *Sob um céu branco: A natureza do futuro*. Rio de Janeiro: Intrínseca, 2021.]

Kotkin, Joel. *The Coming of Neo-Feudalism: A Warning to the Global Middle Class*. Nova York: Encounter Books, 2020.

Kurzweil, Ray. *How To Create A Mind: The Secret of Human Thought Revealed*. Nova York: Viking Penguin, 2012. [Edição brasileira: *Como criar uma mente: Os segredos do pensamento humano*. São Paulo: Aleph, 2015.]

Lee, Kai-Fu. *AI Superpowers: China, Silicon Valley, And The New World Order.* Nova York: Houghton Mifflin Harcourt, 2018.

Lee, Kai-Fu, and Qiufan, Cheng. *AI 2041: Ten Vision For Our Future.* Londres: W.H. Allen, 2021. [Edição brasileira: *2041: Como a inteligência artificial vai mudar sua vida nas próximas décadas.* Rio de Janeiro: Globo Livros, 2022.]

Lepore, Jill. *If Then: How One Data Company Invented the Future.* Londres: John Murray, 2020.

Lewis, Michael. *The Premonition: A Pandemic Story.* Londres: Allen Lane, 2021. [Edição brasileira: *A premonição: Uma história da pandemia.* Rio de Janeiro: Intrínseca, 2021.]

Lipsey, Richard G., Carlaw, Kenneth I., e Bekar, Clifford T. *Economic Transformations: General Purpose Technologies and Long-Term Economic Growth.* Oxford: Oxford University Press, 2005.

Luce, Edward. *The Retreat of Western Liberalism.* Londres: Little, Brown, 2017.

Maddison, Angus. *The World Economy: A Millennial Perspective.* Paris: OECD Publications, 2001.

MacAskill, William. *What We Owe The Future: A Million-Year View.* Londres: Oneworld, 2022.

Marshall, George. *Don't Even Think About It: Why Our Brains Are Wired To Ignore Climate Change.* Nova York: Bloomsbury, 2014.

Mason, Paul. *Postcapitalism: A Guide to Our Future.* Londres: Allen Lane, 2015. [Edição brasileira: *Pós-capitalismo.* São Paulo: Companhia das Letras, 2017.]

Mason, Paul. *Clear Bright Future: A Radical Defence of the Human Being.* Londres: Allen Lane, 2019. [Edição brasileira: *Em defesa do futuro: Um manifesto radical pelo ser humano.* Rio de Janeiro: Zahar, 2020.]

Mazzucato, Mariana. *The Entrepreneurial State: Debunking Public vs. Private Sector Myths.* Londres: Anthem Press, 2013. [Edição brasileira: *O Estado empreendedor: Desmascarando o mito do setor público vs. setor privado.* São Paulo: Portfolio-Penguin, 2014.]

McCloskey, Deidre Nansen. *Bourgeois Equality: How Ideas, Not Capital Or Institutions, Enriched The World.* Chicago: University of Chicago Press, 2017.

McKibben, Bill. *Falter: Has the Human Game Begun to Play Itself Out?* Londres: Wildfire, 2019. [Edição brasileira: *Falha humana: Estamos colocando nossa existência em jogo?* Rio de Janeiro: Alta Books, 2023.]

Merton, Robert K. *On Social Structure and Science.* Chicago: The University of Chicago Press, 1996.

Metz, Cade. *Genius Makers: The Mavericks Who Brought AI to Google, Facebook and the World.* Londres: Random House Business, 2021. [Edição brasileira: *Criadores de gênios: Os inovadores que levaram a IA para o Google, o Facebook e o mundo.* Rio de Janeiro: Alta Books, 2022.]

Miller, Chris. *Chip War: The Fight For The World's Most Critical Technology.* Nova York: Scribner, 2022. [Edição brasileira: *A guerra dos chips: A batalha pela tecnologia que move o mundo.* Rio de Janeiro: Globo Livros, 2023.]

Mitchell, Melanie. *Artificial Intelligence: A Guide for Thinking Humans.* Londres: Pelican Books, 2020.

Mokyr, Joel. *A Culture of Growth: The Origins of the Modern Economy.* Princeton, New Jersey: Princeton University Press, 2017.

Mokyr, Joel. *The Enlightened Economy: Britain and the Industrial Revolution 1700-1850.* Londres: Penguin, 2011.

Mokyr, Joel. *The Lever of Riches: Technological Creativity and Economic Progress.* Oxford: Oxford University Press, 1990.

Morris, Ian. *Why The West Rules — For Now: The patterns of history and what they reveal about the future.* Londres: Profile Books, 2010.

Mumford, Lewis. *Technics and Civilization.* Chicago: University of Chicago Press, 1934.

Narula, Herman. *Virtual Society: The Metaverse and the New Frontiers of Human Experience.* Nova York: Crown, 2022.

Norberg, Johann. *Progress: Ten Reasons to Look Forward to the Future.* Londres: Oneworld, 2017. [Edição brasileira: *Progresso: Dez razões para acreditar no futuro.* Rio de Janeiro: Record, 2017.]

Norberg, Johann. *Open: The Story of Human Progress.* Londres: Atlantic Books, 2020.

Opello Jr., Walter C., e Rosow, Stephen J. *The Nation-State and Global Order: A Historical Introduction to Contemporary Politics.* Boulder, CO: Lynne Rienner Publications, 1999.

Ord, Toby. *The Precipice: Existential Risk and the Future of Humanity.* Londres: Bloomsbury, 2020.

Payne, Kenneth. *I, Warbot: The Dawn of Artificially Intelligent Conflict.* Londres: Hurst & Company, 2021.

Perez, Carlota. *Technological Revolutions and Financial Capital: The Dynamics of Bubbles and Golden Ages.* Cheltenham: Edward Elgar, 2002.

Perrow, Charles. *Normal Accidents: Living with High Risk Technologies.* Princeton, NJ: Princeton University Press, 1984.

Piketty, Thomas. *Capital in the Twenty-First Century.* Cambridge, Mass.: Harvard University Press, 2014. [Edição brasileira: *O Capital no Século XXI.* Rio de Janeiro: Intrínseca, 2014.]

Pinker, Stephen. *Enlightenment Now: The Case for Reason, Science, Humanism and Progress.* Londres: Penguin, 2018. [Edição brasileira: *O novo Iluminismo: Em defesa da razão, da ciência e do humanismo.* São Paulo: Companhia das Letras, 2018.]

Quinn, William, e Turner, John D. *Boom and Bust: A Global History of Financial Bubbles.* Cambridge: Cambridge University Press, 2022. [Edição brasileira: *Boom e crash: um panorama histórico das bolhas financeiras.* Rio de Janeiro: Alta Books, 2023.]

Rees, Martin. *On The Future: Prospects For Humanity.* Princeton, New Jersey: Princeton University Press, 2018. [Edição brasileira: *Sobre o futuro: Perspectivas para a humanidade: questões críticas sobre ciência e tecnologia que definirão a sua vida.* Rio de Janeiro: Alta Books, 2021.]

Rifkin, Jeremy. *The Zero Marginal Cost Society: The Internet of Things, the Collaborative Commons, and the Eclipse of Capitalism.* Nova York: Palgrave, 2014. [Edição brasileira: *Sociedade com custo marginal zero: A internet das coisas, os bens convencionais e o eclipse do capitalismo.* Rio de Janeiro: Alta Books, 2015.]

Robinson, Kim Stanley. *The Ministry for the Future.* Londres: Orbit, 2020.

Rogers, Everett M. *Diffusion of Innovations.* Nova York: The Free Press, 1962.

Runciman, David. *Politics.* Londres: Profile Books, 2014.

Runciman, David. *How Democracy Ends.* Londres: Profile Books, 2019. [Edição brasileira: *Como a democracia chega ao fim.* São Paulo: Todavia, 2018.]

Ross, Alex. *The Industries of the Future.* Londres: Simon & Schuster, 2017.

Russell, Stuart. *Human Compatible: AI and the Problem of Control.* Londres: Allen Lane, 2019. [Edição brasileira: *Inteligência artificial a nosso favor: Como manter o controle sobre a tecnologia.* São Paulo: Companhia das Letras, 2021.]

Scheidel, Walter. *The Great Leveller: Violence and the History of Inequality from the Stone Age to the Twenty-First Century.* Princeton: Princeton University Press, 2017. [Edição brasileira: *Violência e a história da desigualdade: Da Idade da Pedra ao século XXI.* Rio de Janeiro: Zahar, 2020.]

Schlosser, Eric. *Command and Control.* Londres: Penguin, 2014. [Edição brasileira: *Comando e controle.* São Paulo: Companhia das Letras, 2015.]

Schwab, Klaus. *The Fourth Industrial Revolution.* Londres: Portfolio Penguin, 2017. [Edição brasileira: *A Quarta Revolução Industrial.* São Paulo: Edipro, 2018.]

Schick, Nina. *Deep Fakes and the Infocalypse: What Your Urgently Need to Know.* Londres: Monoray, 2020.

Scott, James C. *Seeing Like a State: How Certain Schemes to Improve the Human Condition Have Failed.* New Haven, Connecticut: Yale University Press, 1998.

Sinclair, David A., e LaPlante, Matthew D. *Lifespan: Why We Age — and Why We Don't Have To.* Nova York: Atria Books, 2019. [Edição brasileira: *Tempo de vida: por que envelhecemos — e por que não precisamos.* Rio de Janeiro: Alta Books, 2021.]

Smil, Vaclav. *Energy and Civilization: A History.* Cambridge, Massachusetts: The MIT Press, 2017.

Smil, Vaclav. *How The World Really Works: A Scientist's Guide to Our Past, Present and Future*. Londres: Viking, 2022. [Edição brasileira: *Como o mundo realmente funciona*. São Paulo: Critica, 2022.]

Smith, Brad, e Browne, Carol Ann. *Tools and Weapons: The Promise and the Peril of the Digital Age*. Londres: Hodder & Stoughton, 2021. [Edição brasileira: *Armas e ferramentas: O futuro e o perigo da era digital*. Rio de Janeiro: Alta Books, 2021.]

Smith, Merritt Roe, e Marx, Leo (eds.). *Does Technology Drive History?: The Dilemma of Technological Determinism*. Cambridge, Mass: The MIT Press, 1994.

Srinivasan, Balaji. *The Network State*. 1729 (1ª edição), 2022.

Srnicek, Nick. *Platform Capitalism*. Cambridge: Polity, 2017.

Srnicek, Nick, e Williams, Alex. *Inventing the Future: Postcapitalism and a World Without Work*. Londres: Verso Books, 2015.

Stanford, Erica. *Crypto Wars: Faked Deaths, Missing Billions and Industry Disruption*, Londres: Kogan Page, 2021.

Storrs Hall, J. *Where Is My Flying Car? A Memoir of Future Past*. Publicação independente, 2018.

Susskind, Daniel. *A World Without Work: Technology, Automation and How We Should Respond*. Londres: Allen Lane, 2021.

Susskind, Jamie. *Future Politics: Living Together In A World Transformed By Tech*. Oxford: Oxford University Press, 2020.

Tainter, Joseph A. *The Collapse of Complex Societies*. Cambridge: Cambridge University Press, 1988.

Taplin, Jonathan. *Move Fast and Break Things: How Facebook, Google and Amazon have cornered culture and undermined democracy*. Londres: Macmillan, 2018.

Tegmark, Max. *Life 3.0: Being human in an age of Artificial Intelligence*. Londres: Allen Lane, 2017. [Edição brasileira: *Vida 3.0: O ser humano na era da inteligência artificial*. São Paulo: Benvirá, 2020.]

Tenner, Edward. *Why Things Bite Back: Technology and the Revenge of Unintended Consequences*. Nova York: Vintage, 1997.

Tirole, Jean, e Randall, Steven. *Economics for the Common Good*. Princeton, N.J.: Princeton University Press, 2017. [Edição brasileira: *Economia do bem comum*. Rio de Janeiro: Zahar, 2020.]

Toffler, Alvin. *The Third Wave*. Nova York: Bantam, 1984.

Turchin, Peter, e Hoyer, Daniel. *Figuring Out The Past: The 3,495 Vital Statistics That Explain World History*. Londres: The Economist Books, 2020.

Wallace-Wells, David. *The Uninhabitable Earth: A Story of the Future*. Londres: Penguin, 2019. [Edição brasileira: *A terra inabitável: Uma história do futuro*. São Paulo: Companhia das Letras, 2019.]

Walter, Barbara F. *How Civil Wars Start: And How To Stop Them*. Londres: Viking, 2022. [Edição brasileira: *Como as guerras civis começam: E como impedi-las*. Rio de Janeiro: Zahar, 2022.]

White Jr, Lynn. *Medieval Technology & Social Change*. Oxford: Oxford University Press, 1962.

Wiener, Norbert. *The Human Use of Human Beings*. Nova York: Houghton Mifflin Company, 1950. [Edição brasileira: *Cibernética e sociedade: o uso humano de seres humanos*. São Paulo: Cultrix, 1954.]

Wiener, Norbert. *God & Golem Inc*. Londres: Chapman & Hall, 1964. [Edição brasileira: *Deus, Golem & Cia*. São Paulo: Cultrix, 1971.]

Wittes, Benjamin, e Blum, Gabriella. *The Future of Violence: Robots and Germans, Hackers and Drones, Confronting A New Age of Threat*. Nova York: Basic Books, 2015.

Winner, Langdon. *Autonomous Technology: Technics-out-of-Control as a Theme in Political Thought*. Cambridge, Mass: The MIT Press, 1977.

Winner, Langdon. *The Whale and the Reactor: A Search for Limits in an Age of High Technology*. Chicago, IL: University of Chicago Press, 1986.

Wrangham, Richard. *Catching Fire: How Cooking Made Us Human*. Londres: Profile Books, 2010. [Edição brasileira: *Pegando fogo: Por que cozinhar nos tornou humanos*. Rio de Janeiro: Zahar, 2010.]

Zamyatin, Yevgeny. *We*. Londres: Penguin, 1922. [Edição brasileira: *Nós*. São Paulo: Aleph, 2017.]

Zeihan, Peter. *The End of the World is Just Beginning: Mapping the Collapse of Globalization*. Nova York: Harper Business, 2022.

Zuboff, Shoshana. *The Age of Surveillance Capitalism: The Fight for a Human Future at the New Frontier of Power*. Londres: Profile Books, 2019. [Edição brasileira: *A era do capitalismo de vigilância: A luta por um futuro humano na nova fronteira do poder*. Rio de Janeiro: Intrínseca, 2021.]

NOTAS

CAPÍTULO 1: A CONTENÇÃO É IMPOSSÍVEL

1. Por exemplo, o Kilobaser DNA & RNA Synthesizer, cujo preço começa em 25 mil dólares. Veja seu website: <kilobaser.com/dna-and-rna-synthesizer>.

CAPÍTULO 2: PROLIFERAÇÃO INFINITA

1. TÜV Nord Group, "A Brief History of the Internal Combustion Engine", TÜV Nord Group, 18 de abril de 2019, disponível em <www.tuev-nord.de/explore/en/remembers/a-brief-history-of-the-internal-combustion-engine>.
2. Burton W. Folsom, "Henry Ford and the Triumph of the Auto Industry", Foundation for Economic Education, 1º de janeiro de 1998, disponível em <fee.org/articles/henry-ford-and-the-triumph-of-the-auto-industry>.
3. "Share of US Households Using Specific Technologies, 1915 to 2005", Our World in Data, disponível em <ourworldindata.org/grapher/technology-adoption-by-households-in-the-united-states?country=~Automobile>.
4. "How Many Cars Are There in the World in 2023?", Hedges & Company, junho de 2021, disponível em <hedgescompany.com/blog/2021/06/how-many-cars-are-there-in-the-world>; "Internal Combustion Engine—the Road Ahead", Industr, 22 de janeiro de 2019, disponível em <www.industr.com/en/internal-combustion-engine-the-road-ahead-2357709#>.
5. Há um volumoso debate acadêmico sobre a definição precisa de tecnologia. Neste livro, usaremos uma definição cotidiana, de senso comum: a aplicação de conhecimento científico (no sentido mais amplo possível) para produzir ferramentas ou resultados práticos. Todavia, a complexidade integral e multifacetada do termo também é reconhecida. A tecnologia se estende a culturas e práticas. Não se trata somente de transistores, monitores e teclados. Ela é o conhecimento explícito e tácito dos programadores, das vidas sociais e das sociedades que os sustentam.
6. Estudiosos da tecnologia fazem distinções entre difusão e proliferação que são, na maior parte, omitidas aqui. Usamos os termos em seus sentidos coloquiais, e não formais.

7. Isso também funciona na direção oposta: a tecnologia produz novas ferramentas e insights que impulsionam a ciência, como quando o motor a vapor ajudou a deixar clara a necessidade de uma ciência da termodinâmica ou o sofisticado trabalho com vidros criou os telescópios que transformaram nosso entendimento do espaço.
8. Robert Ayres, "Technological Transformations and Long Waves. Part I", *Technological Forecasting and Social Change*, v. 37, n. 1 (março de 1990), disponível em <www.sciencedirect.com/science/article/abs/pii/0040162590900573>.
9. Esse termo é surpreendentemente novo para algo que se tornou tão central para o entendimento da tecnologia, datando de um artigo sobre economia do início da década de 1990. Ver Timothy F. Bresnahan e Manuel Trajtenberg, "General Purpose Technologies 'Engines of Growth'?", (documento de trabalho, NBER, agosto de 1992), disponível em <www.nber.org/papers/w4148>.
10. Richard Wrangham, *Catching Fire: How Cooking Made Us Human* (Londres: Profile Books, 2010).
11. Relato retirado de Richard Lipsey, Kenneth Carlaw e Clifford Bekar, *Economic Transformations: General Purpose Technologies and Long-Term Economic Growth* (Oxford: Oxford University Press, 2005).
12. Tecnicamente, a linguagem pode novamente ser vista como prototecnologia ou tecnologia fundacional de propósito geral.
13. Lipsey, Carlaw e Bekar, *Economic Transformations*.
14. Para um poderoso relato sobre como foi esse processo, ver Oded Galor, *The Journey of Humanity: The Origins of Wealth and Inequality* (Londres: Bodley Head, 2022).
15. Michael Muthukrishna e Joseph Henrich, "Innovation in the Collective Brain", *Philosophical Transactions of the Royal Society B*, v. 371, n. 1690 (2016), disponível em <royalsocietypublishing.org/doi/10.1098/rstb.2015.0192>.
16. Galor, *The Journey of Humanity*, p. 46.
17. Muthukrishna e Henrich, "Innovation in the Collective Brain".
18. Lipsey, Carlaw e Bekar, *Economic Transformations*.
19. O restante ocorrendo entre 1000 a.C. e 1700 d.C.
20. Alvin Toffler, *The Third Wave* (Nova York: Bantam, 1984). Ver também o trabalho de Nikolai Kondratiev sobre ondas de ciclos longos.
21. Lewis Mumford, *Technics and Civilization* (Chicago: University of Chicago Press, 1934).
22. Carlota Perez, *Technological Revolutions and Financial Capital: The Dynamics of Bubbles and Golden Ages* (Cheltenham: Edward Elgar, 2002).
23. De fato, um sinal precoce de proliferação acelerada pode ser o de que, ao contrário da disseminação milenar dos moinhos de água, alguns anos depois de ser inventado o moinho de vento já era visto por toda parte, do norte da

Inglaterra à Síria. Ver Lynn White Jr., *Medieval Technology and Social Change* (Oxford: Oxford University Press, 1962), p. 87.
24. Elizabeth L. Eisenstein, *The Printing Press as an Agent of Change: Communications and Cultural Transformations in Early-Modern Europe* (Cambridge: Cambridge University Press, 1979).
25. Eltjo Buringh e Jan Luiten Van Zanden, "Charting the 'Rise of the West': Manuscripts and Printed Books in Europe, a Long-Term Perspective from the Sixth Through Eighteenth Centuries", *Journal of Economic History*, 1º de junho de 2009, disponível em <www.cambridge.org/core/journals/journal-of-economic-history/article/abs/charting-the-rise-of-the-west-manuscripts-and-printed-books-in-europe-a-longterm-perspective-from-the-sixth-through-eighteenth-centuries/0740F5F9030A706BB7E9FACCD5D975D4>.
26. Max Roser e Hannah Ritchie, "Price of Books: Productivity in Book Production", Our World in Data, disponível em <ourworldindata.org/books>.
27. Polish Member Committee of the World Energy Council, "Energy Sector of the World and Poland: Beginnings, Development, Present State", World Energy Council, dezembro de 2014, disponível em <www.worldenergy.org/assets/images/imported/2014/12/Energy_Sector_of_the_world_and_Poland_EN.pdf>.
28. Vaclav Smil, "Energy in the Twentieth Century: Resources, Conversions, Costs, Uses, and Consequences", *Annual Review of Energy and the Environment*, v. 25 (2000), disponível em <www.annualreviews.org/doi/pdf/10.1146/annurev.energy.25.1.21>.
29. William D. Nordhaus, "Do Real Output and Real Wage Measures Capture Reality? The History of Lighting Suggests Not", Cowles Foundation for Research in Economics at Yale University, janeiro de 1996, disponível em <cowles.yale.edu/sites/default/files/files/pub/d10/d1078.pdf.>.
30. Galor, *The Journey of Humanity*, p. 46.
31. Incluindo tanto linhas fixas quanto telefones celulares.
32. "Televisions Inflation Calculator", Official Data Foundation, disponível em <www.in2013dollars.com/Televisions/price-inflation>.
33. Anuraag Singh *et al.*, "Technological Improvement Rate Predictions for All Technologies: Use of Patent Data and an Extended Domain Description", *Research Policy*, v. 50, n. 9 (novembro de 2021), disponível em <www.sciencedirect.com/science/article/pii/S0048733321000950#>. Porém há consideráveis variações entre diferentes conjuntos de tecnologias.
34. É claro que as propostas são ainda mais antigas, datando de no mínimo Babbage e Lovelace no século XIX.
35. George Dyson, *Turing's Cathedral: The Origins of the Digital Universe* (Londres: Allen Lane, 2012).

36. Nick Carr, "How Many Computers Does the World Need? Fewer Than You Think", *Guardian*, 21 de fevereiro de 2008, disponível em <www.theguardian.com/technology/2008/feb/21/computing.supercomputers>.
37. James Meigs, "Inside the Future: How PopMech Predicted the Next 110 Years", *Popular Mechanics*, 21 de dezembro de 2012, disponível em <www.popularmechanics.com/technology/a8562/inside-the-future-how-popmech--predicted-the-next-110-years-14831802/#>.
38. Ver, por exemplo, Darrin Qualman, "Unimaginable Output: Global Production of Transistors", *Darrin Qualman Blog*, 24 de abril de 2017, disponível em <www.darrinqualman.com/global-production-transistors/>; Azeem Azhar, *Exponential: How Accelerating Technology Is Leaving Us Behind and What to Do About It* (Londres: Random House Business, 2021), p. 21; e Vaclav Smil, *How the World Really Works: A Scientist's Guide to Our Past, Present and Future* (Londres: Viking, 2022), p. 128.
39. John B. Smith, "Internet Chronology", UNC Computer Science, disponível em <www.cs.unc.edu/~jbs/resources/Internet/internet_chron.html>.
40. Mohammad Hasan, "State of IoT 2022: Number of Connected IoT Devices Growing 18% to 14.4 Billion Globally", IoT Analytics, 18 de maio de 2022, disponível em <iot-analytics.com/number-connected-iot-devices/>; Steffen Schenkluhn, "Market Size and Connected Devices: Where's the Future of IoT?", *Bosch Connected World Blog*, disponível em <blog.bosch-si.com/internetofthings/market-size-and-connected-devices-wheres-the-future-of-iot>. No entanto, o Ericsson Mobility Report estima até 29 bilhões: "Ericsson Mobility Report, November 2022", Ericsson, novembro de 2022, disponível em <www.ericsson.com/4ae28d/assets/local/reports-papers/mobility-report/documents/2022/ericsson-mobility-report-november-2022.pdf>.
41. Azhar, *Exponential*, p. 219.
42. Ibid., p. 228.

CAPÍTULO 3: O PROBLEMA DA CONTENÇÃO

1. Robert K. Merton, *On Social Structure and Science* (Chicago: University of Chicago Press, 1996), fornece o estudo clássico, mas ver também Ulrich Beck, *Risk Society: Toward a New Modernity* (Londres: SAGE, 1992) para como a sociedade foi dominada pela gestão dos riscos que ela mesma criou. Ver também Edward Tenner, *Why Things Bite Back: Technology and the Revenge of Unintended Consequences* (Nova York: Vintage, 1997) e Charles Perrow, *Normal Accidents: Living with High-Risk Technologies* (Princeton: Princeton University Press, 1984).

2. George F. Kennan, "The Sources of Soviet Conduct", *Foreign Affairs*, julho de 1947, disponível em <www.cvce.eu/content/publication/1999/1/1/a0f-03730-dde8-4f06-a6ed-d740770dc423/publishable_en.pdf>.
3. Esse relato foi retirado de Anton Howes, "Age of Invention: Did the Ottomans Ban Print?", *Age of Invention*, 19 de maio de 2021, disponível em <antonhowes.substack.com/p/age-of-invention-did-the-ottomans>.
4. Exemplos retirados de Joel Mokyr, *The Lever of Riches: Technological Creativity and Economic Progress* (Oxford: Oxford University Press, 1990).
5. Harold Marcuse, "Ch'ien Lung (Qianlong) Letter to George III (1792)", UC Santa Barbara History Department, disponível em <marcuse.faculty.history.ucsb.edu/classes/2c/texts/1792QianlongLetterGeorgeIII.htm>.
6. Ver, por exemplo, Joseph A. Tainter, *The Collapse of Complex Societies* (Cambridge: Cambridge University Press, 1988) e Jared Diamond, *Collapse: How Societies Choose to Fail or Survive* (Londres: Penguin, 2005), para mais sobre esse processo.
7. Waldemar Kaempffert, "Rutherford Cools Atomic Energy Hope", *The New York Times*, 12 de setembro de 1933, disponível em <timesmachine.nytimes.com/timesmachine/1933/09/12/99846601.html>.
8. Alex Wellerstein, "Counting the Dead at Hiroshima and Nagasaki", *Bulletin of the Atomic Scientists*, 4 de agosto de 2020, disponível em <thebulletin.org/2020/08/counting-the-dead-at-hiroshima-and-nagasaki>.
9. Ver David Lilienthal *et al.*, "A Report on the International Control of Atomic Energy", 16 de março de 1946, disponível em <fissilematerials.org/library/ach46.pdf>.
10. "Partial Test Ban Treaty", Nuclear Threat Initiative, fevereiro de 2008, disponível em <www.nti.org/education-center/treaties-and-regimes/treaty-banning-nuclear-test-atmosphere-outer-space-and-under-water-partial-test-ban-treaty-ptbt/>.
11. "Timeline of the Nuclear Nonproliferation Treaty (NPT)", Arms Control Association, agosto de 2022, disponível em <www.armscontrol.org/factsheets/Timeline-of-the-Treaty-on-the-Non-Proliferation-of-Nuclear-Weapons-NPT>.
12. Liam Stack, "Update Complete: U.S. Nuclear Weapons No Longer Need Floppy Disks", *The New York Times*, 24 de outubro de 2019, disponível em <www.nytimes.com/2019/10/24/us/nuclear-weapons-floppy-disks.html>.
13. Os relatos aqui foram amplamente retirados de Eric Schlosser, *Command and Control* (Londres: Penguin, 2014) e John Hughes-Wilson, *Eve of Destruction: The Inside Story of Our Dangerous Nuclear World* (Londres: John Blake, 2021).
14. William Burr, "False Warnings of Soviet Missile Attacks Put U.S. Forces on Alert in 1979-1980", National Security Archive, 16 de março de 2020, disponível em <nsarchive.gwu.edu/briefing-book/nuclear-vault/2020-03-16/

false-warnings-soviet-missile-attacks-during-1979-80-led-alert-actions-us--strategic-forces>.
15. Paul K. Kerr, "Iran–North Korea–Syria Ballistic Missile and Nuclear Cooperation", Congressional Research Service, 26 de fevereiro de 2016, disponível em <sgp.fas.org/crs/nuke/R43480.pdf>.
16. Graham Allison, "Nuclear Terrorism: Did We Beat the Odds or Change Them?", *PRISM*, 15 de maio de 2018, disponível em <cco.ndu.edu/News/Article/1507316/nuclear-terrorism-did-we-beat-the-odds-or-change-them>.
17. José Goldemberg, "Looking Back: Lessons from the Denuclearization of Brazil and Argentina", Arms Control Association, abril de 2006, disponível em <www.armscontrol.org/act/2006-04/looking-back-lessons-denuclearization-brazil-argentina>.
18. Richard Stone, "Dirty Bomb Ingredients Go Missing from Chornobyl Monitoring Lab", *Science*, 25 de março de 2022, disponível em <www.science.org/content/article/dirty-bomb-ingredients-go-missing-chornobyl-monitoring--lab>.
19. Patrick Malone e R. Jeffrey Smith, "Plutonium Is Missing, but the Government Says Nothing", Center for Public Integrity, 16 de julho de 2018, disponível em <publicintegrity.org/national-security/plutonium-is-missing-but-the--government-says-nothing>.
20. Zaria Gorvett, "The Lost Nuclear Bombs That No One Can Find", *BBC Future*, 4 de agosto de 2022, disponível em <www.bbc.com/future/article/20220804-the-lost-nuclear-bombs-that-no-one-can-find>.
21. "Timeline of Syrian Chemical Weapons Activity, 2012-2022", Arms Control Association, maio de 2021, disponível em <www.armscontrol.org/factsheets/Timeline-of-Syrian-Chemical-Weapons-Activity>.
22. Paul J. Young, "The Montreal Protocol Protects the Terrestrial Carbon Sink", *Nature*, 18 de agosto de 2021, disponível em <www.nature.com/articles/s41586-021-03737-3.epdf>.

CAPÍTULO 4: A TECNOLOGIA DA INTELIGÊNCIA

1. Natalie Wolchover, "How Many Different Ways Can a Chess Game Unfold?", *Popular Science*, 15 de dezembro de 2010, disponível em <www.popsci.com/science/article/2010-12/fyi-how-many-different-ways-can-chess-game-unfold>.
2. "AlphaGo", DeepMind, disponível em <www.deepmind.com/research/highlighted-research/alphago>. Alguns, porém, relataram um número ainda mais alto; por exemplo, a *Scientific American* cita 10^{360} configurações. Ver Christof Koch, "How the Computer Beat the Go Master", *Scientific American*,

19 de março de 2016, disponível em <www.scientificamerican.com/article/how-the-computer-beat-the-go-master>.
3. W. Brian Arthur, *The Nature of Technology: What It Is and How It Evolves* (Londres: Allen Lane, 2009), p. 31.
4. Everett M. Rogers, *Diffusion of Innovations* (Nova York: Free Press, 1962), ou veja os textos sobre revoluções industriais de estudiosos como Joel Mokyr.
5. Ray Kurzweil, *How to Create a Mind: The Secret of Human Thought Revealed* (Nova York: Viking Penguin, 2012).
6. Ver, por exemplo, Azalia Mirhoseini *et al.*, "A Graph Placement Methodology for Fast Chip Design", *Nature*, 9 de junho de 2021, disponível em <www.nature.com/articles/s41586-021-03544-w>; e Lewis Grozinger *et al.*, "Pathways to Cellular Supremacy in Biocomputing", *Nature Communications*, 20 de novembro de 2019, disponível em <www.nature.com/articles/s41467-019-13232-z>.
7. Alex Krizhevsky *et al.*, "ImageNet Classification with Deep Convolutional Neural Networks", Neural Information Processing Systems, 30 de setembro de 2012, disponível em <proceedings.neurips.cc/paper/2012/file/c399862d3b-9d6b76c8436e924a68c45b-Paper.pdf>.
8. Jerry Wei, "AlexNet: The Architecture That Challenged CNNs", *Towards Data Science*, 2 de julho de 2019, disponível em <towardsdatascience.com/alexnet-the-architecture-that-challenged-cnns-e406d5297951>.
9. Chanan Bos, "Tesla's New HW3 Self-Driving Computer — It's a Beast", CleanTechnica, 15 de junho de 2019, disponível em <cleantechnica.com/2019/06/15/teslas-new-hw3-self-driving-computer-its-a-beast-cleantechnica-deep-dive>.
10. Jeffrey De Fauw *et al.*, "Clinically Applicable Deep Learning for Diagnosis and Referral in Retinal Disease", *Nature Medicine*, 13 de agosto de 2018, disponível em <www.nature.com/articles/s41591-018-0107-6>.
11. "Advances in Neural Information Processing Systems", NeurIPS, disponível em <papers.nips.cc>.
12. "Research & Development", em *Artificial Intelligence Index Report 2021*, Stanford University Human-Centered Artificial Intelligence, março de 2021, disponível em <aiindex.stanford.edu/wp-content/uploads/2021/03/2021-AI--Index-Report-_Chapter-1.pdf>.
13. Para parafrasear Marc Andreessen.
14. "DeepMind AI Reduces Google Data Centre Cooling Bill by 40%", DeepMind, 20 de julho de 2016, disponível em <www.deepmind.com/blog/deepmind-ai-reduces-google-data-centre-cooling-bill-by-40>.
15. "Better Language Models and Their Implications", OpenAI, 14 de fevereiro de 2019, disponível em <openai.com/blog/better-language-models>.
16. Ver Martin Ford, *Rule of the Robots: How Artificial Intelligence Will Transform Everything* (Londres: Basic Books, 2021), para uma comparação desenvolvida.

17. Amy Watson, "Average Reading Time in the U.S. from 2018 to 2021, by Age Group", Statista, 3 de agosto de 2022, disponível em <www.statista.com/statistics/412454/average-daily-time-reading-us-by-age>.
18. A Microsoft e a NVIDIA construíram um transformador com 530 bilhões de parâmetros, o Megatron-Turing Natural Language Generation (MT-NLG), 31 vezes maior que seu transformador mais poderoso de somente um ano antes. Então veio o Wu Dao, da Academia de Inteligência Artificial de Pequim, com supostos 1,75 trilhão de parâmetros — dez vezes mais que o GPT-3. Ver, por exemplo, Tanushree Shenwai, "Microsoft and NVIDIA AI Introduces MT-NLG: The Largest and Most Powerful Monolithic Transformer Language NLP Model", *MarkTech Post*, 13 de outubro de 2021, disponível em <www.marktechpost.com/2021/10/13/microsoft-and-nvidia-ai-introduces-mt-nlg-the-largest-and-most-powerful-monolithic-transformer-language-nlp-model>.
19. "Alibaba DAMO Academy Creates World's Largest AI Pre-training Model, with Parameters Far Exceeding Google and Microsoft", *Pandaily*, 8 de novembro de 2021, disponível em <pandaily.com/alibaba-damo-academy-creates-worlds-largest-ai-pre-training-model-with-parameters-far-exceeding-google-and-microsoft>.
20. Uma imagem fantástica de Alyssa Vance, presumindo que cada "gota" tenha 0,5 mililitro: <mobile.twitter.com/alyssamvance/status/1542682154483589127>.
21. William Fedus *et al.*, "Switch Transformers: Scaling to Trillion Parameter Models with Simple and Efficient Sparsity", *Journal of Machine Learning Research*, 16 de junho de 2022, disponível em <arxiv.org/abs/2101.03961>.
22. Alberto Romero, "A New AI Trend: Chinchilla (70B) Greatly Outperforms GPT-3 (175B) and Gopher (280B)", *Towards Data Science*, 11 de abril de 2022, disponível em <towardsdatascience.com/a-new-ai-trend-chinchilla-70b-greatly-outperforms-gpt-3-175b-and-gopher-280b-408b9b4510>.
23. Ver <github.com/karpathy/nanoGPT> para mais detalhes.
24. Susan Zhang *et al.*, "Democratizing Access to Large-Scale Language Models with OPT-175B", Meta AI, 3 de maio de 2022, disponível em <ai.facebook.com/blog/democratizing-access-to-large-scale-language-models-with-opt-175b>.
25. Ver, por exemplo, <twitter.com/miolini/status/1634982361757790209>.
26. Eirini Kalliamvakou, "Research: Quantifying GitHub Copilot's Impact on Developer Productivity and Happiness", GitHub, 7 de setembro de 2022, disponível em <github.blog/2022-09-07-research-quantifying-github-copilots-impact-on-developer-productivity-and-happiness>.
27. Matt Welsh, "The End of Programming", *Communications of the ACM*, janeiro de 2023, disponível em <cacm.acm.org/magazines/2023/1/267976-the-end-of-programming/fulltext>.

28. Emily Sheng *et al.*, "The Woman Worked as a Babysitter: On Biases in Language Generation", arXiv, 23 de outubro de 2019, disponível em <arxiv.org/pdf/1909.01326.pdf>.
29. Nitasha Tiku, "The Google Engineer Who Thinks the Company's AI Has Come to Life", *Washington Post*, 11 de junho de 2022, disponível em <www.washingtonpost.com/technology/2022/06/11/google-ai-lamda-blake-lemoine>.
30. Steven Levy, "Blake Lemoine Says Google's LaMDA AI Faces 'Bigotry'", *Wired*, 17 de junho de 2022, disponível em <www.wired.com/story/blake-lemoine-google-lamda-ai-bigotry>.
31. Citado em Moshe Y. Vardi, "Artificial Intelligence: Past and Future", *Communications of the ACM*, janeiro de 2012, disponível em <cacm.acm.org/magazines/2012/1/144824-artificial-intelligence-past-and-future/fulltext>.
32. Joel Klinger *et al.*, "A Narrowing of AI Research?", *Computers and Society*, 11 de janeiro de 2022, disponível em <arxiv.org/abs/2009.10385>.
33. Gary Marcus, "Deep Learning Is Hitting a Wall", *Nautilus*, 10 de março de 2022, disponível em <nautil.us/deep-learning-is-hitting-a-wall-14467>.
34. Ver Melanie Mitchell, *Artificial Intelligence: A Guide for Thinking Humans* (Londres: Pelican Books, 2020) e Steven Strogatz, "Melanie Mitchell Takes AI Research Back to Its Roots", *Quanta Magazine*, 19 de abril de 2021, disponível em <www.quantamagazine.org/melanie-mitchell-takes-ai-research-back-to-its-roots-20210419>.
35. O Alignment Research Center já testou o GPT-4 precisamente para esse tipo de capacidade. A pesquisa descobriu que, naquele estágio, o GPT-4 era "inefetivo" para agir autonomamente. "GPT-4 System Card", OpenAI, 14 de março de 2023, disponível em <cdn.openai.com/papers/gpt-4-system-card.pdf>. Dias após o lançamento, as pessoas chegavam surpreendentemente perto; ver, por exemplo, <mobile.twitter.com/jacksonfall/status/1636107218859745286>. A versão de teste aqui, porém, requer muito mais autonomia que a exibida lá.

CAPÍTULO 5: A TECNOLOGIA DA VIDA

1. Susan Hockfield, *The Age of Living Machines: How Biology Will Build the Next Technology Revolution* (Nova York: W. W. Norton, 2019).
2. Stanley N. Cohen *et al.*, "Construction of Biologically Functional Bacterial Plasmids In Vitro", *PNAS*, 1º de novembro de 1973, disponível em <www.pnas.org/doi/abs/10.1073/pnas.70.11.3240>.
3. "Human Genome Project", National Human Genome Research Institute, 24 de agosto de 2022, disponível em <www.genome.gov/about-genomics/educational-resources/fact-sheets/human-genome-project>.

4. "Life 2.0", *Economist*, 31 de agosto de 2006, disponível em <www.economist.com/special-report/2006/08/31/life-20>.
5. Ver "The Cost of Sequencing a Human Genome", National Human Genome Research Institute, 1º de novembro de 2021, disponível em <www.genome.gov/about-genomics/fact-sheets/Sequencing-Human-Genome-cost>; e Elizabeth Pennisi, "A $100 Genome? New DNA Sequencers Could Be a 'Game Changer' for Biology, Medicine", *Science*, 15 de junho de 2022, disponível em <www.science.org/content/article/100-genome-new-dna-sequencers-could-be-game-changer-biology-medicine>.
6. Azhar, *Exponential*, p. 41.
7. Jian-Feng Li *et al.*, "Multiplex and Homologous Recombination-Mediated Genome Editing in *Arabidopsis* and *Nicotiana benthamiana* Using Guide RNA and Cas9", *Nature Biotechnology*, 31 de agosto de 2013, disponível em <www.nature.com/articles/nbt.2654>.
8. Sara Reardon, "Step Aside CRISPR, RNA Editing Is Taking Off", *Nature*, 4 de fevereiro de 2020, disponível em <www.nature.com/articles/d41586-020-00272-5>.
9. Chunyi Hu *et al.*, "Craspase Is a CRISPR RNA-Guided, RNA-Activated Protease", *Science*, 25 de agosto de 2022, disponível em <www.science.org/doi/10.1126/science.add5064>.
10. Michael Le Page, "Three People with Inherited Diseases Successfully Treated with CRISPR", *New Scientist*, 12 de junho de 2020, disponível em <www.newscientist.com/article/2246020-three-people-with-inherited-diseases-successfully-treated-with-crispr>; Jie Li *et al.*, "Biofortified Tomatoes Provide a New Route to Vitamin D Sufficiency", *Nature Plants*, 23 de maio de 2022, disponível em <www.nature.com/articles/s41477-022-01154-6>.
11. Mohamed Fareh, "Reprogrammed CRISPR-Cas13b Suppresses SARS-CoV-2 Replication and Circumvents Its Mutational Escape Through Mismatch Tolerance", *Nature*, 13 de julho de 2021, disponível em <www.nature.com/articles/s41467-021-24577-9>; "How CRISPR Is Changing Cancer Research and Treatment", National Cancer Institute, 27 de julho de 2020, disponível em <www.cancer.gov/news-events/cancer-currents-blog/2020/crispr-cancer-research-treatment>; Zhihao Zhang *et al.*, "Updates on CRISPR-Based Gene Editing in HIV-1/AIDS Therapy", *Virologica Sinica*, fevereiro de 2022, disponível em <www.sciencedirect.com/science/article/pii/S1995820X22000177>; Giulia Maule *et al.*, "Gene Therapy for Cystic Fibrosis: Progress and Challenges of Genome Editing", *International Journal of Molecular Sciences*, junho de 2020, disponível em <www.ncbi.nlm.nih.gov/pmc/articles/PMC7313467>.
12. Raj Kumar Joshi, "Engineering Drought Tolerance in Plants Through CRISPR/Cas Genome Editing", *3 Biotech*, setembro de 2020, disponível em <www.ncbi.nlm.nih.gov/pmc/articles/PMC7438458>; Muhammad Rizwan Javed *et*

al., "Current Situation of Biofuel Production and Its Enhancement by CRISPR/Cas9-Mediated Genome Engineering of Microbial Cells", *Microbiological Research*, fevereiro de 2019, disponível em <www.sciencedirect.com/science/article/pii/S0944501318308346>.

13. Nessa Carey, *Hacking the Code of Life: How Gene Editing Will Rewrite Our Futures* (Londres: Icon Books, 2019), p. 136.
14. Ver, por exemplo: <kilobaser.com/shop>.
15. Yiren Lu, "The Gene Synthesis Revolution", *The New York Times*, 24 de novembro de 2021, disponível em <www.nytimes.com/2021/11/24/magazine/gene-synthesis.html>.
16. "Robotic Labs for High-Speed Genetic Research Are on the Rise", *Economist*, 1º de março de 2018, disponível em <www.economist.com/science-and-technology/2018/03/01/robotic-labs-for-high-speed-genetic-research-are-on-the-rise>.
17. Bruce Rogers, "DNA Script Set to Bring World's First DNA Printer to Market", *Forbes*, 17 de maio de 2021, disponível em <www.forbes.com/sites/brucerogers/2021/05/17/dna-script-set-to-bring-worlds-first-dna-printer-to-market>.
18. Michael Eisenstein, "Enzymatic DNA Synthesis Enters New Phase", *Nature Biology*, 5 de outubro de 2020, disponível em <www.nature.com/articles/s41587-020-0695-9>.
19. A biologia sintética usa não somente síntese de DNA, mas também o crescente entendimento de como genes podem ser ativados e desativados, além da engenharia metabólica, pela qual células podem ser encorajadas a produzir as substâncias desejadas.
20. Drew Endy, "Endy:Research", OpenWet Ware, 4 de agosto de 2017, disponível em <openwetware.org/wiki/Endy:Research>.
21. "First Self-Replicating Synthetic Bacterial Cell", JCVI, disponível em <www.jcvi.org/research/first-self-replicating-synthetic-bacterial-cell>.
22. Jonathan E. Venetz *et al.*, "Chemical Synthesis Rewriting of a Bacterial Genome to Achieve Design Flexibility and Biological Functionality", *PNAS*, 1º de abril de 2019, disponível em <www.pnas.org/doi/full/ 10.1073/pnas.1818259116>.
23. ETH Zurich, "First Bacterial Genome Created Entirely with a Computer", *Science Daily*, 1º de abril de 2019, disponível em <www.sciencedaily.com/releases/2019/04/190401171343.htm>. Naquele ano, uma equipe de Cambridge também produziu um genoma totalmente sintético de *E. coli*. Julius Fredens, "Total Synthesis of *Escherichia coli* with a Recoded Genome", *Nature*, 15 de maio de 2019, disponível em <www.nature.com/articles/s41586-019-1192-5>.
24. Ver GP-write Consortium, Center of Excellence for Engineering Biology, disponível em <engineeringbiologycenter.org/gp-write-consortium>.

25. José-Alain Sahel *et al.*, "Partial Recovery of Visual Function in a Blind Patient After Optogenetic Therapy", *Nature Medicine*, 24 de maio de 2021, disponível em <www.nature.com/articles/s41591-021-01351-4>.
26. "CureHeart — a Cure for Inherited Heart Muscle Diseases", British Heart Foundation, disponível em <www.bhf.org.uk/what-we-do/our-research/cure-heart>; National Cancer Institute, "CAR T-Cell Therapy", National Institutes of Health, disponível em <www.cancer.gov/publications/dictionaries/cancer-terms/def/car-t-cell-therapy>.
27. Ver, por exemplo, Astrid M. Vicente *et al.*, "How Personalised Medicine Will Transform Healthcare by 2030: The ICPerMed Vision", *Journal of Translational Medicine*, 28 de abril de 2020, disponível em <translational-medicine.biomedcentral.com/articles/10.1186/s12967-020-02316-w>.
28. Antonio Regalado, "How Scientists Want to Make You Young Again", *MIT Technology Review*, 25 de outubro de 2022, disponível em <www.technologyreview.com/2022/10/25/1061644/how-to-be-young-again>.
29. Jae-Hyun Yang *et al.*, "Loss of Epigenetic Information as a Cause of Mammalian Aging", *Cell,* 12 de janeiro de 2023, disponível em <www.cell.com/cell/fulltext/S0092-8674(22)01570-7>.
30. Ver, por exemplo, David A. Sinclair e Matthew D. LaPlante, *Lifespan: Why We Age—and Why We Don't Have To* (Nova York: Atria Books, 2019).
31. Ver, por exemplo, a pesquisa de Harvard sobre memória: "Researchers Identify a Neural Circuit and Genetic 'Switch' That Maintain Memory Precision", Harvard Stem Cell Institute, 12 de março de 2018, disponível em <hsci.harvard.edu/news/researchers-identify-neural-circuit-and-genetic-switch-maintain-memory-precision>.
32. John Cohen, "New Call to Ban Gene-Edited Babies Divides Biologists", *Science*, 13 de março de 2019, disponível em <www.science.org/content/article/new-call-ban-gene-edited-babies-divides-biologists>.
33. S. B. Jennifer Kan *et al.*, "Directed Evolution of Cytochrome C for Carbon-Silicon Bond Formation: Bringing Silicon to Life", *Science*, 25 de novembro de 2016, disponível em <www.science.org/doi/10.1126/science.aah6219>.
34. James Urquhart, "Reprogrammed Bacterium Turns Carbon Dioxide into Chemicals on Industrial Scale", *Chemistry World*, 2 de março de 2022, disponível em <www.chemistryworld.com/news/reprogrammed-bacterium-turns-carbon-dioxide-into-chemicals-on-industrial-scale/4015307.article>.
35. Elliot Hershberg, "Atoms Are Local", *Century of Bio*, 7 de novembro de 2022, disponível em <centuryofbio.substack.com/p/atoms-are-local>.
36. "The Future of DNA Data Storage", Potomac Institute for Policy Studies, setembro de 2018, disponível em <potomacinstitute.org/images/studies/Future_of_DNA_Data_Storage.pdf>.

37. McKinsey Global Institute, "The Bio Revolution: Innovations Transforming Economies, Societies, and Our Lives", McKinsey & Company, 13 de maio de 2020, disponível em <www.mckinsey.com/industries/life-sciences/our-insights/the-bio-revolution-innovations-transforming-economies-societies-and-our-lives>.
38. DeepMind, "AlphaFold: A Solution to a 50-Year-Old Grand Challenge in Biology", DeepMind Research, 20 de novembro de 2020, disponível em <www.deepmind.com/blog/alphafold-a-solution-to-a-50-year-old-grand-challenge-in-biology>.
39. Mohammed AlQuraishi, "AlphaFold @ CASP13: 'What Just Happened?'", *Some Thoughts on a Mysterious Universe*, 9 de dezembro de 2018, disponível em <moalquraishi.wordpress.com/2018/12/09/alphafold-casp13-what-just-happened>.
40. Tanya Lewis, "One of the Biggest Problems in Biology Has Finally Been Solved", *Scientific American*, 31 de outubro de 2022, disponível em <www.scientificamerican.com/article/one-of-the-biggest-problems-in-biology-has-finally-been-solved>.
41. Ewen Callaway, "What's Next for AlphaFold and the AI Protein-Folding Revolution", *Nature*, 13 de abril de 2022, disponível em <www.nature.com/articles/d41586-022-00997-5>.
42. Madhumita Murgia, "DeepMind Research Cracks Structure of Almost Every Known Protein", *Financial Times*, 28 de julho de 2022, disponível em <www.ft.com/content/6a088953-66d7-48db-b61c-79005a0a351a>; DeepMind, "AlphaFold Reveals the Structure of the Protein Universe", DeepMind Research, 28 de julho de 2022, disponível em <www.deepmind.com/blog/alphafold-reveals-the-structure-of-the-protein-universe>.
43. Kelly Servick, "In a First, Brain Implant Lets Man with Complete Paralysis Spell Out 'I Love My Cool Son'", *Science*, 22 de março de 2022, disponível em <www.science.org/content/article/first-brain-implant-lets-man-complete-paralysis-spell-out-thoughts-i-love-my-cool-son>.
44. Brett J. Kagan *et al.*, "*In Vitro* Neurons Learn and Exhibit Sentience When Embodied in a Simulated Game-World", *Neuron*, 12 de outubro de 2022, disponível em <www.cell.com/neuron/fulltext/S0896-6273(22)00806-6>.

CAPÍTULO 6: A ONDA MAIS AMPLA

1. Mitchell Clark, "Amazon Announces Its First Fully Autonomous Mobile Warehouse Robot", *Verge*, 21 de junho de 2022, disponível em <www.theverge.com/2022/6/21/23177756/amazon-warehouse-robots-proteus-autonomous-cart-delivery>.

2. Dave Lee, "Amazon Debuts New Warehouse Robot That Can Do Human Jobs", *Financial Times*, 10 de novembro de 2022, disponível em <www.ft.com/content/c8933d73-74a4-43ff-8060-7ff9402eccf1>.
3. James Gaines, "The Past, Present, and Future of Robotic Surgery", *Smithsonian Magazine*, 15 de setembro de 2022, disponível em <www.smithsonianmag.com/innovation/the-past-present-and-future-of-robotic-surgery-180980763>.
4. "Helper Robots for a Better Everyday", Everyday Robots, disponível em <everydayrobots.com>.
5. Chelsea Gohd, "Walmart Has Patented Autonomous Robot Bees", World Economic Forum, 19 de março de 2018, disponível em <www.weforum.org/agenda/2018/03/autonomous-robot-bees-are-being-patented-by-walmart>.
6. *Artificial Intelligence Index Report 2021*, disponível em <aiindex.stanford.edu/report>.
7. Sara Sidner e Mallory Simon, "How Robot, Explosives Took Out Dallas Sniper in Unprecedented Way", CNN, 12 de julho de 2016, disponível em: <cnn.com/2016/07/12/us/dallas-police-robot-c4-explosives/index.html>.
8. Elizabeth Gibney, "Hello Quantum World! Google Publishes Landmark Quantum Supremacy Claim", *Nature*, 23 de outubro de 2019, disponível em <www.nature.com/articles/d41586-019-03213-z>; Frank Arute *et al.*, "Quantum Supremacy Using a Programmable Superconducting Processor", *Nature*, 23 de outubro de 2019, disponível em <www.nature.com/articles/s41586-019-1666-5>.
9. Neil Savage, "Hands-On with Google's Quantum Computer", *Scientific American*, 24 de outubro de 2019, disponível em <www.scientificamerican.com/article/hands-on-with-googles-quantum-computer>.
10. Gideon Lichfield, "Inside the Race to Build the Best Quantum Computer on Earth", *MIT Technology Review*, 26 de fevereiro de 2022, disponível em <www.technologyreview.com/2020/02/26/916744/quantum-computer-race-ibm-google>.
11. Matthew Sparkes, "IBM Creates Largest Ever Super-conducting Quantum Computer", *New Scientist*, 15 de novembro de 2021, disponível em <www.newscientist.com/article/2297583-ibm-creates-largest-ever-superconducting-quantum-computer>.
12. Ao menos para certas tarefas. Charles Choi, "Quantum Leaps in Quantum Computing?", *Scientific American*, 25 de outubro de 2017, disponível em <www.scientificamerican.com/article/quantum-leaps-in-quantum-computing>.
13. Ken Washington, "Mass Navigation: How Ford Is Exploring the Quantum World with Microsoft to Help Reduce Congestion", Ford Medium, 10 de dezembro de 2019, disponível em <medium.com/@ford/mass-navigation-how-ford-is-exploring-the-quantum-world-with-microsoft-to-help-reduce-congestion-a9de6db 32338>.

14. Camilla Hodgson, "Solar Power Expected to Surpass Coal in 5 Years, IEA Says", *Financial Times*, 10 de dezembro de 2022, disponível em <www.ft.com/content/98cec49f-6682-4495-b7be-793bf2589c6d>.
15. "Solar PV Module Prices", Our World in Data, disponível em <ourworldindata.org/grapher/solar-pv-prices>.
16. Tom Wilson, "Nuclear Fusion: From Science Fiction to 'When, Not If'", *Financial Times*, 17 de dezembro de 2022, disponível em <www.ft.com/content/65e8f125-5985-4aa8-a027-0c9769e764ad>.
17. Eli Dourado, "Nanotechnology's Spring", *Works in Progress*, 12 de outubro de 2022, disponível em <www.worksinprogress.co/issue/nanotechnologys-spring>.

CAPÍTULO 7: QUATRO CARACTERÍSTICAS DA PRÓXIMA ONDA

1. Julian Borger, "The Drone Operators Who Halted Russian Convoy Headed for Kyiv", *Guardian*, 28 de março de 2022, disponível em <www.theguardian.com/world/2022/mar/28/the-drone-operators-who-halted-the-russian-armoured-vehicles-heading-for-kyiv>.
2. Marcin Wyrwał, "Wojna w Ukrainie. Jak sztuczna inteligencja zabija Rosjan", *Onet*, 13 de julho de 2022, disponível em <www.onet.pl/informacje/onetwiadomosci/rozwiazali-problem-armii-ukrainy-ich-pomysl-okazal-sie-dla-rosjan-zabojczy/pkzrk0z,79cfc278>.
3. Patrick Tucker, "AI Is Already Learning from Russia's War in Ukraine, DOD Says", *Defense One*, 21 de abril de 2022, disponível em <www.defenseone.com/technology/2022/04/ai-already-learning-russias-war-ukraine-dod-says/365978>.
4. "Ukraine Support Tracker", Kiel Institute for the World Economy, dezembro de 2022, disponível em <www.ifw-kiel.de/index.php?id=17142>.
5. Audrey Kurth Cronin, *Power to the People: How Open Technological Innovation Is Arming Tomorrow's Terrorists* (Nova York: Oxford University Press, 2020), p. 2.
6. Scott Gilbertson, "Review: DJI Phantom 4", *Wired*, 22 de abril de 2016, disponível em <www.wired.com/2016/04/review-dji-phantom-4>.
7. Cronin, *Power to the People*, 320; Derek Hawkins, "A U.S. 'Ally' Fired a $3 Million Patriot Missile at a $200 Drone. Spoiler: The Missile Won", *Washington Post*, 17 de março de 2017, disponível em <www.washingtonpost.com/news/morning-mix/wp/2017/03/17/a-u-s-ally-fired-a-3-million-patriot-missile-at-a-200-drone-spoiler-the-missile-won>.
8. Azhar, *Exponential*, p. 249.

9. Ver, por exemplo, Michael Bhaskar, *Human Frontiers: The Future of Big Ideas in an Age of Small Thinking* (Cambridge: MIT Press, 2021); Tyler Cowen, *The Great Stagnation: How America Ate All the Low-Hanging Fruit of Modern History, Got Sick, and Will (Eventually) Feel Better* (Nova York: Dutton, 2011); e Robert Gordon, *The Rise and Fall of American Growth: The U.S. Standard of Living Since the Civil War* (Princeton: Princeton University Press, 2017), entre muitos outros.
10. César Hidalgo, *Why Information Grows: The Evolution of Order, from Atoms to Economies* (Londres: Allen Lane, 2015).
11. Neil Savage, "Machines Learn to Unearth New Materials", *Nature*, 30 de junho de 2021, disponível em <www.nature.com/articles/d41586-021-01793-3>.
12. Andrij Vasylenko *et al.*, "Element Selection for Crystalline Inorganic Solid Discovery Guided by Unsupervised Machine Learning of Experimentally Explored Chemistry", *Nature Communications*, 21 de setembro de 2021, disponível em <www.nature.com/articles/s41467-021-25343-7>.
13. Matthew Greenwood, "Hypercar Created Using 3D Printing, AI, and Robotics", Engineering.com, 23 de junho de 2021, disponível em <www.engineering.com/story/hypercar-created-using-3d-printing-ai-and-robotics>.
14. Elie Dolgin, "Could Computer Models Be the Key to Better COVID Vaccines?", *Nature*, 5 de abril de 2022, disponível em <www.nature.com/articles/d41586-022-00924-8>.
15. Anna Nowogrodzki, "The Automatic-Design Tools That Are Changing Synthetic Biology", *Nature*, 10 de dezembro de 2018, disponível em <www.nature.com/articles/d41586-018-07662-w>.
16. Vidar, "Google's Quantum Computer Is About 158 Million Times Faster Than the World's Fastest Supercomputer", Medium, 28 de fevereiro de 2021, disponível em <medium.com/predict/googles-quantum-computer-is--about-158-million-times-faster-than-the-world-s-fastest-supercomputer--36df56747f7f>.
17. Jack W. Scannell *et al.*, "Diagnosing the Decline in Pharmaceutical R&D Efficiency", *Nature Reviews Drug Discovery*, 1º de março de 2012, disponível em <www.nature.com/articles/nrd3681>.
18. Patrick Heuveline, "Global and National Declines in Life Expectancy: An End-of-2021 Assessment", *Population and Development Review*, v. 48, n. 1 (março de 2022), disponível em <onlinelibrary.wiley.com/doi/10.1111/padr.12477>. Todavia, esses declínios se devem a melhorias significativas de longo prazo.
19. "Failed Drug Trials", Alzheimer's Research UK, disponível em <www.alzheimersresearchuk.org/blog-tag/drug-trials/failed-drug-trials>.

20. Michael S. Ringel *et al.*, "Breaking Eroom's Law", *Nature Reviews Drug Discovery*, 16 de abril de 2020, disponível em <www.nature.com/articles/d41573-020-00059-3>.
21. Jonathan M. Stokes, "A Deep Learning Approach to Antibiotic Discovery", *Cell*, 20 de fevereiro de 2020, disponível em <www.cell.com/cell/fulltext/S0092-8674(20)30102-1>.
22. "Exscientia and Sanofi Establish Strategic Research Collaboration to Develop AI-Driven Pipeline of Precision-Engineered Medicines", Sanofi, 7 de janeiro de 2022, disponível em <www.sanofi.com/en/media-room/press-releases/2022/2022-01-07-06-00-00-2362917>.
23. Nathan Benaich e Ian Hogarth, *State of AI Report 2022*, 11 de outubro de 2022, disponível em <www.stateof.ai>.
24. Fabio Urbina *et al.*, "Dual Use of Artificial-Intelligence-Powered Drug Discovery", *Nature Machine Intelligence*, 7 de março de 2022, disponível em <www.nature.com/articles/s42256-022-00465-9>.
25. K. Thor Jensen, "20 Years Later: How Concerns About Weaponized Consoles Almost Sunk the PS2", *PCMag*, 9 de maio de 2020, disponível em <www.pcmag.com/news/20-years-later-how-concerns-about-weaponized-consoles-almost-sunk-the-ps2>; Associated Press, "Sony's High-Tech Playstation2 Will Require Military Export License", *Los Angeles Times*, 17 de abril de 2000, disponível em <www.latimes.com/archives/la-xpm-2000-apr-17-fi-20482-story.html>.
26. Para mais sobre o termo "multiuso", ver, por exemplo, Cronin, *Power to the People*.
27. Scott Reed *et al.*, "A Generalist Agent", Deep-Mind, 10 de novembro de 2022, disponível em <www.deepmind.com/publications/a-generalist-agent>.
28. @GPT-4 Technical Report, OpenAI, 14 de março de 2023, disponível em <cdn.openai.com/papers/gpt-4.pdf>. Ver <mobile.twitter.com/michalkosinski/status/1636683810631974912> para um dos primeiros experimentos.
29. Sébastien Bubeck *et al.*, "Sparks of Artificial General Intelligence: Early Experiments with GPT-4", arXiv, 27 de março de 2023, disponível em <arxiv.org/abs/2303.12712>.
30. Alhussein Fawzi *et al.*, "Discovering Novel Algorithms with AlphaTensor", DeepMind, 5 de outubro de 2022, disponível em <www.deepmind.com/blog/discovering-novel-algorithms-with-alphatensor>.
31. Stuart Russell, *Human Compatible: AI and the Problem of Control* (Londres: Allen Lane, 2019).
32. Manuel Alfonseca *et al.*, "Superintelligence Cannot Be Contained: Lessons from Computability Theory", *Journal of Artificial Intelligence Research*, 5 de

janeiro de 2021, disponível em <jair.org/index.php/jair/article/view/12202>; Jaime Sevilla e John Burden, "Response to Superintelligence Cannot Be Contained: Lessons from Computability Theory", Centre for the Study of Existential Risk, 25 de fevereiro de 2021, disponível em <www.cser.ac.uk/news/response-superintelligence-contained>.

CAPÍTULO 8: INCENTIVOS INCONTROLÁVEIS

1. Ver, por exemplo, Cade Metz, *Genius Makers: The Mavericks Who Brought AI to Google, Facebook and the World* (Londres: Random House Business, 2021), p. 170.
2. Google, "The Future of Go Summit: 23 May–27 May, Wuzhen, China", Google Events, disponível em <events.google.com/alphago2017>.
3. Paul Dickson, "Sputnik's Impact on America", *Nova*, PBS, 6 de novembro de 2007, disponível em <www.pbs.org/wgbh/nova/article/sputnik-impact-on-america>.
4. Lo De Wei, "Full Text of Xi Jinping's Speech at China's Party Congress", Bloomberg, 18 de outubro de 2022, disponível em <www.bloomberg.com/news/articles/2022-10-18/full-text-of-xi-jinping-s-speech-at-china-20th-party-congress-2022>.
5. Ver, por exemplo, Nigel Inkster, *The Great Decoupling: China, America and the Struggle for Technological Supremacy* (Londres: Hurst, 2020).
6. Graham Webster *et al.*, "Full Translation: China's 'New Generation Artificial Intelligence Development Plan'", DigiChina, Stanford University, 1º de agosto de 2017, disponível em <digichina.stanford.edu/work/full-translation-chinas-new-generation-artificial-intelligence-development-plan-2017>.
7. Benaich e Hogarth, *State of AI*; Neil Savage, "The Race to the Top Among the World's Leaders in Artificial Intelligence", *Nature Index*, 9 de dezembro de 2020, disponível em <www.nature.com/articles/d41586-020-03409-8>; "Tsinghua University May Soon Top the World League in Science Research", *Economist*, 17 de novembro de 2018, disponível em <www.economist.com/china/2018/11/17/tsinghua-university-may-soon-top-the-world-league-in-science-research>.
8. Sarah O'Meara, "Will China Lead the World in AI by 2030?", *Nature*, 21 de agosto de 2019, disponível em <www.nature.com/articles/d41586-019-02360-7>; Akira Oikawa e Yuta Shimono, "China Overtakes US in AI Research", *Nikkei Asia*, 10 de agosto de 2021, disponível em <asia.nikkei.com/Spotlight/Datawatch/China-overtakes-US-in-AI-research>.
9. Daniel Chou, "Counting AI Research: Exploring AI Research Output in English-and Chinese-Language Sources", Center for Security and Emerging

Technology, julho de 2022, disponível em <cset.georgetown.edu/publication/counting-ai-research>.
10. Remco Zwetsloot, "China Is Fast Outpacing U.S. STEM PhD Growth", Center for Security and Emerging Technology, agosto de 2021, disponível em <cset.georgetown.edu/publication/china-is-fast-outpacing-u-s-stem-phd-growth>.
11. Graham Allison et al., "The Great Tech Rivalry: China vs the U.S.", Harvard Kennedy School Belfer Center, dezembro de 2021, disponível em <www.belfercenter.org/sites/default/files/GreatTechRivalry_ChinavsUS_211207.pdf>.
12. Xinhua, "China Authorizes Around 700,000 Invention Patents in 2021: Report", XinhuaNet, 8 de janeiro de 2021, disponível em <english.news.cn/20220108/ded0496b77c24a3a8712fb26bba390c3/c.html>; "U.S. Patent Statistics Chart, Calendar Years 1963–2020", U.S. Patent and Trademark Office, maio de 2021, disponível em <www.uspto.gov/web/offices/ac/ido/oeip/taf/us_stat.htm>. Os números para os Estados Unidos, porém, são de 2020. Também é importante dizer que patentes de alto valor também crescem rapidamente: State Council of the People's Republic of China, "China Sees Growing Number of Invention Patents", Xinhua, janeiro de 2022, disponível em <english.www.gov.cn/statecouncil/ministries/202201/12/content_WS-61deb7c8c6d09c94e48a3883.html>.
13. Joseph Hincks, "China Now Has More Supercomputers Than Any Other Country", Time, 14 de novembro de 2017, disponível em <time.com/5022859/china-most-supercomputers-world>.
14. Jason Douglas, "China's Factories Accelerate Robotics Push as Workforce Shrinks", Wall Street Journal, 18 de setembro de 2022, disponível em <www.wsj.com/articles/chinas-factories-accelerate-robotics-push-as-workforce-shrinks-11663493405>.
15. Allison et al., "Great Tech Rivalry".
16. Zhang Zhihao, "Beijing-Shanghai Quantum Link a 'New Era'", China Daily USA, 30 de setembro de 2017, disponível em <usa.chinadaily.com.cn/china/2017-09/30/content_32669867.htm>.
17. Amit Katwala, "Why China's Perfectly Placed to Be Quantum Computing's Superpower", Wired, 14 de novembro de 2018, disponível em <www.wired.co.uk/article/quantum-computing-china-us>.
18. Han-Sen Zhong et al., "Quantum Computational Advantage Using Photons", Science, 3 de dezembro de 2020, disponível em <www.science.org/doi/10.1126/science.abe8770>.
19. Citado em Amit Katwala, Quantum Computing (Londres: Random House Business, 2021), p. 88.
20. Allison et al., "Great Tech Rivalry".

21. Katrina Manson, "US Has Already Lost AI Fight to China, Says Ex-Pentagon Software Chief", *Financial Times*, 10 de outubro de 2021, disponível em <www.ft.com/content/f939db9a-40af-4bd1-b67d-10492535f8e0>.
22. Citado em Inkster, *The Great Decoupling*, p. 193.
23. Para uma análise detalhada, ver "National AI Policies & Strategies", OECD.AI, disponível em <oecd.ai/en/dashboards>.
24. "Putin: Leader in Artificial Intelligence Will Rule World", CNBC, 4 de setembro de 2017, disponível em <www.cnbc.com/2017/09/04/putin-leader-in-artificial-intelligence-will-rule-world.html>.
25. Thomas Macaulay, "Macron's Dream of a European Metaverse Is Far from a Reality", *Next Web*, 14 de setembro de 2022, disponível em <thenextweb.com/news/prospects-for-europes-emerging-metaverse-sector-macron-vestager-meta>.
26. "France 2030", Agence Nationale de la Recherche, 27 de fevereiro de 2023, disponível em <anr.fr/en/france-2030/france-2030>.
27. "India to Be a $30 Trillion Economy by 2050: Gautam Adani", *Economic Times*, 22 de abril de 2022, disponível em <economictimes.indiatimes.com/news/economy/indicators/india-to-be-a-30-trillion-economy-by-2050-gautam-adani/article show/90985771.cms>.
28. Trisha Ray e Akhil Deo, "Priorities for a Technology Foreign Policy for India", Washington International Trade Association, 25 de setembro de 2020, disponível em <www.wita.org/atp-research/tech-foreign-policy-india>.
29. Cronin, *Power to the People*.
30. Neeraj Kashyap, "GitHub's Path to 128M Public Repositories", *Towards Data Science*, 4 de março de 2020, disponível em <towardsdatascience.com/githubs-path-to-128m-public-repositories-f6f656ab56b1>.
31. arXiv, "About ArXiv", disponível em <arxiv.org/about>.
32. "The General Index", Internet Archive, 7 de outubro de 2021, disponível em <archive.org/details/GeneralIndex>.
33. "Research and Development: U.S. Trends and International Comparisons", National Center for Science and Engineering Statistics, 28 de abril de 2022, disponível em <ncses.nsf.gov/pubs/nsb20225>.
34. Prableen Bajpai, "Which Companies Spend the Most in Research and Development (R&D)?", Nasdaq, 21 de junho de 2021, disponível em <www.nasdaq.com/articles/which-companies-spend-the-most-in-research-and-development-rd-2021-06-21>.
35. "Huawei Pumps $22 Billion into R&D to Beat U.S. Sanctions", Bloomberg News, 25 de abril de 2022, disponível em <www.bloomberg.com/news/articles/2022-04-25/huawei-rivals-apple-meta-with-r-d-spending-to-beat-sanctions>; Jennifer Saba, "Apple Has the Most Growth Fuel in Hand", Reuters,

28 de outubro de 2021, disponível em <www.reuters.com/breakingviews/apple-has-most-growth-fuel-hand-2021-10-28>.
36. Metz, *Genius Makers*, p. 58.
37. Mitchell, *Artificial Intelligence*, p. 103.
38. "First in the World: The Making of the Liverpool and Manchester Railway", Science+Industry Museum, 20 de dezembro de 2018, disponível em <www.scienceandindustrymuseum.org.uk/objects-and-stories/making-the-liverpool-and-manchester-railway>.
39. Esse e o relato mais amplo foram retirados de William Quinn e John D. Turner, *Boom and Bust: A Global History of Financial Bubbles* (Cambridge: Cambridge University Press, 2022).
40. Ibid.
41. "The Beauty of Bubbles", *Economist*, 18 de dezembro de 2008, disponível em <www.economist.com/christmas-specials/2008/12/18/the-beauty-of-bubbles>.
42. Carlota Perez, *Technological Revolutions and Financial Capital*.
43. Extensa literatura econômica examina a microeconomia da inovação, demonstrando quão sensível e envolto em incentivos econômicos é esse processo. Ver, por exemplo, Lipsey, Carlaw e Bekar, *Economic Transformations*, para uma visão geral.
44. Ver Angus Maddison, *The World Economy: A Millenarian Perspective* (Paris: OECD Publications, 2001) ou o mais atualizado "GDP Per Capita, 1820 to 2018", Our World in Data, disponível em <ourworldindata.org/grapher/gdp-per-capita-maddison-2020?yScale=log>.
45. Nishant Yonzan *et al.*, "Projecting Global Extreme Poverty up to 2030: How Close Are We to World Bank's 3% Goal?", *World Bank Data Blog*, 9 de outubro de 2020, disponível em <blogs.worldbank.org/opendata/projecting-global-extreme-poverty-2030-how-close-are-we-world-banks-3-goal>.
46. Alan Greenspan e Adrian Wooldridge, *Capitalism in America: A History* (Londres: Allen Lane, 2018), p. 15.
47. Ibid., p. 47.
48. Charlie Giattino e Esteban Ortiz-Ospina, "Are We Working More Than Ever?", Our World in Data, disponível em <ourworldindata.org/working-more-than-ever>.
49. "S&P 500 Data", S&P Dow Jones Indices, julho de 2022, disponível em <www.spglobal.com/spdji/en/indices/equity/sp-500/#data>.
50. Somente em 2021 mais de 600 bilhões de dólares em capital de risco foram investidos globalmente, principalmente em empresas de tecnologia e biotecnologia, dez vezes mais que uma década antes. Ver Gené Teare, "Funding and Unicorn Creation in 2021 Shattered All Records", *Crunchbase News*, 5

de janeiro de 2022, disponível em <news.crunchbase.com/business/global-vc-funding-unicorns-2021-monthly-recap>. Entrementes, investimentos de private equity em tecnologia também chegaram a um pico de mais de 400 bilhões de dólares em 2021, de longe a maior categoria. Ver Laura Cooper e Preeti Singh, "Private Equity Backs Record Volume of Tech Deals", *Wall Street Journal*, 3 de janeiro de 2022, disponível em <www.wsj.com/articles/private-equity-backs-record-volume-of-tech-deals-11641207603>.

51. Ver, por exemplo, *Artificial Intelligence Index Report 2021*, embora os números do boom da IA generativa certamente tenham aumentado desde então.
52. "Sizing the Prize — PwC's Global Artificial Intelligence Study: Exploiting the AI Revolution", PwC, 2017, disponível em <www.pwc.com/gx/en/issues/data-and-analytics/publications/artificial-intelligence-study.html>.
53. Jacques Bughin *et al.*, "Notes from the AI Frontier: Modeling the Impact of AI on the World Economy", McKinsey, 4 de setembro de 2018, disponível em <www.mckinsey.com/featured-insights/artificial-intelligence/notes-from-the-ai-frontier-modeling-the-impact-of-ai-on-the-world-economy>; Michael Ciu, "The Bio Revolution: Innovations Transforming Economies, Societies, and Our Lives", McKinsey Global Institute, 13 de maio de 2020, disponível em <www.mckinsey.com/industries/pharmaceuticals-and-medical-products/our-insights/the-bio-revolution-innovations-transforming-economies-societies-and-our-lives>.
54. "How Robots Change the World", Oxford Economics, 26 de junho de 2019, disponível em <resources.oxfordeconomics.com/hubfs/How%20Robots%20Change%20the%20World%20(PDF).pdf>.
55. "The World Economy in the Second Half of the Twentieth Century", OECD, 22 de setembro de 2006, disponível em <read.oecd-ilibrary.org/development/the-world-economy/the-world-economy-in-the-second-half-of-the-twentieth-century_9789264022621-5-en#page1>.
56. Philip Trammell *et al.*, "Economic Growth Under Transformative AI", Global Priorities Institute, outubro de 2020, disponível em <globalprioritiesinstitute.org/wp-content/uploads/Philip-Trammell-and-Anton-Korinek_economic-growth-under-transformative-ai.pdf>. Isso leva ao extraordinário e impossível cenário de aumento "rápido o suficiente para produzir output infinito em um período finito de tempo".
57. Hannah Ritchie *et al.*, "Crop Yields", Our World in Data, disponível em <ourworldindata.org/crop-yields>.
58. "Farming Statistics — Final Crop Areas, Yields, Livestock Populations and Agricultural Workforce at 1 June 2020 United Kingdom", U.K. Government Department for Environment, Food & Rural Affairs, 22 de dezembro de 2020, disponível em <assets.publishing.service.gov.uk/government/uploads/

system/uploads/attachment_data/file/946161/structure-jun2020final-uk--22dec20.pdf>.
59. Ritchie *et al.*, "Crop Yields".
60. Smil, *How the World Really Works*, p. 66.
61. Max Roser e Hannah Ritchie, "Hunger and Undernourishment", Our World in Data, disponível em <ourworldindata.org/hunger-and-undernourishment>.
62. Smil, *How the World Really Works*, p. 36.
63. Ibid., p. 42.
64. Ibid., p. 61.
65. Daniel Quiggin *et al.*, "Climate Change Risk Assessment 2021", Chatham House, 14 de setembro de 2021, disponível em <www.chathamhouse.org/2021/09/climate-change-risk-assessment-2021?7J7ZL,68TH2Q,UNIN9>.
66. Elizabeth Kolbert, *Under a White Sky: The Nature of the Future* (Nova York: Crown, 2022), p. 155.
67. Hongyuan Lu *et al.*, "Machine Learning-Aided Engineering of Hydrolases for PET Depolymerization", *Nature*, 27 de abril de 2022, disponível em <www.nature.com/articles/s41586-022-04599-z>.
68. "J. Robert Oppenheimer 1904–67", em *Oxford Essential Quotations*, editado por Susan Ratcliffe (Oxford: Oxford University Press, 2016), disponível em <www.oxfordreference.com/view/10.1093/acref/9780191826719.001.0001/q-oro-ed4-00007996>.
69. Citado em Dyson, *Turing's Cathedral*.

CAPÍTULO 9: A GRANDE BARGANHA

1. Claramente, há muita complexidade e ampla literatura sobre o uso dos termos "Estado-nação" e "Estado". Todavia, aqui os usamos de maneira bastante básica: Estados-nações são os países do mundo, seus povos e seus governos (com toda a grande diversidade e complexidade que isso implica); Estados são os governos, os sistemas de governo e os serviços sociais no interior dos Estados-nações. Irlanda, Israel, Índia e Indonésia são tipos muito diferentes de nações e Estados, mas ainda podemos pensar neles como um conjunto coerente de entidades, a despeito de suas muitas distinções. Os Estados-nações sempre foram "uma espécie de ficção", nas palavras de Wendy Brown (*Walled States, Waning Sovereignty* [Nova York: Zone Books, 2010], p. 69) — como o povo pode ser soberano se o poder é exercido sobre ele? Mesmo assim, o Estado-nação é uma ficção incrivelmente útil e poderosa.
2. Max Roser e Esteban Ortiz-Ospina, "Literacy", Our World in Data, disponível em <ourworldindata.org/literacy>.

3. Nas palavras de William Davies, *Nervous States: How Feeling Took Over the World* (Londres: Jonathan Cape, 2018).
4. Um terço (35%) da população do Reino Unido reportou que confia no governo nacional, menos que a média nos países da OCDE (41%). Metade (49%) da população do Reino Unido disse não confiar no governo nacional. "Building Trust to Reinforce Democracy: Key Findings from the 2021 OECD Survey on Drivers of Trust in Public Institutions", OECD, disponível em <www.oecd.org/governance/trust-in-government>.
5. "Public Trust in Government: 1958–2022", Pew Research Center, 6 de junho de 2022, disponível em <www.pewresearch.org/politics/2022/06/06/public-trust-in-government-1958-2022>.
6. Lee Drutman *et al.*, "Follow the Leader: Exploring American Support for Democracy and Authoritarianism", Democracy Fund Voter Study Group, março de 2018, disponível em <fsi-live.s3.us-west-1.amazonaws.com/s3fs-public/followtheleader_2018mar13.pdf>.
7. "Bipartisan Dissatisfaction with the Direction of the Country and the Economy", AP NORC, 29 de junho de 2022, disponível em <apnorc.org/projects/bipartisan-dissatisfaction-with-the-direction-of-the-country-and-the-economy>.
8. Ver, por exemplo, Daniel Drezner, *The Ideas Industry: How Pessimists, Partisans, and Plutocrats Are Transforming the Marketplace of Ideas* (Nova York: Oxford University Press, 2017), e o Barômetro de Confiança Edelman: "2022 Edelman Trust Barometer", Edelman, disponível em <www.edelman.com/trust/2022-trust-barometer>.
9. Richard Wike *et al.*, "Many Across the Globe Are Dissatisfied with How Democracy Is Working", Pew Research Center, 29 de abril de 2019, disponível em <www.pewresearch.org/global/2019/04/29/many-across-the-globe-are-dissatisfied-with-how-democracy-is-working/>; Dalia Research *et al.*, "Democracy Perception Index 2018", Alliance of Democracies, junho de 2018, disponível em <www.allianceofdemocracies.org/wp-content/uploads/2018/06/Democracy-Perception-Index-2018-1.pdf>.
10. "New Report: The Global Decline in Democracy Has Accelerated", Freedom House, 3 de março de 2021, disponível em <freedomhouse.org/article/new-report-global-decline-democracy-has-accelerated>.
11. Ver, por exemplo, Thomas Piketty, *Capital in the Twenty-first Century* (Cambridge: Harvard University Press, 2014) e Anthony B. Atkinson, *Inequality: What Can Be Done?* (Cambridge: Harvard University Press, 2015), para pesquisas mais amplas.
12. "Top 1% National Income Share", World Inequality Database, disponível em <wid.world/world/#sptinc_p99p100_z/US;FR;DE;CN;ZA;GB;WO/last/eu/k/p/yearly/s/false/5.6579999999999995/30/curve/false/country>.

13. Richard Mille, "Forbes World's Billionaires List: The Richest in 2023", *Forbes*, disponível em <www.forbes.com/billionaires/>. Embora seja verdade que o PIB é um fluxo, não uma riqueza parecida com ações, a comparação ainda é surpreendente.
14. Alistair Dieppe, "The Broad-Based Productivity Slowdown, in Seven Charts", *World Bank Blogs: Let's Talk Development*, 14 de julho 2020, disponível em <blogs.worldbank.org/developmenttalk/broad-based-productivity-slowdown-seven-charts>.
15. Jessica L. Semega *et al.*, "Income and Poverty in the United States: 2016", U.S. Census Bureau, disponível em <www.census.gov/content/dam/Census/library/publications/2017/demo/P60-259.pdf>, relatado em <digitallibrary.un.org/record/1629536?ln=en>.
16. Ver, por exemplo, Christian Houle *et al.*, "Social Mobility and Political Instability", *Journal of Conflict Resolution*, 8 de agosto de 2017, disponível em <journals.sagepub.com/doi/full/10.1177/0022002717723434>; e Carles Boix, "Economic Roots of Civil Wars and Revolutions in the Contemporary World", *World Politics* 60, nº 3 (abril de 2008), p. 390-437.
17. A morte do Estado-nação dificilmente é uma ideia nova; ver, por exemplo, Rana Dasgupta, "The Demise of the Nation State", *Guardian*, 5 de abril de 2018, disponível em <www.theguardian.com/news/2018/apr/05/demise-of--the-nation-state-rana-dasgupta>.
18. Philipp Lorenz-Spreen *et al.*, "A Systematic Review of Worldwide Causal and Correlational Evidence on Digital Media and Democracy", *Nature Human Behaviour*, 7 de novembro de 2022, disponível em <www.nature.com/articles/s41562-022-01460-1>.
19. Langdon Winner, *Autonomous Technology: Technics-Out-of-Control as a Theme in Political Thought* (Cambridge: MIT Press, 1977), p. 6.
20. Ver, por exemplo, Jenny L. Davis, *How Artifacts Afford: The Power and Politics of Everyday Things* (Cambridge: MIT Press, 2020). As tecnologias são, nas palavras de Ursula M. Franklin (*The Real World of Technology* [Toronto: House of Anansi, 1999]), *prescritivas*, ou seja, sua criação ou uso produz ou requer certos comportamentos, divisões de trabalho ou resultados. Fazendeiros em posse de um trator farão seu trabalho e estruturarão suas necessidades de maneira diferente de fazendeiros que trabalham com dois bois e um arado. A divisão de trabalho gerada por um sistema fabril produz uma organização social diferente da organização social de uma sociedade de caçadores-coletores — uma cultura de conformidade e administração. "Padrões criados durante a prática da tecnologia se tornam parte da vida de uma sociedade" (p. 55).
21. Ver Mumford, *Technics and Civilization*, para uma brilhante análise dos impactos dos relógios mecânicos.

22. Benedict Anderson, *Imagined Communities: Reflections on the Origin and Spread of Nationalism* (Londres: Verso, 1983).
23. O cientista político de Cambridge David Runciman fala sobre "democracias zumbis", que significam algo similar: "A ideia básica é a de que as pessoas estão simplesmente observando uma apresentação na qual seu papel é aplaudir ou não nos momentos apropriados. A política democrática se tornou um show elaborado." David Runciman, *How Democracy Ends* (Londres: Profile Books, 2019), p. 47.

CAPÍTULO 10: AMPLIFICADORES DA FRAGILIDADE

1. Ver, por exemplo, S. Ghafur *et al.*, "A Retrospective Impact Analysis of the WannaCry Cyberattack on the NHS", *NPJ Digital Medicine*, 2 de outubro de 2019, disponível em <www.nature.com/articles/s41746-019-0161-6>, para mais.
2. Mike Azzara, "What Is WannaCry Ransomware and How Does It Work?", Mimecast, 5 de maio de 2021, disponível em <www.mimecast.com/blog/all-you-need-to-know-about-wannacry-ransomware>.
3. Andy Greenberg, "The Untold Story of NotPetya, the Most Devastating Cyberattack in History", *Wired*, 22 de agosto de 2018, disponível em <www.wired.com/story/notpetya-cyberattack-ukraine-russia-code-crashed-the-world>.
4. James Bamford, "Commentary: Evidence Points to Another Snowden at the NSA", Reuters, 22 de agosto de 2016, disponível em <www.reuters.com/article/us-intelligence-nsa-commentary-idUSKCN10X01P>.
5. Brad Smith, "The Need for Urgent Collective Action to Keep People Safe Online: Lessons from Last Week's Cyberattack", *Microsoft Blogs: On the Issues*, 14 de maio de 2017, disponível em <blogs.microsoft.com/on-the-issues/2017/05/14/need-urgent-collective-action-keep-people-safe-online-lessons-last-weeks-cyberattack>.
6. Definições retiradas de Oxford Languages, disponível em <languages.oup.com>.
7. Ronen Bergman *et al.*, "The Scientist and the A.I.-Assisted, Remote-Control Killing Machine", *The New York Times*, 18 de setembro de 2021, disponível em <www.nytimes.com/2021/09/18/world/middleeast/iran-nuclear-fakhrizadeh-assassination-israel.html>.
8. Azhar, *Exponential*, p. 192.
9. Fortune Business Insights, "Military Drone Market to Hit USD 26.12 Billion by 2028; Rising Military Spending Worldwide to Augment Growth", Global News Wire, 22 de julho de 2021, disponível em <www.globenewswire.com/en/news-release/2021/07/22/2267009/0/en/Military-Drone-Market-to-Hit-

-USD-26-12-Billion-by-2028-Rising-Military-Spending-Worldwide-to-Augment-Growth-Fortune-Business-Insights.html>.
10. David Hambling, "Israel Used World's First AI-Guided Combat Drone Swarm in Gaza Attacks", *New Scientist*, 30 de junho de 2021, disponível em <www.newscientist.com/article/2282656-israel-used-worlds-first-ai-guided-combat-drone-swarm-in-gaza-attacks>.
11. Dan Primack, "Exclusive: Rebellion Defense Raises $150 Million at $1 Billion Valuation", *Axios*, 15 de setembro de 2021, disponível em <www.axios.com/2021/09/15/rebellion-defense-raises-150-million-billion-valuation>; Ingrid Lunden, "Anduril Is Raising up to $1.2B, Sources Say at a $7B Pre-money Valuation, for Its Defense Tech", TechCrunch, 24 de maio de 2022, disponível em <techcrunch.com/2022/05/24/filing-anduril-is-raising-up-to-1-2b-sources-say-at-a-7b-pre-money-valuation-for-its-defense-tech>.
12. Bruce Schneier, "The Coming AI Hackers", Harvard Kennedy School Belfer Center, abril de 2021, disponível em <www.belfercenter.org/publication/coming-ai-hackers>.
13. Anton Bakhtin *et al.*, "Human-Level Play in the Game of *Diplomacy* by Combining Language Models with Strategic Reasoning", *Science*, 22 de novembro de 2022, disponível em <www.science.org/doi/10.1126/science.ade9097>.
14. Ver Benjamin Wittes e Gabriella Blum, *The Future of Violence: Robots and Germans, Hackers and Drones — Confronting A New Age of Threat* (Nova York: Basic Books, 2015), para uma versão mais desenvolvida desse argumento.
15. Relatado primeiro em Nilesh Cristopher, "We've Just Seen the First Use of Deepfakes in an Indian Election Campaign", *Vice*, 18 de fevereiro de 2020, disponível em <www.vice.com/en/article/jgedjb/the-first-use-of-deepfakes-in-indian-election-by-bjp>.
16. Melissa Goldin, "Video of Biden Singing 'Baby Shark' Is a Deepfake", Associated Press, 19 de outubro de 2022, disponível em <apnews.com/article/fact-check-biden-baby-shark-deepfake-412016518873>; "Doctored Nancy Pelosi Video Highlights Threat of 'Deepfake' Tech", CBS News, 25 de maio de 2019, disponível em <www.cbsnews.com/news/doctored-nancy-pelosi-video-highlights-threat-of-deepfake-tech-2019-05-25>.
17. TikTok @deeptomcruise, disponível em <www.tiktok.com/@deeptomcruise?lang=en>.
18. Thomas Brewster, "Fraudsters Cloned Company Director's Voice in $35 Million Bank Heist, Police Find", *Forbes*, 14 de outubro de 2021, disponível em <www.forbes.com/sites/thomasbrewster/2021/10/14/huge-bank-fraud-uses-deep-fake-voice-tech-to-steal-millions>.
19. Catherine Stupp, "Fraudsters Used AI to Mimic CEO's Voice in Unusual Cybercrime Case", *Wall Street Journal*, 30 de agosto de 2019, disponível em

<www.wsj.com/articles/fraudsters-use-ai-to-mimic-ceos-voice-in-unusual-cybercrime-case-11567157402>.
20. Que é um deepfake. Ver Kelly Jones, "Viral Video of Biden Saying He's Reinstating the Draft Is a Deepfake", *Verify*, 1º de março de 2023, disponível em <www.verifythis.com/article/news/verify/national-verify/viral-video-of-biden-saying-hes-reinstating-the-draft-is-a-deepfake/536-d721f8cb-d26a-4873-b2a8-91dd91 288365>.
21. Josh Meyer, "Anwar al-Awlaki: The Radical Cleric Inspiring Terror from Beyond the Grave", NBC News, 21 de setembro de 2016, disponível em <www.nbcnews.com/news/us-news/anwar-al-awlaki-radical-cleric-inspiring-terror-beyond-grave-n651296>; Alex Hern, "'YouTube Islamist' Anwar al-Awlaki Videos Removed in Extremism Clampdown", *Guardian*, 13 de novembro de 2017, disponível em <www.theguardian.com/technology/2017/nov/13/youtube-islamist-anwar-al-awlaki-videos-removed-google-extremism-clampdown>.
22. Eric Horvitz, "On the Horizon: Interactive and Compositional Deepfakes", ICMI '22: Proceedings of the 2022 International Conference on Multimodal Interaction, disponível em <arxiv.org/abs/2209.01714>.
23. U.S. Senate, Report of the Select Committee on Intelligence: Russian Active Measures Campaigns and Interference in the 2016 U.S. Election, vol. 5, Counterintelligence Threats and Vulnerabilities, 116th Congress, 1st session, disponível em <www.intelligence.senate.gov/sites/default/files/documents/report_volume5.pdf>; Nicholas Fandos *et al.*, "House Intelligence Committee Releases Incendiary Russian Social Media Ads", *The New York Times*, 1º de novembro de 2017, disponível em <www.nytimes.com/2017/11/01/us/politics/russia-technology-facebook.html>.
24. Todavia, frequentemente é a Rússia. Em 2021, 58% dos ataques cibernéticos vieram da Rússia. Ver Tom Burt, "Russian Cyberattacks Pose Greater Risk to Governments and Other Insights from Our Annual Report", *Microsoft Blogs: On the Issues*, 7 de outubro de 2021, disponível em <blogs.microsoft.com/on-the-issues/2021/10/07/digital-defense-report-2021>.
25. Samantha Bradshaw *et al.*, "Industrialized Disinformation: 2020 Global Inventory of Organized Social Media Manipulation", Oxford University Programme on Democracy & Technology, 13 de janeiro de 2021, disponível em <demtech.oii.ox.ac.uk/research/posts/industrialized-disinformation>.
26. Ver, por exemplo, Krassi Twigg e Kerry Allen, "The Disinformation Tactics Used by China", BBC News, 12 de março de 2021, disponível em <www.bbc.co.uk/news/56364952>; Kenddrick Chan e Mariah Thornton, "China's Changing Disinformation and Propaganda Targeting Taiwan", *Diplomat*, 19 de setembro de 2022, disponível em <thediplomat.com/2022/09/chinas-changing-disinformation-and-propaganda-targeting-taiwan/>; e Emerson

T. Brooking e Suzanne Kianpour, "Iranian Digital Influence Efforts: Guerrilla Broadcasting for the Twenty-first Century", Atlantic Council, 11 de fevereiro de 2020, disponível em <www.atlanticcouncil.org/in-depth-research-reports/report/iranian-digital-influence-efforts-guerrilla-broadcasting-for-the-twenty-first-century>.

27. Virginia Alvino Young, "Nearly Half of the Twitter Accounts Discussing 'Reopening America' May Be Bots", Carnegie Mellon University, 27 de maio de 2020, disponível em <www.cmu.edu/news/stories/archives/2020/may/twitter-bot-campaign.html>.

28. Ver Nina Schick, *Deep Fakes and the Infocalypse: What You Urgently Need to Know* (Londres: Monoray, 2020) e Ben Buchanan *et al.*, "Truth, Lies, and Automation", Center for Security and Emerging Technology, maio de 2021, disponível em <cset.georgetown.edu/publication/truth-lies-and-automation>.

29. William A. Galston, "Is Seeing Still Believing? The Deepfake Challenge to Truth in Politics", Brookings, 8 de janeiro de 2020, disponível em <www.brookings.edu/research/is-seeing-still-believing-the-deepfake-challenge-to-truth-in-politics>.

30. Número retirado de William MacAskill, *What We Owe the Future: A Million-Year View* (Londres: Oneworld, 2022), p. 112, que cita várias fontes, embora reconheça que nenhuma tem certeza sobre o número. Ver também H. C. Kung *et al.*, "Influenza in China in 1977: Recurrence of Influenza Virus A Subtype H1N1", *Bulletin of the World Health Organization* 56, nº 6 (1978), disponível em <www.ncbi.nlm.nih.gov/pmc/articles/PMC2395678/pdf/bullwho00443-0095.pdf>.

31. Joel O. Wertheim, "The Re-emergence of H1N1 Influenza Virus in 1977: A Cautionary Tale for Estimating Divergence Times Using Biologically Unrealistic Sampling Dates", *PLOS ONE*, 17 de junho de 2010, disponível em <journals.plos.org/plosone/article?id=10.1371/journal.pone.0011184>.

32. Ver, por exemplo, Edwin D. Kilbourne, "Influenza Pandemics of the 20th Century", *Emerging Infectious Diseases*, v. 12, n. 1 (janeiro de 2006), disponível em <www.ncbi.nlm.nih.gov/pmc/articles/PMC3291411>; e Michelle Rozo e Gigi Kwik Gronvall, "The Reemergent 1977 H1N1 Strain and the Gain-of-Function Debate", *mBio*, 18 de agosto de 2015, disponível em <www.ncbi.nlm.nih.gov/pmc/articles/PMC4542197>.

33. Ver, por exemplo, bons relatos em Alina Chan e Matt Ridley, *Viral: The Search for the Origin of Covid-19* (Londres: Fourth Estate, 2022); e MacAskill, *What We Owe the Future*.

34. Kai Kupferschmidt, "Anthrax Genome Reveals Secrets About a Soviet Bioweapons Accident", *Science*, 16 de agosto de 2016, disponível em <www.science.org/content/article/anthrax-genome-reveals-secrets-about-soviet-bioweapons-accident>.

35. T.J.D. Knight-Jones e J. Rushton, "The Economic Impacts of Foot and Mouth Disease — What Are They, How Big Are They, and Where Do They Occur?", *Preventive Veterinary Medicine*, novembro de 2013, disponível em <www.ncbi.nlm.nih.gov/pmc/articles/PMC3989032/#bib0005>. Deve-se notar que o dano foi muito menor que no surto de 2001, que ocorreu por causas naturais.
36. Maureen Breslin, "Lab Worker Finds Vials Labeled 'Smallpox' at Merck Facility", *The Hill*, 17 de novembro de 2021, disponível em <thehill.com/policy/healthcare/581915-lab-worker-finds-vials-labeled-smallpox-at-merck-facility-near-philadelphia>.
37. Sophie Ochmann e Max Roser, "Smallpox", Our World in Data, disponível em <ourworldindata.org/smallpox>; Kelsey Piper, "Smallpox Used to Kill Millions of People Every Year. Here's How Humans Beat It", *Vox*, 8 de maio de 2022, disponível em <www.vox.com/future-perfect/21493812/smallpox-eradication-vaccines-infectious-disease-covid-19>.
38. Ver, por exemplo, Kathryn Senio, "Recent Singapore SARS Case a Laboratory Accident", *Lancet Infectious Diseases*, novembro de 2003, disponível em <www.thelancet.com/journals/laninf/article/PIIS1473-3099(03)00815-6/fulltext>; Jane Parry, "Breaches of Safety Regulations Are Probable Cause of Recent SARS Outbreak, WHOSays", *BMJ*, 20 de maio de 2004, disponível em <www.bmj.com/content/328/7450/1222.3>; e Martin Furmanski, "Laboratory Escapes and 'Self-Fulfilling Prophecy' Epidemics", Arms Control Center, 17 de fevereiro de 2014, disponível em <armscontrolcenter.org/wp-content/uploads/2016/02/Escaped-Viruses-final-2-17-14-copy.pdf>.
39. Alexandra Peters, "The Global Proliferation of High-Containment Biological Laboratories: Understanding the Phenomenon and Its Implications", *Revue Scientifique et Technique*, dezembro de 2018, disponível em <pubmed.ncbi.nlm.nih.gov/30964462>. O número de laboratórios passou de 59 para 69 nos últimos dois anos, a maioria em contextos urbanos, e o número de laboratórios trabalhando com patógenos letais é superior a 100. Também surgiu uma nova geração de laboratórios "BSL-3+". Ver Filippa Lentzos *et al.*, "Global BioLabs Report 2023", King's College London, 16 de maio de 2023, disponível em <www.kcl.ac.uk/warstudies/assets/global-biolabs-report-2023.pdf>.
40. David Manheim e Gregory Lewis, "High-Risk Human-Caused Pathogen Exposure Events from 1975-2016", F1000Research, 8 de julho de 2022, disponível em <f1000research.com/articles/10-752>.
41. David B. Manheim, "Results of a 2020 Survey on Reporting Requirements and Practices for Biocontainment Laboratory Accidents", *Health Security* 19, nº 6 (2021), disponível em <www.liebertpub.com/doi/10.1089/hs.2021.0083>.
42. Lynn C. Klotz e Edward J. Sylvester, "The Consequences of a Lab Escape of a Potential Pandemic Pathogen", *Frontiers in Public Health*, 11 de

agosto de 2014, disponível em <www.frontiersin.org/articles/10.3389/fpubh.2014.00116/full>.
43. Meus agradecimentos, em particular, a Jason Matheny e Kevin Esvelt, por sua discussão desse tópico.
44. Martin Enserink e John Cohen, "One of Two Hotly Debated H5N1 Papers Finally Published", *Science*, 2 de maio de 2012, disponível em <www.science.org/content/article/one-two-hotly-debated-h5n1-papers-finally-published>.
45. Amber Dance, "The Shifting Sands of 'Gain-of-Function' Research", *Nature*, 27 de outubro de 2021, disponível em <www.nature.com/articles/d41586-021-02903-x>.
46. Chan e Ridley, *Viral*; "Controversial New Research Suggests SARS-CoV-2 Bears Signs of Genetic Engineering", *Economist*, 27 de outubro de 2022, disponível em <www.economist.com/science-and-technology/2022/10/22/a-new-paper-claims-sars-cov-2-bears-signs-of-genetic-engineering>.
47. Ver, por exemplo, Max Matza e Nicholas Yong, "FBI Chief Christopher Wray Says China Lab Leak Most Likely", BBC, 1º de março de 2023, disponível em <www.bbc.co.uk/news/world-us-canada-64806903>.
48. Da-Yuan Chen *et al.*, "Role of Spike in the Pathogenic and Antigenic Behavior of SARS-CoV-2 BA.1 Omicron", bioRxiv, 14 de outubro de 2022, disponível em <www.biorxiv.org/content/10.1101/2022.10. 13.512134v1>.
49. Kiran Stacey, "US Health Officials Probe Boston University's Covid Virus Research", *Financial Times*, 20 de outubro de 2022, disponível em <www.ft.com/content/f2e88a9c-104a-4515-8de1-65d72a5903d0>.
50. Shakked Noy e Whitney Zhang, "Experimental Evidence on the Productivity Effects of Generative Artificial Intelligence", MIT Economics, 10 de março de 2023, disponível em <economics.mit.edu/sites/default/files/inline-files/Noy_Zhang_1_0.pdf>.
51. O total provavelmente é menor, mas ainda assim é considerável. Ver James Manyika *et al.*, "Jobs Lost, Jobs Gained: What the Future of Work Will Mean for Jobs, Skills, and Wages", McKinsey Global Institute, 28 de novembro de 2017, disponível em <www.mckinsey.com/featured-insights/future-of-work/jobs-lost-jobs-gained-what-the-future-of-work-will-mean-for-jobs-skills-and-wages>. Palavras exatas: "Estimamos que cerca de metade de todas as atividades que as pessoas são pagas para fazer na força de trabalho mundial poderia potencialmente ser automatizada ao adaptarmos as tecnologias atualmente demonstradas." Segunda estatística retirada de Mark Muro *et al.*, "Automation and Artificial Intelligence: How Machines Are Affecting People and Places", Metropolitan Policy Program, Brookings, janeiro de 2019, disponível em <www.brookings.edu/wp-content/uploads/2019/01/2019.01_Brookings Metro_Automation-AI_Report_Muro-Maxim-Whiton-FINAL-version.pdf>.

52. Daron Acemoglu e Pascual Restrepo, "Robots and Jobs: Evidence from US Labor Markets", *Journal of Political Economy*, v. 128, n. 6 (junho de 2020), disponível em <www.journals.uchicago.edu/doi/abs/10.1086/705716>.
53. Ibid.; Edward Luce, The Retreat of Western Liberalism (Londres: Little, Brown, 2017), p. 54.Ver também Justin Baer e Daniel Huang, "Wall Street Staffing Falls Again", *Wall Street Journal*, 19 de fevereiro de 2015, disponível em <www.wsj.com/articles/wall-street-staffing-falls-for-fourth-consecutive-year-1424366858>; Ljubica Nedelkoska e Glenda Quintini, "Automation, Skills Use, and Training", OECD, 8 de março de 2018, disponível em <www.oecd-ilibrary.org/employment/automation-skills-use-and-training_2e-2f4eea-en>.
54. David H. Autor, "Why Are There Still So Many Jobs? The History and Future of Workplace Automation", *Journal of Economic Perspectives*, v. 29, n. 3 (verão de 2015), disponível em <www.aeaweb.org/articles?id=10.1257/jep.29.3.3>.
55. Essa é a visão de Azeem Azhar: "De modo geral, no entanto, o impacto duradouro da automação não será a perda de empregos" (Azhar, *Exponential*, p. 141).
56. Ver Daniel Susskind, *A World Without Work: Technology, Automation and How We Should Respond* (Londres: Allen Lane, 2021), para um relato mais detalhado desses atritos.
57. "U.S. Private Sector Job Quality Index (JQI)", University at Buffalo School of Management, fevereiro de 2023, disponível em <ubwp.buffalo.edu/job-quality-index-jqi>. Ver também Ford, *Rule of the Robots*.
58. Autor, "Why Are There Still So Many Jobs?".

CAPÍTULO 11: O FUTURO DAS NAÇÕES

1. White, *Medieval Technology and Social Change*. Porém o relato não é universalmente aceito. Para uma leitura mais cética da famosa tese de Lynn White, ver, por exemplo, "The Great Stirrup Controversy", The Medieval Technology Pages, disponível em <web.archive.org/web/20141009082354/http://scholar.chem.nyu.edu/tekpages/texts/strpcont.html>.
2. Brown, *Walled States, Waning Sovereignty*.
3. William Dalrymple, *The Anarchy: The Relentless Rise of the East India Company* (Londres: Bloomsbury, 2020), p. 233.
4. Richard Danzig me propôs essa ideia pela primeira vez durante um jantar e então publicou um excelente artigo: "Machines, Bureaucracies, and Markets as Artificial Intelligences", Center for Security and Emerging Technology, janeiro de 2022, disponível em <cset.georgetown.edu/wp-content/uploads/Machines-Bureaucracies-and-Markets-as-Artificial-Intelligences.pdf>.

5. "Global 500", *Fortune*, disponível em <fortune.com/global500/>. Em outubro de 2022, os números do Banco Mundial sugeriram algo menor: World Bank, "GDP (Current US$)", World Bank Data, disponível em <data.worldbank.org/indicator/NY.GDP.MKTP.CD>.
6. Benaich e Hogarth, *State of AI Report 2022*.
7. James Manyika *et al.*, "Superstars: The Dynamics of Firms, Sectors, and Cities Leading the Global Economy", McKinsey Global Institute, 24 de outubro de 2018, disponível em <www.mckinsey.com/featured-insights/innovation-and-growth/superstars-the-dynamics-of-firms-sectors-and-cities-leading-the--global-economy>.
8. Colin Rule, "Separating the People from the Problem", *The Practice*, julho de 2020, disponível em <thepractice.law.harvard.edu/article/separating-the--people-from-the-problem>.
9. Ver, por exemplo, Jeremy Rifkin, *The Zero Marginal Cost Society: The Internet of Things, the Collaborative Commons, and the Eclipse of Capitalism* (Nova York: Palgrave, 2014).
10. Erik Brynjolfsson fala de uma situação na qual a IA assume cada vez mais o controle da economia, prendendo grandes números de pessoas em um equilíbrio no qual elas não têm trabalho, riqueza ou poder significativo, a "armadilha de Turing". Erik Brynjolfsson, "The Turing Trap: The Promise & Peril of Human-Like Artificial Intelligence", Stanford Digital Economy Lab, 11 de janeiro de 2022, disponível em <arxiv.org/pdf/2201.04200.pdf>.
11. Ver, por exemplo, Joel Kotkin, *The Coming of Neo-Feudalism: A Warning to the Global Middle Class* (Nova York: Encounter Books, 2020).
12. James C. Scott, *Seeing Like a State: How Certain Schemes to Improve the Human Condition Have Failed* (New Haven: Yale University Press, 1998).
13. "How Many CCTV Cameras Are There in London?", CCTV.co.uk, 18 de novembro de 2020, disponível em <www.cctv.co.uk/how-many-cctv-cameras-are-there-in-london>.
14. Benaich e Hogarth, *State of AI Report 2022*.
15. Dave Gershgorn, "China's 'Sharp Eyes' Program Aims to Surveil 100% of Public Space", *OneZero*, 2 de março de 2021, disponível em <onezero.medium.com/chinas-sharp-eyes-program-aims-to-surveil-100-of-public-space-ddc22d63e015>.
16. Shu-Ching Jean Chen, "SenseTime: The Faces Behind China's Artificial Intelligence Unicorn", *Forbes*, 7 de março de 2018, disponível em <www.forbes.com/sites/shuchingjeanchen/2018/03/07/the-faces-behind-chinas-omniscient-video-surveillance-technology>.
17. Sofia Gallarate, "Chinese Police Officers Are Wearing Facial Recognition Sunglasses", Fair Planet, 9 de julho de 2019, disponível em <www.fairplanet.

org/story/chinese-police-officers-are-wearing-facial-recogni%C2%ADtion-sunglasses>.
18. Esta e as estatísticas que se seguem foram retiradas de uma investigação do *New York Times*: Isabelle Qian et al., "Four Takeaways from a Times Investigation into China's Expanding Surveillance State", *The New York Times*, 21 de junho de 2022, disponível em <www.nytimes.com/2022/06/21/world/asia/china-surveillance-investigation.html>.
19. Ross Andersen, "The Panopticon Is Already Here", *Atlantic*, setembro de 2020, disponível em <www.theatlantic.com/magazine/archive/2020/09/china-ai-surveillance/614197>.
20. Qian et al., "Four Takeaways from a Times Investigation into China's Expanding Surveillance State."
21. "NDAA Section 889", GSA SmartPay, disponível em <smartpay.gsa.gov/content/ndaa-section-889>.
22. Conor Healy, "US Military & Gov't Break Law, Buy Banned Dahua/Lorex, Congressional Committee Calls for Investigation", IPVM, 1º de dezembro de 2019, disponível em <ipvm.com/reports/usg-lorex>.
23. Zack Whittaker, "US Towns Are Buying Chinese Surveillance Tech Tied to Uighur Abuses", TechCrunch, 24 de maio de 2021, disponível em <techcrunch.com/2021/05/24/united-states-towns-hikvision-dahua-surveillance>.
24. Joshua Brustein, "Warehouses Are Tracking Workers' Every Muscle Movement", Bloomberg, 5 de novembro de 2019, disponível em <www.bloomberg.com/news/articles/2019-11-05/am-i-being-tracked-at-work-plenty-of-warehouse-workers-are>.
25. Kate Crawford, *Atlas of AI: Power, Politics, and the Planetary Costs of Artificial Intelligence* (New Haven: Yale University Press, 2021).
26. Joanna Fantozzi, "Domino's Using AI Cameras to Ensure Pizzas Are Cooked Correctly", *Nation's Restaurants News*, 29 de maio de 2019, disponível em <www.nrn.com/quick-service/domino-s-using-ai-cameras-ensure-pizzas-are-cooked-correctly>.
27. Considere que um romance atualizado sobre distopias de vigilância como *The Every*, de Dave Eggers, não mudou realmente em termos do que é vigiado, e é apresentado não como ficção científica exagerada, mas como sátira das empresas tecnológicas modernas.
28. O analista foi o general de brigada reformado Assaf Orion, do Instituto de Estudos sobre Segurança Nacional de Israel. "The Future of U.S.-Israel Relations Symposium", Council on Foreign Relations, 2 de dezembro de 2019, disponível em <www.cfr.org/event/future-us-israel-relations-symposium>, citado em Kali Robinson, "What Is Hezbollah?", Council on Foreign Relations, 25 de maio de 2022, disponível em <www.cfr.org/backgrounder/what-hezbollah>.

29. Ver, por exemplo, "Explained: How Hezbollah Built a Drug Empire via Its 'Narcoterrorist Strategy'", *Arab News*, 3 de maio de 2021, disponível em <www.arabnews.com/node/1852636/middle-east>.
30. Lina Khatib, "How Hezbollah Holds Sway over the Lebanese State", Chatham House, 30 de junho de 2021, disponível em <www.chathamhouse.org/sites/default/files/2021-06/2021-06-30-how-hezbollah-holds-sway-over-the-lebanese-state-khatib.pdf>.
31. Isso seria simplesmente expandir vastamente certas tendências existentes nas quais, como na centralização, atores privados assumem mais papéis tradicionalmente considerados do Estado. Ver, por exemplo, Rodney Bruce Hall e Thomas J. Biersteker, *The Emergence of Private Authority in Global Governance* (Cambridge: Cambridge University Press, 2002).
32. "Renewable Power Generation Costs in 2019", IRENA, junho de 2020, disponível em <www.irena.org/publications/2020/Jun/Renewable-Power-Costs-in-2019>.
33. James Dale Davidson e William Rees-Mogg, *The Sovereign Individual: Mastering the Transition to the Information Age* (Nova York: Touchstone, 1997).
34. Peter Thiel, "The Education of a Libertarian", *Cato Unbound*, 13 de abril de 2009, disponível em <www.cato-unbound.org/2009/04/13/peter-thiel/education-libertarian>. Ver Balaji Srinivasan, *The Network State* (2022, primeira publicação em 1729), para uma análise mais meticulosa de como os constructos tecnológicos podem suceder o Estado-nação.

CAPÍTULO 12: O DILEMA

1. Niall Ferguson, *Doom: The Politics of Catastrophe* (Londres: Allen Lane, 2021), p. 131.
2. Os números são de ibid.
3. Números retirados de uma reunião confidencial, mas consideramos plausíveis por especialistas em biossegurança.
4. É notável que um terço dos cientistas trabalhando com IA acreditem que ela poderia levar a uma catástrofe. Jeremy Hsu, "A Third of Scientists Working on AI Say It Could Cause Global Disaster", *New Scientist*, 22 de setembro de 2022, disponível em <www.newscientist.com/article/2338644-a-third-of-scientists-working-on-ai-say-it-could-cause-global-disaster>.
5. Ver Richard Danzig e Zachary Hosford, "Aum Shinrikyo — Second Edition — English", CNAS, 20 de dezembro de 2012, disponível em <www.cnas.org/publications/reports/aum-shinrikyo-second-edition-english>; e Philipp C. Bleak, "Revisiting Aum Shinrikyo: New Insights into the Most Extensive Non-state Biological Weapons Program to Date", James Martin Center for

Nonproliferation Studies, 10 de dezembro de 2011, disponível em <www.nti.org/analysis/articles/revisiting-aum-shinrikyo-new-insights-most-extensive-non-state-biological-weapons-program-date-1>.
6. Federation of American Scientists, "The Operation of the Aum", em Global Proliferation of Weapons of Mass Destruction: A Case Study of the Aum Shinrikyo, Senate Government Affairs Permanent Subcommittee on Investigations, 31 de outubro de 1995, disponível em <irp.fas.org/congress/1995_rpt/aum/part04.htm>.
7. Danzig e Hosford, "Aum Shinrikyo".
8. Ver, por exemplo, Nick Bostrom, "The Vulnerable World Hypothesis", 6 de setembro de 2019, disponível em <nickbostrom.com/papers/vulnerable.pdf>, para aquela que talvez seja a versão mais desenvolvida dessa tese. Em um experimento mental respondendo à perspectiva de "mísseis nucleares fáceis", ele imagina um "panóptico high-tech" no qual todo mundo teria uma "etiqueta de liberdade", "usada em torno do pescoço e equipada com câmeras e microfones multidirecionais. Vídeos e áudios criptografados são enviados continuamente do dispositivo para a nuvem e interpretados por máquinas em tempo real. Algoritmos de IA classificam as atividades do portador, os movimentos de suas mãos, os objetos próximos e outras pistas situacionais. Se atividade suspeita for detectada, o feed é enviado a uma de várias estações de monitoramento patriótico".
9. Martin Bereaja et al., "AI-tocracy", *Quarterly Journal of Economics*, 13 de março de 2023, disponível em <academic.oup.com/qje/advance-article-abstract/doi/10.1093/qje/qjad012/7076890>.
10. Balaji Srinivasan prevê algo muito parecido com esse resultado, com os Estados Unidos como zumbi e a China como demônio: "Conforme os Estados Unidos caem na anarquia, o Partido Comunista Chinês aponta para seu sistema funcional, mas altamente desprovido de liberdade como única alternativa e exporta uma versão *turn-key* de seu Estado de vigilância para outros países, como versão atualizada do Cinturão e Rota, uma peça de 'infraestrutura' que vem completa, com subscrição software-como-serviço do todo-vigilante olho de IA chinês." Srinivasan, *The Network State*, p. 162.
11. Isis Hazewindus, "The Threat of the Megamachine", *IfThenElse*, 21 de novembro de 2021, disponível em <www.ifthenelse.eu/blog/the-threat-of-the-megamachine>.
12. Michael Shermer, "Why ET Hasn't Called", *Scientific American*, agosto de 2002, disponível em <michaelshermer.com/sciam-columns/why-et-hasnt-called>.
13. Ian Morris, *Why the West Rules—for Now: The Patterns of History and What They Reveal About the Future* (Londres: Profile Books, 2010); Tainter, *The Collapse of Complex Societies*; Diamond, *Collapse*.

14. Stein Emil Vollset *et al.*, "Fertility, Mortality, Migration, and Population Scenarios for 195 Countries and Territories from 2017 to 2100: A Forecasting Analysis for the Global Burden of Disease Study", *Lancet*, 14 de julho de 2020, disponível em <www.thelancet.com/article/S0140-6736(20)30677-2/fulltext>.
15. Peter Zeihan, *The End of the World Is Just the Beginning: Mapping the Collapse of Globalization* (Nova York: Harper Business, 2022).
16. Xiujian Peng, "Could China's Population Start Falling?" BBC Future, 6 de junho de 2022, disponível em <www.bbc.com/future/article/20220531-why-chinas-population-is-shrinking>.
17. Zeihan, *The End of the World Is Just the Beginning*, p. 203.
18. "Climate-Smart Mining: Minerals for Climate Action", World Bank, disponível em <www.worldbank.org/en/topic/extractiveindustries/brief/climate-smart-mining-minerals-for-climate-action>.
19. Galor, *The Journey of Humanity*, p. 130.
20. John von Neumann, "Can We Survive Technology?", em *The Neumann Compendium* (River Edge, N.J.: World Scientific, 1995), disponível em <geosci.uchicago.edu/~kite/doc/von_Neumann_1955.pdf>.

CAPÍTULO 13: A CONTENÇÃO PRECISA SER POSSÍVEL

1. David Cahn *et al.*, "AI 2022: The Explosion", Coatue Venture, disponível em <coatue-external.notion.site/AI-2022-The-Explosion-e76afd140f824f2eb6b049c5b85a7877>.
2. "2021 GHS Index Country Profile for United States", Global Health Security Index, disponível em <www.ghsindex.org/country/united-states>.
3. Edouard Mathieu *et al.*, "Coronavirus (COVID-19) Deaths", Our World in Data, disponível em <ourworldindata.org/covid-deaths>.
4. Por exemplo, comparado ao período da gripe asiática de 1957, o orçamento federal americano é vastamente maior, em termos absolutos, claro, mas também como porcentagem do PIB (16,2% *versus* 20,8%). Em 1957, não havia Departamento de Saúde, e o precursor do CDC ainda era uma organização relativamente nova, tendo sido fundado há onze anos. Ferguson, *Doom*, 234.
5. "The Artificial Intelligence Act", Future of Life Institute, disponível em <artificialintelligenceact.eu>.
6. Ver, por exemplo, "FLI Position Paper on the EU AI Act", Future of Life Institute, 4 de agosto de 2021, disponível em <futureoflife.org/wp-content/uploads/2021/08/FLI-Position-Paper-on-the-EU-AI-Act.pdf?x72900>; e David Matthews, "EU Artificial Intelligence Act Not 'Futureproof,' Experts Warn MEPs", Science Business, 22 de março de 2022, disponível em <scien-

cebusiness.net/news/eu-artificial-intelligence-act-not-futureproof-experts--warn-meps>.
7. Khari Johnson, "The Fight to Define When AI Is High Risk", *Wired*, 1º de setembro de 2021, disponível em <www.wired.com/story/fight-to-define--when-ai-is-high-risk>.
8. "Global Road Safety Statistics", Brake, disponível em <www.brake.org.uk/get--involved/take-action/mybrake/knowledge-centre/global-road-safety#>.
9. Jennifer Conrad, "China Is About to Regulate AI — and the World Is Watching", *Wired*, 22 de fevereiro de 2022, disponível em <www.wired.com/story/china-regulate-ai-world-watching>.
10. Christian Smith, "China's Gaming Laws Are Cracking Down Even Further", SVG, 15 de março de 2022, disponível em <www.svg.com/799717/chinas-gaming-laws-are-cracking-down-even-further>.
11. "The National Internet Information Office's Regulations on the Administration of Internet Information Service Algorithm Recommendations (Draft for Comment) Notice of Public Consultation", Cyberspace Administrationof China, 27 de agosto de 2021, disponível em <www.cac.gov.cn/2021-08/27/c_1631652502874117.htm>.
12. Ver, por exemplo, Alex Engler, "The Limited Global Impact of the EU AI Act", Brookings, 14 de junho de 2022, disponível em <www.brookings.edu/blog/techtank/2022/06/14/the-limited-global-impact-of-the-eu-ai-act>. O estudo de 250 mil tratados internacionais sugere que eles tendem a não atingir seus objetivos. Ver Steven J. Hoffman *et al.*, "International Treaties Have Mostly Failed to Produce Their Intended Effects", *PNAS*, 1º de agosto de 2022, disponível em <www.pnas.org/doi/10.1073/pnas.2122854119>.
13. Ver George Marshall, *Don't Even Think About It: Why Our Brains Are Wired to Ignore Climate Change* (Nova York: Bloomsbury, 2014), para uma elaboração detalhada desse ponto.
14. Rebecca Lindsey, "Climate Change: Atmospheric Carbon Dioxide", Climate.gov, 23 de junho de 2022, disponível em <www.climate.gov/news-features/understanding-climate/climate-change-atmospheric-carbon-dioxide>.

CAPÍTULO 14: OS DEZ PASSOS NA DIREÇÃO DA CONTENÇÃO

1. "IAEA Safety Standards", International Atomic Energy Agency, disponível em <www.iaea.org/resources/safety-standards/search?facility=All&term_node_tid_depth_2=All&field_publication_series_info_value= &combine=&items_per_page=100>.
2. Toby Ord, *The Precipice: Existential Risk and the Future of Humanity* (Londres: Bloomsbury, 2020), p. 57.

3. Benaich e Hogarth, *State of AI Report 2022*.
4. Para uma estimativa do número de pesquisadores de IA, ver "What Is Effective Altruism?", disponível em <www.effectivealtruism.org/articles/introduction-to-effective-altruism#fn-15>.
5. NASA, "Benefits from Apollo: Giant Leaps in Technology", NASA Facts, julho de 2004, disponível em <www.nasa.gov/sites/default/files/80660main_ApolloFS.pdf>.
6. Kevin M. Esvelt, "Delay, Detect, Defend: Preparing for a Future in Which Thousands Can Release New Pandemics", Geneva Centre for Security Policy, 14 de novembro de 2022, disponível em <dam.gcsp.ch/files/doc/gcsp-geneva-paper-29-22>.
7. Jan Leike, "Alignment Optimism", *Aligned*, 5 de dezembro de 2022, disponível em <aligned.substack.com/p/alignment-optimism>.
8. Russell, *Human Compatible*.
9. Deep Ganguli *et al.*, "Red Teaming Language Models to Reduce Harms: Methods, Scaling Behaviors, and Lessons Learned", arXiv, 22 de novembro de 2022, disponível em <arxiv.org/pdf/2209.07858.pdf>.
10. Sam R. Bowman *et al.*, "Measuring Progress on Scalable Oversight for Large Language Models", arXiv, 11 de novembro de 2022, disponível em <arxiv.org/abs/2211.03540>.
11. Security DNA Project, "Securing Global Biotechnology", SecureDNA, disponível em <www.securedna.org>.
12. Ben Murphy, "Chokepoints: China's Self-Identified Strategic Technology Import Dependencies", Center for Security and Emerging Technology, maio de 2022, disponível em <cset.georgetown.edu/publication/chokepoints>.
13. Chris Miller, *Chip War: The Fight for the World's Most Critical Technology* (Nova York: Scribner, 2022).
14. Demetri Sevastopulo e Kathrin Hille, "US Hits China with Sweeping Tech Export Controls", *Financial Times*, 7 de outubro de 2022, disponível em <www.ft.com/content/6825bee4-52a7-4c86-b1aa-31c100708c3e>.
15. Gregory C. Allen, "Choking Off China's Access to the Future of AI", Center for Strategic & International Studies, 11 de outubro de 2022, disponível em <www.csis.org/analysis/choking-chinas-access-future-ai>.
16. Julie Zhu, "China Readying $143 Billion Package for Its Chip Firms in Face of U.S. Curbs", Reuters, 14 de dezembro de 2022, disponível em <www.reuters.com/technology/china-plans-over-143-bln-push-boost-domestic-chips-compete-with-us-sources-2022-12-13>.
17. Stephen Nellis e Jane Lee, "Nvidia Tweaks Flagship H100 Chip for Export to China as H800", Reuters, 22 de março de 2023, disponível em <www.reuters.com/technology/nvidia-tweaks-flagship-h100-chip-export-china-h800-2023-03-21>.

18. Além disso, não somente máquinas, mas muitos componentes possuem apenas um fabricante, como os lasers de alta tecnologia da Cymer ou os espelhos da Zeiss, tão puros que, se fossem do tamanho da Alemanha, uma irregularidade teria somente alguns milímetros de largura.
19. Ver, por exemplo, Michael Filler no Twitter, 25 de maio de 2022, disponível em <twitter.com/michaelfiller/status/1529633698961833984>.
20. "Where Is the Greatest Risk to Our Mineral Resource Supplies?", USGS, 21 de fevereiro de 2020, disponível em <www.usgs.gov/news/national-news-release/new-methodology-identifies-mineral-commodities-whose-supply-disruption?qt-news_science_products=1#qt-news_science_products>.
21. Zeihan, *The End of the World Is Just the Beginning*, p. 314.
22. Lee Vinsel, "You're Doing It Wrong: Notes on Criticism and Technology Hype", Medium, 1º de fevereiro de 2021, disponível em <sts-news.medium.com/youre-doing-it-wrong-notes-on-criticism-and-technology-hype-18b-08b4307e5>.
23. Stanford University Human-Centered Artificial Intelligence, Artificial Intelligence Index Report 2021.
24. Por exemplo, Shannon Vallor, "Mobilising the Intellectual Resources of the Arts and Humanities", Ada Lovelace Institute, 25 de junho de 2021, disponível em <www.adalovelaceinstitute.org/blog/mobilising-intellectual-resources-arts-humanities>.
25. Kay C. James no Twitter, 20 de março de 2019, disponível em <twitter.com/KayColesJames/status/1108365238779498497>.
26. "B Corps 'Go Beyond' Business as Usual", B Lab, 1º de março de 2023, disponível em <www.bcorporation.net/en-us/news/press/b-corps-go-beyond-business-as-usual-for-b-corp-month-2023>.
27. "U.S. Research and Development Funding and Performance: Fact Sheet", Congressional Research Service, 13 de setembro de 2022, disponível em <sgp.fas.org/crs/misc/R44307.pdf>.
28. Ver, por exemplo, Mariana Mazzucato, *The Entrepreneurial State: Debunking Public vs. Private Sector Myths* (Londres: Anthem Press, 2013).
29. O chefe de segurança cibernética do Tesouro do Reino Unido recebe um décimo do salário de suas contrapartes no setor privado: ver @Jontafkasi no Twitter, 29 de março de 2023, disponível em <mobile.twitter.com/Jontafkasi/status/1641193954778697728>.
30. Esses pontos são bem apresentados em Jess Whittlestone e Jack Clark, "Why and How Governments Should Monitor AI Development", arXiv, 31 de agosto de 2021, disponível em <arxiv.org/pdf/2108.12427.pdf>.
31. "Legislation Related to Artificial Intelligence", National Conference of State Legislatures, 26 de agosto de 2022, disponível em <www.ncsl.org/research/

telecommunications-and-information-technology/2020-legislation-related--to-artificial-intelligence.aspx>.
32. OECD, "National AI Policies & Strategies", OECD AI Policy Observatory, disponível em <oecd.ai/en/dashboards/overview>.
33. "Fact Sheet: Biden-Harris Administration Announces Key Actions to Advance Tech Accountability and Protect the Rights of the American Public", White House, 4 de outubro de 2022, disponível em <www.whitehouse.gov/ostp/news-updates/2022/10/04/fact-sheet-biden-harris-administration-announces-key-actions-to-advance-tech-accountability-and-protect-the-rights-of-the-american-public>.
34. Daron Acemoglu et al., "Taxes, Automation, and the Future of Labor", MIT Work of the Future, disponível em <mitsloan.mit.edu/shared/ods/documents?PublicationDocumentID=7929>.
35. Arnaud Costinot e Ivan Werning, "Robots, Trade, and Luddism: A Sufficient Statistic Approach to Optimal Technology Regulation", *Review of Economic Studies*, 4 de novembro de 2022, disponível em <academic.oup.com/restud/advance-article/doi/10.1093/restud/rdac076/6798670>.
36. Daron Acemoglu et al., "Does the US Tax Code Favor Automation?", *Brookings Papers on Economic Activity* (Spring 2020), disponível em <www.brookings.edu/wp-content/uploads/2020/12/Acemoglu-FINAL-WEB.pdf>.
37. Sam Altman, "Moore's Law for Everything", Sam Altman, 16 de março de 2021, disponível em <moores.samaltman.com>.
38. "The Convention on Certain Conventional Weapons", United Nations, disponível em <www.un.org/disarmament/the-convention-on-certain-conventional-weapons>.
39. Françoise Baylis et al., "Human Germline and Heritable Genome Editing: The Global Policy Landscape", *CRISPR Journal*, 20 de outubro de 2020, disponível em <www.liebertpub.com/doi/10.1089/crispr.2020.0082>.
40. Eric S. Lander et al., "Adopt a Moratorium on Heritable Genome Editing", *Nature*, 13 de março de 2019, disponível em <www.nature.com/articles/d41586-019-00726-5>.
41. Peter Dizikes, "Study: Commercial Air Travel Is Safer Than Ever", *MIT News*, 23 de janeiro de 2020, disponível em <news.mit.edu/2020/study-commercial--flights-safer-ever-0124>.
42. "AI Principles", Future of Life Institute, 11 de agosto de 2017, disponível em <futureoflife.org/open-letter/ai-principles>.
43. Joseph Rotblat, "A Hippocratic Oath for Scientists", *Science*, 19 de novembro de 1999, disponível em <www.science.org/doi/10.1126/science.286.5444.1475>.
44. Ver, por exemplo, as propostas de Rich Sutton, "Creating Human-Level AI: How and When?", University of Alberta, Canadá, disponível em <futureoflife.org/data/PDF/rich_sutton.pdf ?x72900>; Azeem Azhar, "Nós que decidi-

mos o que queremos das ferramentas que construímos" (Azhar, *Exponential*, p. 253); ou Kai-Fu Lee, "Não seremos espectadores passivos na história da IA — seremos seus autores" (Kai-Fu Lee e Qiufan Cheng, *AI 2041: Ten Visions for Our Future* [Londres: W. H. Allen, 2021, 437]).

45. Patrick O'Shea *et al.*, "Communicating About the Social Implications of AI: A FrameWorks Strategic Brief", FrameWorks Institute, 19 de outubro de 2021, disponível em <www.frameworksinstitute.org/publication/communicating-about-the-social-implications-of-ai-a-frameworks-strategic-brief>.
46. Stefan Schubert *et al.*, "The Psychology of Existential Risk: Moral Judgments About Human Extinction", *Nature Scientific Reports*, 21 de outubro de 2019, disponível em <www.nature.com/articles/s41598-019-50145-9>.
47. Aviv Ovadya, "Towards Platform Democracy", Harvard Kennedy School Belfer Center, 18 de outubro de 2021, disponível em <www.belfercenter.org/publication/towards-platform-democracy-policymaking-beyond-corporate-ceos-and-partisan-pressure>.
48. "Pause Giant AI Experiments: An Open Letter", Future of Life Institute, 29 de março de 2023, disponível em <futureoflife.org/open-letter/pause-giant-ai-experiments>.
49. Adi Robertson, "FTC Should Stop OpenAI from Launching New GPT Models, Says AI Policy Group", *The Verge*, 30 de março de 2023, disponível em <www.theverge.com/2023/3/30/23662101/ftc-openai-investigation-request-caidp-gpt-text-generation-bias>.
50. Esvelt, "Delay, Detect, Defend". Para outro exemplo de uma abordagem holística da estratégia de contenção, ver Allison Duettmann, "Defend Against Physical Threats: Multipolar Active Shields", Foresight Institute, 14 de fevereiro de 2022, disponível em <foresightinstitute.substack.com/p/defend-physical>.
51. Daron Acemoglu e James Robinson, *The Narrow Corridor: How Nations Struggle for Liberty* (Londres: Viking, 2019).

A VIDA APÓS O ANTROPOCENO

1. Ver, por exemplo, argumentos como os de Divya Siddarth *et al.*, "How AI Fails Us", Edmond and Lily Safra Center for Ethics, 1º de dezembro de 2021, disponível em <ethics.harvard.edu/how-ai-fails-us>.

ÍNDICE

#
1984 (Orwell), 246
2001: Uma odisseia no espaço, 143
23andMe, 107

A
Aadhaar, 162
academia, 164
Acemoglu, Daron, 226, 341-342
    acesso às novas tecnologias
    aplicações militares e, 139, 162
    descentralização e, 248-249
    desmaterialização e, 239-240
    engenharia genética, 109
    IA, 92-93
    poder e, 207-208, 248-250
Acordo de Paris, 65, 66, 327, 328
Aerorozvidka, 135-136
Agência de Segurança Nacional dos EUA (NSA), 204
Agência Internacional de Energia Atômica, 299-300
agricultura
    como onda tecnológica, 44-45
    como tecnologia de propósito geral, 43-44
    desafios da, 175
    motivada pelo lucro, 170
    mudanças climáticas e, 176
    robótica e, 122-123
al-Awlaki, Anwar, 216
Alemanha Oriental, 241
AlexNet, 80
algoritmos, 85, 148, 306-307
Alibaba, 88-89
Allison, Graham, 158
Alphabet, 164-165, 317-318, 319-320
AlphaFold, 117-118, 142
AlphaGo, 73-75, 147, 151-154, 155
AlphaZero, 75
alternativas, 291
Altos Labs, 112-113
Amazon, 124, 238
amplificadores da fragilidade do Estado-nação, 15
    aplicações militares e, 212-214
    ataques cibernéticos e, 203-205
    autoritarismo e, 200-201
    democracias e, 200, 233
    desemprego tecnológico e, 224-229
    desinformação e, 214-218
    empoderamento de atores nocivos e, 209-210, 212-213
    fragilidade e, 193-196
    globalização e, 197
    IA e, 211
    inadvertidos, 219-224
    poder e, 206-207
amplificadores da fragilidade. *Ver* amplificadores da fragilidade do Estado-nação
Anduril, 210
antibióticos, 54
antraz, 220
aplicações médicas, 112, 143
aplicações militares
    amplificadores da fragilidade do Estado-nação e, 212-214
    aprendizado de máquina e, 135-137
    assimetria e, 138

IA e, 136-137, 209
robótica e, 209-210
tecnologias omniuso e, 144
Apple, 235-236, 238
aprendizado de máquina
    aplicações médicas, 143
    aplicações militares, 135-137
    aprendizado profundo supervisionado, 87-88
    ataques cibernéticos e, 205, 211
    autonomia e, 146
    biologia sintética e, 117-118
    estrutura das proteínas e, 117-118
    limitações, 97
    potencial, 83
    robótica e, 124
    Ver também aprendizado profundo
    vieses, 93, 297-298
    visão computacional e, 79-82
aprendizado por reforço, 124-125, 151, 211, 298
    Ver também aprendizado de máquina
aprendizado profundo
    autonomia e, 146-147
    biologia sintética e, 118-119
    estrutura das proteínas e, 117
    limitações, 97
    potencial, 83
    supervisionado, 87-88
    Ver também aprendizado de máquina
    visão computacional e, 79-80
aquecimento global. *Ver* mudanças climáticas
Arkhipov, Vasili, 64
armas laser, 326-327
armas químicas, 65-66, 143
armas
    contenção e, 58-59, 328
    Estados-nações e, 198-199
    estribo e, 231-232
    IA e, 209
    Ver também aplicações militares; nuclear tecnologia

Arnold, Frances, 114
Arthur, W. Brian, 77
arXiv, 165-166
ASML, 312
assistência médica. *Ver* aplicações médicas
ataques cibernéticos, 203-207, 211
atenção, 85
Atlântida, 19
auditorias, 304-309, 330-331
Aum Shinrikyo, 265-267, 330
autocompletar, 85-86
automação, 224-229
automodificações físicas, 113, 251
autonomia, 137, 146-149, 210, 292
Autor, David, 226
autoritarismo, 194-195, 200-202, 241--246, 269-271
Avaliação Crítica para Previsão da Estrutura (Casp), 116, 117
aversão ao pessimismo, 15, 29, 133, 294, 295, 314

B
balestra, 58, 59
base de dados sobre incidentes com IA, 305-306
Bell, Alexander Graham, 48
Benz, Carl, 40, 351
Berg, Paul, 334
BGI Group, 157
Biblioteca de Alexandria, 60
Bioforge, 114
biologia de sistemas, 112
biologia sintética
    aplicações atuais, 111-112
    aprendizado profundo e, 118-119
    auditorias e, 308
    cenários catastróficos e, 261
    computadores e, 115
    cooperação internacional e, 329--330
    definição, 15
    descentralização e, 200
    desenvolvimento, 76

desmaterialização e, 239
IA e, 117, 141-142
imprevisibilidade das pesquisas e, 166-167
lucro como motivador e, 171
poder, 77
potencial, 112-114
tecnologias omniuso e, 145
Ver também próxima onda; edição genética
biotecnologia. *Ver* biologia sintética
Bletchley Park, 49
bombardeios de Hiroshima e Nagasaki, 61
Boyer, Herbert W., 106
Breakout, 71-72, 147-148
Brin, Sergey, 73-74
Brown, David, 126-127
Brown, Wendy, 234

C

caminho estreito, definição, 15
capacidades ofensivas *vs.* defensivas, 199, 291-292
características da próxima onda tecnológica
autonomia, 137, 146-149, 210, 291
contenção e, 292
impacto assimétrico, 138-140, 291
Ver também hiperevolução; tecnologias omniuso
Carey, Nessa, 109
Carlos Martel, 231-232
carros. *Ver* veículos
Cartwright, Edmund, 348
Cas9, 108
catástrofe, 257-267
cenários de, 259-261
ceticismo sobre, 259
contenção e, 264-265, 268
estagnação como, 272-276
vigilância distópica como, 268-271
Caulobacter ethensis-2.0, 111
Cello, 142

CFCs, 65, 66, 327
Charpentier, Emmanuelle, 108, 328-329
chatbots, 86-87, 90-91, 93-94, 147-148
ChatGPT, 84, 87
Chernobyl, 64-65
China
controles de exportação dos EUA e, 310
cooperação internacional e, 329-330
geopolítica, 155-159
maoísmo, 241
regulamentação e, 288
seda e, 60
tentativas históricas de contenção, 58-59
vigilância, 242-245
Chinchilla, 91
chips
gargalos e, 311-313
hiperevolução e, 49-51, 78, 107-108, 141
tamanho, 89-90
Ver também semicondutores
Cicero, 212
circuito integrado, 50
clorofluorcarbonetos (CFCs), 53-54
CloudWalk, 244
Cohen, Stanley N., 106
Companhia Britânica das Índias Orientais, 234-235, 238
competição entre as grandes potências. *Ver* geopolítica
computação em nuvem, 312
computação quântica, 127-129, 142, 148, 157
computação, 49-52
computação quântica, 127-129, 142, 148, 157
controles de exportação dos EUA e, 310
desmaterialização e, 76, 238-239
hiperevolução, 141

processos de manufatura e, 110-111
confinamento inercial, 130-131
Consortium, 111
contenção
    abordagem integrada, 284
    auditorias e, 304-309, 330-331
    botões de desligamento e, 304
    características da tecnologia e, 290--292
    catástrofe e, 264, 266
    coerência e, 340-341
    como corredor estreito, 341-344
    computação quântica e, 127-128
    cooperação internacional e, 326-331
    críticos e, 313-316
    cultura de autocrítica e, 331-335
    definição, 15, 56
    elementos, 289-290
    estagnação como método de, 272--276
    gargalos e, 310-312
    início, 338
    limitações organizacionais e, 284--285
    lucro como motivador e, 316-321
    movimentos populares e, 337
    necessidade de, 32, 35, 66, 68, 352
    papéis governamentais, 321-326
    patógenos e, 339
    possibilidade de, 344-345
    problema do gorila e, 149-150
    responsabilidade dos criadores, 313
    Revolução Industrial e, 58, 59, 348
    riscos em, 63-65
    segurança e, 297-302
    tecnologias omniuso e, 144-145
    tentativas históricas, 57-60, 62, 153
    Ver também regulamentação como método de contenção
    vigilância como método de, 258, 268-271
    visão geral, 340
Convenção de Armas Biológicas, 300, 327
Convenção sobre Certas Armas Convencionais, 326-327
cooperação internacional, 326-331
Copilot, 92-93
Coreia do Norte, 64, 204-205
Coreia do Sul, 237
corporações de utilidade pública, 320
corporações
    Companhia Britânica das Índias Orientais, 234, 238
    contenção e, 316, 320
    de utilidade pública, 320
    desmaterialização e, 238-239
    inteligência e, 235
    papel na próxima onda, 172-173
    poder concentrado e, 236-237, 240
    taxação e, 324-325
Cortical Labs, 119
Craspase, 108
Crick, Francis, 106
criptografia, 128, 303, 308-309, 330
crise demográfica, 274
crise dos mísseis de Cuba, 64
Cronin, Audrey Kurth, 138, 164
Cugnot, Nicolas-Joseph, 39
cultos, 265-267
cultura, 331-335
curva de Carlson, 107
custo decrescente da tecnologia
    computação, 138-139
    contenção e, 56-57, 62, 291
    engenharia genética, 106-107, 108--109
    IA e, 86, 90-91
    poder e, 132
    proliferação e, 48
    robótica, 125, 126
    sequenciamento de genomas e, 106--107
custos. *Ver* custo decrescente da tecnologia

D

dados, proliferação de, 51
Daimler, Gottlieb, 40

Deep Blue, 73
deepfakes, 214-217, 218
DeepMind
    algoritmo DQN, 71-72, 147-148
    aplicações práticas e, 83
    compra pelo Google, 82, 316-320
    contenção e, 315, 317
    eficiência e, 91
    estrutura das proteínas e, 117
    fundação, 22, 23
    gargalos e, 312
    IAG como objetivo da, 22, 71
    imperativo da abertura e, 164
    retórica da corrida armamentista e, 159-160
    Ver também AlphaGo
Deere, John, 122-123
Delta, 136
demanda, 42, 47, 48, 59, 60, 170
desafios globais, 176-179, 274
descentralização, 249-250
descoberta automatizada de medicamentos, 143
desemprego tecnológico, 224-229, 324, 325, 348-349
desigualdade econômica, 195
desinformação/informação errônea, 211-212, 214-218, 260
desmaterialização, 76-77, 238-239, 291
despesas de capital, 172
destruição mutuamente assegurada, 62
detritos espaciais, 54
difusão, 47-48
dilema, definição, 15
Diplomacia, 212
dispositivos de desligamento, 304
distopia, 268-271
DJI, 138
DNA Script, 110
dobras de proteínas, 116-119
Doudna, Jennifer, 108
DQN (Deep Q-Network), 71-72, 147-148
drones, 135-137, 138, 210, 259-260

E
eBay, 237-238
edição da linha germinal, 328-329
edição de RNA, 108
edição genética CRISPR, 108, 113-114, 166-167
edição genética
    contenção e, 66, 328
    questões éticas, 113-114
    tecnologia CRISPR e, 108, 113-114, 166-167
Edison, Thomas, 53
efeitos revanche, 54, 223-224 265
ego, 179-181
eletricidade, 47
EleutherAI, 92
Elizabeth I (rainha da Inglaterra), 58, 59
empoderamento de atores nocivos, 209-210, 260, 330
    Ver também terrorismo
empregos, impacto da tecnologia nos, 224-229, 324-326
empresas aéreas, 332
empresas B, 320
Endy, Drew, 110-111
energia de fusão, 130
energia renovável, 130
energia solar, 130, 248
energia, 129-131, 248
engenharia genética
    acessibilidade e, 109
    autonomia e, 147-148
    contenção e, 66, 328, 333-334
    origens, 106
    sequenciamento de genomas e, 106-107, 148
    Ver também edição genética; biologia sintética
Eniac, 49
enxame de robôs, 125
epidemia de gripe russa, 219
Epopeia de Gilgamesh, 19
escrita, 43, 44, 198-199

Estados Unidos
   controles de exportação, 310
   cooperação internacional e, 329-300
   vigilância, 245
Estados-nações
   confiança e, 193-194
   contenção e, 182-183, 201-202
   desigualdade econômica e, 195
   equilíbrio, 187
   funções, 200
   importância, 192-193
   regulamentação e, 286-287
   simbiose entre tecnologia e, 196-200
   Ver também geopolítica; governos; amplificadores da fragilidade do Estado-nação
estagnação, 272-276
estribo, 231-232
Esvelt, Kevin, 339
EternalBlue, 204-205
ETH Zurich, 111
evolução, 43, 105, 110-111
explicação, 302
explosivos, 53, 144
Exscientia, 143

F
Facebook, 191, 217, 320
Fakhrizadeh, Mohsen, 209
fase frenética, 169-170
ferramentas de pedra, 42
ferrovias, 39, 168-169
feudalismo, 232
Feynman, Richard, 321
fogo, 43
fon.ógrafo, 53
Ford Motor Company, 128-129
Ford, Henry, 40
fragmentação. *Ver* descentralização
Franklin, Rosalind, 106

G
Gabinete de Políticas para a Ciência e a Tecnologia da Casa Branca, 322-323
ganho de função, pesquisa de, 222-223
Gato, 145
Genentech, 106
genética, 76
   Ver também biologia sintética
Gengis Khan, 257
geopolítica
   AlphaGo e, 151-154, 155
   China e, 155-159
   como incentivo da próxima onda, 154-163
   contenção e, 292
   cooperação internacional e, 326-331
   Índia e, 161
   mundo pós-soberano e, 241-242
   retórica da corrida armamentista e, 160, 162-163
   Sputnik e, 154
   União Europeia e, 161
GitHub, 165-166
Gladstone, William, 168-169
globalização, 139, 196-197
Go, 73-75, 147, 151-154, 155
Google Acadêmico, 164
Google
   compra da DeepMind, 82, 316-320
   computação quântica e, 127-128, 157
   eficiência e, 90-91
   grandes modelos de linguagem e, 89
   LaMDA e, 94, 95
   poder corporativo do, 236-237
   robótica e, 124-125
   sobre transformadores, 86
Gopher, 91
governos
   contenção e, 321-326
   limitações organizacionais dos, 188-190
   Ver também Estados-nações
GPS (Global Positioning System), 144
GPT-2, 86, 94
GPT-3, 86, 91

GPT-4, 86, 147-148
GPUs, 167
Grã-Bretanha
    corporações e, 234-235, 238
    vigilância, 242, 245-246
grande barganha, definição, 15
grandes modelos de linguagem (LLMs), 84-87
    biologia sintética e, 118
    capacidades, 86-87
    código aberto e, 92
    deepfakes e, 214-215
    eficiência, 91
    escala, 87-88
    vieses, 93, 297-298
gripe H1N1, 219
Grupo Samsung, 237
Guerra Fria
    armas nucleares e, 61
    contenção e, 55
    cooperação internacional e, 327, 328
    Sputnik e, 154, 162
Gutenberg, Johannes, 47, 53-54

H
Harvard Wyss Institute, 125
Hassabis, Demis, 22
Henrich, Joseph, 45
Heritage Foundation, 319
Hershberg, Elliot, 115
Hezbollah, 247-248
Hidalgo, César, 141
Hinton, Geoffrey, 81, 82, 167
hiperevolução, 137, 140-143
    chips e, 50, 78, 108, 141
    contenção e, 311
    grandes modelos de linguagem e, 89, 92
hipótese da escala, 90, 97-98
Hobbes, Thomas, 270
Homo technologicus, 20
Hugging Face, 249-250
Huskisson, William, 168
Hutchins, Marcus, 204

I
IA generativa, 92, 97
    Ver também grandes modelos de linguagem
IAs críticas, 303-304
impacto assimétrico, 138-140, 291
imperativo da abertura, 163-166
Império Otomano, 57, 59
imposição da lei, 127-128
impressão 3D (manufatura aditiva), 125, 141, 210, 239
impressão, 47, 53-54, 57, 59, 198-199
incentivos da próxima onda, 153, 181
    contenção e, 250
    desafios globais, 176-179, 273
    geopolítica, 154-163
    imperativo da abertura, 163-166
    lucro como motivador, 168-174, 316-321
    regulamentação e, 288-289
Índia, 161, 214-215
indústria petroquímica, 114
Inflection AI, 89, 91, 95, 302, 303
informação errônea. *Ver* desinformação/informação errônea
informação
    desmaterialização e, 75-77
    DNA como, 105-106, 115
Instituto de Engenheiros Eletricistas e Eletrônicos, 299-300
inteligência artificial (IA)
    alcance global, 24-25
    alegações de senciência, 95-96, 99-100
    aplicações atuais, 82-84
    aplicações médicas, 143
    aplicações militares, 136-137, 209
    aspirações para a, 22
    ataques cibernéticos e, 206, 211
    autonomia e, 147-149
    benefícios, 25-26
    biologia sintética e, 117, 142
    capacidades atuais, 23
    capacidades no curto prazo, 101
    cenários catastróficos e, 260, 262-264

cérebro humano como alvo fixo, 89-91
ceticismo sobre, 95-96, 226-227
chatbots, 86-87, 90-91, 93-94, 147--148
como base da próxima onda, 76
como prioridade, 82
consciência e, 98, 99
contradições e, 253
cultura de autocrítica e, 334-335
custos, 86, 91
definição, 15-16
desemprego tecnológico e, 224-229
desenvolvimento pelos chineses, 155-156
eficiência, 92
ego e, 179-180
estrutura das proteínas e, 116
ética e, 315-316
explicação e, 302
futura ubiquidade, 351
futuro, 103
gargalos, 311
hiperevolução e, 141
hipótese da escala, 90-91, 97-98
imperativo da abertura e, 164-166
imprevisibilidade das pesquisas e, 167-168
invisibilidade, 97
limitações, 97
motivada pelo lucro, 172, 173, 174
mudanças climáticas e, 177-178
natureza restrita, 97-98
potencial, 77, 93, 173-174
primeiros experimentos, 71-75
problema da alucinação e, 301-302
proliferação, 92
robótica e, 124, 125, 127
segurança e, 299-300, 302-303
tecnologias omniuso e, 144-145, 167
tentativas de regulamentação, 285, 323-324
teste de Turing moderno, 101, 102--103, 149, 240, 262-263
teste de Turing, 99-100
times vermelhos e, 306
Ver também próxima onda; aprendizado profundo; aprendizado de máquina
vigilância e, 243-244, 245, 246
inteligência artificial capaz (IAC), 15--16, 102, 149, 207-208, 263
inteligência artificial geral (IAG)
cenários catastróficos e, 261-263
chatbots e, 148
definição, 15-16, 71
fundação da DeepMind e, 22
natureza gradual da, 99
o que virá, 97-98
problema do gorila e, 149-150
superinteligência e, 99, 102-103, 149-150
inteligência
ação e, 100
corporações e, 235
previsão e, 84
problema do gorila, 149-150
valor econômico, 174
Ver também inteligência artificial
interconexão, 45
internet, 50-51, 140, 254-255
invasão russa da Ucrânia, 64, 135
iPhone, 235-236
Irã, 209
Israel, 209

J

James, Kay Coles, 319
Japão, tentativas de contenção, 59-60
Joint European Torus, 130-131

K

Kasparov, Garry, 73
Kay, John, 58
Ke Jie, 152-153, 155-156
Kennan, George F., 55
Keynes, John Maynard, 224-225
Khan, A. Q., 64
Kilobots, 125
Klausner, Richard, 112-113

Krizhevsky, Alex, 81
Kruschev, Nikita, 162
Kurzweil, Ray, 78

L
Laboratório Nacional de Ciências da Informação Quântica (China), 157-
-158
lacunas de ar, 299
LaMDA, 95, 99-100
lançadeira transportadora, 58
Lander, Eric, 329
LanzaTech, 115
LeCun, Yann, 167
Lee Sedol, 74, 151-152
Legg, Shane, 22
legislação, 323
   Ver também regulamentação como método de contenção
lei de Moore, 50, 89-90, 107, 140
Lemoine, Blake, 95-96
Lenoir, Jean Joseph Étienne, 39
Li, Fei-Fei, 81
Líbano, 247
libertarianismo, 252
licenciamento, 323-324
limitações organizacionais, 188-191, 284
limpeza étnica dos uigures, 245
limpeza étnica, 245
linguagem, 43-44, 199
   Ver também grandes modelos de linguagem
lítio, produção de, 141-142
livros, 47
LLaMA, sistema, 92
London DNA Foundry, 109-110
lucro como motivador, 168-174
   contenção e, 316-321
luditas, 58, 59, 347-349

M
Macron, Emmanuel, 161
Malthus, Thomas, 175

manufatura aditiva. Ver impressão 3D
Mao Zedong, 244
maoismo, 241-242
mapas de atenção, 85
Marcus, Gary, 97
Maybach, Wilhelm, 40
McCarthy, John, 96
McCormick, Cyrus, 171
megamáquina, 271
Megvii, 244
mercados de trabalho, 224-229, 324-
-325, 348
Meta, 92-93, 164-165, 212
Micius, 157
Microsoft, 92-93, 164-165, 203-204
mídia sintética, 214-217, 218
Minsky, Marvin, 79-80, 167
Mitchell, Melanie, 97
mito da startup, 180-181
mitos de inundação, 19
Model T, 40
Mojica, Francisco, 166-167
Moore, Gordon, 50, 53
motor a vapor, 40, 264-265
motor de combustão interna, 40-41, 42, 53-54
motores, 39-41
Motorwagen, 40
movimentos populares, 337
mudanças climáticas
   como desafio global, 176-178
   consequências involuntárias da tecnologia e, 53-54
   entendimento popular das, 293-294
   tentativas de contenção, 65, 66, 326-
   -327
Mumford, Lewis, 46, 271
mundo pós-soberano
   autoritarismo e, 233, 241
   contradições e, 253-255
   corporações e, 235-238
   democracias e, 233
   descentralização e, 249, 251-253
   desmaterialização e, 238

entidades híbridas e, 247-248
limpeza étnica e, 245
poder e, 233
vigilância e, 242-246, 258

N
nanotecnologia, 131
Neuralink, 119
Nobel, Alfred, 53
Nordhaus, William, 47-48
Nós (Zamiátin), 246
NotPetya, 205, 206
Noyce, Robert, 50
NVIDIA, 167, 310, 311, 312

O
Odin, 109
onda tecnológicas, 20, 31-32, 42
    aceleração, 45-45, 121
    difusão e, 47-48
    evolução e, 43
    imprevisibilidade, 45-46
    inevitabilidade, 45-46, 67
    invisibilidade, 43-44, 96-97
    material e, 75-76
    proliferação e, 49-52
    resignação, 67
    urbanização e, 44
ondas, 16, 19-20, 31-32
    Ver também onda tecnológicas
OpenAI, 84, 86, 92-93, 312
opioides, 54
Oppenheimer, J. Robert, 180
organismos geneticamente modificados (OGMs), 65, 66, 288
Orwell, George, 246
otimização de tráfego, 128-129
Otto, Nicolaus August, 40

P
P&D, gastos com, 166, 172, 321-322
Painel Intergovernamental de Mudanças Climáticas, 177-178
PaLM, 88, 89, 91
Pan Jianwei, 158

pandemia de Covid-19
    desinformação/informação errônea e, 217
    limitações organizacionais e, 284
    pesquisas de ganho de função e, 222
    vigilância e, 243-244, 245, 269
pandemias, 257, 261, 301, 339
    Ver também pandemia de Covid-19
Paquistão, 64
Partnership on AI, 305-306
patógenos
    contenção e, 339
    pesquisas de ganho de função, 222-224
    vazamentos em laboratórios, 219-221, 222-223
PayPal, 237-238
Pelosi, Nancy, 215
Perez, Carlota, 46, 169-170
perfil de DNA, 107
Peste de Justiniano, 257
Peste Negra, 257
phishing, 216-217
PI, 302
planejamento hierárquico, 101
Platão, 19
PlayStation 2, 144
"Podemos sobreviver à tecnologia?" (Neumann), 276
poder, 132
    amplificadores da fragilidade do Estado-nação e, 207-208
    contradições e, 253
    mundo pós-soberano e, 234
    tecnologias omniuso e, 230
polarização política, 196
populismo, 196
Primeira Guerra Mundial, 144, 257
princípios de Asilomar, 334-335, 338
problema da alucinação, 301-302
problema da contenção, 15
    Ver também contenção
problema do gorila, 149-150
problemas de otimização, 128-129

programa Atmanirbhar Bharat (Índia), 161-162
projeto de lei da IA (UE), 285, 323
Projeto Genoma Humano, 106-107
Projeto Manhattan, 61, 160, 162, 180
proliferação, 46, 49-52
    IA e, 92
    inevitabilidade da, 59-60, 67
Proteus, 124
Protocolo de Armas Cegantes a Laser (1995), 326-327
Protocolo de Montreal (1987), 65, 327, 328
próxima onda
    autonomia e, 137, 146-149
    benefícios da, 25, 26, 31-32, 349-350
    ceticismo sobre, 79, 96, 133, 226-227, 259
    definição, 16, 21
    desafios globais e, 176-179
    ego como impulsionador da, 177-181
    entendimento popular da, 291-294
    evitação da, 27-29
    IA na, 17
    idealismo e, 191
    imprevisibilidade das pesquisas e, 166-167
    inevitabilidade, 182, 268, 281
    interatividade entre IA e biologia sintética e a, 116-119
    lucro como motivador da, 168-174
    natureza inter-relacional, 78
    penumbra de tecnologias, 122
    poder e, 132, 207
    possíveis respostas, 26-27
    Ver também acessibilidade das novas tecnologias; incentivos da próxima onda; tecnologias omniuso
Putin, Vladimir, 161

Q

quadricóptero com câmera Phantom, 138
quatro características, definição, 16
química, 129

R

racismo, 92-93, 297-298
rádio, 199
ransomware, 203-205
Reagan, Ronald, 252-253
Rebellion Defense, 210
redes neurais, 80, 99
    Ver também aprendizado profundo
redes sociais
    contradições e, 253
    desinformação e, 217-218
    eficiência organizacional e, 189
    Estados-nações e, 197
    imperativo da abertura e, 164
Reforma, 40
regulamentação como método de contenção, 281-282
    cultura de autocrítica e, 333-334
    desafios, 283, 285-287
    Estados-nações e, 287
    legislação e, 323
    licenciamento e, 323-324
    necessidade, 342
Relatório Acheson-Lilienthal, 62
relógios, 198-199
Renascimento, 252
renda básica universal (RBU), 325
Restrepo, Pascual, 226
retórica da corrida armamentista, 160, 162-163
retropropagação, 80
revisão por pares, 164
Revolução Científica, 53-54, 163
Revolução Industrial
    imperativo da abertura e, 164
    lucro como motivador e, 170, 171
    onda tecnológicas e, 44-45
    tentativas de contenção, 58, 59, 347-349
Ring, 283
Robinson, James, 341-342
robô Remotec Andros Mark 5A-1, 126-127
robótica, 122-127
    aplicações militares, 209-210

biologia sintética e, 142
desenvolvimento pelos chineses, 157--158
lucro como motivador e, 172
Rogers, Everett, 78
Rotblat, Joseph, 335
Russell, Stuart, 149, 303
Rutherford, Ernest, 60-61

S
Sanofi, 143
SARS, 220-221
Schneier, Bruce, 211
Schumpeter, Joseph, 46
SecureDNA, 307, 329-330
seda, 60
Segunda Guerra Mundial, 49, 61, 162, 257, 327-328
semicondutores, 49, 111, 309-310
SenseTime, 244
sequenciamento de genomas, 106-107
Shield AI, 210
Singer, Isaac, 171
singularidade, 98-99
    Ver também superinteligência
síntese de genes, 109-111, 308
síntese enzimática, 110, 142
sintetizadores de DNA, 28
sistema de patentes, 163
smartphones, 50, 59, 76, 145, 196, 237
Smil, Vaclav, 177
Snowden, Edward, 157
software de reconhecimento facial, 244--245, 259-260
Solugen, 114
SpaceX, 136
Sparrow, 124
Sputnik, 154-155, 157, 162
Stability AI, 249-250
Stable Diffusion, 92
Starlink, 136
Stephenson, George, 168
superinteligência, 98-99, 101, 149-150
Sutskever, Ilya, 81
Switch Transformer, 91
Sycamore, 157-158
Synthia, 111
Szilard, Leo, 60-61

T
tamanho populacional
    crises, 273
    onda tecnológicas e, 44
taxação, 324-325
tear elétrico, 348
tecnologia de dupla utilização. *Ver* tecnologias omniuso
tecnologia de regeneração, 112
tecnologia nuclear
    catástrofe e, 257
    contenção, 62-65, 328
    desenvolvimento, 61
    ego e, 179-180
    retórica da corrida armamentista e, 162
    segurança e, 299-300
tecnologia
    consequências involuntárias, 53-54
    definição, 16, 42-43
    dependência social da, 273
    falhas, 34
    natureza interrelacional da, 77-78
    simbiose entre Estados-nações e, 197-200
    ubiquidade, 293
    Ver também características da próxima onda tecnológica; *tecnologias específicas*
tecnologias anti-idade. *Ver* tecnologias de longevidade
tecnologias de longevidade, 112
tecnologias de propósito geral
    como acelerantes, 121
    concentração corporativa e, 240
    contenção e, 290
    definição, 42
    invisibilidade das, 43-44
    motor de combustão interna como, 42, 45
    omniuso e, 144-145

tecnologias omniuso, 137, 143-146
　contenção e, 290-291
　contradições e, 253
　IA e, 144-145, 167
　poder e, 229-230
　regulamentação e, 286
telefone, 48
televisão, 199
terrorismo, 64, 203-205, 259-260, 266
teste de Turing moderno, 101, 102-103, 149, 240, 262-263
Thiel, Peter, 252
Tilly, Charles, 199
times vermelhos, 306
Tiwari, Manoj, 214-215
Toffler, Alvin, 46
tokens, 85
totalitarismo. Ver autoritarismo; vigilância
transcritor, 115
transformadores, 86, 118-119
transistores, 50, 89-90
Tratado de Interdição Parcial de Testes Nucleares (1963), 62
Tratado de Não Proliferação de Armas Nucleares (1968), 62, 327
Tsar Bomba, 61-62
TSMC, 312
Turing, Alan, 53, 99-100

U
Ucrânia, 64, 135-137, 138, 193
Unabomber, 267
União Europeia, 161, 285, 323
União Soviética, 217, 219-220
Universidade de Oxford, 132
Universidade Tsinghua, 156
urbanização, onda tecnológicas e, 44
Urbano II (papa), 58

V
vacina contra a poliomielite, 327
vazamentos em laboratórios, 219-221, 222-223

veículos autônomos, 147
veículos
　autonomia e, 147
　impacto assimétrico e, 139-140
　motor de combustão interna e, 40-41
　regulamentação, 285-287
velocidade. Ver hiperevolução
Venter, Craig, 111
viagens espaciais, 54
vida "fora da rede", 248
viés, 93, 297-298
vigilância
　auditorias e, 308
　distopia e, 268-271
　mundo pós-soberano e, 242-246, 258
　regulamentação e, 285
　resistência à, 343
Vigilant Solutions, 246
vírus, 219-221, 261, 339
visão computacional, 79-82
volantes, 45
von Neumann, John, 180, 276, 277

W
Walmart, 125
WannaCry, 203-204, 206, 211
Watson, James, 106
Watson, Thomas J., 49-50
WaveNet, 83
Wilkins, Maurice, 106
Winner, Langdon, 198

X
xadrez, 73
Xi Jinping, 155, 157, 159, 309

Z
Zamiátin, Iêvgueni, 246
Zhang, Feng, 329

Este livro foi composto na tipografia Minion Pro,
em corpo 11,5/16, e impresso em
papel off-white no Sistema Cameron da
Divisão Gráfica da Distribuidora Record.